ENCYCLOPEDIA OF SPACE

DK 儿童太空大百科

〔英〕英国DK公司 编著 孙降生 译

邹振隆 审校

中信出版集团 · 北京

ENCYCLOPEDIA OF SPACE

DK 儿童太空大百科

澳大利亚新南威尔士帕克斯射电望远镜

DK | Penguin Random House

图书在版编目（CIP）数据

DK儿童太空大百科 / 英国DK公司编著；孙降生译.
—北京：中信出版社，2016.8（2024.4重印）
（小中信DK儿童大百科系列）
书名原文：Encyclopedia of Space
ISBN 978-7-5086-5550-5

Ⅰ.①D… Ⅱ.①英… ②孙… Ⅲ.①空间探索—儿童
读物 Ⅳ.①V11-49

中国版本图书馆CIP数据核字（2015）第236281号

First published in Great Britain in hardback in 1999 as DK Space Encyclopedia

This revised edition published in 2009 by Dorling Kindersley Limited

Original title: Encyclopedia of Space

Copyright©1999, 2009 Dorling Kindersley Limited

A Penguin Random House Company

Simplified Chinese translation copyright©2016 by CITIC Press Corporation

ALL RIGHTS RESERVED

本书仅限中国大陆地区发行销售

DK儿童太空大百科

编　　著：［英］英国DK公司

译　　者：孙降生

策划推广：中信出版社（China CITIC Press）

出版发行：中信出版集团股份有限公司

　　　　　（北京市朝阳区东三环北路27号嘉铭中心　邮编 100020）

承印者：北京华联印刷有限公司

开　　本：889mm×1194mm　1/16

印　　张：19　　　　　　　　　字　　数：480千字

版　　次：2016年8月第1版　　印　　次：2024年4月第20次印刷

京权图字：01-2013-4981

书　　号：ISBN 978-7-5086-5550-5

定　　价：128.00元

混合产品
纸张 |
支持负责任林业
FSC® C018179

www.dk.com

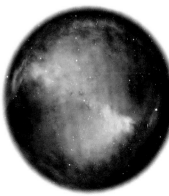

哑铃星云

目 录

美国新墨西哥
州甚大阵射电
望远镜

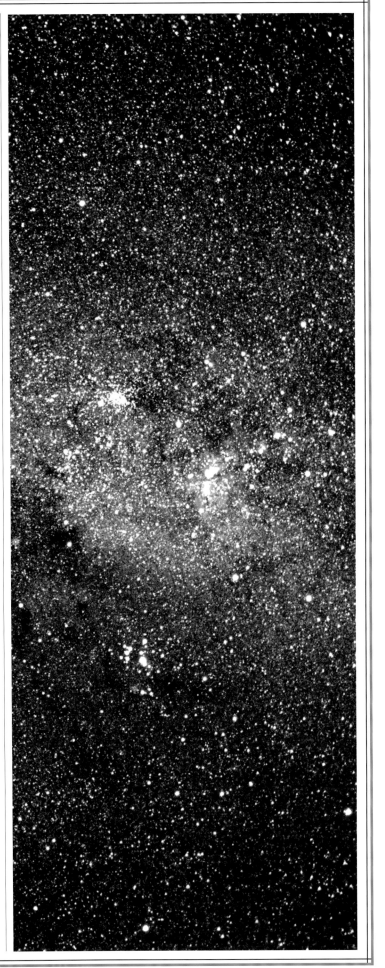

银河系的中心

如何使用这本书

《DK儿童太空大百科》详细介绍了天文学知识和宇宙的方方面面。内容均按类分章节介绍，便于集中查找行星、恒星、星系和飞船等知识。每个章节都包括若干主条目，每个条目简介主题后，再详细介绍一些相关的、易于掌握的学科知识，并用照片和插图说明事实。利用本书的索引，便可查到某一特定主题的所有条目和详细知识。

页面布局

每页上的内容简洁明了，易于学习。从条目简介开始，接着读子条目，然后读注释。

简介：各主条目首先对主题进行概述，读完后便能了解到该页的主要内容。

子条目提供更多的重要信息，对要点展开详细描述。

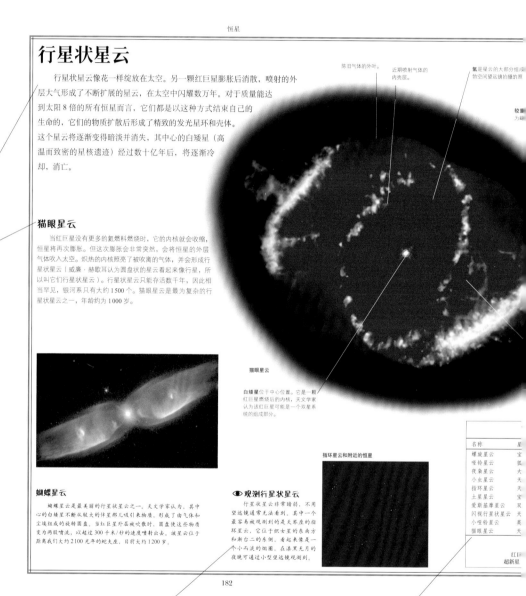

恒星

行星状星云

行星状星云像花一样绽放在太空。另一颗红巨星膨胀后消散，喷射的外层大气形成了不断扩展的星云，在太空中闪耀数万年。对于质量能达到太阳8倍的所有恒星而言，它们都是以这种方式结束自己的生命的，它们的物质扩散后形成了精致的发光星环和壳体。这个星云将逐渐变得暗淡并消失，其中心的白矮星（高温而致密的星核遗迹）经过数十亿年后，将逐渐冷却，消亡。

猫眼星云

当红巨星没有更多的氦燃料燃烧时，它的内核就会收缩，恒星将再次膨胀。但这次膨胀会非常突然，会将恒星的外层气体吹入太空。炽热的内核照亮了被吹离的气体，并会形成行星状星云（威廉·赫歇耳认为圆盘状的星云看起来像行星，所以叫它们行星状星云）。行星状星云只能存活数千年，因此相当罕见，银河系只有大约1500个。猫眼星云是最为复杂的行星状星云之一，年龄约为1000岁。

蝴蝶星云

蝴蝶星云是最美丽的行星状星云之一。天文学家认为，其中心的白矮星不断从较大的伴星那儿吸引来物质，形成了由气体和尘埃组成的旋转圆盘。当红巨星外层被吹散时，圆盘使这些物质变为两股喷流，以超过300千米/秒的速度喷射出去。该星云位于距离我们大约2100光年的蛇夫座，目前大约1200岁。

◉ 观测行星状星云

行星状星云非常暗弱，不用望远镜通常无法看到，其中一个最容易被观测到的是天琴座的指环星云。它位于织女星的东南方和渐台二的东侧，看起来像是一个小而淡的细圈。在漆黑无月的夜晚，可通过小型望远镜观测到。

182

实用话题

条目旁边有眼睛标记时，表示该天体可以直接观测，它们是能用肉眼可以观测到的恒星及其他天体。本书的最后章节专门介绍了实用的观星技巧和星图，帮助你了解头顶的星宝。

数据框

很多页面都出现了数据框，介绍条目中主要天体的相关情况。例如，该框会介绍银河系中一些最突出的行星状星云，如它们的名字、与地球的距离和大小等信息。

书中给出的行星、恒星、星系和其他天体的距离，指的是其与地球的距离。

边框

本书的 6 个章节都带有不同颜色的边框，让你轻松找到各章节。例如行星状星云的这一页面带有蓝色边框，它属于"恒星"章节。

1983 年
红外天文学

第一颗红外天文学卫星被发射升空。它必须用液态氦保持低温状态，而它所携带的氦只能维持 300 天。在此期间，它对 98% 的天空完成了红外线勘测。

天文年表

本书末尾有一个年表，介绍了从古至今天文学和太空探索的重要发展。

金星概览

金星属于岩质行星，结构和大小与地球类似。它是太阳系最热的一颗行星，这与它的大气有关。金星自转得很慢，并且方向与大多数行星正好相反。

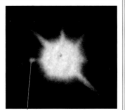

倾斜、自转和公转

每224.7天绕太阳公转一次。

轴倾角为2.7°。

每243天自转一次。

大气

氮及微量气体（3.5%）

二氧化碳（96.5%）

结构

铁和镍核

岩质幔

硅酸盐壳

大小

金星比地球小一点。

太阳 — 从太阳往外数的第二颗行星。

定位示意图

恒星的消亡

白矮星

在每一个行星状星云的中心，都有一个小而热的恒星——白矮星。它是红巨星燃烧后的内核，富含恒星发生氦燃烧后产生的碳和氧，而最重的外层却已不存在。由于白矮星不再产生能量，它们的体积会变得非常小：就一般的白矮星而言，就像是太阳被压缩成了地球般的大小。在银河系中，约 10% 的恒星都可能是白矮星。由于它们太暗，只有距离我们最近的那些才能被看到。

天狼星 B 是距离太阳最近的白矮星。这颗星非常小，围绕着明亮的天狼星运动。

白矮星的演化

红巨星失去外层后，裸露的内核成为行星状星云内明亮的中央星，位于赫罗图的最左边。这个内核非常炽热，显示为一个明亮的光点，温度高达 100000° C。随着内核的冷却，它就会变成一颗白矮星，移动到赫罗图的左下方。由于没有更多的核燃料来燃烧，它将逐渐变冷，移动到赫罗图的右下方，直至消失。

超巨星
红巨星
温度
行星状星云阶段
主序
白矮星阶段
光谱型
O B A F G K M

暴露的内核在图中迅速移动，到达白矮星的位置。

恒星失去外层，行星状星云形成。

白矮星的密度

白矮星的物质密度比水大 100 万倍。这意味着白矮星周围的引力场非常强。站在一颗白矮星上，一个人的体重将能达到 600 吨左右。火柴盒大小的白矮星物质与一头大象的重量相当。

质量较小的白矮星个头较大。

质量较大的白矮星个头较小，密度较大。

钱德拉塞卡极限

白矮星的质量无法超过太阳的 1.4 倍。钱德拉塞卡在 1930 年公布了这一惊人发现，他认为白矮星的质量越大，受到自身引力的挤压就越大，因此也会变得越小。如果一颗恒星燃烧后的内核质量超过了太阳的 1.4 倍（钱德拉塞卡极限），它就会坍缩成中子星或黑洞。

183

了解更多

每个条目均有名为"了解更多"的文本框。此框列出了本书中特定主题的其他条目。例如，本页面给出了关于恒星死亡的其他四个条目，另一个条目则介绍了恒星生死之间的变化。

行星概览

"行星和卫星"章节中的"概览"文本框介绍了每颗行星和卫星的个别特征，便于比较它们的特点。

大事记

很多页面都有一个介绍历史事件的彩色文本框。大多数都按照时间顺序，介绍了具有里程碑意义的成就，如天文学家对宇宙的了解、研究和探索太空的技术。

索引和术语浅释：如果遇到不理解的概念，如"赫罗图"，你可以查找索引或术语浅释。后者给出了大约 200 个术语的定义，而索引的粗体页码表示一个主条目。

人物：文中给出了大多数人物的国籍、出生和死亡日期，有的是在"参考部分"的名人传略中给出的。

伽利略·伽利雷
1564 - 1642

意大利数学家、物理学家、天文学家，是使用望远镜观测星空的第一人。

作为比萨和帕多瓦大学的数学教授，伽利略对古希腊的物理学理论进行了大力反驳。他于 1609 年制造了一架望远镜，发现了太阳每 25 天会转动一次、月球上布满了高山、木星拥有 4 颗卫星、金星像月亮一样拥有位相。对金星的观测有助于证明太阳是太阳系的中心，而非地球。他的这些革命性思想、好斗以及爱出风头的本性惹怒了教会，他晚年时在罗马遭到了宗教审判和软禁。

指环王

• 1610 年，伽利略通过他的原始望远镜观测土星，将它的环带错当成了两颗卫星。伽利略称它们为"耳朵"卫星。

伽利略画的"耳朵"

• 克里斯蒂安·惠更斯在 1655 年确认土星有环带。

• 1675 年，乔瓦尼·卡西尼发现了 A 环和 B 环之间的缝隙（现被称为卡西尼环缝）。

名人传略

第 280 ～ 289 页给出了对认识太空做出了重要贡献的 75 人的详细信息：他们的时代、生平以及贡献等。

观测宇宙

　　与化学、物理学和生物学不同，天文学属于非实验性科学，天文学家无法对研究对象做实验。虽然向其他星球发射空间探测器让这一现状有所改变，但恒星和星系是如此遥远，天文学家大多数时候只能远观，不可近看。不过，如今的科学技术已极大提高了观测的水平。天文学家以前只限于记录天体发出的光，而现在可利用射电波和 γ 射线等诸多手段来揭示宇宙的奥妙。电子技术和计算机也彻底改变了数据的采集和分析，这意味着天文学家能获得比以往任何时候都详细的宇宙信息。

哈勃空间望远镜

天文学家拍摄宇宙深处高清图像的"终结者"是哈勃空间望远镜。经过数十年的规划，这座无人天文台终于在1990年被送入太空。它的轨道位于云层和雾霾之上，克服了地基望远镜会被大气阻隔的缺点。通过远程操控，哈勃空间望远镜为数十个国家的天文学家提供服务。目镜前的观测者被敏感的光探测器所取代，而电子照相机可记录下宇宙的精致图像。

跟踪和数据传输卫星（TDRS）是哈勃空间望远镜无线信号的中转站。它的运行轨道较高，可同时监测到哈勃空间望远镜和地面控制中心。

高增益天线从地球接收指令，并将哈勃空间望远镜所拍摄的图片以电视信号的形式传回。

跟踪和数据传输卫星与地球之间的往返信号。

固态数据记录仪。

工作原理

哈勃空间望远镜的心脏是一台反射式望远镜，与地基望远镜类似。但在太空中，它没有日常的电力供应，没有供其旋转的支架，也没有电缆与控制计算机相连。它安装的设备与卫星上的大同小异：靠太阳能电池板获得动力，借反作用轮瞄准目标，用无线电天线与地面联络。

仪器舱通过执行维修任务已被多次更换，添加了新工具。

宇宙起源摄谱仪通过分析紫外线来研究宇宙结构和星系演化。

暗天体照相机十分敏感，但没有其他相机的视野开阔。

近红外照相机和多目标光谱仪安装有三个红外探测器。

计算机协调所有机载系统的运转。

主镜的直径为2.4米用于收集和聚焦光线

从哈勃空间望远镜传回的蜘蛛星云图像

3号大视场照相机（WFC3）主要的电子照相机。

精细导星感测器能锁定明亮的恒星，以确保望远镜的平稳和图像的清晰。

地面控制

美国宇航局位于美国马里兰州，它通过戈达德航天中心对哈勃空间望远镜进行任务控制。哈勃空间望远镜发出或接收的所有信号都会经过这个中心，工程师在那里对航天器的健康状况进行持续监控。在附近的巴尔的摩的空间望远镜研究所，工程师成了在轨望远镜与天文学家之间的联系纽带，控制着望远镜的观测计划。

哈勃空间望远镜数据

升空时间	1990年4月25日
主镜直径	2.4米
副镜直径	0.34米
长度	13.1米
直径	4.3米
太阳能电池板	12.1 × 2.4米
质量	11.6吨
轨道高度	610千米
轨道周期	95分钟
运行速度	每小时27700千米
寿命	23～25年
成本（发射时）	15亿美元

跟踪和数据传输卫星地面站位于美国的新墨西哥州，中转传输来自哈勃空间望远镜和戈达德航天中心的信号。

哈勃空间望远镜的归宿

当关键部件失效、望远镜达到最高使用寿命后，美国宇航局将使用无人飞引导它穿过大气层，安全坠入海洋。

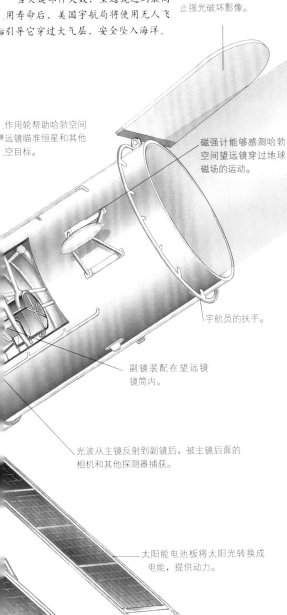

遮阳盖在望远镜发射升空时具有保护作用，并能防止强光破坏影像。

磁强计能够感测哈勃空间望远镜穿过地球磁场的运动。

作用轮帮助哈勃空间望远镜瞄准恒星和其他空目标。

宇航员的扶手。

副镜装配在望远镜镜筒内。

光波从主镜反射到副镜后，被主镜后面的相机和其他探测器捕获。

太阳能电池板将太阳光转换成电能，提供动力。

第二个高增益天线。

维修任务

航天飞机宇航员可以对哈勃空间望远镜进行维修。在1993年、1997年、1999年和2002年，宇航员分别为其更换过零部件，如太阳能电池板和一台发射机，并修复和更换了其他仪器。哥伦比亚号航天飞机2003年意外坠毁后，美国宇航局取消了未来所有的维修计划，但后来又决定在2008年10月向哈勃空间望远镜最后一次发射航天飞机。因为望远镜上的电脑发生故障，这次任务被推迟到2009年才实施。

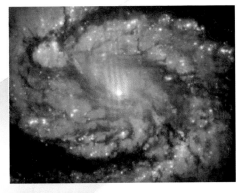

哈勃空间望远镜拍摄的M100星系图像

哈勃空间望远镜的优势

利用地基望远镜观测宇宙时，恒星和星系的光波必须穿过不断移动的湍流大气，因而常会被扭曲。哈勃空间望远镜位于大气之上，因此可将宇宙万物尽收眼底：无论是邻近的行星还是数十亿光年之遥的类星体，都会被它观测得清清楚楚。

韦布空间望远镜

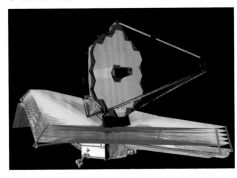

韦布空间望远镜

哈勃空间望远镜的继任者是韦布空间望远镜，这座红外天文台的反射望远镜直径为6.5米，由18个六角形子镜组成。它围绕太阳运行的轨道在地球以外约150万千米的地方。

1997年哈勃空间望远镜的第二次维修任务

望远镜工作原理

采集天空中的光波仍是天文学家获得宇宙信息的主要方式。除太阳外，大多数天体都非常遥远，并且较为暗淡。望远镜应尽可能多地捕捉光波——采集到的越多，提供的信息就越多。望远镜共分两种类型：反射望远镜利用反射镜捕捉光波，折射望远镜使用的是透镜。最先进的专业望远镜均属于反射望远镜，其镜面可达数米，常被建造在山顶，以避免低层大气中空气流动对图像造成扭曲。

霍比－埃伯利望远镜

霍比－埃伯利望远镜

霍比－埃伯利望远镜位于美国得克萨斯州，其口径达 9.2 米，由 91 块子镜组成而成。它的目的是记录恒星和星系的光谱，而不是拍摄太空图像。

8 米双子望远镜

双子望远镜位于夏威夷和智利，由几个国家的天文学家共同操控。

反射望远镜

反射望远镜（如双子望远镜）使用巨大的曲面镜捕捉光波，图像经副镜反射后可到达望远镜的任何部位。这意味着数据记录设备不必随望远镜一起移动。与折射望远镜相比，反射望远镜有两大优点。它们利用反射镜采集光波，因此不会产生色差。此外，反射镜可以从背面进行支撑，因此望远镜的大小不会受到限制。

主镜直径为 8 米，能捕捉到仅为肉眼可见光亮度五亿分之一的光波。

数据记录仪通常放置在主镜背面或观测平台上。

供望远镜上下倾斜的支撑轴。

镜室

观测平台

整个望远镜装置可水平转动。

折射望远镜

折射望远镜使用透镜捕捉光波，然后将图像聚焦到照相底片或光电探测器上。这种图像上下颠倒，但这在天文学上并不重要。折射望远镜在观察明亮天体方面具有强大作用，但对比较暗淡的天体而言，它过厚的透镜镜片会将珍贵的光波吸收掉。对于不同颜色的光，透镜的聚焦点也不尽相同，因此会产生色差。它的镜片也很重，直径超过 1 米的透镜将难以承受自身的重量。

校正色差

不同颜色通过凸透镜后，聚焦点并不相同。

入射光

加上一块凹透镜，所有的颜色都能聚焦于一点。

入射光

透镜

透镜

凹透镜

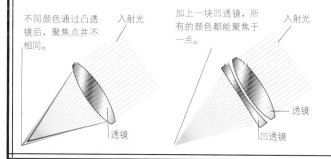

反射镜

望远镜的反射镜由低膨胀微晶玻璃制成，经一年多的抛光后再覆上铝薄膜。它们必须绝对光滑，否则入射光就会被扭曲，造成图像模糊。双子望远镜镜面的抛光精度达到了 1 米的一百六十亿分之一。

双子望远镜直径为 8 米的镜面非常光滑，若将其比作地球的直径，那么最大的隆起部分也只有 30 厘米高。

远镜可以指向天空的任何方位，然后锁定所选目标并随之运动。长曝光时间取得的数据最利于分析。

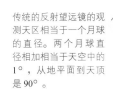

副镜

框架式设计可减轻重量。

反射望远镜的光路

凸面副镜

凹面主镜

来自太空天体的入射光由主镜采集。

主镜将光反射给副镜。

副镜反射的光要通过主镜中心的孔。

光被聚焦到等待记录数据的一套仪器上。

南北位置固定以观测一颗特定恒星。

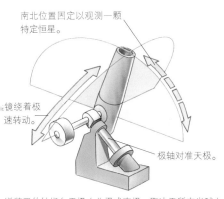

镜绕着极速转动。

极轴对准天极。

道装置的轴指向天极（北极或南极，取决于所在半球）。

远镜绕轴旋转以跟踪绕天极旋转的恒星。

施密特望远镜拍摄到的猎户座天区，其跨度相当于月球直径的 12 倍。

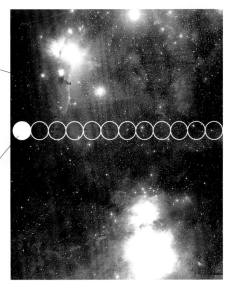

传统的反射望远镜的观测天区相当于一个月球的直径。两个月球直径相加相当于天空中的 1°，从地平面到天顶是 90°。

施密特望远镜

施密特望远镜由折射和反射元件组成，其目的是一次拍摄大面积天区。它们在巡天时特别有用。施密特望远镜利用凹面镜采集光波，并在镜筒前端安装了薄透镜以消除畸变。虽然当初设计它是为了拍摄照相底片，但如今巨型的施密特望远镜可利用电子探测器来采集数据。

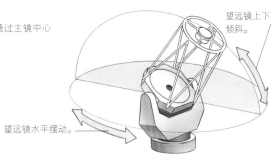

望远镜上下倾斜。

望远镜水平摆动。

地平装置可水平放置巨型望远镜，并可随着星体上下倾斜（调整高度）或左右摆动（调整方位）。

支架

望远镜支架几乎与反光镜一样重要。它必须承担望远镜的重量，并随地球自转摆动，否则观测目标会移出视野。支架主要分两种：赤道装置和地平装置。地平装置是当今专业望远镜的主流样式。太空中的观测对象会不断移动，而连续的计算机控制能够让巨型望远镜（如双子望远镜）实现无缝跟踪。

第一台折射望远镜

• 望远镜并不是伽利略的发明，但在 1609 年他首先发现通过组合镜头，可以将天空放大。伽利略的望远镜并不比玩具强多少，但利用它们，伽利略发现了月球上的环形山、木星的 4 颗卫星以及银河中的大量恒星。

主透镜

博物馆展示架

目镜

第一台反射望远镜

• 艾萨克·牛顿在科学的众多领域都做出了杰出贡献。他研究出了透镜对光传播的影响。他发现，透镜总会使图像出现色差，于是便着手设计能利用反射镜集光的望远镜。他的反射望远镜制成于 1668 年，其合金镜由铜、锡和砷组成。

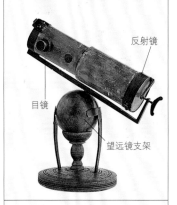

反射镜

目镜

望远镜支架

了解更多

新型设计

　　望远镜的镜面越大，它采集的光就越多，也就能看得越清楚，但直径超过 8 米的反射镜也会有局限性。一个是大气：即使镜面再大，大气中不断运动的气团也会使图像变得模糊不清。另一个是大小：反射镜越大，就越难运输和操作。最新的地基望远镜利用巧妙的方法，解决了这些限制。

凯克望远镜

　　凯克望远镜共有两台，坐落于夏威夷莫纳克亚山山顶。山顶海拔 4200 米，远高于低层大气中的云雾和水汽。其反射望远镜镜面直径为 10 米，光采集区能达到网球场的一半大小。像这么大的镜片，可能会因为自身过重而弯曲变形，因此其主镜采用了 36 块六边形的子镜拼合而成的方法。这些子镜的口径为 1.8 米，厚 7.7 厘米，每块重达 400 千克。

30 米高的圆顶保护着凯克望远镜。望远镜自身的重量达到了 270 吨，足有 8 层楼高。它们被安装在轻型框架上，既结实又轻巧，同时还节约了成本。

凯克望远镜的镜面采光区比哈勃空间远镜要大 17 倍。哈勃能看得更清，但凯克会看得更远。

主动光学

　　凯克望远镜 I 在全球首次采用了拼合镜面，于 1992 年落成。两台凯克望远镜均采用了主动光学系统，目的在于消除由反射镜重量或刮风所造成的畸变。反射镜由一台电脑控制，每秒钟都要将各个子镜调整两次，其精度是人的头发丝直径的千分之一。这样，36 块子镜就会组成一面不变形的玻璃镜。（中译注：中国于 2008 年建成的郭守敬望远镜的有效通光口径为 4 米，采用拼接镜面技术和主动光学技术，拥有 5 度大视场，可同时获得 4 000 条光谱。）

世界最强大的望远镜

名称	口径	位置	点评
大型双筒望远镜（LBT）	2×8.4 米	美国亚利桑那州	相当于 11.9 米
加那利大型望远镜	10.4 米	加那利群岛	拼合镜面
凯克 I 和凯克 II	各 10 米	美国夏威夷	双望远镜，拼合镜面
南非大型望远镜	10 米	南非	操控性弱
霍比－埃伯利望远镜	9.2 米	美国得克萨斯州	操控性弱
昴星团望远镜（Subaru）	8.3 米	美国夏威夷	日本所有
甚大望远镜（VLT）	各 8.2 米	智利	4 个望远镜相同
北双子望远镜（Gemini N）	8.1 米	美国夏威夷	国际所有
南双子望远镜（Gemini S）	8.1 米	智利	国际所有
大镜面望远镜（MMT）	6.5 米	美国亚利桑那州	曾有 6 个镜面
麦哲伦望远镜	各 6.5 米	智利	两镜相同
巨型地平装置望远镜	6 米	俄罗斯	首台大型地平装置望远镜
大型天顶望远镜（LZT）	6 米	加拿大	液态汞镜面
海尔望远镜（Hale）	5 米	美国加州	"5 米望远镜"
赫歇尔望远镜（WHT）	4.2 米	加那利群岛	以英国为首
郭守敬望远镜（LAMOST）	4 米	中国河北兴隆	获取光谱效率最高

安装甚大望远镜的建筑会与仪器一同旋转，以纠正地球自转所产生的偏差。

甚大望远镜

欧洲南方天文台设在智利的甚大望远镜由4台口径为8.2米的望远镜组成。通过采集1小时的光，每台望远镜就能捕捉到仅为肉眼可见光四十亿分之一的目标。它们可组合成特殊模式，以观察明亮目标的细节，但大部分时间都是独立工作。在当地的马普切语中，这4台望远镜分别被称作"太阳"、"月亮"、"南十字星"和"金星"。

巨型麦哲伦望远镜

巨型麦哲伦望远镜由美国和澳大利亚共同建造，预计2017年建成。它拍摄的图像要比哈勃空间望远镜清晰10倍，成为世界上最强大的望远镜。它位于智利的拉斯坎帕纳斯，将由7面直径达8.4米的独立圆镜组成一台巨大的反射望远镜。这座望远镜将与由一块口径为21.4米的反射镜组成的望远镜拥有同等的采光能力。

巨型麦哲伦望远镜，预计2017年建成

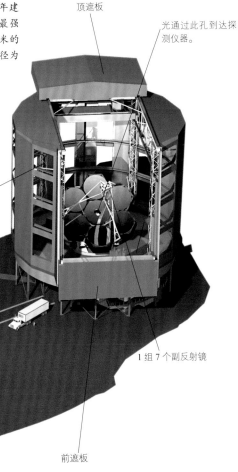

顶遮板

光通过此孔到达探测仪器。

望远镜的通风结构，以保持温度均恒。

服务大楼

1组7个副反射镜

前遮板

自适应光学

由于大气的不停运动，我们观测到的星体会变得模糊。在自适应光学系统中，人们可利用强大的激光，在观测星体近邻方向的大气高层制造一颗假星，并利用计算机算出该假星的光波穿过大气时的扭曲度。然后不断移动变形镜镜面，将光聚焦回一个点，从而锐化望远镜观测到的所有图像。

新墨西哥州天空的激光束

大型望远镜

• 1948年，在加利福尼亚州的帕洛玛山上，美国建成了口径为5米的海尔望远镜，取代了1917年在威尔逊山建造的口径为2.5米的望远镜。

• 从1975年到20世纪80年代后期，人们建成了几座4米口径的望远镜，如赫歇尔望远镜。

• 首个建造在地平装置上的大型望远镜口径为6米，1976年建于苏联。

• 第一台10米口径的凯克望远镜于1992年落成。它是第一台10米级的望远镜，也是首次使用拼合镜面，将子镜像拼瓷砖一样连成大镜子的望远镜。

• 组成甚大望远镜的4座望远镜在1998年到2001年之间陆续建成并投入使用。

• 2007年，大型双筒望远镜开始运行，成了世界上最强大的望远镜。

了解更多

光波分析

　　天文学家很少直接通过望远镜观测星空。人类的眼睛并不是理想的光探测器。与此相比，望远镜能够使用敏感的电子照相机来捕捉恒星、星云和星系等天体的光。如果天体的光非常微弱，望远镜还可以持续观测几分钟甚至几个小时。光谱仪能够分析光的波长，并揭示它们各自的能量；计算机能对结果做出分析，并判断观测对象的温度及组成。有了这两种工具，人们就可以从行星、恒星和星系的光中解析出更多的信息。

感光芯片

　　令人惊叹的星系照片看起来与照相底片并无两样，但它们就像电视屏幕上的图像一样，是由方形网格（或称作像素）组成的。这些照片是利用设置在半导体感光芯片——电荷耦合器件（CCD）周围的电子摄像机拍摄而成的。感光芯片比照相底片更加敏感，它曝光两分钟的信息显示量相当于照相底片曝光一小时。

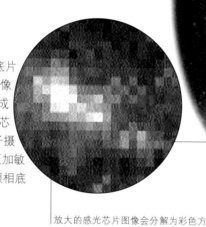

放大的感光芯片图像会分解为彩色方块，表明这是一张数字图像。

旋涡星系NGC（星云星团新总表）5457的感光芯片图像

电荷耦合器件

　　电荷耦合器件是数码相机、摄像机和扫描仪的内核部件。它是一种很薄的硅片，感光面被分成几千或几百万个方形像素（图像元素）。光落在像素上，就会产生电荷，光越强电荷就越多。曝光结束后，芯片上的内置电路就会一行一行地读出电荷图案，然后将它们转换为数字图像。

十字轴支架

大型望远镜的电荷耦合器件，一张邮票大小的表面包含了524 288个像素。

通过滤色器拍摄的NGC 5457图像可以组合起来，成为上面的全色图。

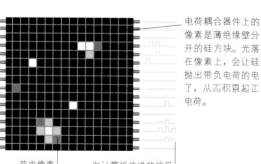

电荷耦合器件上的像素是薄绝缘壁分开的硅方块。光落在像素上，会让硅抛出带负电荷的电了，从而积累起正电荷。

荷电像素　｜　向计算机传送的信号

滤色器转盘

来自望远镜的光

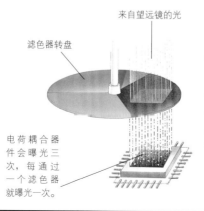

电荷耦合器件会曝光三次，每通过一个滤色器就曝光一次。

彩色视觉

　　电荷耦合器件只能形成黑白两色，但色彩会显示十分重要的信息，如恒星的温度。为了获得足够的信息还原图像的自然色彩，天文学家必须对同一视野至少拍摄三次，让光通过滤色器，然后合成图像。每一种颜色都可以由红光、绿光、蓝光混合而成。

NGC 5457 发出的光非常微弱，肉眼通过望远镜的目镜只能看见最亮的区域。

光谱学

光具有不同的波长，均与不同的颜色相对应。最短的波长为紫色，最长的为红色。在光谱学中，天文学家使用棱镜或衍射光栅（刻有数以千计紧密排列的刻线的平面玻璃）将光分成了一系列的颜色。在光谱中，各条明暗不同的谱线对应不同的波长。光谱学的强大之处在于通过分析这些谱线，可以揭示天体的成分和温度。

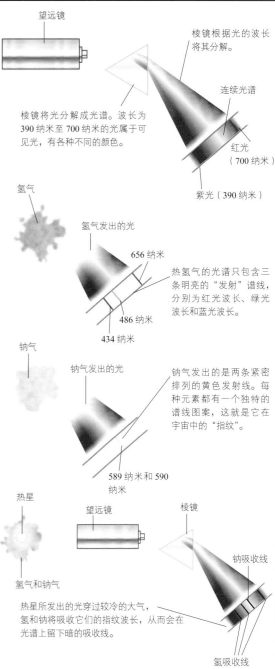

热星

望远镜

棱镜根据光的波长将其分解。

棱镜将光分解成光谱。波长为 390 纳米至 700 纳米的光属于可见光，有各种不同的颜色。

连续光谱

红光（700 纳米）

紫光（390 纳米）

氢气

氢气发出的光

656 纳米

热氢气的光谱只包含三条明亮的"发射"谱线，分别为红光波长、绿光波长和蓝光波长。

486 纳米

434 纳米

钠气

钠气发出的光

钠气发出的是两条紧密排列的黄色发射线。每种元素都有一个独特的谱线图案，这就是它在宇宙中的"指纹"。

589 纳米和 590 纳米

天文学中的计算机

与日常生活和商业贸易一样，计算机在天文学中也必不可少。今天，所有新的天文数据都以数字形式存在。带有数字成像设备的电子仪器已完全取代了照相底片。以前的照相底片仍然是重要的档案资料，但正在将它们数字化，以便更轻松地分析数据。计算机也可以用来控制望远镜的运行。

热星

望远镜

棱镜

钠吸收线

氢气和钠气

氢吸收线

热星所发出的光穿过较冷的大气，氢和钠将吸收它们的指纹波长，从而会在光谱上留下暗的吸收线。

...星的红外像

红色代表波长最长的红外线。

利用色彩

天文学家可以利用色彩展示天体，并传达更多的信息。他们使用各种...色器，挑选出图像中不同波长的光，而不仅限于红光、绿光和蓝光。例...，电荷耦合器件对红外辐射非常敏感，而人的肉眼却无法看见红外线。...彩色图像可对通常看不见的天体进行可视化处理，有时也可以改变颜色...进行夸张处理，以突出正常颜色下无法显现的细节。

蓝色代表波长最短的红外线。

元素谱线

元素	波长（纳米）		
铝	394	-	-
钙	393	397	-
氦	467	588	-
氢	434	486	656
铁	373	375	382
镁	383	384	518
氮	655	658	-
氧	501	630	-
硅	390	-	-
钠	589	590	-

了解更多

来自太空的辐射

在20世纪后期的天文学界，创新如同望远镜发明那样，也扮演了关键角色。天文学家利用新技术，能够接收到来自太空天体的所有辐射，而不仅是光。对光的捕捉只是天文工作的一部分。这就像只欣赏了一首旋律中的一个音符，而要完美体验这首乐曲，你需要听完整首曲子。光只是电磁辐射的一种形式。进一步研究不可见的波，如射电波和X射线，能够揭示出宇宙更多的惊人奥秘。

类星体的核（γ射线）

星系团（X射线）

高能源

宇宙高能量的区域会发射出短辐射。γ射线可能是由电子和反物相互湮灭而产生的。星系团中的超温气体会释放出X射线，而恒星周的高温气体会辐射出紫外线。

国际γ射线天体物理实验室

钱德拉X射线天文台

索贺（太阳和日球层

地球大气之外

太空中的恒星、星系及其他天体都会发出电磁辐射。无论是光波还是射电波，它们都是以振动的电场和磁场的形式向外扩散。这种辐射以每秒30万千米的光速向我们传播过来，能跨越数千甚至数百万光年，但大多数在通过地球大气时会被吸收。直到科学家能够拦截太空的辐射，非可见光天文学才逐渐发展成熟。

轨道天文台

地球大气能吸收大多数的波，因此卫星从太空直接拦截辐射进行研究就是一种最好的方式。为拍摄更清晰的图像，哈勃空间望远镜在太空中飞行，从而避免了低层大气中空气流动的干扰。

在这个高度，所会被大气吸收。

携带着γ射线和X射线探测器的气球。

淡蓝色区域对应的波长从地球表面无法测到。

波谱没有尽头，但波长越短的γ射线（能量越高），在宇宙中也越罕见。

	γ射线					X射线	
0.000001 纳米	0.00001 纳米	0.0001 纳米	0.001 纳米	0.01 纳米	0.1 纳米	1 纳米

电磁波谱

所有辐射就像海上的波浪一样在运动，波峰之间的距离称为波长。不同的辐射可通过不同波长加以区分，波长最短的辐射频率（每秒波数）最高，能量也最强。

γ射线的波长最短，还不到0.01纳米。它们是能量最高的一种辐射。它们的起源包括神秘的γ射线暴，这是由遥远的恒星发生超强爆炸所致的。

X射线是由100万℃至1亿℃之间的高温气体释放的，星系之间以及黑洞附近就存在这种射线。大多数X射线望远镜的探测器都利用了电荷耦合器件。X射线会被上层大气吸收。

紫外辐射：温度最高的恒星在这些波长释放大部分能量。臭氧层能过滤有害的太阳紫辐射，这虽然保护了人类健却阻碍了天文学家对宇宙的探

低能源

宇宙较冷的区域会释放出长波辐射。恒星会发出可见光，而较冷的天体只能释放红外线区域以内的能量，如新生恒星、行星和太空中的尘埃。射电波是电子穿过遥远的射电星系的磁场产生的。

形成恒星的暗云（红外线）

宇宙大爆炸的背景辐射（射电波）

射电星系瓣（射电波）

恒星（可见光）

释放气体的年轻恒星（红外线）

超新星遗迹（射电波）

日冕（紫外线）

GALEX星系演化探测器（紫外线）

哈勃空间望远镜（紫外线、可见光、红外线）

斯皮策空间望远镜（红外线）

威尔金森微波各向异性探测器（WMAP）

200 千米

大气对波的吸收

大气中的分子吸收某些波长（如紫外线）比其他波长更甚。X 射线和 γ 射线的穿透力强，能被气球载探测器记录下来。有些红外线可被高山观测站和高空飞机探测到。

地基天文台

只有两种类型的电磁辐射不会被大气吸收而能到达地球表面。这就是光和较短的射电波。射电望远镜一般在海平面选址，而光学望远镜会建在山顶，越过大多数会阻碍光波的气流。

100 千米

短于 310 纳米的波长无法到达地球表面。

索菲亚平流层红外天文台（红外线）

高山上的光学和红外望远镜

甚大阵（射电波）

阿雷西沃射电望远镜（射电波）

海平面

可见光

外线　红外线　射电波

100 纳米　1 000 纳米　0.01 毫米　0.1 毫米　1 毫米　1 厘米　10 厘米　1 米　10 米　100 米　1 千米

光辐射（或光线）的波长为 390 纳米至 700 纳米。它们通过大气中的"窗口"到达地球表面。在很长时间内，这个狭窄波段是天文学家研究宇宙的唯一媒介。

红外线（或热辐射）由温度高达 1000°C 左右的天体产生。在低层大气中它会被吸收，但从山顶或飞机上能探测到某些波长。

射电波来自超新星遗迹、活动星系和宇宙大爆炸，许多天体都能发出。通过地球大气中的一个"窗口"，波长短于 100 米左右的射电波能够到达地面。更长的射电波会被高层大气反射回太空。

红外天文学

如果我们的眼睛对红外线或热辐射敏感，那么夜空会呈现出另一番景象。我们将会看见满眼的艳丽宇宙云，分散而遥远的星系闪烁着新生的恒星；并将能识别出通常隐藏在太空微小尘粒背后的年轻恒星和银河系中心——这是因为红外线可直接穿过星际尘埃。较冷的天体发出的红外辐射最多。通过红外望远镜，天文学家可以收获更多的信息，而这些利用光学望远镜则无法看到。

温度差

探测器能觉察一个物体的温度变化，大的红外视图显示它的温度差大约为1℃。红外术能扩大天文学家观察温度的范围，从3000℃的恒星到−250℃的极冷尘云都可观测到。宇宙中的气体云温度可达100万℃，这些都是极好的观测对象。

红外波长

顾名思义，红外线位于可见光谱中红光的外侧。它的电磁波谱从700纳米延伸到1毫米，与射电波相接，因此比可见光范围更广。天文学家将红外线划分为四个波段：近红外、中红外、远红外和亚毫米波。在地球大气内并不能观察到红外辐射，因为二氧化碳和水蒸气会将其吸收，不过，一些较短和较长的波长还是能到达山顶。

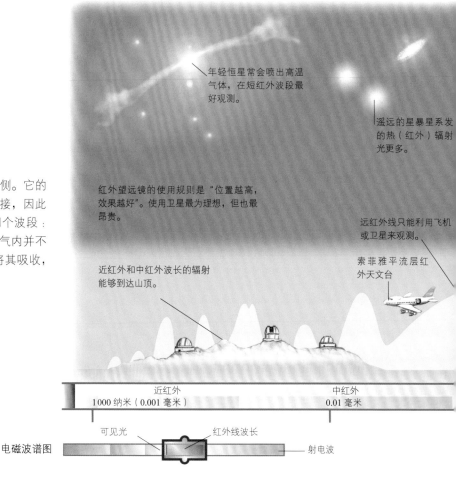

年轻恒星常会喷出高温气体，在短红外波段最好观测。

遥远的星暴星系发的热（红外）辐射光更多。

红外望远镜的使用规则是"位置越高，效果越好"。使用卫星最为理想，但也最昂贵。

远红外线只能利用飞机或卫星来观测。

索菲雅平流层红外天文台

近红外和中红外波长的辐射能够到达山顶。

	近红外	中红外
	1000 纳米（0.001 毫米）	0.01 毫米

电磁波谱图　　可见光　　红外线波长　　射电波

主要红外望远镜

名称	口径	位置	高度（千米）	日期
英国红外望远镜	3.8 米	夏威夷	4.2	1979 ~
美国宇航局红外望远镜	3.0 米	夏威夷	4.2	1979 ~
加州理工学院亚毫米波天文台	10 米	夏威夷	4.2	1987 ~
麦克斯韦望远镜	15 米	夏威夷	4.2	1987 ~
柯伊伯机载天文台	0.9 米	洛克希德 C141	12.5	1974 ~ 1995
索菲亚平流层红外天文台（SOFIA）	2.5 米	波音 747/SP	13	2009 ~
红外天文卫星（IRAS）	0.6 米	极轨道	900	1983
红外空间天文台（ISO）	0.6 米	椭圆轨道	1000	1995 ~ 1998
斯皮策空间望远镜	0.85 米	太阳轨道	5000 万	2003 ~ 2009

地基望远镜

红外望远镜类似于光学望远镜。事实上，红外线和可见光都可被最新的大型反射望远镜观测到。然而，红外照相机必须安装冷却系统，以防它自身产生的热量干扰来自太空的微弱红外线。

红外照相机正在加入液氨，将其冷却至−270℃。

折叠太阳能
电池板

0.85 米反
射望远镜

电子雷管

在轨观测

美国宇航局的斯皮策红外空间天文台创建于 2003 年。它尾随在地球之后环绕太阳运行，但并不在地球轨道上。这有助于减少地球热量的干扰，从而可以携带较少的冷却剂。斯皮策安装着三种仪器，包括一台摄影机和一台光谱仪。冷却剂被消耗完之后，它就不能再继续观测了。

猎户座在光学波段能看到主要是由 7 颗明亮的恒星组成，轮廓酷似猎人。

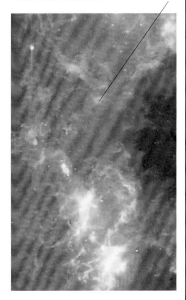

从红外天文卫星拍摄的图像来看，同一天区也存在着巨大的冷尘云。

猎户星云

红外望远镜对微温和冷的物质非常敏感，这包括绵延在猎户座周围数百光年的尘云和气团。它们的温度一般为 −200°C 左右（右上图红色部分）。在密集区域，尘云和气团的温度可在新生恒星散热的影响下达到 1000°C 左右（右上图白色部分）。在光学望远镜中，这些云只能呈现出黑暗的轮廓。与此相反，在可见光波段能看到的大多数恒星由于温度太高，在红外波段却看不到。

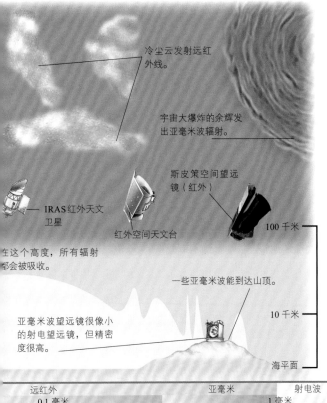

冷尘云发射远红外线。

宇宙大爆炸的余辉发出亚毫米波辐射。

斯皮策空间望远镜（红外）

IRAS 红外天文卫星

红外空间天文台

在这个高度，所有辐射都会被吸收。

一些亚毫米波能到达山顶。

亚毫米波望远镜很像小的射电望远镜，但精密度很高。

100 千米

10 千米

海平面

远红外	亚毫米	射电波
0.1 毫米	1 毫米	

望远镜位于一个向天空开口的舱段。

计算机控制台和设备所在的科学区。

2.5 米的反射镜安装在空气轴承上，以保持稳定。

学区有用于讲的投影仪和演屏。

照相机使用对红外线敏感的电子探测器，能生成由像素组成的图像。

索菲亚平流层红外天文台

平流层红外天文台由波音 747SP 改造而成，携带的红外望远镜可以远离地球的吸收大气层。它的运行寿命要比卫星长很多年，携带的望远镜也更大，直径为 2.7 米。

红外大事记

• 1800 年，威廉·赫歇尔爵士发现将温度计放入太阳光谱红端之外时，温度会升高。这种不可见的辐射被他称为红外线。

• 1969 年，第一次地面红外巡天观测共发现了 5612 颗冷星。

• 1983 年，IRAS 红外天文卫星发射升空，发现了 250000 个宇宙红外源，星暴星系也在其列，成千上万的恒星诞生时产生的热比发出的光更多。

• 1994 年，舒梅克－列维 9 号彗星撞击木星，红外望远镜观测到超高温的气团延绵竟达 3000 千米。

• 1998 年，ISO 红外空间天文台发现从卫星到星际云，太空中的水无处不在。

射电天文学

通过研究从太空传来的射电波，天文学家已发现了宇宙中众多的活动天体和爆炸事件。这包括超新星遗迹、超大质量黑洞周围的磁旋涡，以及宇宙诞生的大爆炸辐射。射电望远镜也可以跟踪太空中的分子、新行星和生命的原材料。研究宇宙的波长不允许广播占用。即便如此，射电望远镜受到的无线电污染也越来越严重，如手机干扰。

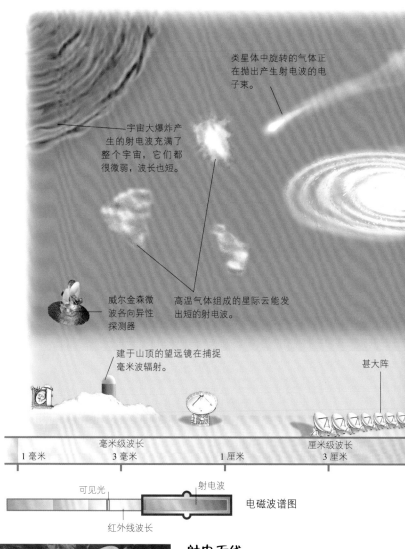

来自太空的射电波

天线

射电望远镜

射电天文学家不是简单地收集从太空传来的射电波。在大多数射电望远镜中，射电波遇到碟形反射器的巨大抛物面内侧，会被反射并聚焦到一个天线上——类似于电视天线。天线将产生的电信号发送给计算机，进行存储和转换成电视图像。

碟形反射器

碟形反射器的抛物面越大，射电望远镜揭示的信息就越详细。

射电频谱

射电波的波长超过了任何别种电磁辐射，大于1毫米的波长都属于射电波。大多数射电波都能穿透大气到达地球表面，不过波长100米以上的射电波会被大气顶部的电离层反射回太空。科学家经常使用频率——即每秒钟经过的波数来描述射电波。波长越短，频率越高。

类星体中旋转的气体正在抛出产生射电波的电子束。

宇宙大爆炸产生的射电波充满了整个宇宙，它们都很微弱，波长也短。

威尔金森微波各向异性探测器

高温气体组成的星际云能发出短的射电波。

建于山顶的望远镜在捕捉毫米波辐射。

甚大阵

毫米级波长		厘米级波长	
1毫米	3毫米	1厘米	3厘米

可见光　射电波

红外线波长

电磁波谱图

射电天线

日本野边山射电天文台的大型射电望远镜拥有45米的大口径碟形抛物面，比网球场面积的1倍还大。然而它的表面十分光滑，误差不到一片草叶的宽度。这种精密表面有利于收集星际气体分子发出的毫米波辐射。

主要射电望远镜

名称	大小	位置
单碟		
500米口径球面射电望远镜	500米	中国贵州
阿雷西沃射电望远镜	305米（固定式）	波多黎各
绿堤射电望远镜	110 × 100米	美国
埃菲尔斯伯格望远镜	100米	德国
洛弗尔射电望远镜	76米	英国
天马望远镜	65米	中国上海
帕克斯射电望远镜	64米	澳大利亚
LMT大型毫米波望远镜	50米	墨西哥
野边山射电天文台	45米	日本
IRAM毫米射电波望远镜	30米	西班牙
麦克斯韦望远镜	15米	美国
德令哈毫米波射电望远镜	13.7米	中国青海
基特峰毫米波望远镜	12米	美国
阵列		
甚长基线射电望远镜阵（VLBA）	8000千米（10碟）	横跨美国
澳大利亚巨型望远镜	320千米（8碟）	澳大利亚
梅林射电望远镜（MERLIN）	230千米（7碟）	英国
甚大阵（VLA）	36千米（27碟）	美国
大型米波射电望远镜（GMRT）	25千米（30碟）	印度
毫米波天文组合阵（CARMA）	2千米（23碟）	美国
艾伦望远镜阵	0.3千米（30碟）	美国

望远镜阵列

射电波比光波波长更长，因此射电望远镜不如光学望远镜清晰。为揭示更多细节，天文学家将几个小望远镜连接起来，模拟或组成一个更大的望远镜。甚大阵的27个碟形天线可沿三条轨道向外移动，组合成的最长基线可达36千米。甚长基线射电望远镜阵位于美国，能提供比哈勃空间望远镜更清晰的图像。

新墨西哥州的甚大阵

射电大事记

央斯基的射电望远镜天线

• 1932年，卡尔·央斯基发现来自银河系的射电"噪声"，射电天文学由此发端。

• 1942年，英国科学家斯坦利·海伊（1909～2000）发现太阳强烈的射电爆发。

• 1949年，澳大利亚的射电天文学家确认了太阳系外的首批射电源。

• 1951年，哈佛科学家接收到了银河系氢气所发出的21厘米波长信号。

• 1963年，第一个类星体3C 273被确认：它是一个能量极强的射电源。同时，人们在它18厘米波长的辐射中还发现了第一个星际分子（羟基）。

• 1965年，阿尔诺·彭齐亚斯和罗伯特·威尔逊发现了大爆炸微弱的热回声——宇宙背景辐射。

• 1967年，安东尼·休伊什和乔丝琳·贝尔·伯内尔发现了第一颗脉冲星PSR 1919 +21。

• 1992年，宇宙背景探测器测量到了宇宙背景辐射中的波纹，这是星系形成的最初迹象。

一个遥远射电星系的两只波瓣只有射电望远镜能够观测到。

银河系和其他星系的氢气能发出波长为21厘米的射电波。

一颗恒星爆炸后的遗迹仍幽灵般地存活了下来，成为不断发出射电波的超新星遗迹。

大多数射电望远镜观测的都是1米以下的波长。

300 千米

洛弗尔射电望远镜　　阿雷西沃射电望远镜

150 千米

海平面

30 厘米　　　　米级波长　　1 米

地球自转综合天线阵

一字排列的望远镜——甚至是Y形的甚大阵——都会使综合成的大望远镜留下缺口，从而导致最终接收到的射电图像扭曲。20世纪50年代，马丁·赖尔提出了一个解决方案。望远镜不是通过快照来获取"千疮百孔"的视图，而是对同一个射电源连续观察12小时。在地球自转的作用下，每一个天线都会绕着其他天线慢慢划出一个半圆，从而"综合"成了更大的望远镜。

综合天线阵工作原理

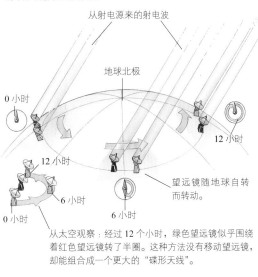

从射电源来的射电波

地球北极

0 小时　　　　　　　　　12 小时

12 小时

6 小时

望远镜随地球自转而转动。

0 小时　　　6 小时

从太空观察：经过12个小时，绿色望远镜似乎围绕着红色望远镜转了半圈。这种方法没有移动望远镜，却能组合成一个更大的"碟形天线"。

同步加速辐射

从超新星遗迹到星系，许多射电源的射电波都是由电子高速穿过磁场而产生的。这种类型的射电波被称作同步加速辐射，在较长波长处能量最强。从这张天炉座A星系的图片上，能看出射电波瓣中的电子噼噼穿过复杂磁场的情景。

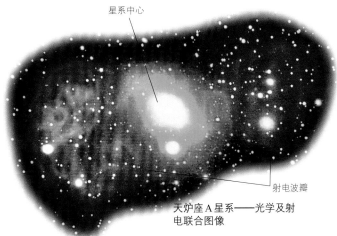

星系中心

射电波瓣

天炉座A星系——光学及射电联合图像

紫外天文学

为追踪研究温度最高的恒星——比太阳要热50倍——天文学家必须使用紫外线。温度高于10 000℃的恒星在紫外线波段辐射最强。紫外线还可以揭示恒星之间炽热而不可见的气体云中都隐藏着什么，但是地球大气中的臭氧加大了观测的难度。在日常生活中，臭氧层对我们具有重要的保护作用，能防止太阳紫外线的辐射，但它同时也阻止了天文学家观测宇宙中的紫外线。

紫外线的波长

紫外线的波长比可见光更短，从可见光谱（390纳米）的紫色端向下，一直延伸到X射线区（10纳米）的开端。10纳米至91纳米之间的波长称为极紫外。紫外望远镜必须飞到地球大气以上，因为高海拔地带的氧原子和氮原子会阻挡波长较短的紫外线，而其余的波长会被10千米至50千米高空的臭氧层所阻挡。

轨道望远镜

紫外望远镜要高于地球大气。星系演化探测器就是其中的一个，于2003年发射进入地球轨道。它的一个目的是要侦测整个太空中能发出紫外线的星系，从而研究宇宙历史中恒星的形成和星系的演化。

星系演化探测器

氢雾

太空中的许多原子都会吸收紫外线辐射。为太空中最常见的一种元素，氢对极紫外波长吸收力极强，因此形成了能遮蔽大部分遥远宇宙的浓雾。

超大质量黑洞周围的高温气流能产生极紫外辐射。

太阳的色球层比表面更热，并在紫外波段发出强光。

γ射线暴快速反应探测器携带着一台紫外望远镜，可追踪观测γ射线暴。

索贺太阳和日球层探测器能仔细观察太阳大气。

在这个高度，所有紫外线会被吸收。

臭氧层

极紫外线　　　　　　　　　　　紫外线

10纳米　50纳米　　　　　　100纳米　　　150纳米

紫外线的波长

X射线　　　可见光　　　　　　　电磁波谱图

主要紫外望远镜

名称	口径	轨道	日期
哥白尼天文卫星	0.80米	近地轨道	1972～1981
国际紫外探测器（IUE）	0.45米	同步轨道	1978～1996
天星号紫外天文卫星	0.38米	近地轨道	1990, 1995
ROSAT天文卫星	0.58米	近地轨道	1990～1999
极紫外探测器（EUVE）	2×0.40米	近地轨道	1992～2001
索贺太阳和日球层探测器	0.12米	150万千米	1995～
远紫外空间探测器（FUSE）	4×0.37米	近地轨道	1999～2007
星系演化探测器（GALEX）	0.5米	近地轨道	2003～2010

太阳大气中的发光气体

这幅索贺太阳和日球层探测器从太空拍摄的太阳极紫外像，显示了铁的极热原子所发出的辐射。太阳可视表面的温度是6500℃，但仍然冷得无法产生极紫外辐射。然而在表面以上，日冕的气体温度可超过100万℃，能发出强烈的紫外线。最热的区域看起来几乎呈白色。发光的气体揭示出磁场的形状。

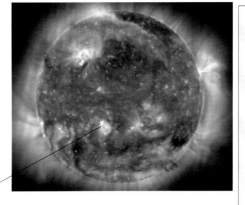

活动区

银河系中温度最高的恒星可达200 000℃，能发出最强烈的紫外线。

在遥远的星系中，闪烁着一些炽热而年轻的紫外亮星。

星系演化探测器具有灵敏的探测装置，能捕获来自星系的紫外辐射。

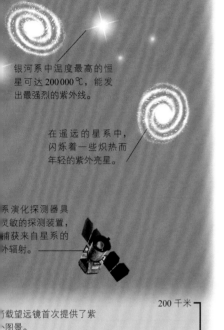

200 千米

100 千米

海平面

空载望远镜首次提供了紫外图景。

紫外线

250纳米   300纳米

星暴星系

M94 星系拥有大量的新生恒星。通过光学望远镜，只能看到中央明亮的核球部分，它主要是由老年冷星组成。天星号紫外天文台拍摄的紫外像让它呈现出了完全不同的结构。中央的核球部分变成了一个巨大的环，那里聚集着1000万年以来新诞生的高温恒星。

地球的晕

利用紫外望远镜，我们会发现地球被炽热的晕包围。在太阳风荷电粒子的影响下，高层大气中的原子会受热发光。在地球的黑暗面（左边），亮带部分对应的是极光。

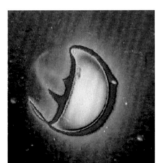

中心核的高温气体

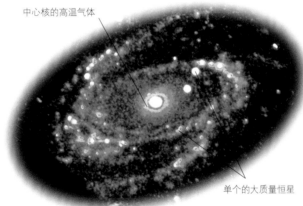

单个的大质量恒星

星系中的热星

旋涡星系在紫外波段看来最为壮观，它只显示出温度最高的恒星。这里是天星号紫外天文卫星拍摄的星系M81，它位于大熊座内，距离我们1200万光年之遥。明亮的光点处都聚集着大质量恒星，它们比太阳的温度高10倍，但很快就会燃尽。

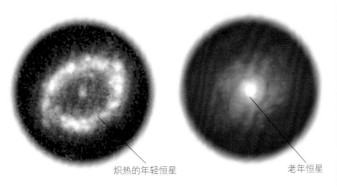

炽热的年轻恒星   老年恒星

M94 的紫外像   M94 的光学像

紫外大事记

• 1801 年，德国物理学家约翰·里特尔（1776 ~ 1810）发现，将对光很敏感的氯化银放在太阳光谱紫色端之外时，它会在一种不可见射线的作用下变黑。

• 1946 年，德国 V–2 火箭第一次拍摄到了太阳的紫外线谱。

• 1972 年，阿波罗 16 号飞船的乘员在月球上建立了紫外天文台，用于观测地球和高温恒星。

• 1973 年，哥白尼天文卫星测量到了宇宙大爆炸时遗留下来的氘（重氢）。同时，天空实验室载人空间站发现太阳大气到处都有斑点，即空的"冕洞"。

• 1975 年，阿波罗-联盟号执行航天任务时，发现了来自太空的极紫外射线。

• 1987 年，国际紫外探测器监测到了来自超新星 1987A 的辐射爆发，从而能精确判断超新星及其宿主星系——大麦哲伦云的距离。

• 1990 年，ROSAT 天文卫星发现了 1 000 多颗发射极紫外辐射的超高温恒星。

• 到 2008 年，星系演化探测器拍摄到的紫外像的星系首次超过 1 亿个。

X射线天文学

在X射线波段，太空看起来完全不同，到处都是闪烁的气团和怪异的X射线星。X射线的波长非常短，但辐射能量很高，只有温度超过100万℃的天体才能发出——它们展示了宇宙的高温区。太阳和类似恒星的大气在X射线波段只能显示出淡淡的弱光。超新星遗迹以及脉冲星和黑洞周围的气体温度可达到1亿℃，是更强大的X射线源。

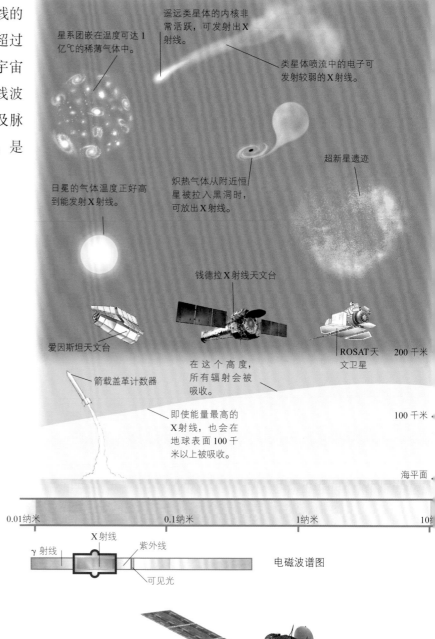

星系团嵌在温度可达1亿℃的稀薄气体中。

遥远类星体的内核非常活跃，可发射出X射线。

类星体喷流中的电子可发射较弱的X射线。

日冕的气体温度正好高到能发射X射线。

炽热气体从附近恒星被拉入黑洞时，可放出X射线。

超新星遗迹

钱德拉X射线天文台

爱因斯坦天文台

ROSAT天文卫星　200千米

箭载盖革计数器

在这个高度，所有辐射会被吸收。

即使能量最高的X射线，也会在地球表面100千米以上被吸收。

100千米

海平面

0.01纳米　　　0.1纳米　　　1纳米　　　10纳

γ射线　　X射线　　紫外线

可见光

电磁波谱图

X射线谱

X射线是波长在0.01纳米至10纳米之间的高能电磁辐射，比可见光要短得多。最短的X射线能量却最高。X射线在地球上拥有极强的穿透力，医生可用它来展示身体的内部构造，但高层大气却会将来自太空的所有X射线吸收掉。因此，X射线检测器必须由火箭或卫星携带到大气之上。

X射线望远镜

X射线会被传统的曲面镜所吸收，因此很难收集。只有当以极小的角度照射到金属表面时，它们才会发生反射，就像掠射墙面后弹开的子弹一样。X射线望远镜使用高抛光的锥形金属筒来收集辐射，它被称作掠射镜。

掠射镜

来自太空的X射线。

锥形抛光筒

X射线掠射过圆柱反射镜。

单面镜只能捕获少量的X射线。

检测器被放在焦点处。

X射线多镜望远镜（XMM-牛顿卫星）

X射线多镜望远镜于1999年发射升空，共携带有三台X射线望远镜。每台都有58个套筒式圆柱形反射器和一台对特定波段X射线极度敏感的X射线照相机。它监测的天体可达数百万，远超过了以前任何一种X射线望远镜。

主要X射线卫星			
名称	大小（米）	日期	国家
乌呼鲁卫星	0.28	1970～1973	美国
阿里尔5号天文卫星	0.17	1974～1980	英国
高能天文台-1	1	1977～1979	美国
爱因斯坦天文台	0.58	1978～1981	美国
欧洲X射线天文卫星	2×0.3	1983～1986	欧洲
银河号	0.63	1987～1991	日本
量子1号	0.25	1987～1999	俄罗斯
ROSAT天文卫星	0.8	1990～1999	美国/德国
钱德拉X射线天文台	1.2	1999～	美国
X射线多镜望远镜	3×0.7	1999～	欧洲

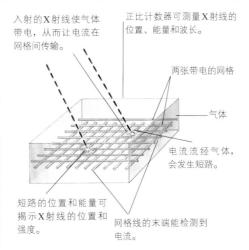

入射的X射线使气体带电，从而让电流在网格间传输。

正比计数器可测量X射线的位置、能量和波长。

两张带电的网格

气体

电流流经气体，会发生短路。

短路的位置和能量可揭示X射线的位置和强度。

网格线的末端能检测到电流。

检测X射线

在X射线望远镜的焦点位置，天文学家使用了两种类型的检测器。电子耦合器件是光学望远镜最常用的电子检测器，只能简单记录X射线照射到它的次数。正比计数器是一种能够检测地球上的辐射的精密型盖革计数器，它可以创建X射线的假色图像。

钱德拉X射线天文台

钱德拉X射线望远镜拥有4台套筒式圆柱形反射镜，可将X射线聚焦至一个小点。它携带了4台科学仪器，其中有一台照相机可详细记录影像。它运行在一条绕地球的较高的椭圆轨道上，轨道最远达到地月距离的三分之一。

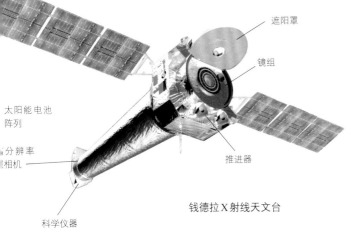

遮阳罩

镜组

太阳能电池阵列

分辨率相机

推进器

科学仪器

钱德拉X射线天文台

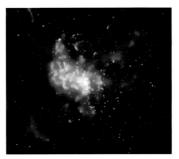

人马座A*源

从彗星到类星体，钱德拉X射线天文台观测到许多不同的对象。这张假色X射线图显示的是银河系中心的超大质量黑洞。红色环是温度极高的巨大气云。在同一天区，钱德拉还记录到2000多个其他的X射线源。

X射线大事记

- 1949年，首次发现来自太阳的X射线。

- 1962年，一台箭载X射线探测器发现了太阳系以外的第一个X射线源——天蝎X-1。

- 1971年，乌呼鲁卫星发现了黑洞存在的首个证据：天鹅X-1发出的X射线。

- 1978年发射升空的爱因斯坦天文台发现类星体和一些年轻恒星会释放X射线。

- 1990年发射升空的ROSAT天文卫星发现了100 000个X射线源。

- 2007年，钱德拉X射线天文台发现了目前最大的恒星黑洞。

- 2008年，X射线多镜望远镜在遥远的宇宙中发现了最庞大的星系团。

ROSAT天文卫星

超新星遗迹

约11000年前，距离地球1500光年的船帆座中有一颗超新星发生爆炸。它最亮的时候，就连满月也会相形见绌，但现在只剩下了一个巨大的高温气团，直径达140光年。光学望远镜勉强可以检测到它，但ROSAT天文卫星凭借敏感的X射线望远镜，发现其某些地方的气体仍有800万℃的高温。ROSAT天文卫星还发现了一个更小、更遥远的超新星遗迹——船尾座A。

ROSAT天文卫星拍摄的船帆座超新星遗迹图像

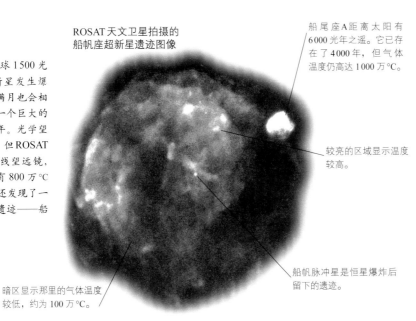

船尾座A距离太阳有6000光年之遥。它已存在了4000年，但气体温度仍高达1000万℃。

较亮的区域显示温度较高。

船帆脉冲星是恒星爆炸后留下的遗迹。

暗区显示那里的气体温度较低，约为100万℃。

γ 射线天文学

γ 射线能揭示宇宙中运动最剧烈的部分，包括脉冲星、类星体和黑洞。它们的辐射拥有最短的波长和最高的能量。所有恒星和气体云的温度都不足以产生这种波长的辐射。γ 射线是由太空中的放射性原子、以光速相撞的粒子或正反物质相互作用而产生的。运行在地球轨道上的 γ 射线望远镜能帮助天文学家发现和识别这种高能辐射的宇宙源。

亚利桑那州的切伦科夫探测器

切伦科夫探测器

太空的 γ 射线不会到达地球，但地面仪器仍可检测到它们。切伦科夫探测器能够像普通望远镜一样收集光波，但它寻找的是地球大气中的光。这种闪光是由 γ 射线与大气粒子相撞而产生的，每次持续的时间只有十亿分之几秒。

γ 射线谱

即使是与 X 射线相邻的波长最长的 γ 射线，其波长也比原子小。γ 射线的波长没有下限：人们曾测到最短的波长只是普通光的一千万亿分之一。波长如此短的 γ 射线并不多见，因为宇宙中能释放出这种能量等级的物质极其罕见。

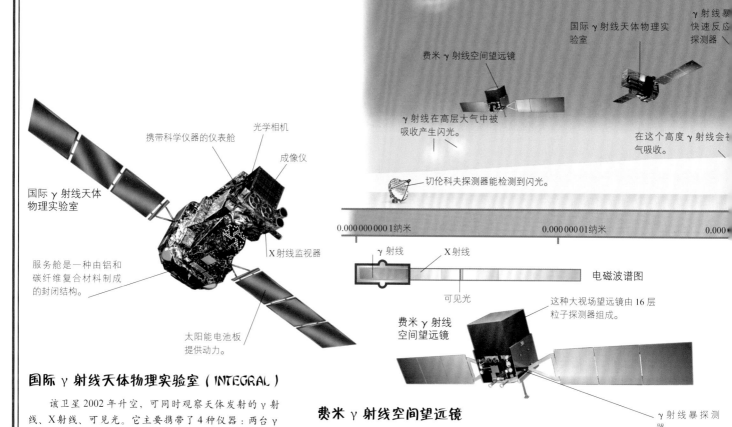

当星际气体云的原子与叫作宇宙线的高速粒子相撞时，会产生 γ 射线辐射。

国际 γ 射线天体物理实验室

费米 γ 射线空间望远镜

γ 射线暴快速反应探测器

γ 射线在高层大气中被吸收产生闪光。

在这个高度 γ 射线会被大气吸收。

切伦科夫探测器能检测到闪光。

0.000 000 000 1纳米　　0.000 000 01纳米　　0.000

γ 射线　　X 射线

可见光

电磁波谱图

携带科学仪器的仪表舱

光学相机

成像仪

国际 γ 射线天体物理实验室

X 射线监视器

服务舱是一种由铝和碳纤维复合材料制成的封闭结构。

太阳能电池板提供动力。

这种大视场望远镜由 16 层粒子探测器组成。

费米 γ 射线空间望远镜

γ 射线暴探测器

国际 γ 射线天体物理实验室（INTEGRAL）

该卫星 2002 年升空，可同时观察天体发射的 γ 射线、X 射线、可见光。它主要携带了 4 种仪器：两台 γ 射线仪能拍摄辐射源的图像并进行分析；X 射线监视器和一台光学相机可帮助检测 γ 射线源。国际 γ 射线天体物理实验室在一个椭圆轨道上绕地球运行，避开了行星辐射带对其测量的干扰。

费米 γ 射线空间望远镜

费米 γ 射线空间望远镜于 2008 年发射升空，接替已从 1991 年运行到 2000 年的康普顿 γ 射线天文台。费米 γ 射线空间望远镜带有一台被称作大视场望远镜的探测仪器，可同时观测 20% 的天空。它还携带了 14 个 γ 射线暴探测器，无时无刻不在巡视全天。

射线下的太空

在 γ 射线的波长内，太空看起来非常特。平时的恒星和星座已看不见踪迹，个视野都是大团的发光气体云。其中有烁的亮点，一些是闪烁很有规律的脉冲，其他的是 γ 射线暴，辉煌的闪耀只持几秒钟，亮度却超过了 γ 射线天空中的切。

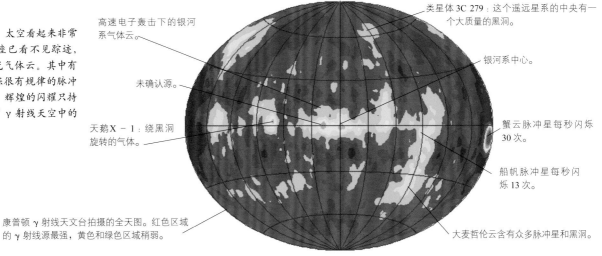

高速电子轰击下的银河系气体云。

类星体 3C 279：这个遥远星系的中央有一个大质量的黑洞。

未确认源。

银河系中心。

天鹅 X－1：绕黑洞旋转的气体。

蟹云脉冲星每秒闪烁 30 次。

船帆脉冲星每秒闪烁 13 次。

康普顿 γ 射线天文台拍摄的全天图。红色区域的 γ 射线源最强，黄色和绿色区域稍弱。

大麦哲伦云含有众多脉冲星和黑洞。

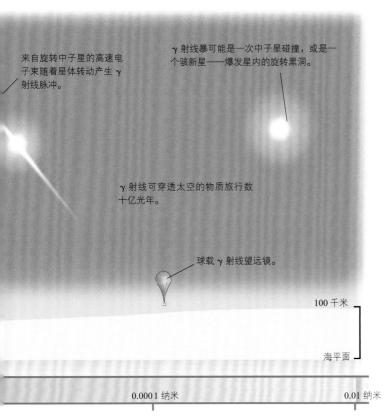

来自旋转中子星的高速电子束随着星体转动产生 γ 射线脉冲。

γ 射线暴可能是一次中子星碰撞，或是一个骇新星——爆发星内的旋转黑洞。

γ 射线可穿透太空的物质旅行数十亿光年。

球载 γ 射线望远镜。

100 千米

海平面

0.0001 纳米   0.01 纳米

码掩模

γ 射线不能聚焦，但编码掩模创建高分辨率的 γ 射线图像提供一种方法。掩模是一种由 γ 射线收材料特别合成的网格，放置在花室上方。当暴露于 γ 射线源时，模会投下一块阴影，这部分不会测到 γ 射线。这块阴影可准确显 γ 射线源的位置。

编码掩模 γ 射线探测器

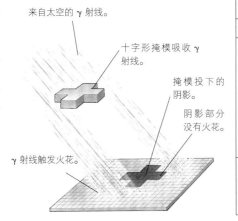

来自太空的 γ 射线。

十字形掩模吸收 γ 射线。

掩模投下的阴影。

阴影部分没有火花。

γ 射线触发火花。

γ 射线大事记

• 20 世纪 60 年代，人们利用火箭和美国航天局的轨道太阳观测台首次开展了 γ 射线天文学实验。

• 1969 年，γ 射线暴被美国维拉号军用卫星首次发现，设计该卫星的目的是监视地球上的核试验。

• 1972 年，小天文卫星 SAS－2 探测到了来自蟹云脉冲星和船帆脉冲星的 γ 射线。

• 1977 年，第三个最强的 γ 射线源——杰敏卡被发现。它虽然是距离我们最近的中子星，但在其他波长下几乎检测不到。

• 1978 年，COS－B 天文卫星首次发现类星体（3C 273）发射的 γ 射线。

• 1979 年，一次气球实验发现了银河系中心附近的物质和反物质相互湮灭时产生的 γ 射线。

• 1998 年，使用康普顿 γ 射线天文台所收集的数据，天文学家将 γ 射线暴认证为遥远星系中的爆炸。

主要 γ 射线望远镜

名称	轨道	日期
维拉 5A, 5B	近地轨道	1969 ~ 1979
小天文卫星 SAS－2	近地轨道	1972 ~ 1973
天文卫星 COS－B	椭圆轨道	1975 ~ 1982
高能天文台－3	近地轨道	1979 ~ 1981
康普顿 γ 射线天文台	近地轨道	1991 ~ 2000
国际 γ 射线天体物理实验室	椭圆轨道	2001 ~
γ 射线暴快速反应探测器	近地轨道	2004 ~
费米 γ 射线空间望远镜	近地轨道	2008 ~

了解更多

来自太空的辐射 20 X射线天文学 28
中子星 186 黑洞 188 活动星系 216

非常规望远镜

我们对遥远宇宙的了解几乎都是通过研究太空的辐射——光波、射电波、红外线、紫外线、X射线和γ射线得来的。但宇宙间还有更奇特的信使，它们承载的信息能揭露最激烈的变化。天文学家已研究了几十年宇宙线（其实是高能粒子），直到最近才检测到难以捉摸的中微子。其他信使就理论而言仍然存在，但还没有被检测到。它们包括可能是宇宙质量主要成分的暗物质粒子和在太空间四散蔓延的引力波。[中译注：2016年2月11日美国科学家宣布，他们利用激光干涉引力波天文台（LIGO）于2015年9月首次直接探测到由双黑洞并合产生的引力波信号。]

狂暴的开端

在太空深处，一次强烈的爆炸发生了。它可能是一颗垂死的恒星转世为超新星；可能是两颗中子星相互碰撞；也可能是超高温气体撞入黑洞，一去不复返。这种爆炸会释放出各种辐射，包括光波、射电波和γ射线。但它们也会向太空喷射更多、更加奇特的粒子和波，粒子和波携带着这些混沌天体的独特信息。

宇宙线

宇宙线与它的名字不同，它并不是一种辐射，而是原子碎片在高能爆炸中四散分裂，在太空中几乎以光速呼啸而过所形成的。它们大部分都是氢核（质子），并带有少量的重元素核和电子。能量最高的宇宙线来自类星体的中心。其他是由超新星爆炸产生，通过太空超速传播。

宇宙线大气簇射

经过漫长的太空旅行，宇宙线粒子与地球高层大气中的原子碰撞时就会销毁。碰撞的能量可创生出一些能量较低的粒子，但它们仍有足够的能量再次碰撞低层大气中的其他原子，从而产生更多的粒子。结果是几平方千米的范围都会落下粒子雨。

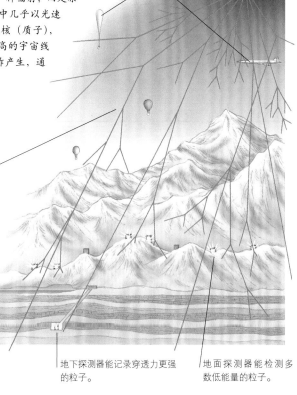

入射的宇宙线

大气中的原子碰撞

机载探测器

能量低些的粒子包括电子和中微子。

地下探测器能记录穿透力更强的粒子。

地面探测器能检测多数低能量的粒子。

探测宇宙线

宇宙线粒子非常罕见，在太空中很少会[被]单个探测器拦截。但利用粒子探测器阵列，[天]文学家可以检测能量较低粒子到达地面时的[大]气簇射。加那利群岛的拉帕尔马岛（中译注[：]和中国西藏羊八井等）就建有此类装置。若[宇]宙线垂直向下，大气簇射会呈圆形；当它们[呈]椭圆形时，我们可判定宇宙线的原方向。

日本超级神冈中微子望远镜

橡皮船上的天文学家检查半满的水箱。

中微子

中微子是宇宙中的幽灵粒子。由于不带电荷，几乎没有质量，因此它们穿过物质时几乎毫发无损。从大爆炸到恒星内核和超新星，中微子都是在最热的地方诞生。它们可以径直穿过恒星的外层，洞察内核。中微子望远镜经常使用一个巨大的水池来捕获一小部分穿过水的粒子。

探测器位于地下，可屏蔽其他类型的粒子。

将玻璃"灯泡"作为探测器，记录中微子穿过水池时的闪光。

一次大的爆炸所产生的引力波。

引力波

根据爱因斯坦的广义相对论，恒星和其他大质量物体的引力会使空间发生弯曲，类似于一个重球压在橡皮膜上。从超新星到黑洞碰撞，宇宙的剧烈活动会引起局部引力的突然变化——这等同于球弹跳时橡皮膜所产生的波动。这种宇宙灾难所引发的太空波动被称为引力波。

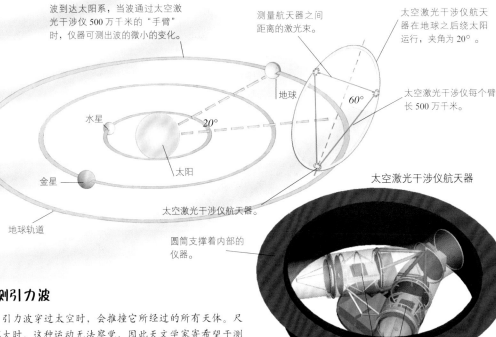

波到达太阳系，当波通过太空激光干涉仪 500 万千米的"手臂"时，仪器可测出波的微小的变化。

测量航天器之间距离的激光束。

太空激光干涉仪航天器在地球之后绕太阳运行，夹角为 20°。

太空激光干涉仪每个臂长 500 万千米。

地球

60°

20°

水星

太阳

金星

太空激光干涉仪航天器。

地球轨道

太空激光干涉仪航天器

圆筒支撑着内部的仪器。

探测引力波

引力波穿过太空时，会推撞它所经过的所有天体。尺[度]不大时，这种运动无法察觉，因此天文学家寄希望于测[量]长距离的细微运动。设计中的太空激光干涉仪将使用[激]光不断测量三个航天器之间的距离，它们之间相距 500[万]千米。即使引力波将航天器只推动了一个原子直径的距[离]，都会被太空激光干涉仪捕捉到。

光具座接收 500 万千米以外另一个太空激光干涉仪航天器的激光，并监视它的距离变化，精确度可到一个原子的直径。

探索太空

过去 50 年间，人类历史上发生了前所未有的变革，我们已能够离开自己的星球，并去探索太空。这完全改变了我们的生活——其实，在第一颗人造卫星 1957 年升空以前，很多人对这个世界并不了解。而现在，地球周围到处都是卫星，将众多的信号传回家园，而天气、资源，甚至是战争都能从太空调查得一清二楚。在随之而来的计算机功能和微型化方面的飞速发展中，任何一个拥有个人计算机的人都对此深有感触。太空也是人类研究的前沿。现在，已有数百人进入太空，有的甚至在月球上行走——随着国际空间站的竣工，将有更多人加入他们的行列。在更远的地方，精密太空船已探索了太阳系的所有行星及其他一些小天体，而下一步将展开对恒星本身的研究。

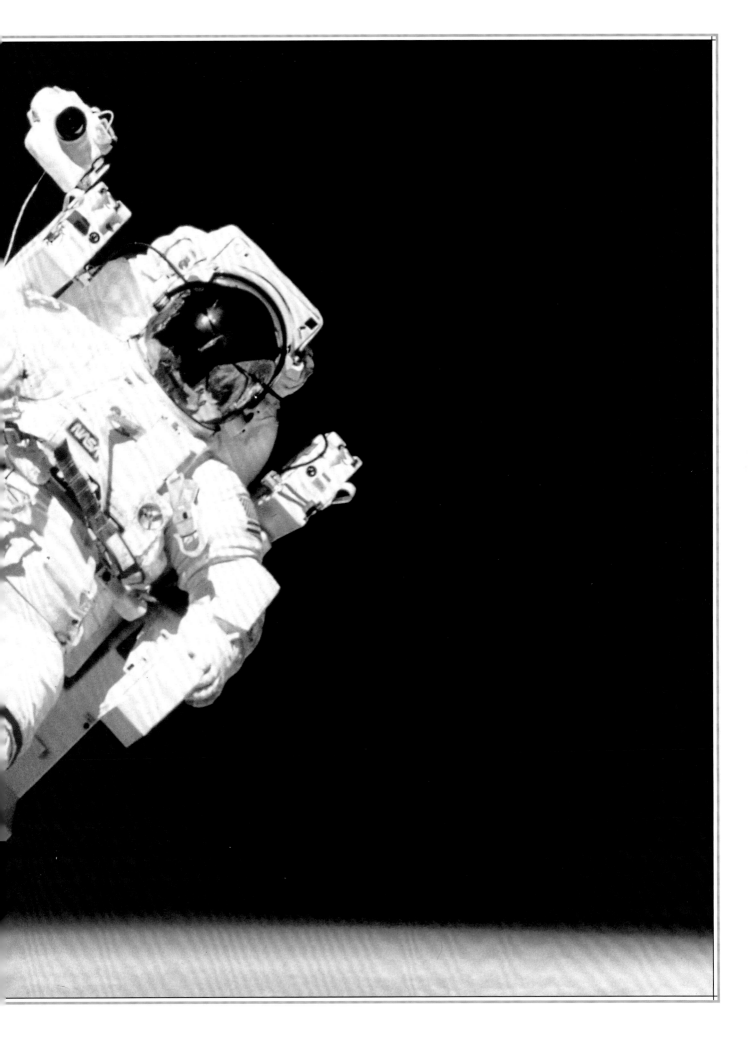

火箭工作原理

一只火箭咆哮着将阿波罗宇航员送入太空，从而揭开了 1969 年 7 月 20 日尼尔·阿姆斯特朗第一个登上月球的历史序幕。在他们行程的前 120 秒，每一秒都有近 3 吨的燃油涌入土星 5 号火箭 5 个 F1 引擎的燃烧室。这些引擎产生的升空推力可使 32 架波音 747 飞机离地升空。今天，火箭的动力仍是由剧烈的化学反应提供。计算机监视着发射器升入空中，并不断纠正它的爬升角度。物理定律——尤其是牛顿的三大运动定律——支配着整个过程。

阿里安 5 号运载火箭

阿里安火箭发射了全球大约一半的大型商业卫星。阿里安 5 号运载火箭的升空推力来自主引擎和两个助推器——共能产生 1200 吨的推力。火箭的地面质量为 ? 吨，它正是凭借额外的 460 吨推力发射升空。约两分后，助推器耗尽燃料并被丢弃，然后主引擎燃烧完后落。最后，卫星由一个小引擎送入轨道。

— 静止的火箭

阿里安 5 号
火箭主引擎

质量和重量

质量是指物体所含物质的多少。质量不会随位置的改变而变化。重量是物体质量受重力作用的结果。重力（重量也如此）随物体与地球之间距离的增大而减少。

重力 —

阿里安 5 号运载火箭

阿里安可携带一个、两个或多个卫星升空，这个数量取决于卫星的地面重量和它们的设计轨道。

推力和加速度

发射器需要足够的推力才能克服重力向上推起自身的质量。随着燃料在升空的过程中被消耗掉，其质量也会减少。火箭与地球之间的距离不断增加，质量和重力都会减少，火箭就能加速飞往太空。

推力 —

重力 —

燃料管将液氧送入主引擎燃烧室，并在那里与液氢混合。

液氦为燃料箱加压。

作用力和反作用力

发射器升空的推力来自燃烧室燃料的燃烧。若是在一个密封的气缸中，它就会发生爆炸。气体通过排气口泄出，由于不能向上迸逸，气体就会产生一个向上的作用力（反作用力），它与排气的力（作用力）大小相等，但方向相反。

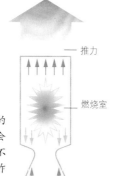

— 推力

燃烧室

升空

主引擎燃烧 570 秒。

主引擎排气喷嘴通过转动控制火箭。

主引擎燃烧室。

助推器排气喷嘴固定在一角度。

⚡星有效载荷

发射器所携带的货物称为有效载荷。所有剧烈燃烧产生的强大作用力，都是为了将几吨重的有效载荷从地面送入太空。有些发射能携带更重的有效载荷。

前锥体又称整流罩，可减少火箭穿过大气时的阻力。它还能保护有效载荷。

高性能的小引擎能以正确的角度和速度释放卫星，将它送入轨道。

液氢罐

液氧罐

上载荷

下载荷

ariane

仪表舱容纳了所有的电子设备、计算机及高度控制系统。

点火器点燃固体燃料。

飞往轨道

低层大气中需要的推力最大。火箭以不同的方式实现这一目标。阿里安 5 号运载火箭由主引擎加两枚助推火箭提供动力，两分钟后助推火箭即脱落，主引擎将以更轻的负载完成升空旅程。但就巨大的土星 5 号发射器而言，第一级燃料用尽后就会脱落，由第二级点火接管，接着是第三级。

壳体内的 3 节固体燃料推进剂。

固体燃料助推器有 130 秒的燃烧时间。

⚡空前，主引擎先点火。如果⚡行正常，固体燃料助推器就⚡被点燃。

轨道物理

想象从一支枪水平射出的子弹，在重力的作用下，它会落向地球。如果子弹有足够的水平推力，它永远不会落到地面，而是沿轨道前行。与此类似，运载火箭将卫星送到大气之上，然后要以足够的水平力释放它们使之在轨运行。

如果子弹能获得足够的水平推力，它将能围绕地球运行。

火力的增强能延长子弹的飞行距离。

逃脱重力

在 200 千米高空，运载火箭必须为卫星提供足够的水平推力。卫星进入预定轨道的速度需达到每秒 7.8 千米。如果进入轨道的速度哪怕稍稍超过每秒 11 千米，卫星就会挣脱地球引力，一头扎进太空。这个速度被称为逃逸速度。

土星 5 号的设计目的是为了将宇航员送上月球。

牛顿运动定律

• 物体会保持静止或匀速直线运动，直到有作用力迫使它改变这种状态。

• 物体的加速度等于它受到的所有作用力除以质量。

• 每一个作用力都有一个大小相等、方向相反的反作用力。

阿里安 5 号发射数据

参数	火箭助推器	主引擎
长度	每个 30 米	30.5 米
推进剂	每个 237 吨	液氧 130 吨，液氢 225 吨
质量	每个 270 吨	170 吨
最大推力	每个 630 吨	真空推力 120 吨

火箭推进

在太空时代的早期，发射的火箭常会化作一团火球，或偏离航线，无法到达正确轨道。现在，科学家已研究出了更好的方法来制作、混合和提供推进剂，火箭也因此变得更可靠。推进剂包含燃料和氧化剂，燃料会在氧化剂的作用下燃烧并释放出能量。火箭携带自己的氧化剂进入太空，而飞机使用的是大气中的氧气。燃料和氧化剂可以是固体的，也可以是液体的；液体燃料每秒产生的推力比固体推进剂更大。

航天飞机

外部燃料箱在要入轨时与轨道飞行器分离，坠入地球。

固体燃料助推器只能燃烧 2 分钟左右。点火后，燃烧将无法终止。

废气经两侧的孔排出时，助推器推力会快速减少。

轨道飞行器通过特殊附件与助推器和外燃料箱捆绑在一起。

轨道飞行器安装的机载液体燃料引擎为巡游太空和返回地球提供动力。

喷嘴的形状决定了废气的排放方式和火箭效率。

航天飞机的燃料

航天飞机离地升空时，推进剂约占到其总重量的90%。航天飞机使用的推进剂包括固体和液体两种。外部燃料箱携带的是液氢，而燃烧所需的液氧会单独灌装。每一秒都会有 470 千克的推进剂被送入三个主引擎。固体燃料被装在轨道飞行器两侧的助推器内。每个助推器重量为 83 吨，可容纳 504 吨的推进剂。

航天飞机驾驶舱内的宇航员

轨道飞行器的三台主引擎必须要能承受住助推器产生的剧烈震动。

航天飞机主引擎排出的是几乎看不见的水蒸气。

起飞时可见的化学烟由助推引擎产生。

航天飞机发射

与早期的发射器相比，宇航员乘坐航天飞机进入轨道更舒服。它的最大加速度是重力加速度的 3 倍（3g），出现在助推器脱落前一瞬间和外部燃料箱与轨道飞行器分离前 5 分钟。

固体火箭燃料

火箭中的固体推进剂形如芯块，同时含有氧化剂和燃料。芯块还包含可阻止其在存储时分解的物质。推进剂在套管中的填充方式决定了能量的释放形式。若燃烧面恒定（中性燃烧），它提供的是均匀推力；若燃烧面逐渐增大（渐增燃烧），它提供的是渐增推力；若燃烧面逐渐减小，它提供的是渐减推力（渐减燃烧）。

中性燃烧

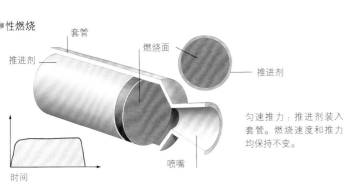

匀速推力：推进剂装入套管。燃烧速度和推力均保持不变。

渐增燃烧

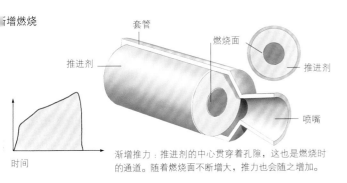

渐增推力：推进剂的中心贯穿着孔隙，这也是燃烧时的通道。随着燃烧面不断增大，推力也会随之增加。

渐减燃烧

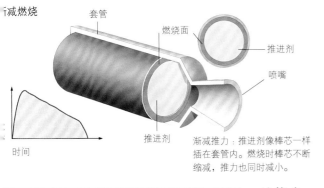

渐减推力：推进剂像棒芯一样插在套管内。燃烧时棒芯不断缩减，推力也同时减小。

比推力数据

推进剂	比推力
固体燃料（航天飞机使用）	262 秒
液体四氧化二氮/UDMH*燃料（俄罗斯质子号使用）	360 秒
液氧/煤油（土星五号使用）	363 秒
液氧/液氢（航天飞机和阿里安 5 号使用）	462 秒

*UDMH：偏二甲肼

火箭的过去和现在

	戈达德的火箭	航天飞机
首次试飞	1926 年 3 月 16 日	1981 年 4 月 12 ～ 14 日
长度	3.4 米	55.4 米
发射质量	2.7 千克	1900 吨
推进剂质量	2 千克	1700 吨
飞行时间	2.5 秒	可达 16 天
高度	12.5 米	1000 千米（最大高度）
距离	56 米	地球轨道
速度	每小时 96 千米	每小时 30 000 千米
发射推力	40 牛顿*	35 兆牛顿**

*使质量为 1 千克的物体产生 1 米/秒^2 的加速度需要的力为 1 牛顿。
**1 兆牛顿等于 100 万牛顿。

液体火箭燃料

助燃用的液氧

液氢与液氧分开存储。

液氢和液氧混合后，在燃烧室内燃烧。

液体火箭燃料

液氧的沸点是 −183℃，足够将金属或橡胶冻得粉碎。液氢的沸点为 −253℃。在这样的低温下操控它们很难，但它们却是最有效的推进剂。

比推力

推进剂的效率被称作比推力，指的是 1 千克的推进剂产生 1 千克推力持续的时间。因此，比推力为 262 秒的 1 千克推进剂——如航天飞机的固体火箭助推器——可生产 262 秒的 1 千克推力。比推力越高，混合物的效率也越高。液体推进剂比固体燃料的比推力更高。

火箭大事记

• 10 世纪，中国人用硝石、木炭和硫黄制成了火药，这是第一种固体火箭燃料。

• 1926 年 3 月 16 日，美国的罗伯特·戈达德发射了第一枚使用液体燃料的火箭，创造了新的历史。

戈达德和他的火箭

•"二战"期间，沃纳·冯·布劳恩研制出了 V－2 火箭，为美国的首个航天器运载火箭做出了贡献。

• 1957 年 10 月 4 日，苏联发射了世界上的第一颗人造卫星。它的发射器由一枚导弹改装而成。

了解更多

航天器运载火箭

没有人会买一辆劳斯莱斯开着上学，也没有人会制造一枚强大的土星5号，将篮子大小的卫星送入地球附近的轨道。宇宙飞船面临的主要问题是哪一种运载火箭能将自己送入轨道。可靠性、成本和技术能力都非常重要。与汽车制造商一样，运载火箭制造商也会提供多种型号的发射器。开展星际旅行或将卫星送入高地球同步轨道时，重型发射器会受到青睐；而空中发射火箭——即"迷你"发射器，则非常适合将小载荷送入近地轨道。

德尔塔2

德尔塔火箭可将 Thor（雷神）III 通信卫星等大型卫星送入轨道。

重型火箭

俄罗斯的质子号运载火箭和欧洲的阿里安5号运载火箭可谓力量巨大。它们能把20吨重的物体——相当于20辆小汽车的重量——送入近地轨道。执行这样的任务时，需要三级型的质子号运载火箭，而四级型可将宇宙飞船送入星际。

质子号能将亚洲卫星等大型卫星送入近地轨道。亚洲卫星可为亚太地区提供电视和电话信号。

1965年以来，质子号系列火箭已将众多大型卫星送入轨道。

驮马火箭

分别从1960年和1989年开始，德尔塔系列和德尔塔2已发射了多枚卫星。德尔塔2可将1.8吨的物体送入地球同步轨道的转移轨道。凭借德尔塔2的可靠性，德尔塔系列运载火箭赢得了"驮马"的美誉。德尔塔4是该家族的最近成员，首次飞行于2002年。

L1011 航天飞机和飞马火箭

空中发射火箭

L1011 观星者号飞机携带飞马火箭，进入12.2千米的高空。在开阔的海域上空，飞机将火箭释放。火箭凭借其翼的气动升力继续飞行。5秒后，三级火箭的第一级点燃。10分钟后，载荷被送入轨道。飞马火箭可将500千克重的物体送入近地轨道。

飞马火箭可发射多颗小卫星，这是发射新系列移动通信卫星的关键。

2001 年以来，H－IIA就是日本主要的大型运载火箭。捆绑助推器的数量取决于它发射的卫星的大小和重量。

火箭性能

名称	有效载荷的目的地			长度（米）
	近地轨道	同步轨道	行星	
阿里安 5 号	是	是	是	51
阿特拉斯系列	是	是	是	28～53
德尔塔系列	是	是	是	63～77（德尔塔 4）
H－IIA	是	是	是	53
长征系列	是	是	是	28～52
飞马号	是	是	是	15.5
质子号系列	是	是	是	50～60
极轨卫星运载火箭	是	否	否	44
R7	是	否	否	29
土星 5 号	为阿波罗登月任务而设计			110
大力神系列	是	是	是	可达 65

空间站运载火箭

美国的航天飞机和俄罗斯的质子号运载火箭将重的国际空间站部件送入了轨道。联盟号火箭将俄罗斯进步号太空飞行器和空间站宇航员送入空间约 30 次，宇航员随后会乘坐航天飞机往返于空站。2008 年 3 月，利用阿里安 5 号运载火箭，欧首次将携带着物资的自动货运飞船送入太空。日的 H－II 运载火箭原计划将希望号货运飞船送入间站，但该计划后被取消。

火箭发展挑战

宇宙飞船极度复杂，一处微小的失误都会让百万美元的任务功亏一篑。

中国长征火箭

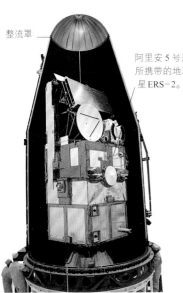

整流罩

阿里安 5 号运载火箭所携带的地球资源卫星 ERS-2。

发射器与有效载荷的匹配

在为人造卫星选择运载火箭时，最重要的问题是"它可以运载多少"。除了发射器要有足够的运载能力，整流罩的形状也要合适，否则就无法盛下卫星。卫星升空时，还必须能承受住有效载荷所受的压力。每个运载火箭的运载方式都不相同，因此载荷所承受的压力也不同。

著名的运载火箭

• R7，苏联运载火箭，由中心火箭和助推器组成。它 1957 年将人类第一颗人造卫星送入轨道。

• 1973 年 5 月 14 日，曾将阿波罗送入太空的土星 5 号运载火箭进行了最后一次飞行，这次运送的是载人空间站天空实验室。

• 1974 年，美国宇航局将大力神火箭与半人马座火箭的上面级组合在一起，并用它历史性地将旅行者号行星际探测器送往外太阳系。

土星 5 号运载火箭

首飞：1967 年 11 月 9 日。

1969 年 7 月 16 日：首次将阿波罗送上月球。

1973 年 5 月 14 日：第 11 次也是最后一次飞行。

发射中心

发射中心是登上太空的平台。它们可以非常小，也可能绵延几万平方米，矗立着昂贵的建筑物。世界上最大的宇航中心设有多架发射台。在发射的前几周，工程师会在高层建筑内对运载火箭进行组装。随后，巨大的运输平台会将组装完毕的发射器驮运到发射面。在发射中心的四周，散布着任务专家、监控最后倒计时的控制室、盛着推进剂的大罐子、预报发射日现场天气的气象站，以及升空前期的跟踪站。

肯尼迪空间中心

位于卡纳维拉尔角的肯尼迪空间中心占地566平方千米，是美国宇航局的航天飞机发射场。它的跑道长4.5千米，航天飞机着陆前工作人员会查看那里是否有流浪鳄和山猫。

全球发射场

发射地	位置	所有者
阿尔坎塔拉	巴西	巴西
拜科努尔	哈萨克斯坦	俄罗斯
酒泉	甘肃	中国
鹿儿岛	日本	日本
卡普斯京亚尔	俄罗斯	俄罗斯
肯尼迪	佛罗里达州	美国
库鲁	法属圭亚那	法国
普列谢茨克	俄罗斯	俄罗斯
圣马可	肯尼亚	意大利
斯里赫里戈达岛	安得拉邦	印度
种子岛	日本	日本
范登堡	加利福尼亚州	美国
西昌	四川	中国
泽尼特	海上	商业财团

库鲁航天中心

库鲁航天中心是阿里安航天公司（负责全球一半以上的大型商业卫星）和欧洲空间局的卫星发射场地。它接近赤道，因而有利于将卫星送入赤道正上方的地球同步轨道。

拜科努尔航天发射场

哈萨克斯坦的拜科努尔航天发射场是全球最大的航天中心，历史也最为悠久——美国间谍飞机监测到这个中心在1955年已建成。1957年，第一颗人造卫星就是从这里发射升空的。它也是俄罗斯向国际空间站发射补给火箭的场地。

1990年，阿尔坎塔拉发射中心首次执行发射任务。

范登堡

肯尼迪

库鲁

赤道

阿尔

发射位置

发射场的选择有几个影响因素。在太空时代的前40年，许多灾难事故都表明让发射场远离人口稠密地区有多么重要。由于重型发射设备的需要，所选位置还必须容易到达。面对这些问题，美国和欧洲将发射场选在了容易到达的沿海地区，进行海上发射。地理位置也十分重要。向东发射更可取，它能借助地球向东旋转的惯性。发射场最好靠近赤道，那里的初速度最大。

发射场简介

发射场	首次发射	载荷
阿尔坎塔拉	1990 年 2 月 21 日	商业，科学
拜科努尔	1957 年 10 月 4 日	载人，科学，商业
酒泉	1975 年 7 月 26 日	载人，商业
鹿儿岛	1970 年 2 月 11 日	商业，科学
卡普斯京亚尔	1962 年 3 月 16 日	科学
肯尼迪	1967 年 11 月 9 日	载人，商业，科学
库鲁	1970 年 3 月 10 日	商业，科学
普列谢茨克	1966 年 3 月 17 日	军事，应用
圣马可	1967 年 4 月 26 日	火箭
斯里赫里戈达岛	1980 年 7 月 18 日	科学，应用
种子岛	1975 年 2 月 11 日	科学，商业
范登堡	1959 年 2 月 28 日	军事
西昌	1984 年 1 月 29 日	科学，应用
泽尼特	1999 年 3 月 27 日	商业

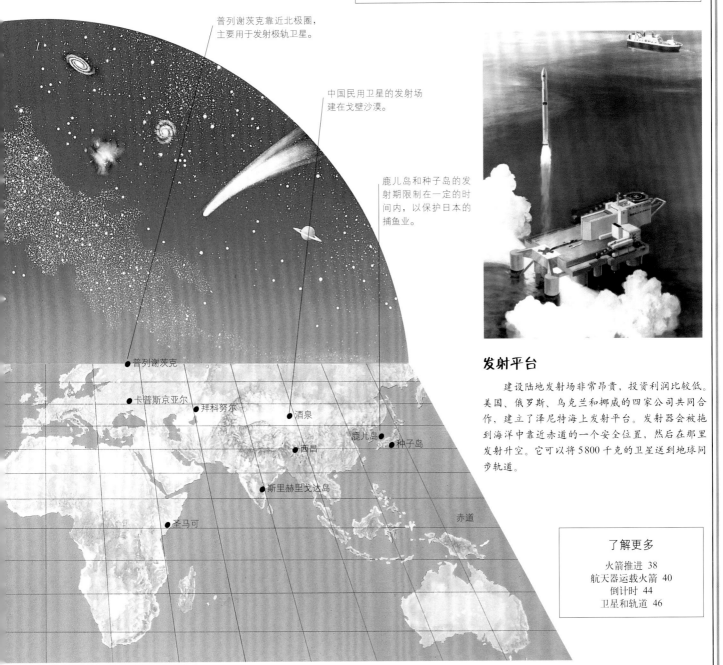

普列谢茨克靠近北极圈，主要用于发射极轨卫星。

中国民用卫星的发射场建在戈壁沙漠。

鹿儿岛和种子岛的发射期限制在一定的时间内，以保护日本的捕鱼业。

普列谢茨克

卡普斯京亚尔

拜科努尔

酒泉

西昌

鹿儿岛　种子岛

斯里赫里戈达岛

圣马可

赤道

发射平台

建设陆地发射场非常昂贵，投资利润比较低。美国、俄罗斯、乌克兰和挪威的四家公司共同合作，建立了泽尼特海上发射平台。发射器会被拖到海洋中靠近赤道的一个安全位置，然后在那里发射升空。它可以将5800千克的卫星送到地球同步轨道。

倒计时

当所有部件到达发射中心并被组装成运载火箭后，发射任务就进入了最后阶段。拿阿里安 5 号运载火箭来说，它的发射任务在预定升空前的 21 天就已开始，并且在最后 6 小时进入倒计时。倒计时开始后，工程师就要准备好发射场地，所有人员从该地区撤离。同步程序在发射前的最后 1 小时开始，一直到最关键的"10，9，8……"

火箭运输

从德国不来梅港装上阿里安 5 号的上面级火箭后，轮船开始了它前往法属圭亚那的旅程。其他组件沿着欧洲的河流被运到了荷兰鹿特丹港或法国的勒阿弗尔港，并在那里装船前往库鲁。从勒阿弗尔到库鲁需要 11 天。

任务控制

设在法属圭亚那库鲁的朱庇特控制室指挥着阿里安 5 号运载火箭的升空过程。三个组分别监控发射器、有效载荷和跟踪站的即时状态，而天气和安全组是在其他地方工作。当一切状态均报告正常后，运营总监将授权进入最后的倒计时阶段。

朱庇特控制室的观察休息室

有效载荷集成

阿里安 5 号火箭升空的 8 天前，卫星和保护整流罩会在最后组装厂房被安装到火箭上。卫星通过阿里安 5 号连接到朱庇特控制室，以在倒计数过程中监控有效载荷。

即将搭载阿里安 5 号的卫星。

阿里安发射过程中的朱庇特控制室。

跟踪组组长通过雷达监视火箭的发射路径。

宇宙飞行指挥员在发射台的旁边或附近监视发射支持设备。

屏幕显示发射的轨迹。

电信连接着跟踪发射器升空的跟踪站。

有效载荷组负责卫星的状态，并在卫星进入轨道后，确保其所有者的跟踪站做好信号的接收准备。

最前面的 4 台电脑供法国和欧洲空间局的高级官员、卫星所有者以及阿里安航天公司使用。

运营总监授权进入最后的倒计时，"运营总监提醒各位注意……同步程序正式开始"。

发射组组长筛选有关发射器的状态信息，并向运营总监汇报。

发射组副组长随时准备接替运营总监的工作。

前往发射台

在组装阶段，整枚火箭由重达 870 吨的台架提供支撑。升空前一天，发射器和台架在卡车的牵引下沿铁轨到达发射台，两者的总重达到 1500 吨（相当于 1500 辆小汽车的重量）。推进剂（燃料和氧化剂）在发射台被灌入发射器。

在前往发射台的过程中，发射架上的一个维护单元专门给阿里安 5 号降温。

到达发射台

发射区挖有三个传焰道，助推器和主引擎产生的烈焰将由此逃逸。发射过程中，水塔会以每秒 30 立方米的速度提供循环水，以减少噪音，冷却传焰道和发射台，否则振动所产生的噪声会损坏发射器及它的有效载荷。

发射倒计时

−360 秒	主引擎点火同步程序开始
−30 秒	阀门打开，向传焰道注水
−13 秒	箭载计算机授权接管
主引擎点火	主引擎点火程序开始，进行运作检查。最后，两个固体火箭助推器被点燃
主引擎点火 +7 秒	升空！

发射升空

升空前 6 个小时，发射区准备结束。飞行程序被输入两台箭载计算机中，检查发射器与地面无线电连接的程序开始启动。升空前 5 个小时，主燃料罐被装满推进剂。升空前 6 分钟，同步程序开始，火箭正式发射。

了解更多

火箭工作原理 36
火箭推进 38
航天器运载火箭 40
发射中心 42

卫星和轨道

任何绕另一天体沿轨道运行的物体都可被称为卫星。如月亮就是地球的天然卫星。1957 年以来，已有数以百计的人造卫星被发射进入轨道，绕地球运行。它们大小不同，形状各异，设计的目的决定了轨道的类型。许多通信卫星都在地球同步轨道上，而众多气象卫星使用的是极轨道。卫星无论在何种轨道上运行都必须保持稳定，这样才能使仪器指向正确。

保持稳定

如果卫星不稳定——即以不可预知的方式发生摆动，它就无开展工作。例如，通信卫星的碟形天线必须始终瞄准它的接收端或对准别的国家进行电视信号传输。卫星一般利用两种技术来保稳定：自转稳定和三轴稳定。

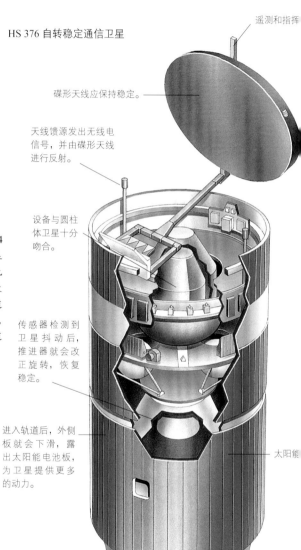

HS 376 自转稳定通信卫星

遥测和指挥

碟形天线应保持稳定。

天线馈源发出无线电信号，并由碟形天线进行反射。

设备与圆柱体卫星十分吻合。

传感器检测到卫星抖动后，推进器就会改正旋转，恢复稳定。

进入轨道后，外侧板就会下滑，露出太阳能电池板，为卫星提供更多的动力。

太阳能

轨道类型

卫星的轨道主要分为 4 类。近地轨道接近于圆形、在地球上空约 250 千米处；极轨道高约 800 千米；与距离地球最近时（远地点）相比，高椭圆轨道到达地球最近的地方（近地点）时，高度要低得多；地球同步轨道位于赤道上空 36 000 千米处。

高椭圆轨道　　极轨道　　近地轨道　　地球同步轨道

放大的图示。

遥测、跟踪和指令

从字面上看，遥测的意思就是从远处测量——人们在地面可接收到轨道卫星的参数。这些参数以无线电信号的形式发送，利用这些信息运营商就能给卫星精确定位。这样，人们就能跟踪卫星，并发送指令改变其位置。利用遥测数据，地面控制人员还能核查卫星的运行状况。

地面天线负责发送信号给卫星和接收来自卫星的信号。

自转稳定

物体旋转时，会保持在稳定状态。陀螺达到一定速后就会保持稳定，自行车的轮子转动后也能立着行走。计师在卫星研发的初期阶段就是利用这个原理，制造自转稳定式卫星。它们一般为圆柱形，大约每秒转一圈碟形天线必须始终指向地球，因此它不能旋转。设计者须要保证碟形天线不影响卫星的稳定。

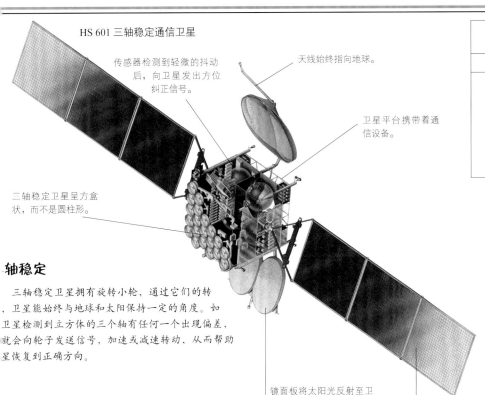

HS 601 三轴稳定通信卫星

传感器检测到轻微的抖动后，向卫星发出方位纠正信号。

天线始终指向地球。

卫星平台携带着通信设备。

三轴稳定卫星呈方盒状，而不是圆柱形。

镜面板将太阳光反射至卫星平台，进行温度控制。

太阳能电池板像翅膀一样展开，总是面向太阳。

三轴稳定

　　三轴稳定卫星拥有旋转小轮，通过它们的转，卫星能始终与地球和太阳保持一定的角度。如卫星检测到立方体的三个轴有任何一个出现偏差，就会向轮子发送信号，加速或减速转动，从而帮助星恢复到正确方向。

卫星轨道数据

类型	典型载荷
近地轨道	移动通信，侦察
同步轨道	气象，通信，导航
极轨道	气象，导航
高椭圆轨道	北纬通信

其他稳定法

　　借用卫星所承受的力，也可以保持其稳定。例如，大型卫星可以利用重力来调整自己，让仪器始终指向地球。其他卫星还可以借用地球磁场的相互作用来获得稳定。采用何种矫正方法有赖于卫星的工作及其所在轨道。

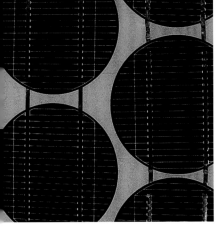

放大的太阳能电池

太阳能电池

　　有光射入时，太阳能电池可产生电能。卫星上的太阳能电池板有时也被称为阵列。它们为卫星提供工作电源。此外，太阳能电池也为卫星及其有效载荷提供动力，确保它们沿轨道运行。

初期的卫星

- 苏联的斯普特尼克 1 号（1957 年 10 月 4 日发射升空）是第一颗人造卫星，但没有遥测功能。

- 探险者 1 号（1958 年 2 月 1 日发射升空）是美国的首颗人造卫星。它发现了范艾伦带。

- 探险者 7 号（1959 年 8 月 7 日发射升空）携带了第一套气候研究设备。

- 美国的子午仪 1B（1960 年 4 月 13 日发射升空）是世界上第一颗导航卫星。

- 第一颗气象卫星是美国的泰罗斯 1 号科学卫星（1960 年 4 月 1 日发射升空），为地球传送了两个月的图片。

- 国际通信卫星组织的晨鸟号（1965 年 4 月 6 日发射升空）是第一颗商用通信卫星。

西联星通信卫星救援

1984 年，西联星通信卫星 6 号的遥测信号显示该卫星在发射升空后，无法到达正确轨道。

内务数据

　　卫星健康信息被称为内务数据。地面控制中心能通过这些数据，检测出相应的问题——如卫星运行不稳定。地面运营商可以通过发送命令或执行救援任务来排除故障。

航天飞机宇航员重新找到西联星通信卫星，将它带回地球进行维修。

了解更多

航天器运载火箭 40
通信卫星 48
导航卫星 50
气象卫星 52
地球资源卫星 54
军事卫星 56

通信卫星

电话、电视、广播和互联网信号都是通过通信卫星进行传输。偏远地区可通过这些卫星实现连接，使通信成为可能。此类卫星大都占用地球同步轨道，但如此巨大的通信需求已使轨道显得拥挤不堪。20 世纪 90 年代以来，有更多的卫星被发射至近地轨道（位于地球同步轨道之下），为越来越多的手机提供信号传输。

转发器

包含众多电子元件的转发器位于通信卫星的心脏。无线电信号经过大气时会发生畸变，这些设备组件能对其进行清理，并转换为可向地球传输的频率。续传前，信号也是在这里实现放大。

通信卫星转发器

地球同步卫星

位于赤道上空地球同步轨道上的卫星似乎总是静止在同一点，这是因为它们处在地球上方 36 000 千米的位置，绕地球转动一周与地球的自转时间相同。它们始终能与地面站保持联系。

通信卫星

均匀分布在地球同步轨道上的三颗卫星的视域可覆盖整个地球（除极地地区外）。

1945 年，科幻作家阿瑟·克拉克首次提出了通信卫星使用地球同步轨道的设想。

数据通道

地面和卫星通过天线收发无线电波，传送电话、电视信号和数据。例如，从欧洲向美国拨打的电话要通过公共电话网传送到附近的地面站，然后再以无线电波的形式发射至地球同步轨道上的卫星。卫星将无线电波放大，续传至美国的接收天线，在那里信号将通过电话网络到达目的地。

飞机与地面凭借通信卫星实现电话通信。

无线电信号穿越太空时会衰减。

卫星覆盖范围

正如聚光灯能发出形状与大小不同的光束一样，卫星把无线电波送至地球时也会形成特定范围——即卫星覆盖区。覆盖区内的天线可与卫星交换信号。

地面站

在地面上对卫星收发信号的天线及其他设备被称作地面站。地面站可安装在大型建筑物内。通过它们的天线，成千上万的电话将通过卫星实现信号的接收和发送。地面站也可以建得非常小，以安装于船舶或飞机上。

天线接收和发送信号。无论是陆地、海上，还是空中，它们都是地面站运行的关键。

卫星覆盖区可大至整个大陆，或小到一个国家。

星天线

早期的天线将信号传往各个方向，浪费了星有限的能量。现在，天线已变得更加复杂，且可向地球的特定区域发送高功率的窄电波。它们通常非常大，无法装入运载火箭的整罩，因此常是入轨后展开。

能力提高				
卫星	首次发射	传输能力		
		电视频道		语音线路
晨鸟号	1965	1	或	240
国际通信卫星 3 号	1968	4	或	1500
国际通信卫星 5 号	1980	2	和	12000
国际通信卫星 8 号	1997	3	和	22500

卫星星群

从 20 世纪 90 年代后期开始，近地轨道出现了"全球星"和"铱星"等一些卫星群或卫星组。这些卫星比地球同步轨道卫星更接近地球，因此传送信息所需要的设备更小、更便宜。与地球同步轨道卫星系统相比，低轨通信卫星的应用成本也更低，更适合手机等设备。

全球星星群

通信大事记

• 1954 年，美国海军利用月球反射信号，从华盛顿特区成功向夏威夷发送了信息。

回声号

• 1960 年，美国宇航局和贝尔电话公司发射了一个叫回声号的镀铝气球，为北美传送信号。

• 1965 年 4 月，世界上第一颗商用地球同步卫星晨鸟号（国际通信卫星 1 号）发射升空。

卫星已服务于国际通信系统 40 多年。

天线可将信号发射到地球的特定区域。

下行通信线路

碟形天线接收和发送信号。

器位于
勺。

下行通信线路

上行线路和下行线路使用不同的频率。

半环是一个地面站与一颗卫星之间的双向通信线路。

红线代表卫星轨道。

绿点代表特定时刻每颗卫星的位置。

白圈是卫星的覆盖区，它们相互重叠，从而覆盖了整个地球。

全环是两个地面站与一颗卫星之间的双向通信线路。

铱卫星彼此间可传递信号，在移动通信系统方面更具灵活性。

频率

无线电波是电磁波谱的一部分。通信卫星所使用的无线电波可穿过大气，而不会被水蒸气吸收。

上行通信线路

频道是地面站与卫星之间的单向通信线路。

手机

信线路

通过卫星，船舶可与陆地实现不间断通信。

导航卫星

为找到两地之间的准确路线，领航员需要知道自己的确切位置。千百年来，水手们依靠月亮和恒星来辨别方向。但当乌云遮住了天空，他们很容易偏离航道。现在，卫星导航系统已解决了这个问题。即使是阴天，地面也能接收到卫星发出的无线电波，因此可以在任何天气状况下航行。到了 20 世纪 90 年代后期，美国开发的 GPS（全球定位系统）成为有史以来最可靠、最准确的导航系统。[中译注：北斗卫星导航系统 (BDS) 是中国自行研制的全球卫星导航系统。2012 年起实现了亚太区域服务，2015 年 7 月系统卫星数达到 19 枚，拟于 2020 年完全建成。]

GPS 的工作原理

GPS 由 31 颗卫星及地面设备组成。卫星能发送它们的位置和时间。这些卫星的轨道非常均匀，地球上任何地方的接收器都能接收到至少 4 颗卫星发出的信号。GPS 接收器能确切知道信号的发送和接收时间，因而能计算出它与每个卫星之间的距离。有了这些信息，接收器就可以计算出自己的位置，包括海拔高度。

艺术效果图：GPS 轨道

GPS 卫星

每颗 GPS 卫星的质量为 844 千克，大致相当于一辆小汽车。当它们的太阳能电池板完全打开时，宽度可达 5.3 米。每颗卫星都携带着原子钟，以准确计时。这些卫星的设计寿命为 7.5 年，轨道高度为 20 200 千米。

控制中心的天线向卫星发出信号。

科罗拉多州的指挥和控制中心。

世界各地的跟踪站接收卫星数据，并传送到控制中心。

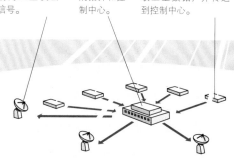

全球定位系统的地面控制

美国空军负责监视全球定位系统卫星的速度、位置和海拔高度。跟踪站会将这些信息发送至主控制中心。使用这些信息，主控制中心能预测出卫星未来 12 小时的轨道位置。地面天线将这些位置传送给卫星，供地球接收和使用。通过数据跟踪，控制中心便能不断更新卫星的预计位置。

推进器确保卫星对准地球。

全球导航卫星系统卫星

天线

显示屏

GPS 全球定位系统接收器可小如一部手机。

天线

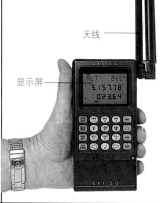

GPS 接收器

早期的接收器显示的是用户位置的经纬度，必须被绘制在地图上。现代的接收器能直接在地图上标记出用户位置，误差仅为几米。除位置外，接收器还能计算出行进的速度和方向。

全球导航卫星系统

全球导航卫星系统（Glonass）由俄罗斯开发，印度自 2004 年开始参与运行。利用该系统，用户可在约 70 米的误差内确定自己的位置。该系统现有 18 颗卫星，但最终将达到 30 颗，并覆盖全球。欧洲空间局正在为欧洲建立独立的伽利略定位系统，目前该系统已投入使用。

导航系统数据

	全球定位系统GPS	全球导航卫星系统GLONASS
卫星颗数	31	30
轨道数量	6	3
海拔	20200 千米	19000 千米
建成时间	1994 年 3 月	2011 年

每个GPS轨道上有4颗卫星。

卫星共在6条不同的圆形轨道上运行，覆盖了全球。

原子钟

原子钟的计时最为精确：铯钟每100万年才会产生1秒钟的误差。GPS和全球导航卫星系统中卫星的小原子钟能将误差控制在每30万年1秒内，因此发送到地球的时间信号十分准确。

铯原子钟

车载导航图

汽车导航

安装GPS接收器后，汽车制造商和车主就能快速规划出行线路。欧洲15%的汽车都安装了这种系统。2008年，世界生产的GPS设备超过了1000万台。公司和紧急服务部门也可以使用GPS信号跟踪他们的车辆。医生、警察和消防员等也能利用它们迅速确定最快的行进路线，赶往事发地点。

飞机喷洒农药

空中导航

20世纪90年代初期以前，撒哈拉沙漠的灭蝗飞机驾驶员只能在地图和罗盘仪的帮助下辨别方向。撒拉沙漠很少有明显的标识，因此导航十分困难。到1991年，飞行员用上了小型的GPS接收器，喷撒药的飞机能在30米以内准确定位。

导航大事记

北极星潜艇导弹

- 1964 年 1 月，美国建立了第一个卫星导航系统——子午仪卫星导航系统，以帮助北极星核潜艇定位。

- 1967 年 7 月，美国海军将子午仪卫星导航系统提供给民用。

- 1978 年 10 月，美国空军发射了第一颗GPS卫星。

- 在 20 世纪八九十年代，更多的 GPS 和全球导航卫星系统卫星被送入太空，增加了全天候定位的区域。

- 2003 年，欧盟和欧洲空间局开始建设伽利略全球导航系统。

- 2004 年，中国启动了具有全球导航能力的北斗卫星导航系统的建设。

了解更多

气象卫星

气象卫星可以观察全球各地天气的变化状况。每晚出现在电视上的卫星云图就是由它们记录的，它们还能显示云层的覆盖情况，监测飓风的形成和在海面上的移动情况。气象卫星携带有数据采集器，能将读数转换为气象预报所需的温度、压力和湿度。这些信息与气象浮标、气球和船舶等采集的数据汇总后，可帮助预报员提高预报准确度。

飓风中心

在 5 月至 11 月间的热带风暴季节，设在迈阿密的美国国家飓风中心会 24 小时收集卫星数据。风暴到来时，卫星会跟踪它们在海洋上的踪迹。该中心可提供加勒比海地区、美国所有海岸和墨西哥湾的风暴和飓风预警。

飓风预报

气象卫星出现前，人们在海洋飓风到来前无法预知并发出预警，陆地常会遭受极大破坏。1906 年，得克萨斯州发生了一次破坏力极强的飓风，造成约 6000 人遇难。飓风是一种极端的热带风暴，风速可超过每小时 120 千米，且持续时间较长。热带风暴发生时，还可形成低压风眼。现在，气象卫星会不断地观测海洋风暴的形成，人们因此能得到及时的警告。

1996 年的飓风弗兰

全球观测

地球同步卫星每 30 分钟会将覆盖区扫描一遍。发现热带风暴踪迹后，它们会将扫描频率提高每 15 分钟一次，以便更仔细地观测。此类卫星还会测量温度，帮助预报预测飓风的强度。

自动引导

当热带风暴发展成飓风并接近陆地时，美国空军将调遣它的气象中队——飓风猎人进入风暴展开观测，协助沿海雷达和卫星工作。

飓风艾伦之眼

飓风眼

大西洋上空的佛罗伦飓风

欧洲气象卫星

欧洲气象卫星从欧洲和非洲收集气象数据后，将它们传送至欧洲各地的计算机预报中心。

欧洲气象卫星的仪器能记录大气的图像和温度。

卫星与计算

科学家把卫星数据转化为天气报告所需的温度、压力、湿度和风速，计算机在其中发挥着关键作用。计算机还能结合雷达、船舶、浮标、飞机和卫星的所有数据，对天气做出及时和准确的预报。

气象卫星轨道

气象卫星使用地球同步轨道和极轨道。地球同步卫星——如GOES（环境应用同步卫星）——会停止在赤道上空，连续记录天气变化。每颗卫星可测到地球三分之一大的面积，但对北部地区的覆盖并不理想。极轨卫星——如NOAA（美国国家海洋和大气管理局）18——不会对同一区域持续观测，但它们能很好地观测极地的天气情况，获得的信息比地球同步卫星更多。

NOAA 18 卫星

NOAA 18 绕地球一圈需要 102 分钟。

地球同步轨道上的 GOES 可观测美国以及大西洋或太平洋地区。

GOES 卫星

地球同步轨道上的卫星距离地球 36 000 千米，可对广阔的区域展开持续观测。

比例放大，便于观察。

极轨卫星距离地球 900 千米，能比地球同步卫星获得更多信息。

日本

正接近日本的飓风

登陆预报

飓风的轨道和强度非常难预报，不过卫星和飞机每年收集的数据都有助于提高预报的准确性。飓风登陆的地点被称为登陆点，现在在飓风到达的 24 小时前，人们对它的预报误差不超过 160 千米。

1997 年的厄尔尼诺现象

4 月 25 日　　　　　5 月 25 日

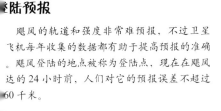

6 月 25 日　　　　　9 月 25 日

厄尔尼诺现象

厄尔尼诺现象发生时，南美海岸较凉的海水通常会变暖，从而影响到了全世界的天气。在这些卫星图片中，红色和白色区域为暖流，向东边的赤道附近移动。黑色区域是陆地，而其他颜色代表包围着暖流的冷水。通过分析这些图像，科学家希望能了解厄尔尼诺现象与世界气候变化之间的关系。

地球资源卫星

能够帮助科学家研究地球表面的卫星被称为地球资源卫星。它们可以显示农作物是否会歉收或冰冠是否正在融化，并能精确定位金属矿石和煤炭等资源。这是因为卫星仪器能分析不同地貌所反射和吸收的光与其他辐射。每种地貌——如森林或建筑——反射和吸收的辐射都有不同的特性。卫星经常会对整个地球进行扫描，因此科学家能够制作出特定区域随时间变化的地图。

海洋监测

海洋覆盖着地球三分之二以上的面积。因此，要了解地球和它的气候，研究海洋及其上空就十分重要，如洋流、温度和风速等。地球的海域十分辽阔，飞机和轮船无法对其进行不间断的全面监测，但卫星能做到这一点。最近发射的海洋探测卫星是贾森2（Jason2），于2008年6月升空。

专题制图仪

不同类型的辐射具有不同的波长，如蓝色比红色的波长短。陆地号卫星所携带的专题制图仪能测量7个不同的波段辐射强度，其中4个位于电磁波谱红外区域。科学家为每个波段分配了不同的颜色，由此可制作出特定区域的地图。

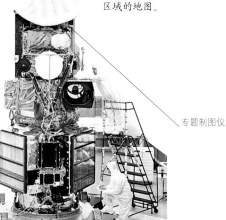

专题制图仪

陆地4号卫星

GPS跟踪系统可接收16颗GPS卫星发出的信号，以精确定位。

先进的微波辐射计能够测量大气中的水蒸气对测高仪雷达造成的任何延迟。

激光反射镜阵列的一排排反射镜可成为地面激光跟踪测量的目标，这有助于确定贾森2的位置。

多丽丝（DORIS）仪器能提供位置和轨道信息。

波塞冬－3（Poseidon-3）双频测高仪是贾森2的主要仪器。它可以测量海平面、浪高和风速。

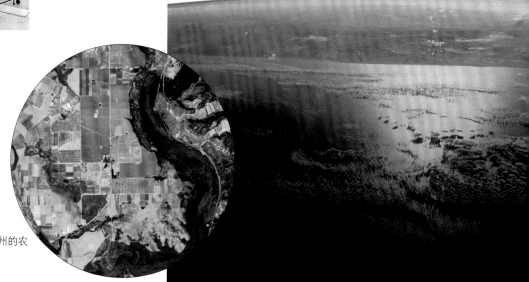

制图仪能揭示什么

专题制图仪的每个波段所揭示的地球面貌都不相同。如第五波段检测的是红外线，能揭示植被中的水分含量。这个波段的强度很低时，说明农作物虽然看来仍是绿色的，但已接近歉收边缘。

美国加利福尼亚州的农作物监测

托帕克斯－波塞冬（TOPEX-POSEIDON）海洋科研卫星

托帕克斯－波塞冬能帮助科学家详细研究洋流和潮汐的变化。

专题制图仪数据

波段	波长（纳米）	应用
1	450～520（蓝/绿）	测绘沿海水域，区分土壤和植被
2	520～600（绿/黄）	反映健康的植被
3	630～690（红）	帮助识别植物
4	760～900（红外）	勾勒水体
5	1550～1750（红外）	测量植物水分
6	10400～12500（红外）	测量植物热应力
7	2080～2350（红外）	测绘热水源

海洋研究

研究海洋和气候的一个基本数据是海洋高度，它能为科学家提供洋流和潮汐等信息。托帕克斯－波塞冬在1330千米高的轨道运行，它的测量误差仅为4.3厘米。它在一个月内收集的数据比100年来所有科研船所获得的都多。

据贾森2所提供的海面高度据，可确定海洋环流、气候化和海平面的上升情况。它高度为1336千米，可监视%的无冰海洋面，每10天新一次数据。

贾森2

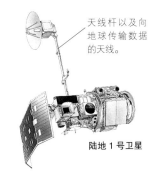

天线杆以及向地球传输数据的天线。

陆地1号卫星

资源大事记

- 1972年，陆地1号卫星由美国送入太空，为地球拍摄了第一张可见光与红外线的综合图像。

- 1978年，美国海洋资源卫星使用雷达完成了对海洋的首次珍贵测量。

- 1986年，法国发射了地球观测系统卫星（SPOT 1）。它是首颗利用小硅片来检测辐射的地球资源卫星。

- 1992年9月，托帕克斯－波塞冬开始收集有史以来最为详尽的海洋数据。

- 2002年，最大的地球观测卫星欧洲环境卫星（Envisat）发射升空。它位于极轨道，每1～3天可完成一次对地球的完全覆盖观测。

多谱扫描仪

光谱分辨率

陆地1号卫星携带的多谱扫描仪是第一个记录不同波段（红、绿和两个红外波段）辐射强度的卫星仪器。与专题制图仪一样，多谱扫描仪通过一系列波长来收集地球表面的各种信息。

滥砍滥伐

这是陆地号卫星拍摄的非洲象牙海岸的森林图像。它由几种不同的颜色组成：红色和淡蓝色分别代表森林与土壤，而棕色代表农作物。从数月乃至数年连续拍摄的图像可看出红色区域在不断减少，这说明树木遭到了滥砍滥伐。

象牙海岸的卫星视图

假色

人们看不到红外线，因此科学家在绘制它的时候，会给每个红外波段确定一种识别颜色。这种地图被称为假色图像。在这张假色照片中，火山土壤显示为棕色，植被是红色，水是深蓝色，而白色表示矿藏。

智利的矿藏

军事卫星

　　许多早期的卫星都是由美国或苏联研制的，并被用于各种军事目的。今天，军事卫星的使用已变得更加广泛。在轨运行的卫星相对安全，它们可收集战场信息，所拍摄的高清照片甚至能显示一个人的站姿，它们还可用于寻找失踪士兵，或提供安全通信。一些卫星时刻监测着地球，以观测核弹发射和核爆炸的迹象。

军用导航

　　GPS最初只为美国军方服务，现已普及到商用。使用能够接收GPS卫星信号的手持设备，人们就可以找到自己的位置：纬度、经度和海拔高度。在伊拉克的沙漠地带，美国军队就曾用它识别方向，协助导弹打击目标。

太阳能电板为导航号的传送供电能。

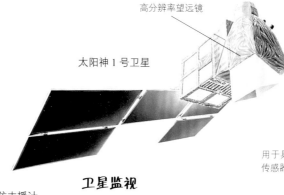

GPS卫星

高分辨率望远镜

太阳神1号卫星

用于具体军事目的的天线和传感器，也能探测核爆。

卫星与防务

　　20世纪70年代以来，美国已将多颗国防支援计划（DSP）卫星送入地球同步轨道。每颗卫星可监测地球表面的一部分，携带的传感器能检测弹道导弹的发射，并在导弹点火后的几秒内向地球发送警告。俄罗斯也发射有类似卫星，它们都有助于消减导弹的突袭优势。

国防支援计划卫星

利用激光，国防支援计划卫星之间可进行通信。

红外传感器可检测到导弹发射时排气的热量。

卫星监视

　　一些国家已研发出了先进的间谍卫星。法国的太阳神号卫星就是其中的一个典型：它运行在近地轨道，地球上自行车大小的物体都能被它发现。我们对军事侦察卫星的了解很少——这并不奇怪，因为间谍卫星的大部分信息都属于最高机密。

搜索与援救

　　1995年6月，塞尔维亚军队击落了波斯尼亚上空的美国空军上校斯科特·奥格雷迪的飞机。利用GPS接收器，奥格雷迪确定了自己的地面位置，并将坐标发给了空中的F16战斗机。他最终被海军陆战队成功营救。

奥格雷迪上校

洲际弹道导弹

国防支援计划卫星可迅速探测到弹道导弹的发射，因此能够及时对攻击发起报复。

军事卫星

应用	有效载荷
导航	导航信标，时间信号和核爆传感器
预警	传感器，可检测弹道导弹和核爆辐射
侦察	照相机，望远镜和传感器
通信	设备和天线，可干扰信号

新一代GPS卫星（如国防支援计划卫星）是核爆炸探测系统的组成部分。

卫星两侧张开的天线负责传输军用和民用导航信号。

核爆

许多国家已通过签署《不扩散核武器条约》等，限制核武器的试验和发展。成员国的违约行为可被各种卫星的传感器监测出。例如，GPS卫星和国防支援计划卫星所携带的传感器可测出核爆炸产生的可见光、X射线和电磁脉冲。

21 世纪的系统

DSP卫星退役后，人们将建成由 6 颗卫星组成的天基红外系统，该系统在地球之上 35400 千米的高空运行。另一个是位于 1450 千米高空，由 20 至 30 颗卫星组成的太空跟踪与监视系统（STSS）。它们将能提供导弹预警数据。

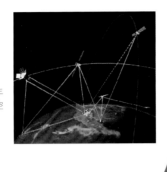

艺术效果图：2016 年天基红外系统和太空跟踪与监视系统。

军事通信卫星（如英国的天网 5 号卫星）可为部队提供安全通信系统。

天网 5 号卫星

三颗天网 5 号卫星分别于 2007 年 3 月和 2008 年 6 月发射升空。

军用频道发射天线。军用天线和频率与民用通信卫星均不相同。

保密通信

军队的船舶、飞机和地面的小型移动接收器之间需要可靠的通信线路。这些线路在战争或训练演习中特别忙碌，但其他时间会较安静。与军用通信卫星相比，商用卫星的传输通道更加宽敞。军事通信均被加密（以代码传输），以防止窃听。

美军正在搭建移动电话系统。

天基红外系统简介

• 天基红外系统卫星能探测和跟踪导弹，并可自动发射防御导弹，摧毁来袭目标。

• 美国国防部计划将第一批天基红外系统卫星部署于地球同步轨道和高椭圆轨道，从而覆盖整个地球。

• 近地轨道的天基红外系统卫星将与更高轨道的卫星协同工作，以提高导弹预警能力、收集详细的战场监视信息。

• 传感器能探测到三个波段的红外频率，可见光辐射能够全程跟踪导弹。

了解更多

太空垃圾

　　轨道上任何无用的东西都被称作太空垃圾。这包括废弃的火箭和退役的卫星（它们能够在轨道上停留数百万年），以及爆炸和损毁所造成的卫星碎片。第一颗卫星升空半个世纪之后，地球轨道90%以上的物体都是太空垃圾。卫星每次解体都会增加太空垃圾，轨道航天器被碎片击中的风险也随之增加，甚至与漆块的碰擦也能造成航天器失控。不过，航天国家已开始研究减少太空垃圾的办法了。

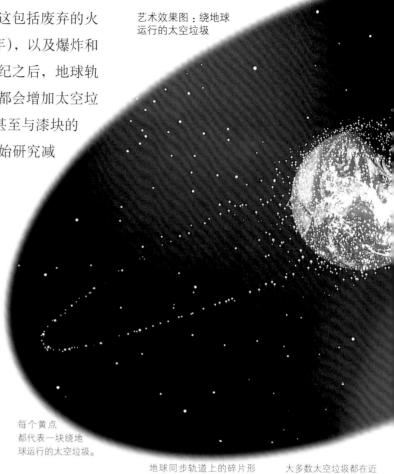

艺术效果图：绕地球运行的太空垃圾

太空危害

　　直径大于10厘米并围绕着地球运转的太空垃圾估计有17000块。太空飞行的许多阶段都会产生垃圾，如卫星进入轨道后，就会将整流罩丢弃。在最常用的轨道上，太空垃圾聚集得也最为迅速。卫星和碎片的碰撞速度最高可达每小时40000千米，极具破坏力。

每个黄点都代表一块绕地球运行的太空垃圾。

地球同步轨道上的碎片形成了一个围绕地球的环。

大多数太空垃圾都在近地轨道上运行。

碎片追踪

　　北美防空联合司令部（NORAD）的全球雷达网络密切监视着轨道上运行的物体。近地轨道网球般大小的物体都可被监测到，而在地球同步轨道上，只有1米以上的物体才可被发现。利用这些信息，计算机可预测出它们与航天器发生碰撞的可能性。

北美防空联合司令部总部的屏幕上显示了有关太空垃圾位置的信息。

小到无法追踪

宇航员手套

　　北美防空联合司令部常追踪的最小碎片大约为宇航员手套的手指般大小。比此更小的碎片，比如说樱桃核般大小，与航天器碰撞时，速度也可达每小时30000至45000千米，且能产生一颗手榴弹爆炸般的威力。

清扫太空

　　在为太空清理杂物方面，科学家有一些新颖的想法。一个建议是让机器人登上轨道，等待并捕获身边飘过的旧航天器。太阳能激光切割机将把卫星分解成小块，随后被运到国际空间站做回收处理。

可观测到的直径大于 10 厘米的 17000 个太空物体中，只有约 700 个是正常运行的飞船。

轨道碎片

大小	数目	总占比（%）
10 厘米以上	17000	0.02
1 ~ 10 厘米	200 000 多块	0.31
0.1 ~ 1 厘米	数千万块	99.67

极高速冲击试验箱

北美防空联合司令部追踪的是较大的碎块，小碎片则由地面雷达监测。

碎片碰撞

碎片能以很高的速度撞向航天器，这种速度被称为极高速。冲击力取决于碰撞方向：正面、侧面或后面。空间机构使用特殊的试验箱，研究极高速碰撞对不同材料所造成的损害。子弹以每小时 25000 千米的速度飞行时，超高速照相机可记录下它们造成的损害，而太空中的物体碰撞速度可能更高。

豌豆大小的钢球以每小时 15000 千米的速度击中钢板。

和平号空间站环境影响仪表舱

控制损害

控制损害的最好方式首先是避免被击中，因此国际空间站（ISS）被设在大碎块的运行路径之外。和平号空间站环境影响仪表舱（MEEP）等实验就能提供国际空间站的风险数据。我们的目标是每年移动国际空间站的次数不超过 6 次。

太空垃圾的危害

• 天然物质也会造成破坏。1982 年，一粒灰尘进入了礼炮号空间站的气门。

• 尺子上最小的刻度单位是毫米。1983 年，一块五分之一毫米的漆块在航天飞机弦窗上击出了 4 毫米的坑。

• 1996 年 6 月，飞马火箭的上面级发生爆炸，由此产生了 700 块直径大于 10 厘米的碎块和 30 万个 4 毫米至 10 厘米的碎片。

保护

保护航天器敏感区的一个方法是用轻质陶瓷纤维缠绕其四周。每一层都可消减一部分飞来碎片的冲击力，使碎片在击中航天器壁之前就破碎。国际空间站正是使用这些"陶瓷保险杠"，防止了极高速试验箱中所发生的冲击损坏。

国际空间站

航天飞机上的漆块撞击坑口

轨道返回的阿波罗 12 号

返回地球

卫星减慢速度返回地球。重新进入地球大气时，它们会与空气摩擦而发热。有的会分崩离析，还有的会完整撞入地面或海洋。在未来，所有的卫星都会有一个完美的"归宿"，而不是继续在轨道上漂浮，或留下碎屑。

飞向太空

太空飞行在以前是件难以想象的事。电影《阿波罗13号》的主演汤姆·汉克斯生于1956年，那时的大多数人都认为人造卫星和太空飞行只能出现在科幻小说里，是一个遥不可及的梦想。但世界各地的一些科学家和工程师却持有不同观点。他们认为，发射卫星和将人们送入太空的技术将很快实现。美国和苏联的军事高层对可发射导弹和卫星的火箭极感兴趣。1957年秋，太空探索迷的梦想最终得以实现。（中译注：中国载人航天工程于1992年启动，已成为世界上继俄罗斯和美国之后第三个独立掌握载人航天技术、独立开展空间实验、独立进行出舱活动的国家。）

美国载人航天计划

加加林完成历史性飞行后不到一个月，美国就开始实施载人航天计划。艾伦·谢波德在到180千米的高空后，又成功返回地球。他的这次亚轨道飞行是"水星"计划（1958～1963）的一部分，该计划的目的是将宇航员送入太空，观察他的反应，并让其安全返回地球。

1961年5月5日

1961年5月25日

太空时代的黎明

苏联有史以来首次将人造卫星送入太空后，人们的心里充满了好奇、兴奋和恐惧。这颗名为斯普特尼克号的卫星是苏联太空计划工程师谢尔盖·科罗廖夫的心血结晶。斯普特尼克号一共发送了21天的跟踪信号。

1960年8月20日

卫星回收

贝尔卡和斯特热尔卡两只狗乘坐斯普特尼克5号卫星进入太空。卫星沿轨道飞行一天后，地面控制员成功将其收回地球。这两只狗成为首批经受住了空间失重和重返压力环境的生物。

1957年10月4日

第一个在轨动物

斯普特尼克2号发射后，世界的目光都聚焦在飞船乘客——莱卡这条狗的身上。它是轨道上存活下来的第一个动物。莱卡在发射过程中都没有出现异常，到达轨道后直至氧气耗尽才死掉。

1957年11月3日

1961年4月12日

太空第一人

尤里·加加林是进入太空的第一人。球形的东方号宇宙飞船内，一把弹射座椅安装在围栏上，那就是他的坐骑。在加加林的这次成功飞行后，苏联太空计划遭受了两次失败，很多人在其中的一次发射灾难中丧命，这表明将发射中心建造于人烟稀少的偏远地区十分重要。

挑战月球

1961年，约翰·肯尼迪总统推出阿波罗探月计划，彰显出了他的太空雄心。第二年，他对学生演讲时说："我们决定用10年的时间登上月球，这不是因为此项任务很简单，而是由于它极为艰难。"阿波罗计划是20世纪技术最复杂的计划之一。

空行走

苏联宇航员阿列克谢·列昂诺夫走出上升2号宇宙飞船，完成了人类的第一次太空行走。太空行走结束后，膨胀的宇航服让他费了很大力气才进入密封舱，将外舱门关上。列昂诺夫最终返回上升2号宇宙飞船时，在太空中已停留了20分钟。

1965 年 3 月 18 日

联盟号宇宙飞船

苏联宇航员弗拉迪米尔·科马罗夫搭乘着联盟1号宇宙飞船不幸遇难，成为第一位在太空去世的宇航员。就在此4个月前，三位美国宇航员在测试阿波罗1号时也发生了不幸，葬身在发射台的火海中。他们全都是登月竞赛中的受害者。

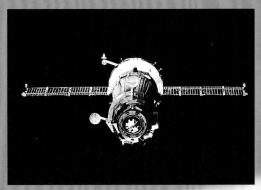

1967 年 4 月 24 日

空间站

为了给太空实验提供一种轨道实验舱，苏联建设了空间站。第一个空间站是长14.4米的礼炮1号，它可依靠自己的引擎改变运行轨道和对接装置。联盟10号和联盟11号这两艘飞船经常前往礼炮号空间站。一次联盟11号返回地球时，返回舱的一个封孔发生故障，所有宇航员因此遇难。尽管发生了不幸，但联盟号的任务尝试表明利用技术，人们可以往返于地球和太空之间。

1971 年 4 月 19 日

1975 年 7 月 15 日 ~ 24 日

1965 年 12 月 4 日 ~ 18 日

双子座 7 号飞船

双子座7号飞船在太空停留了14天，创造了新的纪录。美国的双子座计划是水星计划与阿波罗计划之间的跳板，它的宇宙飞船包括了能容纳两名宇航员的驾驶舱和装有燃料、氧气和食物的资源舱。双子座的目的是为了验证飞船长时间飞行、会合及对接的可行性。这一切都是实施月球探测的必要条件。

1969 年 7 月 20 日

阿波罗 - 联盟号会合

在冷战期间，美国和苏联协作完成了一次阿波罗 - 联盟号会合的航天任务。两名宇航员操纵着自己的飞船，然后紧紧对接在一起。几天中，他们在彼此的飞船内做科学实验，然后又独立地完成了他们的任务。

会合

双子座6号和双子座7号是首次完成会合任务的飞船。它们在260千米的海拔高度以大约30000千米的时速彼此接近，两只飞船间的距离还不到30厘米。

登月

美国阿波罗11号指挥官尼尔·阿姆斯特朗的一句"'鹰'着陆成功"，标志着人类首次到达了地球以外的世界。阿姆斯特朗和巴兹·奥尔德林驾驶着鹰号登月舱降落在月球表面，而迈克·科林斯继续留在指令舱。阿姆斯特朗和奥尔德林在月球表面停留了22个小时，在鹰号登月舱外呆了两个半小时，共收集了22千克的岩石和尘土样本。

航天飞机

太空运输系统（STS）的首次试飞是在1981年。太空运输系统通常指的是航天飞机，由带三个主引擎的轨道飞行器、一个外部燃料箱和两个固体火箭助推器组成。货物被装在轨道飞行器的有效载荷舱内带入太空。主引擎的推进剂由外部燃料箱提供。航天飞机每次任务结束后返回地球，都须在很长的跑道滑翔降落。太空运输系统已发射过卫星和宇宙飞船，目前的任务是为国际空间站运输货物和接送宇航员，是国际空间站建设的中转平台。

热保护

当轨道飞行器再次进入地球大气时，摩擦产生的热量可使它的表面温度到达300℃至1500℃。因此，航天飞机需要保护镀膜来防止其融化。飞行器不同部分的保护材料也各不相同。机翼的边缘和机尖温度最高。轨道飞行器约70%的表面都覆盖着吸热瓦，它们能吸收370℃至1260℃之间的高热。这些瓦片传热非常慢，防止了热量进入飞行器。

毡制品保护着轨道飞行器的顶部，那度一般不超过370℃。

强碳绝缘层保轨道飞行器（1260℃以上）的部

航天飞机的轨道飞行器

轨道飞行器其实是一架太空飞机。太空运输系统可携带的轨道飞行器有三种选择：发现号、亚特兰蒂斯号和奋进号。每个轨道飞行器可搭乘7名宇航员，并可在轨运行至少10天。轨道飞行器的机舱分为三层——飞行甲板、中层甲板，以及装有生命支持设备的下层甲板。

通往中层甲板的梯子，那里有床铺、卫生间、厨房以及可进入太空的密封舱。

有效载荷舱。

航天飞机的轨道飞行器

飞行员和指挥官所在的飞行甲板。

外部燃料箱

固体火箭助推器

固体火箭助推器

外部燃料箱

液氧

连接着轨道飞行器的液氧燃料管。

液氢

火箭在这里点燃。

中间的4个箱装载着固体燃料。

排气喷嘴

连接着轨道飞行器的液氢燃料管。

外部燃料箱

在飞向轨道时，携带有液氢和液氧的外部燃料箱连接着轨道飞行器和助推器。每次飞行后料箱都被丢弃。

下层甲板安装有环境维持备，能让航天员在轨道飞行内生活。

4.轨道飞行器到达近地轨道。

3.外部燃料箱被释放。

5.轨道飞行器在太空停留10~16天。

2.助推器被丢弃。

燃料箱落回地球。

6.轨道飞行器再次定位，准备返回地球。

降落伞打开，助推器落回地球。

船舶将火箭回收。

7.轨道飞行器重新进入地球大气。

飞行轨迹图

1.航天飞机点火起飞。

固体火箭助推器

固体火箭助推器可将轨道飞行器送入45千米的高度，并能反复使用20次。它们每次飞行后会落入海洋，被回收后为下一次飞行做好准备。助推器在地面上可支撑整个太空运输系统的重量。

9.轨道飞行器在4.5千米长的跑道上着陆。

航天飞机装配大楼

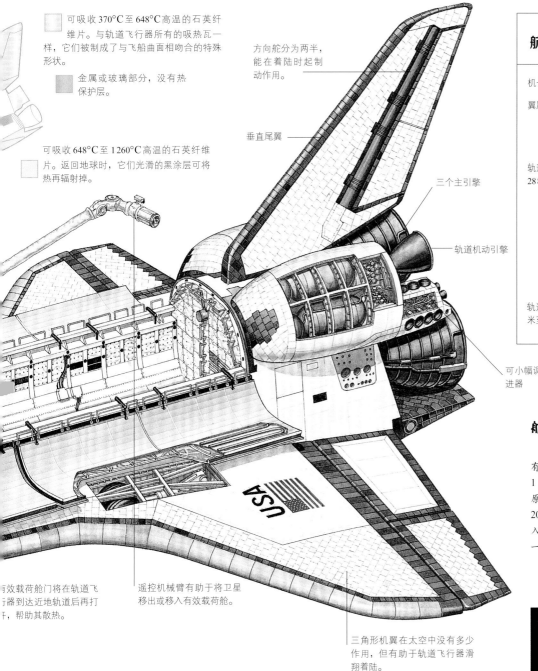

可吸收 370°C 至 648°C 高温的石英纤维片。与轨道飞行器所有的吸热瓦一样，它们被制成了与飞船曲面相吻合的特殊形状。

金属或玻璃部分，没有热保护层。

可吸收 648°C 至 1260°C 高温的石英纤维片。返回地球时，它们光滑的黑涂层可将热再辐射掉。

方向舵分为两半，能在着陆时起制动作用。

垂直尾翼

三个主引擎

轨道机动引擎

可小幅调整轨道的推进器

有效载荷舱门将在轨道飞行器到达近地轨道后再打开，帮助其散热。

遥控机械臂有助于将卫星移出或移入有效载荷舱。

三角形机翼在太空中没有多少作用，但有助于轨道飞行器滑翔着陆。

航天飞机轨道飞行器规格

机长 37.24 米　　机高 17.27 米
翼展 29.79 米　　有效载荷舱 18.3 × 4.6 米

轨道速度每小时 28 800 千米

可承受 1500°C 的高温

轨道高度 185 千米至 1000 千米

可持续执行 10 至 16 天任务

航天飞机事故

　　已有两艘航天飞机发生爆炸，所有宇航员均遇难。挑战者号 1986 年 1 月 28 日起飞后不久就发生了爆炸，原因是一个助推器的连接片失灵。2003 年 2 月 1 日哥伦比亚号重新进入地球大气，但发射时机翼上脱落的一块泡沫造成了它的解体。

挑战者号发生爆炸

发射到着陆

　　三个主引擎的启动间隔为 0.12 之后是固体火箭助推器。稳定全打开后，太空运输系统开始升助推器和油箱脱落后，轨道机系统将帮助轨道飞行器驶入正确道。在轨道飞行器返回着陆的一小时前，轨道机动系统和推进器帮助其定位，再次进入大气。

道飞行器准备好在道上高速滑行。

重大航天飞机任务

• 1981 年 4 月 12 至 14 日，航天飞机首飞，轨道飞行器为哥伦比亚号。

• 1981 年 11 月至 1982 年 7 月间，哥伦比亚号又完成了 3 次飞行任务，并测试了航天飞机的遥控机械臂。

• 1989 年 10 月，亚特兰蒂斯号轨道飞行器的机组人员将伽利略号宇宙飞船送入太空。

• 1990 年 4 月 24 至 29 日，发现号轨道飞行器将哈勃空间望远镜送入轨道。

• 1998 年，奋进号首次飞抵国际空间站。

• 2009 年，航天飞机第五次也是最后一次为哈勃空间望远镜提供服务。

国际空间站

1998 年，美国和俄罗斯携手合作，发送了国际空间站的第一批组件；巴西、加拿大、欧洲空间局和日本也做出了各自的贡献。这座国际空间站计划于 2010 年组装完毕，成为一个宽 110 米、长 80 米、质量近 500 吨的庞然大物。国际空间站长期有宇航员留守，首批人员于 2000 年 1 月抵达。从那时起，多个国家的宇航员都登上了国际空间站，开展广泛的研究。

空间站的组成

国际空间站由 100 多个组件构成。美国为其提供了桁架、太阳能电池板、一个公用设施舱、一个节点舱和一个实验舱；俄罗斯贡献了一个内核生活舱；加拿大提供的是一只机械臂；而研究实验舱来自欧洲和日本。国际空间站的大多数建设机构也将为其提供物资运输。

欧洲实验舱

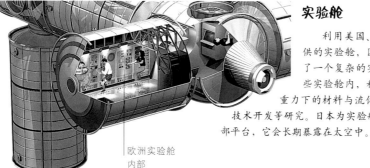

实验舱

利用美国、欧洲和日本提供的实验舱，国际空间站组建了一个复杂的实验基地。在这些实验舱内，科学家展开了微重力下的材料与流体、生命科学和技术开发等研究。日本为实验舱提供了一个外部平台，它会长期暴露在太空中。

欧洲实验舱内部

硬件集成

将空间站所有设备整合在一起的过程被称为硬件集成。不同舱室所需要的许多设施，如电缆，都是工程师在地面提前装好的。实验机架及其他科学设备则是在轨安装。

亚拉巴马州马歇尔飞行中心的工作人员在组装硬件。

国际空间站

国际空间站是夜天中最亮的物体之一，仅次于月球和金星。

国际空间站建成后的大小等同于一个足球场。

太阳能电池板可将太阳能转化为空间站所需的电能。

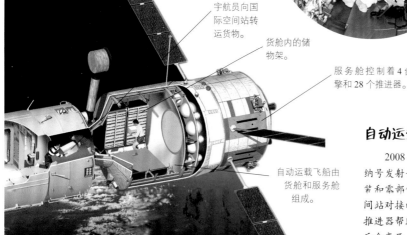

宇航员向国际空间站转运货物。

货舱内的储物架。

服务舱控制着 4 台引擎和 28 个推进器。

自动运载飞船由货舱和服务舱组成。

自动运载飞船

2008 年 3 月，首个无人驾驶的自动运载飞船——儒勒·凡尔纳号发射升空，向国际空间站运送水、氧气、推进剂、食品、服装和零部件。人们共计划发射 5 个这样的自动运载飞船，在与空间站对接的几个月中，工作人员将卸掉飞行器上的货物，用它的推进器帮助空间站调整高度，然后再装入废物。自动运载飞船最后会离开，飞至太平洋上空后被引爆。

装空间站

在空间站的组装阶段，航天飞机和两种型的质子号火箭将完成45次飞行任务。各部件先被机械设备连接起来，然后由航天手工调试。在安装的几年时间里，航天员要在太空行走850小时。遥控相机绕着空站拍摄，检查它的故障。

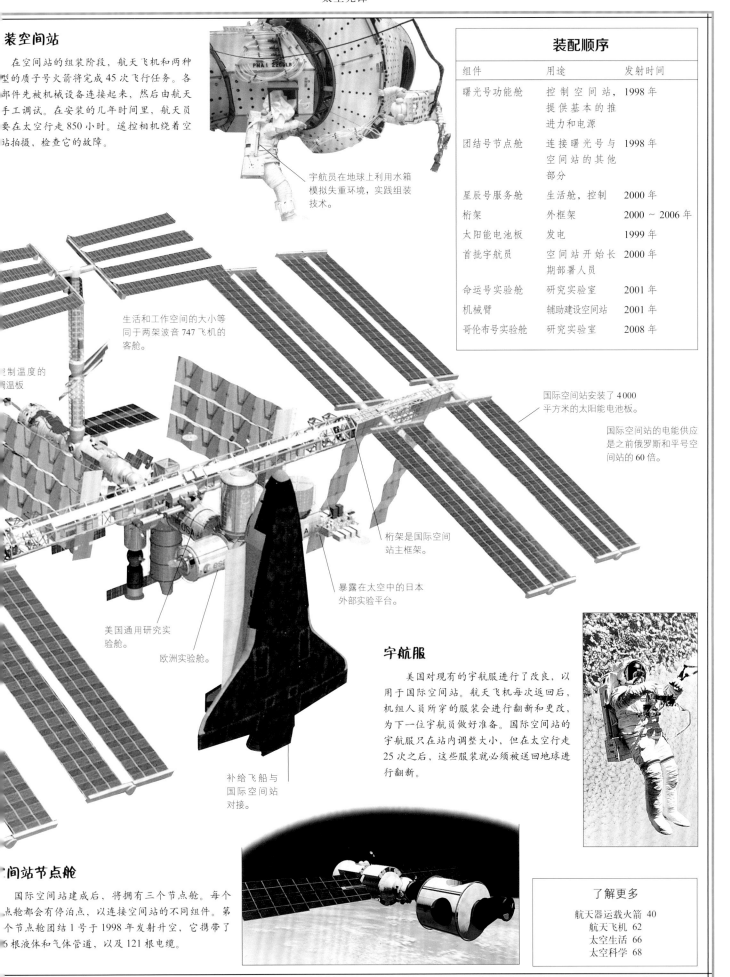

宇航员在地球上利用水箱模拟失重环境，实践组装技术。

装配顺序

组件	用途	发射时间
曙光号功能舱	控制空间站，提供基本的推进力和电源	1998 年
团结号节点舱	连接曙光号与空间站的其他部分	1998 年
星辰号服务舱	生活舱，控制	2000 年
桁架	外框架	2000 ～ 2006 年
太阳能电池板	发电	1999 年
首批宇航员	空间站开始长期部署人员	2000 年
命运号实验舱	研究实验室	2001 年
机械臂	辅助建设空间站	2001 年
哥伦布号实验舱	研究实验室	2008 年

生活和工作空间的大小等同于两架波音747飞机的客舱。

制温度的温板

国际空间站安装了4000平方米的太阳能电池板。

国际空间站的电能供应是之前俄罗斯和平号空间站的60倍。

桁架是国际空间站主框架。

暴露在太空中的日本外部实验平台。

美国通用研究实验舱。

欧洲实验舱。

宇航服

美国对现有的宇航服进行了改良，以用于国际空间站。航天飞机每次返回后，机组人员所穿的服装会进行翻新和更改，为下一位宇航员做好准备。国际空间站的宇航服只在站内调整大小，但在太空行走25次之后，这些服装就必须被送回地球进行翻新。

补给飞船与国际空间站对接。

间站节点舱

国际空间站建成后，将拥有三个节点舱。每个点舱都会有停泊点，以连接空间站的不同组件。第个节点舱团结1号于1998年发射升空，它携带了6根液体和气体管道，以及121根电缆。

了解更多

太空生活

在工程师设计的空间站内，宇航员能够在太空的恶劣环境中长期居住。那里没有氧气，没有种植食物的土壤，没有水，也没有大气压力。空间站的生命保障系统必须能提供氧气，并过滤航天员呼出的二氧化碳，空气的压力也必须接近地球环境，温度要保持舒适。航天员未来可能在太空中种植物，但目前他们不得不依靠地球来补给食物和水。

地球上空的国际空间站

日常生活

国际空间站上的航天员刻意将一天划分为 24 小时，因为轨道站每天都能看到 15 次日出和日落。航天员的起床和就寝时间由指挥中心规定，用餐时间每天较为固定，以保持宇航员精力充沛。他们一天的生活包括工作、锻炼和休息，闲暇时常会看看DVD，或只是凝视着窗外的世界。

国际空间站的航天员使用免水洗发露清洗头发。

个人卫生

国际空间站没有淋浴设备，不过宇航员可以擦澡，用特制的免水洗发露清洗头发。男性宇航员使用电动剃须刀刮胡子时必须靠近吸风机，以防止胡须四散，飞入眼睛和设备中。

航天员使用特制抹布来清洁餐具。

宇航员太空行走时，借助机械臂保持稳定

太空作业

就像在地球上一样，航天员在太空的大部分时间都要工作。国际空间站总有一些设备需要维护或升级，航天员还要进行实验监测。宇航员有时需借助机械臂在太空行走。

太空生活大事记

• 1986年至2001年，俄罗斯和平号空间站在轨运行，宇航员每次都要在太空度过数月的时间，人们对太空生活也有了更多的了解。

• 1997年，携带补给品的进步号飞船与和平号空间站发生碰撞，美国宇航员迈克·福阿莱和他的俄罗斯同事们奋战了几个小时，才避免了一场灾难的发生。

• 1998年，国际空间站的第一个组件发射成功。航天飞机从那以后就一直为它运送其他组件。

• 美国商人丹尼斯·蒂托通过俄罗斯航天局登上了国际空间站，成了太空的第一位游客。他为此花费了数百万美元，在太空共停留了7天零22小时。

太空食品

所有食物都需从地球运送，所以重量必须轻，它们大都是脱水食物（干食），食用时再添加水。饮料和汤被装在袋内，用吸管吸食以防止液滴飘散。在失重条件下，体液常会向头部集聚，造成味觉缺失，因此辛辣食物和调味料是宇航员的最爱。

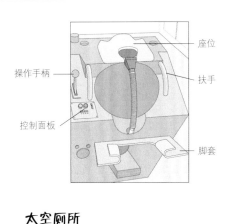

际空间站的食物

太空食谱

早餐	水果或谷类食品、牛肉小馅饼或炒鸡蛋、可可、果汁饮料
午餐	土耳其面或热狗、面包、香蕉或杏仁脆条、果汁饮料
晚餐	汤或水果鸡尾酒、肉饭或牛排、奶酪西蓝花、布丁、果汁饮料

正在国际空间站厨房忙碌的宇航员

失重条件下并没有"上"的概念，因此使用一张看起来在墙壁上的桌子似乎很正常。

用磁铁吸住金属容器和用具，防止它们飘走。

飘浮状态下的宇航员借助四处可见的把手行走。

太空厕所

宇航员如厕时，会被固定在马桶上。真空抽吸器被打开，以确保身体与座位之间的良好密封。固体废物会被干燥处理和存储，以防止细菌滋生；任何液体都会被回收。

座位
扶手
脚套
操作手柄
控制面板

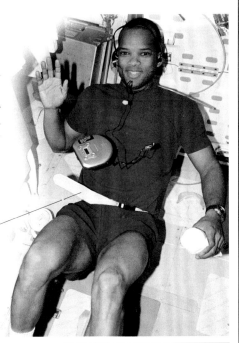

身体锻炼

身体在太空中的负担很轻，因为那里几乎没有地球引力。但是，这会造成骨骼和肌肉功能减弱。空间站的所有人员都必须遵循严格的锻炼计划，以保持肌肉结实。

宇航员被安全带束缚在健身器上。

安全睡眠

如果宇航员随便找个地方就睡觉，他们就会在机舱内四处飘动，影响大家的工作。为防止这种情况，宇航员休息的地方都设计有一个腰带，将其束缚到铺位上。宇航员还可以用眼罩帮助自己入睡，因为在近地轨道的宇宙飞船上，太阳每一个半小时就会出没一次。

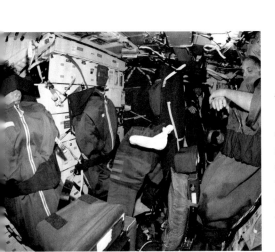

太空科学

有了地球引力，人们的双脚才能站在地上，植物才能将根扎入土中，两种液体才容易混合。科学家无法改变地球上的重力，但可以进入轨道开展重力实验。在轨道上，人体并不能完全摆脱地球引力的影响，但如果宇航员丢掉一支铅笔，它会浮起来。这是因为飞船、宇航员和铅笔都在朝着地球做自由落体运动，不过它们永远都不会落到地球上。所有物体都处于失重状态，也称为微重力状态。在微重力条件下，科学家可以探索重力对物理和生物过程的影响。

希望号实验舱

希望号是国际空间站最大的实验舱。它的实验研究包括航天医学、□物学、地球观测、材料制造、生物□术和通信等。宇航员将在加压舱□舱内实验，而其他实验则在舱外□真空的裸露设施中进行，这两个□过密封舱相互连接。

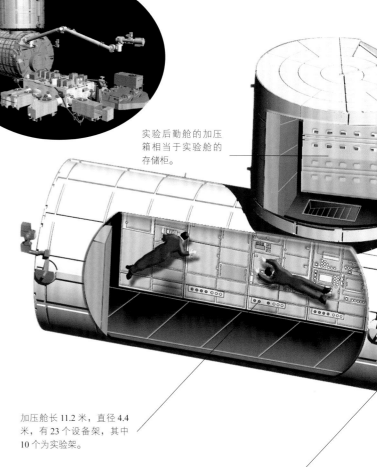

日本的希望号实验舱是国际空间站最大的单体舱。

实验后勤舱的加压箱相当于实验舱的存储柜。

国际空间站的科学

国际空间站拥有三个实验舱：美国宇航局的命运号、欧洲空间局的哥伦布号和日本宇宙航空研究开发机构的希望号。每个实验舱都有专门设计的实验单元——机架，所携带的设备可进行一系列的跨领域科学研究。一些机架还可用于特定类型的实验，如细胞生物学。国际空间站获得补给时，可以调换新的实验计划。

加压舱长 11.2 米，直径 4.4 米，有 23 个设备架，其中 10 个为实验架。

密封舱是能使用机械臂将设备在裸露区和加压区之间传送的通道。

1973 年 5 月至 1974 年 2 月间，天空实验室载人空间站共接待过三组宇航员。

天空实验室载人空间站

1973 年发射的天空实验室载人空间站是美国的首个空间站（全世界第一个空间站是苏联 1971 年发射的礼炮 1 号）。它研究人们在长期太空生活中的行为方式。天空实验室载人空间站的科学家对太阳耀斑也做了大量了解。太阳耀斑是太阳上物质和能量的一种猛烈爆发，对地球周围的空间影响很大。

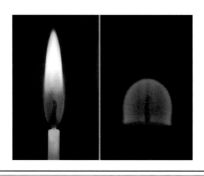

微重力下的燃烧

地球上的火焰（左图）能呈现一定的□状，是因为火焰中的热气体会上升。然□这种对流只发生在重力条件下。在微重力□境下，火焰的燃烧非常不同。由于没有"□"的概念，火焰会呈球状（右图）。这种更简□的火焰状态有助于科学家深入了解燃烧。

压舱

在国际空间站的实验舱，它的加压空间很现代化。航天员和到访专家穿着平常的衣服在里面舒适地工作。

计的实验必须通俗化，即使非专业人员也能操作设备，收集数据，而无须只为了某个实验就把专家送上国际空间站。与地面的机器人太空实验相比

一些科学家曾批评说花在国际空间站实验上的钱"不值得"。

宇航员苏珊·简·赫尔姆斯在命运号实验舱工作

微重力实验

- 医学家可以研究长期停留于太空对人体系统和结构的影响，以及这是否会影响到消化的速度。

- 空间站的许多宇航员已通过种植植物、饲养动物来观测微重力条件下的生物差异。

- 与地球上相比，液体流动的方式在微重力环境中会发生变化。此类实验可制造出物理性能更强大的新合金。

- 轨道上的晶体生长实验可使研究员更好地了解蛋白质的特性，以及检验制造更好的计算机用半导体的方法。

外部托盘

某些观测地球或太空辐射的仪器，如望远镜，需要暴露在太空中，但它们会被安装在外部托盘上。控制设备通常位于加压舱内，因此国际空间站的航天员不用穿太空服就可以进行实验。这些实验设备还可通过机械臂来进行调换或移动。

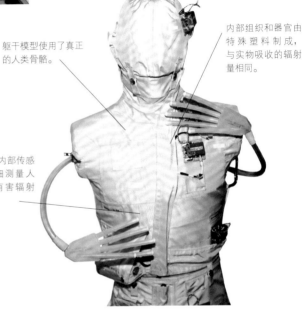

躯干模型使用了真正的人类骨骼。

内部组织和器官由特殊塑料制成，与实物吸收的辐射量相同。

300 多个内部传感器能详细测量人体吸收有害辐射的部位。

暴露在太空中的实验设施

近 10 米长的主臂可移动超过 600 吨的设备。

躯干模型

与地球上的居民不同，宇航员在太空会接触到很多种类的辐射。躯干实验能检测宇航员身体所受到的辐射量，从而帮助科学家预测在太空停留的安全时长。

实验后勤舱的暴露空间最多可容纳三个实验载荷，并能接收或运送地球设备。

酷的外部空间

要研究太空对某个物体的影响，唯一的方法就是将其放置在太空中，停留一会儿，然后再带回来测试。欧洲技术曝光实验室在太空环境中开展了 9 项实验，其中包括微流星体、轨道碎片探测器、材料测试和辐射监测仪。

欧洲空间局哥伦布号实验舱外的欧洲技术曝光实验室

空间站

名称	国籍	发射时间
礼炮 1 号	苏联	1971 年
天空实验室载人空间站	美国	1973 年
空间实验室	欧洲	1983 年
和平号空间站	苏联	1986 年
国际空间站	多国	1998 年

了解更多

火箭的重复使用

进入太空的代价极其昂贵。一般而言，每千克有效载荷的成本要超过 10 000 英镑（约合 100 000 元人民币）。大部分宇宙飞船在轨道完成任务后就会被丢弃，因此使用多级火箭是一种极大的浪费。降低成本的一个办法就是重复使用航天器的一部分或整个部分。航天飞机可重复使用它的两个固体火箭助推器和轨道飞行器，但最终也会退役，因此有必要研究新的方式进入轨道，甚至到达月球和火星。人们已提出了许多可能的替代品，美国宇航局星座计划中的一系列航天器有望成为航天飞机的接班人。

星座计划

拟建的星座系统将取代无所不能的航天飞机。它必须足够灵活，能够发射卫星，将人送到月球甚至更远的太空。美国宇航局已决定设计可组合使用的航天器组件。两个战神号火箭将作为运载火箭，负责把猎户座号飞船等各种有效载荷送入轨道。

艺术效果图：绕地运行的猎户座号飞船

战神 1 号和战神 5 号

猎户座号飞船将由战神 1 号运载火箭送入轨道。体积更大的战神 5 号将承担更繁重的工作——向太空运送硬件及物资。战神 1 号和战神 5 号总共将能携带 71 吨的载荷飞抵月球，这对于建设永久性的月球基地至关重要。两种运载火箭将使用液体燃料驱动，它们的一级固体火箭助推器会被回收再使用。

可重复使用的固体火箭助推器，为发射航天飞机而设计。

拟建的战神 5 号（左）和战神 1 号（右）运载火箭

奔向月球

战神 5 号将在未来的月球飞行任务中发射牛郎星号月球着陆器，并依靠一个独立的火箭级——地球出发站离开地球轨道。航天员将乘坐猎户座号飞船，搭载战神 1 号运载火箭进入太空，与轨道上的其他组件会合。地球出发站点火后，将负责把航天员和着陆器从地球轨道送往月球。首次任务计划于 2020 年左右实施。

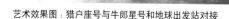

艺术效果图：猎户座号与牛郎星号和地球出发站对接

猎户座号飞船

根据阿波罗计划积累的经验，猎户座号飞船将能乘 4 至 6 位宇航员。它不仅能为国际空间站提供补给，也将飞抵月球甚至火星。它的乘务舱是阿波罗的 2 倍，并有望重复使用 10 次，但挡热板等关键部件则要每个任务更换一次。

快船格雷厄姆

单级入轨宇宙飞船是另一种进入太空的有效方式。人们用来研究未来单级入轨航天飞机技术的一个测试航天器叫作快船格雷厄姆，它由先进的轻质复合材料制作而成，温度和压力达到了单级入轨航天飞机所能承受的最高等级。1996年成功飞行4次后，快船格雷厄姆最终坠毁。

航天器可垂直起飞和降落。

快船格雷厄姆

航天器的V形机身增加了它的气动升力。

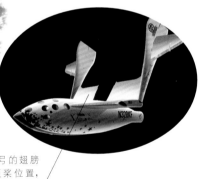

United States X33
LOCKHEED MARTIN
VentureStar

冒险之星曾经是为航天飞机预备的接班人。

建造航天飞机

• 1944年，欧根·桑格（1905～1964）提出了利用火箭将飞机送入轨道，之后再滑翔返回地球的想法。

• X-15是美国的第一部航天测试飞机，1959年至1968年共飞行199次，达到了6.7马赫数。

• 借鉴X-15和美国空军动力翱翔（X-20A）计划的经验，工程师在20世纪70年代设计出了航天飞机。

• 70年代中期，美国空军在X-24A计划中提出了升力体原则。

冒险之星

美国宇航局的冒险之星（X-33）巧妙的V形造型十分独特，"升力体"设计有助于其飞行。它可垂直起飞，但需滑行降落。这架单级入轨航天飞机能够重复使用，降低发射成本，但由于一系列的技术和成本问题最终没有投入使用。

太空船1号和白骑士

太空船1号的翅膀可调至顺桨位置，增加返回大气时的稳定性。

太空船1号

太空船1号是有史以来第一个到达太空的私人航天飞机，它由白骑士运载机送入大气。一台火箭发动机将它推行几分钟，随后它的翅膀会移动到顺桨位置，重新进入地球大气。进入轨道需要的能量是进入亚轨道的50倍。

太空旅游

当进入太空变得便宜而简单时，许多人畅游太空的梦想就会实现。一种想法是在轨道上建造一个充气式酒店，人们可乘坐回收式亚轨道航天飞机前往酒店。酒店大亨罗伯特·比奇洛正在测试建造这样一个充气式轨道栖息地的可行性，并已发射了两个小型无人测试站。

地球轨道上的一个小型充气式测试站

星际旅行

　　行星距离我们非常遥远。宇宙飞船若以每小时 100 千米的速度飞行（相当于高速公路的一般车速），需要大约 60 年才能到达火星。幸运的是火箭的速度比这要快得多。旅行者号行星际探测器从地球飞离的速度达到了每小时 52 000 千米。但即使是这样的速度，要到达行星仍需要很长的时间。太空科学家正在利用目前的任务测试未来星际旅行的关键技术。他们也正在研究如何在太空种植农作物，用有限的资源居住得更久。这将有助于星际旅行实现自给自足：在太空常年生活。

轨道上的相机和科学仪器将对灶神星和谷神星展开研究。

曙光号小行星探测器

与传统火箭相比，离子推进器使用的燃料更少。

快速运动的氙离子喷流推动着飞天器前进。

离子引擎

曙光号小行星探测器

　　美国宇航局的曙光号是历史上首个行星探测器。任务期间，它将依次围绕两个不同的太阳系天体飞行：灶神星（小行星）和谷神星（矮行星）。以前的多目标任务仅限于飞掠任务。没有新一代的太空推进器，曙光号任务就无法展开。曙光号的引擎依靠太阳能电池板提供电力，因此只需携带少量的推进剂，而非大量的化学燃料。

离子推进器

　　在离子推进器内部，由离子组成的气体经电场加速后喷出，以其反作用力推动航天器前进。宇宙飞船安装离子推进器后，速度最高可达到旅行者号的 10 倍，不过要达到这个速度可能需要数月的时间。

离开地球

　　星际飞船最初到达的是地球轨道。指挥中心使火箭再次点火，飞船驶离地球轨道，进入太阳轨道。飞船的太阳轨道经过了仔细设定，可与目标行星的轨道实现交汇。指挥中心对飞船进入太阳轨道的时间进行过周密计算，以确保飞船能与行星在同一时间到达同一地点。

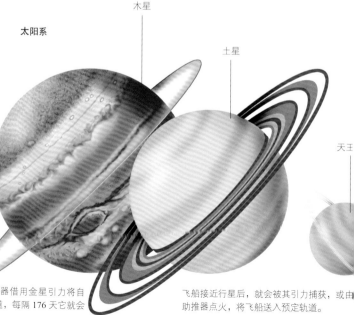

太阳系

木星

土星

天王

太阳

水星　金星　地球　火星

为能到达水星和金星，飞船须加速驶离地球，且与地球的运行方向相反。

水手 10 号行星际探测器借用金星引力将自己"甩入"了太阳轨道，每隔 176 天它就会靠近水星一次。

飞船接近行星后，就会被其引力捕获，或由助推器点火，将飞船送入预定轨道。

为离子推进器提供电能的太阳能电池板先进而高效，一端到另一端的长度为 19.7 米。

美国宇航局星际任务

航天器	任务目标
深空 1 号	测试探测小行星的离子推进器和自动导航技术。
新视野号	2015 年飞掠矮行星冥王星，预探索太阳系边际的一个海王星外天体。
曙光号	首次绕轨太阳系的多个天体。
朱诺号	2011 年发射，在木星极轨道继续美国宇航局伽利略号的任务。

太空梦想家

• 儒勒·凡尔纳（1828～1905）是第一个描写太空旅行的科幻作家。

• 赫伯特·乔治·威尔斯（1866～1946）的著作《星际战争》描述了火星人入侵地球的故事。

• 阿瑟·克拉克的小说常以星际旅行为题材。在《遥远地球之歌》一书中，人们很久以前就已经离开地球了。

• 吉恩·罗登贝里（1921～1991）创作了电视剧《星际迷航》。在他的幻想作品中，星际旅行已变成了星球间的日常活动。

务目标

曙光号的目标是研究火星与木星之间绕太阳行的大天体。它于 2007 年发射升空，2011 年和5 年分别到达灶神星和谷神星的轨道。曙光号在两个轨道运行时，科学仪器会分析它们的学组成，相机会进行近距拍摄。这些数据将有研究太阳系的形成。

太空的自给自足

人们未来在太空生活，必须要能实现自给自足：自己种食物，回收空气、植物、动物以及人类粪便。这样的完全回收很难实现，尤其是在月球站或火星站最初的小型空间中。在地面试验中，自给自足的人造环境已证明难以为继。

洲的康科迪亚站

偏远的极地基地被用来模拟长期的星际飞行任务。

艺术效果图：第一个火星基地

制造火星燃料

太空居民要想重返家园，必须要在火星上制造自己的燃料。一种想法是从地球向火星运送一个燃料制造厂。这需要压缩火星大气中的二氧化碳，并将其与来自地球的氢混合，制造出水和甲烷。水将被分离成氢气和氧气。甲烷和氧气可被用作燃料以及返回地球的氧化剂。

理学和太空探索

人们要成功移居太空，还需要心理学家更了解小群体与外界隔离时，他们将如何相多响。通过研究偏远极地站人们的长期生活，能获得一些信息。在欧洲空间局的"火星"研究计划中，人们将被隔离 520 天，模拟星任务。

国际空间站命运号实验舱内的生物质生产系统实验。

到达火星或更远的，飞船须加速驶离，且与地球绕太阳的方向相同。

国际空间站上的宇航员成功在太空种植出了芥属植物。

6 名航天员从火星升空，大概需要 30 吨的氧气和甲烷。

艺术效果图：燃料生产

冥王星

太空植物

国际空间站的科学家正在尝试种植植物。人们要成功移居太空，就需要更加雄心勃勃的计划。培育植物对太空居民至关重要，因为植物不仅能制造氧气，还能为他们和牲畜提供食物。植物对提高心理健康水平也非常重要，并能为太空居民缓解压力。

王星属于矮行星，将由曙光号视野号进行研究。

未来星际飞船

走出太阳系，距离地球最近的是大约 40 万亿千米之外的半人马座 α 星。即使采用目前最快的飞行技术并携带足够多的推进剂，飞船也大约需要 10000 年才能到达那里。宇宙中已知速度最快的物质是光，它到达半人马座 α 需要 4 年多一点的时间。若能乘坐《星际迷航》中的联邦星舰企业号展开常规星际探索，宇宙飞船将能超过光速飞行，但这是否可行并无人知晓。

推进剂限制

火箭必须随身携带燃料和氧化剂。无论多么高效，它们不可能携带足够多的推进剂来完成星际旅行。离子引擎的速可达到旅行者 2 号的 10 倍，美国宇航局估计即使使用它，需要 500 艘超级油轮的推进剂，外加一个世纪的时间才能到半人马座 α。

超级油轮

旅行者2

速度限制

1905 年，爱因斯坦发表了他两个伟大理论中的一个：狭义相对论。该理论认为以光速旅行并不可能。因为一个物体的速度越快，它就越重。因此，以光速行进的宇宙飞船质量将无限大。在爱因斯坦的理论中，只有零质量的电磁辐射才能以光速传播。

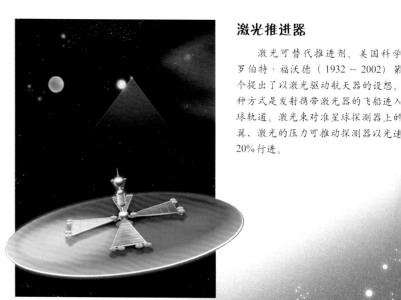

福沃德设想的星球探测器

激光推进器

激光可替代推进剂。美国科学罗伯特·福沃德（1932～2002）第个提出了以激光驱动航天器的设想。种方式是发射携带激光器的飞船进入球轨道。激光束对准星球探测器上的翼，激光的压力可推动探测器以光速20% 行进。

常规火箭限制

旅行者号飞船离开太阳系的行驶速度接近每小时 60000 千米。以此计算，它需要 80000 年才能到达半人马座 α。人类的生命有限，而宇宙中并没有哪种物质能被制成传统化学火箭的推进剂，以更短的时间完成这种旅行。

银河系

在距离银心25000 光年的猎户臂中，太阳系和半人马座 α 星相隔4.4 光年。

返回地球

抵达另一个恒星只完成了任务的一部分，宇航员为了进行探测，需要减慢探测器的速度。福沃德的探测器将使用 3 个嵌套的帆翼。抹测器接近时，外部的帆翼将会分离，地球发射的激光束反射到两个内部帆翼上，探测器停止飞行。随后，另一次突发光压将作用于最里面的帆翼，使探测器飞回地球。

福沃德的

曲速推进器

1915年，爱因斯坦发表了他的广义相对论，阐明靠近大质量物体的空间和时间会发生扭曲。《星际迷航》中的联邦星舰企业号比光速还快，墨西哥物理学家米格尔·阿尔库别雷（1964～　）从中获得灵感，开始研究制造曲速推进器的可能性。

艺术效果图：反物质飞船

物质引擎

电视连续剧《星际迷航》让反物质引擎名声大噪。依靠它们驱动，联邦星舰企业号的速度超了光速。与物质发生碰撞时，反物质就能释放巨大的能量。事实上，物质－反物质引擎最终被用在飞船上，但不会超过光速。

仙女星系是距离银河系最近的旋涡星系。

仙女星系距离地球250万光年。

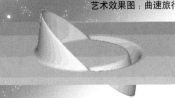
艺术效果图：曲速旅行

阿尔库别雷推进器

阿尔库别雷的曲速引擎会收缩星际飞船之前的空间，通过后再将其扩张。配备曲速引擎的星际飞船在自己的空间飞行时比光速慢，但通过空间的收缩和扩张，它就能飞行得比光速快。

联邦星舰企业号

负质量

曲速引擎需要负质量来扩张星际飞船后面的空间，以及等量的正质量来收缩它前面的空间。量子物理学表明负质量可能存在，但无人确切知道。

《星际迷航》的作者为超光速旅行首次创造了"曲速引擎"这个词组。

虫洞

美国物理学家基普·索恩（1940～　）提出了虫洞的概念，虫洞可能是一条穿越时空的捷径。虫洞类似于穿山隧道，问题在于它只是偶然发生且时间短暂，随时会关闭并压碎正在通行的人们。物理学家认为，与负质量有关的负能量可保持虫洞持续张开。接下来，人们在恒星间甚至星系间旅行时，只需考虑如何使虫洞的端点处在正确的时空区域就可以了！

术效果图：虫洞

星际旅行探索

• 1960年，美国物理学家罗伯特·巴萨德（1928～2007）提出利用一个3 200千米宽的磁场就能收集到星际空间中的氢，为核聚变火箭提供动力。

• 20世纪60年代初，美国太空爱好者提出使用核爆炸来为星际飞船提供推力。他们称其为猎户计划。

• 1970年，英国的代达罗斯计划提出了比猎户计划更好的设想。它建议使用小型炸弹，推动航天器前往距离地球5.9光年的巴纳德星。

代达罗斯计划图示

行星和卫星

　　人们进入太空以前，行星只是天空中的点缀，利用望远镜很难发现更多细节。现在经过宇宙飞船的探索，行星展示出了它们的真正面目：高山、峡谷、火山、光环系统和它们不计其数的卫星。从海卫一的冰火山到木卫二上面可能存在生命的温暖海洋，这些都告诉我们卫星也有自己的特征。微小的冥王星和其他遥远的柯伊伯带天体很快也会展露自己的秘密。通过航天任务，我们对自己的行星（地球）及其卫星（月球）也有了更多了解，这有助于进一步探索它们的邻居。对于备受瞩目的火星而言，人类定能一探究竟。

太阳系概要

在太阳周围，有围绕着它的八大行星、170多颗已知的卫星、5颗或更多的矮行星，以及数以百万计的小行星和彗星。太阳系由它们共同构成，直径达到15万亿千米。最靠近太阳的部分呈盘形，而太阳系更远的外围是奥尔特云和呈球形的彗星区。

带外行星

木星、土星、天王星和海王星属于带外行星。它比带内行星要大得多，主要由气体和液体构成，没有体表面。曾被认为是带外行星的冥王星其实属于柯伊带，天文学家2006年将其归类为矮行星。

行星轨道

行星围绕太阳运行的路径呈椭圆形，而非圆形。围绕太阳的完整回路就是轨道。轨道的长度和绕轨一周的时间（行星的轨道周期，或年）随行星与太阳的平均距离依次变远而增加。行星组成了两个不同的群体——带内行星和带外行星，将两者隔开的小行星带包含了数十亿颗太空小岩石。

带内行星

与太阳最接近的行星被称为带内行星，包括水星、金星、地球和火星。它们由岩石组成，比带外行星小。只有地球和火星拥有自己的卫星。

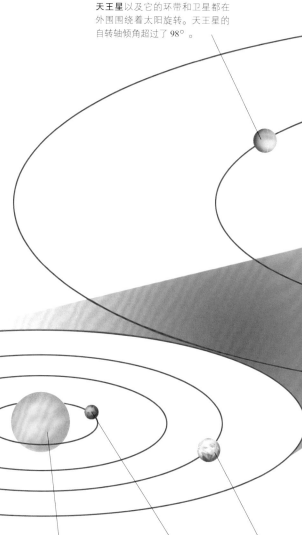

天王星以及它的环带和卫星都在外围围绕着太阳旋转。天王星的自转轴倾角超过了98°。

火星比地球冷。一般来说，距离太阳越远的行星就越冷。

金星的大小与地球几乎一样，在所有的行星中表面温度最高。

太阳占到了太阳系总质量的99%以上。它的引力将整个太阳系维系在一起。

水星是距离太阳最近的行星，它的绕日轨道最短，运行速度最快。

地球是已知的一拥有液态水生命的行星。

距离太阳有多远

沿椭圆轨道绕太阳运行时，行星与太阳之间的距离会不断发生变化。例如，火星最接近太阳时（近日点）的距离与最远时（远日点）相差5000多万千米。下图给出了各个行星与太阳之间的平均距离，以天文单位（AU）计算。

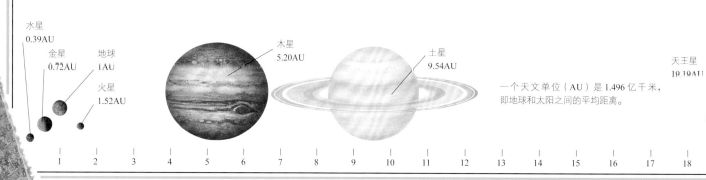

水星
0.39AU

金星
0.72AU

地球
1AU

火星
1.52AU

木星
5.20AU

土星
9.54AU

天王星
19.19AU

一个天文单位（AU）是1.496亿千米，即地球和太阳之间的平均距离。

1	2	3	4	5	6	7	8	9	10	11	12	13	14	15	16	17	18

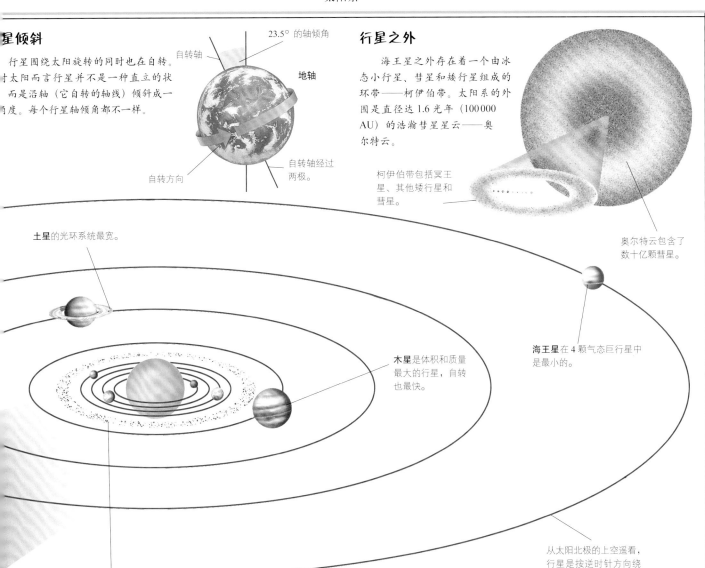

星倾斜

行星围绕太阳旋转的同时也在自转。对太阳而言行星并不是一种直立的状态，而是沿轴（它自转的轴线）倾斜成一个角度。每个行星轴倾角都不一样。

23.5°的轴倾角

自转轴

地轴

自转方向

自转轴经过两极。

行星之外

海王星之外存在着一个由冰态小行星、彗星和矮行星组成的环带——柯伊伯带。太阳系的外围是直径达1.6光年（100000 AU）的浩瀚彗星星云——奥尔特云。

柯伊伯带包括冥王星、其他矮行星和彗星。

奥尔特云包含了数十亿颗彗星。

土星的光环系统最宽。

木星是体积和质量最大的行星，自转也最快。

海王星在4颗气态巨行星中是最小的。

从太阳北极的上空遥看，行星是按逆时针方向绕轨运行的。

小行星带是发现最多小行星的地方，其中最大的是矮行星——谷神星。还有的小行星轨道超越了行星的路径。

重要数据

行星	直径（千米）	自转周期	公转周期	近日点（千米）	远日点（千米）
水星	4 880	58.65 天	87.97 天	0.460 亿	0.698 亿
金星	12 104	243 天	224.70 天	1.075 亿	1.089 亿
地球	12 756	23.93 小时	365.25 天	1.471 亿	1.521 亿
火星	6 794	24.62 小时	686.98 天	2.066 亿	2.492 亿
木星	142 984	9.93 小时	11.86 年	7.406 亿	8.160 亿
土星	120 536	10.66 小时	29.46 年	13.5 亿	15.1 亿
天王星	51 118	17.24 小时	84.01 年	27.3 亿	30.1 亿
海王星	49 532	16.11 小时	164.79 年	44.6 亿	45.4 亿

发现太阳系

• 人们古时就已发现了水星、金星、地球、火星、木星、土星和月球。地球被认为是太阳系的中心。

• 16世纪，哥白尼提出行星是在围绕太阳旋转。

以地球为中心的太阳系图

• 天王星、海王星和冥王星分别在1781年、1846年和1930年被发现。

• 第一批柯伊伯带天体（除冥王星外）在1992年被发现。

了解更多

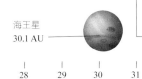

海王星
30.1 AU

22　23　24　25　26　27　28　29　30　31

探索行星

　　火箭首次成功进入太空后，行星科学家就有了新的调查工具。航天器携带着照相机和各种科学仪器进入太空执行任务，近距离地探索行星和卫星。现在，通过行星无人探索任务，我们已近距离欣赏到了月球、各大行星和它们的众多卫星，以及一些彗星和小行星。

信使号利用地球、金星和水星的重力助推，2011 年到达并开始围绕水星运行。

信使号水星探测器

重力助推

　　运载火箭沿路径向目标挺进，执行航天任务。飞船如果需要额外的帮助才能到达目标，它可利用重力助推技术。航天器沿飞行路径靠近另一行星，并依靠其重力进行加速和改变方向。

照相机平台可利用广角镜头拍摄近照，用窄角镜头拍摄远照。

科学仪器

旅行者号

推进器（看不见）是微小的转向喷嘴，可改变探测器方向。

两条长长的**天线**可探测来自行星的射电波。

核动力发电机为探测设备提供电能。

碟形天线可接收地球指令和发回数据。

磁强计可探测和测量行星的磁场。

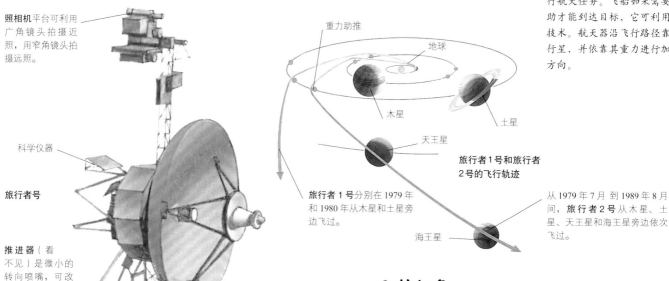

重力助推

地球

木星

土星

天王星

旅行者 1 号分别在 1979 年和 1980 年从木星和土星旁边飞过。

海王星

旅行者 1 号和旅行者 2 号的飞行轨迹

从 1979 年 7 月 到 1989 年 8 月间，**旅行者 2 号**从木星、土星、天王星和海王星旁边依次飞过。

飞掠任务

　　航天器可以飞掠目标、沿轨道环飞或着陆。在这个过程中，一些航天器能够连续飞掠多个目标。飞掠时可对目标进行探测，通常的距离为数千千米。旅行者 1 号和旅行者 2 号的飞掠任务非常成功，1979 年至 1989 年间它们分别研究了木星、土星、天王星及其卫星。

着陆器和探测器

　　能轻落在行星或卫星表面并进行实验的航天器也称为着陆器。被母航天器释放后，通过穿越大气测查数据或直接碰撞目标以测试其性质的仪器组被称为探测器。1976 年发射的两颗海盗号火星探测器均携带有轨道飞行器和着陆器——它们一起飞往火星，并在到达火星轨道后分开。

海盗号探测器

麦哲伦号发射于 1989 年 5 月。

轨道飞行器

　　轨道飞行器可前往一颗行星或卫星，并进入轨道绕着它飞行。到达位置后，轨道飞行器灵敏的仪器就会被打开，开始探测目标。

麦哲伦号金星探测器

海盗 1 号和海盗 2 号分别于 1976 年 7 月和 9 月在火星着陆。

火星轨道

麦哲伦号于 1990 年 8 月开始绕金星运行。

太阳

金星轨道

地球轨道

海盗 1 号和海盗 2 号分别于 1975 年 8 月和 9 月发射升空。

海盗号和麦哲伦号的飞行路径

制和计划

行星航天器起飞时，机载计算机已被编入了基本指令。然而，它们的
星通常会持续数年，因此大部分信息都是由地面指挥中心在后期发送。
若任务出现错误，重新编程还可以挽救。卡西尼号探测器曾携带惠更
斯号空间探测器前往勘察土星的卫星——土卫六。当发现卡西尼号与
惠更斯号之间的无线传输出现故障后，地面指挥中心对计划进行
了调整。

新视野号

新视野号的探测目标是所有航
天任务中最遥远的。它于2006年发
射，2015年飞过矮行星——冥王星
及其卫星冥卫一、冥卫二和冥卫三。
成功后它还会前往探索柯伊伯带的其
他天体。2007年，新视野号近距离
飞掠过了木星，在重力助推作用下它
在太阳系的速度由每秒23千米增加
到了每秒27千米。

冥王星
冥卫一
新视野号

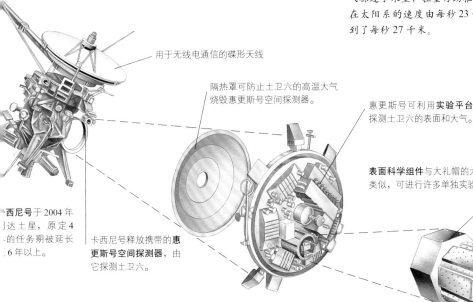

用于无线电通信的碟形天线

隔热罩可防止土卫六的高温大气
烧毁惠更斯号空间探测器。

惠更斯号可利用**实验平台**装载的设备
探测土卫六的表面和大气。

惠更斯号的这个设
备最先接触土卫六
的表面。

表面科学组件与大礼帽的大小和形状
类似，可进行许多单独实验。

西尼号于2004年
达土星，原定4
的任务期被延长
6年以上。

卡西尼号释放携带的**惠
更斯号空间探测器**，由
它探测土卫六。

通过彼此发送蜂鸣
声，这些仪器可测
量土卫六大气和表
面的密度、成分和
温度。

如果惠更斯号降落在液体中，这件设
备就能检测其深度。

行星运动遵循的开普勒定律

17世纪，约翰尼斯·开普勒提出了行星公转所遵循的三个基本运
动定律。该定律同样适用于宇宙飞船在太阳系中的旅行。

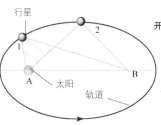

行星
1
2
A 太阳
B
轨道

开普勒第一定律指出，行星围绕太阳运
动的轨道呈椭圆形，太阳处在其中的
一个焦点上。椭圆轨道内有两个焦点
（A和B）。从一个焦点（A）到椭圆
上任何一点（1或2）后再返回到另
一个焦点（B）的距离始终相同。

开普勒第二定律描述了行星的速度：
距离太阳近时最快，越远时就越慢。
从数学的定义来说：从地球向太阳连
一条线，经过一段时间后，比如说100
天，再连一条线，这个封闭区域的面
积将永远相同。

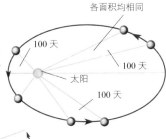

各面积均相同
100天
太阳
100天
100天

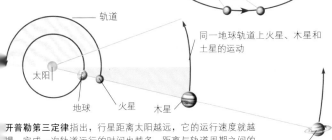

轨道
同一地球轨道上火星、木星和
土星的运动
太阳
地球
火星
木星
土星

开普勒第三定律指出，行星距离太阳越远，它的运行速度就越
慢，完成一次轨道运行的时间也越多。距离与轨道周期之间的
关系固定不变，因此天文学家只需知道行星的速度，就能计算
出它与太阳的距离。

重大行星探索计划

探测器	目标	交会时间	功绩
月球9号	月球	1966	首次软着陆
月球10号	月球	1966	首个探测器
先驱者10号	木星	1973	首次飞掠
水手10号	水星	1974～1975	首次飞掠
金星9号	金星	1975	首次拍摄地表图像
海盗1号和2号	火星	1976	首次着陆
先驱者11号	土星	1979	首次飞掠
乔托号行星际探测器	哈雷彗星	1986	首次彗星飞掠
旅行者2号	天王星	1986	首次飞掠
旅行者2号	海王星	1989	首次飞掠
麦哲伦号	金星	1990	首次拍摄地面图
伽利略号	加斯普拉	1991	首次小行星飞掠
克莱芒蒂娜号	月球	1994	首次拍摄数码图像
伽利略号	木星	1995	首个探测器
火星探路者	火星	1997	首个火星车
近地小行星探测器	爱神星	2000	首个小行星探测器
星尘号	怀尔德2	2000	首次带回彗星样本
卡西尼号	土星	2004	首个探测器
惠更斯号	土卫六	2005	首次远距离登陆

了解更多

太阳系的诞生

大多数天文学家认为，从巨大的太阳到最小的小行星，太阳系所有成员都诞生于浩瀚、旋转着的气云和尘埃——太阳星云。这一过程开始于 50 亿年前，与太阳的形成属于同一时期，而其他物质变成了行星和别的天体。经过 5 亿年的融合，当太阳系接近形成时，太阳星云中的原始物质只剩下了 0.002%，其余的已被吹走或进入太空。

1.一团巨大旋转着的气云和尘埃聚集在太空中，组成了太阳星云，它们将最终形成太阳系。

2.太阳星云因引力而收缩，开始形成太阳，留下了旋转着的物质外盘。

太阳　　盘

盘中的尘埃和气体粒子凝结在一起，形成了较大的颗粒物。

太阳星云

随着巨型气体云的旋转和冷却，物质向中心凝聚。那里变得又炽热又密集，并开始通过核聚变产生能量——太阳诞生了。与此同时，太阳星云的其余物质组成了一个圆盘，主要包括氢气和氦气，以及一些灰尘、岩石、金属和雪。太阳附近的岩块和金属物质凝在一起，形成了带内行星。在较冷的外部区域，雪和岩石、金属以及气体形成了带外行星。

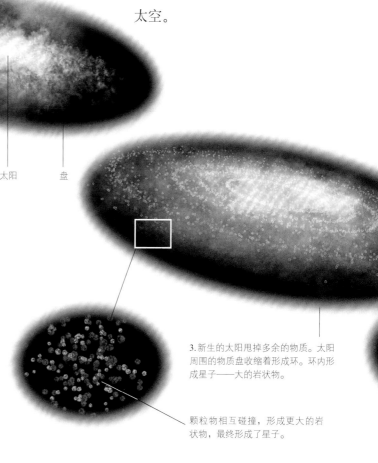

3.新生的太阳甩掉多余的物质。太阳周围的物质盘收缩着形成环。环内形成星子——大的岩状物。

颗粒物相互碰撞，形成更大的岩状物，最终形成了星子。

引力将恒星的核向内拉，最终向太空释放出激波。

超新星激波

大质量恒星在生命尽会作为超新星发生爆在一些超新星中，星会向内坍缩，并产强大的激波向太空播。一些天文学为，太阳星云的可能是由超新星波所引发的。

行星构造

行星	组成	环带质量（地球=1）	目前质量（地球=1）	形成时长（年）
水星	岩石，金属	30	0.06	8 万
金星	岩石，金属	160	0.82	4 万
地球	岩石，金属	200	1	11 万
火星	岩石，金属	200	0.11	20 万
木星	岩石，金属，雪，气体	4000	318	100 万
土星	岩石，金属，雪，气体	400	95.16	900 万
天王星	岩石，金属，雪，气体	80	14.54	3 亿
海王星	岩石，金属，雪，气体	100	17.15	10 亿

了解更多

其他太阳系

20世纪80年代以来，天文学家已发现了越来越多其他的太阳系。由盘状气体和尘埃围绕着的年轻恒星被认为是处于形成行星的早期阶段。这些哈勃空间望远镜的假色图像显示，在两颗比太阳年轻的近邻恒星周围的尘埃盘，可能就是正处在早期阶段的行星。

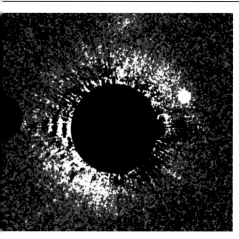

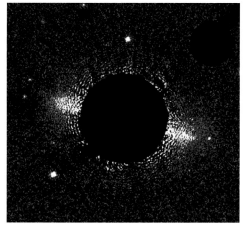

星的诞生

大约46亿年前，行星开始形成。天文学家认为每个大行星都诞生于太阳周围最初的环带物质。在星诞生的过程中，微小的颗粒越聚越多，一步步形成了颗粒物、卵石和巨砾，最终结合成了较大的天体——星子。直径达到几千米后，它们就有了足够的力来吸引更多的物质。

孕育着行星的环带

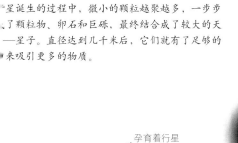

水星等**岩质行星**年轻时是一种熔融状态。它们的岩石外表下都有一个金属核。

火星与木星之间的岩石和金属未能组合成行星，而是变成了小行星带。

太阳系内的残骸主要包括被称为小行星的太空岩石以及由雪和灰尘组成的彗星。

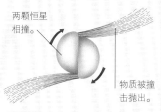

子相互结合，形成了大块——原行星。接着，它们一步步集合，形成岩质行星：、金星、地球和火星。

的外部区域也有原行星形成。它变越大，吸引了大量的气体，形态巨行星：木星、土星、天王星王星。

等**气态巨行**先形成坚实核，然后才外面浩瀚的

6.巨行星没有使用的物质形成了柯伊伯带。那些剩余的岩石和雪要么被太阳向内吸引遭到摧毁，要么被向外抛入了柯伊伯带和奥尔特云。

起源学说

• 1796年，皮埃尔·西蒙·德·拉普拉斯提出了星云说：太阳系最初是旋转的星云，呈扁平状。太阳最先诞生，其余的物质组成了行星。

• 19世纪，人们提出了几个偶遇假说。一种理论认为彗星撞击太阳，释放出了行星物质；另一种认为两颗恒星相撞产生了太阳星云。

两颗恒星相撞。

物质被撞击抛出。

碰撞理论

• 1917~1918年，英国天文学家詹姆斯·金斯（1877~1946）和哈罗德·杰弗里斯（1891~1989）都提出了潮汐说：行星由太阳在其他恒星飞过时逸出的物质形成。这种理论多年来都得到了认同。

地球

　　从系着炫丽"腰带"的土星到火山密布的金星，若外星人到访太阳系，他将面临丰富的选择。不过，地球作为太阳的第三颗行星，最能吸引到星际来客。除具有行星的很多共性外，如类似于金星和火星上的火山、水星上的陨星坑以及木星和海王星上的天气系统，地球还拥有自己的特征——它是唯一存在液态水和冷冻冰、大气中富含氧气的行星，也是目前唯一存在着生命的星球。

双行星

　　如伽利略号拍摄的图像所□太阳的第三颗行星——地球似乎□个双行星。地球的卫星——月球□的四分之一大，比其他行星-卫□比例都大。这两个星球截然不同□球充满光明和繁华，而月球却是□一片，毫无生气。

蓝色行星

　　从太空遥望，地球就像一颗蓝色的宝石，非常突出。表面深邃、浩瀚的海洋赋予了它主色调。地球的表面温度介于 0°C 到 100°C 之间，这种独特的环境使得它表面的水能以液态存在。水星和金星更靠近太阳，水常被蒸发掉了；而在遥远的火星上只能结冰。

生命迹象

　　从太空看，地球是有强烈生命特征的唯一行星。它的大气层中富含氧气，有随季节变化的植物，也有人工无线电波和夜间的灯火。不过，人类的建造奇迹，甚至包括中国的长城，都不容易从太空发现。

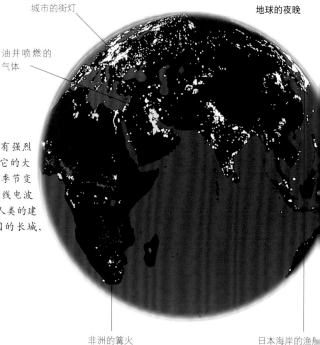

城市的街灯

地球的夜晚

油井喷燃的气体

非洲的篝火

日本海岸的渔船

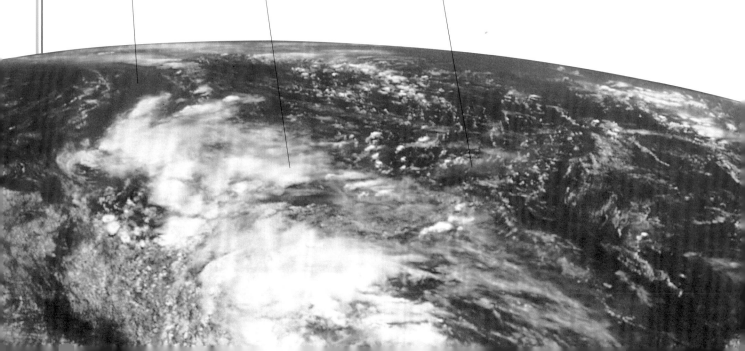

地球 71% 的表面覆盖着海洋。

水蒸气从海洋中蒸发上升，凝结成云。

雨从云中落下，再次流入海洋，完成水循环。

地球概览

地球是最大的岩质行星。它的独特之处包括：地壳分裂成可移动的板块，大气中富含氧，表面存在着液态水和生命。

倾斜、自转和公转

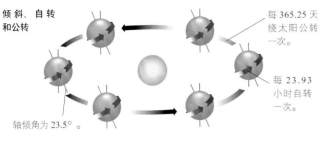

轴倾角为23.5°。

每365.25天绕太阳公转一次。

每23.93小时自转一次。

大气

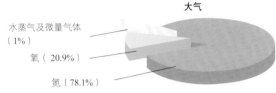

水蒸气及微量气体（1%）

氧（20.9%）

氮（78.1%）

结构

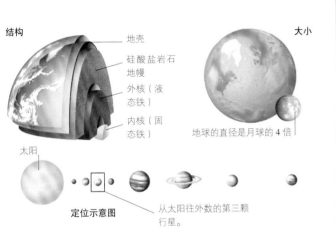

地壳

硅酸盐岩石地幔

外核（液态铁）

内核（固态铁）

大小

地球的直径是月球的4倍

 太阳

定位示意图

从太阳往外数的第三颗行星

冰

10%以上的地球表面覆盖着冰雪，冰雪主要集中在两极的冰冠。包括火星在内，其他行星也拥有极地冰冠，但只有地球上的冰与水同生共存。冰冠冬季会伸展，夏季会收缩——巨型冰山融化后流入周围的海洋。

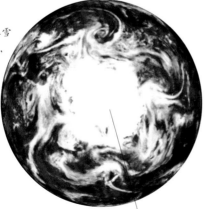

从太空可以看见南极冰冠。

地球磁力

就其大小而言，地球在所有行星中磁场最强。这种磁场源自它的地核，回旋的液态铁在那里产生了电场和磁场。磁场会随时间的推移改变方向，导致磁极产生变动。目前，地磁极分别距离南北两极约2000千米。

磁场

磁极

地核的表现就像其中心有一块条形磁铁。

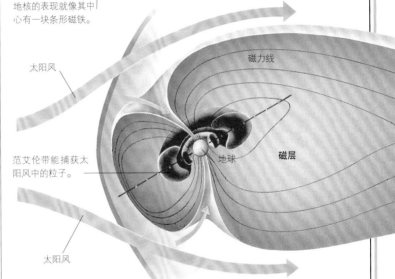

磁力线

太阳风

范艾伦带能捕获太阳风中的粒子。

地球

磁层

太阳风

磁层

地球磁场向太空辐射，在地球周围形成了一个巨大的"磁泡"。从太阳发出的荷电粒子向外高速扫射，形成太阳风，而磁层就对地球形成了保护作用。来自太阳的一些荷电粒子会落入磁层，这在两个被称为范艾伦带的环形区域最常发生。

地球关键数据

直径	12 756 千米
与太阳平均距离	1.496 亿千米
绕太阳公转速度	29.79 千米/秒
每天	24 小时
质量（地球=1）	1
体积（地球=1）	1
平均密度（水=1）	5.52
表面重力（地球=1）	1
平均地表温度	15℃
卫星数量	1

了解更多

太阳系概要 78　月球 92
水星 104　金星 108
火星 114　自转的地球 242
地球的轨道 244　极光和晕 264

地球表面

　　地球表面受地质作用力的影响而变得十分独特，这种作用力在其他行星上并不存在。地壳（外壳）由一些巨大的板块组合而成，这些板块总在不停地移动，因此今天的地球图像只是一张快照，它还会不断变化。这些移动板块漂浮在半熔岩层上，相互碰撞或移动分离后，地球表面就会被毁或发生变形。地球岩层在这些力的作用下不断更迭，因此大部分表面的历史还不到 2 亿年。

恒河三角洲

沉积岩

　　恒河冲下来的淤泥将在海底固成坚石，隆起后就会形成山脉。流、冰川、狂风或波浪的侵蚀都成这种沉积岩。

板块构造

　　若能抽干海水，地球就会呈现出一张陌生的面孔。地球表面由八大板块和众多的小板块组成，这种构造源于板块的移动。有些板块位于海洋底部，还有的构成了大陆。板块之间布满了裂缝、峭壁和地震带，以及一座座火山。

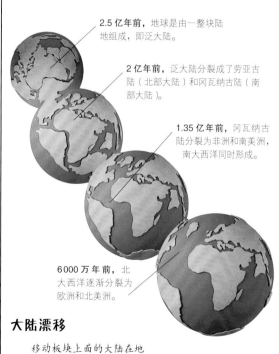

2.5 亿年前，地球是由一整块陆地组成，即泛大陆。

2 亿年前，泛大陆分裂成了劳亚古陆（北部大陆）和冈瓦纳古陆（南部大陆）。

1.35 亿年前，冈瓦纳古陆分裂为非洲和南美洲，南大西洋同时形成。

6000 万年前，北大西洋逐渐分裂为欧洲和北美洲。

大陆漂移

　　移动板块上面的大陆在地球表面缓慢漂移，速度等同于指甲的生长速度。大陆在这个过程中逐渐四分五裂。印度地区、非洲、澳大利亚和南极洲都曾属于同一个大陆，而印度地区与亚洲碰撞，形成巍峨的喜马拉雅山。

北太平洋火山带

亚欧板块

喜马拉雅山

阿留申海沟

夏威夷

太平洋板块

马里亚纳海沟

菲律宾板块

印度－澳大利亚板块

汤加海沟

夏威夷群岛

热点火山

　　夏威夷火山岛由地球深处冲的高温岩浆堆砌而成，这些喷射口称为热点。太平洋板块携带着岛屿动，热点因而必须再次穿透壳，形成新的火山。

板块运动

火山

不断上升的熔岩

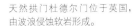

天然拱门杜德尔门位于英国，由波浪侵蚀软岩形成。

德尔门

板块断裂带

当两个板块移动分开时，新鲜的熔岩会从地下喷出，形成一个蜿蜒的山脉，由于它组成了海底的一部分，因此被称作洋中脊。大西洋中脊是地球上最长的山脉，它最高的山峰破水而出，形成了冰岛、阿森松岛和特里斯坦－达库尼亚群岛等岛屿。

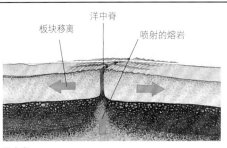

板块移离　　洋中脊　　喷射的熔岩

洋中脊

瑞士阿尔卑斯山

大陆碰撞

阿尔卑斯山诞生于两个大洲的剧烈碰撞。非洲板块向北推移，与亚欧板块挤压后形成了一系列的山脉。

北美洲板块

冰岛　亚欧大陆板块

阿尔卑斯山

阿拉伯板块

加勒比板块

科科斯板块

非洲板块

安第斯山脉

纳斯卡板块　南美洲板块

大西洋中脊

特里斯坦－达库尼亚群岛

斯科舍板块

南极洲板块

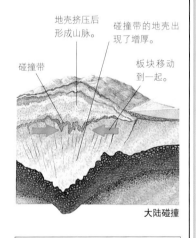

地壳挤压后形成山脉。

碰撞带的地壳出现了增厚。

碰撞带

板块移动到一起。

大陆碰撞

第斯山脉的火山池

板块交汇

安第斯山脉是一个火山链——环太平洋火山带的一部分。随着南美洲西移，它压在纳斯卡板块之上。这个过程被称为潜没，它迫使洋底岩石挤入大陆之下，岩石被地球的内部高温熔化，最后形成火山喷出。

潜没

受南美洲推挤的太平洋洋底

移动的世界

• 1924年，德国气象学家阿尔弗雷德·韦格纳（1880～1930）提出大陆漂移说。

• 1960年，美国地质学家哈里·赫斯（1906～1969）提出板块构造假说，1963年随着印度洋海底扩张理论的完善而得到了验证。

了解更多
太阳系的诞生 82
木星卫星 126

地球大气

地球外包裹着薄薄的大气，保护其表面不受太空恶劣环境的伤害。就地球的大小而言，大气的厚度虽与苹果皮相差无几，却是十分热闹的地方。受太阳加热不均匀和地球自转的影响，大气始终在打旋和移动。地球大气在太阳系中最为复杂且难以预测。大气如同一张必不可少的毯子保护着地球上的生命，为其提供舒适的温度，防止地表受到辐射伤害。

低压区（低气压）

大气阻力

进入太空地球大气就会逐渐稀薄。近地轨道上的人造天体——国际空间站，在稀薄的大气中速度会变慢。国际空间站的高度每天都要回落约 90 米，需定时推升。

大气构成

大气由各种气体（主要是氮气和氧气）、水和灰尘混合而成。它厚约 500 千米，向太空不断延伸，渐变稀薄，并不存在真正的边界。在地平面，循环大气会造成强风，流动模式受到太阳加热和地球旋转的影响。主要风系包括高压涡旋（反气旋）和低压涡旋（气旋）。

对流层， 在两极地区的厚度约为 8 千米，到赤道会增至 18 千米，云量多，空气对流强。

平流层， 从对流层顶（对流层和平流层之间）到 50 千米的高空，臭氧层也在其中。

中间层， 海拔 50 千米至 90 千米处，这个区域最冷，温度为 −100°C。

热层， 海拔 90 千米至 500 千米，太阳的 X 射线可将其加热到 1000°C。

外逸层， 在地球上空 500 千米处，那里的气体会被蒸发掉，进入太空。

大气结构

从地球大气的垂直切片来看，它可分为对流层、平流层、中间层、热层和外逸层。大气将随高度增加而变稀薄，但温度会更多变。对流层的温度随高度增加而降低，这是因为空气上升时将会膨胀和冷却。平流层会吸收太阳紫外线，因此更温暖。热层在太阳 X 射线的照射下变得十分炽热。

湿润空气迅速上升并凝结，就会形成雷暴。

室效应

如果没有大气，地球的温度将低30°C，几乎所有的地方都达到冰点以下。大气如同温室一样，可阻挡热量的扩散：阳照在地上，地面不断变热，但产的红外线（热辐射）并不都能逸大气。

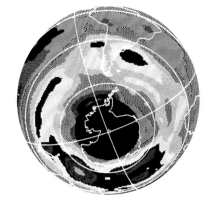

匡区（反气旋）

晴朗的天空

大气中的气体
阳光
来自地球的热
辐射回地球的热

臭氧洞

臭氧层位于平流层内，可阻止太阳的有害紫外线照射地球。这个气层在南极洲上方已经变薄（这张假色卫星图像的紫色和蓝色区域）。人们认为氯氟烃（用于某些喷雾剂和包装材料）是造成两极周围臭氧洞的罪魁祸首。

气候变化

卫星可对全球对流层（图中的红色区域温度最高）的温度进行监控。地球正在变暖，每年约上升0.02°C，这是因为二氧化碳排放增多，加剧了温室效应。煤和石油的燃烧增加，吸收了更多的气体，热带雨林破坏严重，这些都是重要的原因。

冰冠变化

尽管地球外面覆盖着大气，但它也曾冷至冰点。地球自转（轴）的摆动造就了冰河时代。最近一次的冰河时代已于1万年前结束。地球目前正在变暖，但不会一直持续下去。

1.8万年前的冰冠最大。

今天的冰冠

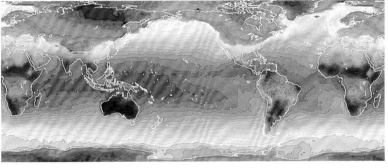

云线标记的天气锋面

的循环

地球表面的风向十分独特。在赤道，空气上升，向南和向北移动，然后下降在海平面流回。两极的冷空气将下沉并散，升温后上浮，流回高空。中纬度的空夹在这些环流之间，以相反的方向循环。

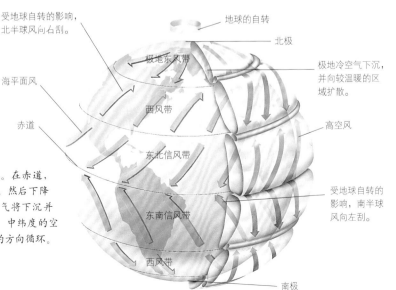

受地球自转的影响，北半球风向右刮。

地球的自转

北极

海平面风

极地冷空气下沉，并向较温暖的区域扩散。

西风带

赤道

高空风

东北信风带

受地球自转的影响，南半球风向左刮。

东南信风带

西风带

南极

大气研究

• 1643年，意大利物理学家埃万杰利斯塔·托里拆利（1608～1647）发明了气压计，可测量大气压力。

• 1686年，埃德蒙·哈雷出版了地球的首张风向图。乔治·哈得来（1685～1768）阐述了热带信风的生成。

• 1848年，热气球航行家詹姆斯·格莱舍（1809～1903）对地面上空的大气温度进行了检测，这是全球首份天气报告。

• 1990年，一个世界科学家委员会报告称，人类活动增加了二氧化碳，温室效应因此加剧。

了解更多

来自太空的辐射 20
金星大气 110
地球的轨道 244

行星生命

1990 年，伽利略号探测器掠过一个奇怪的世界。它的仪表显示，陆地表面大都被绿色覆盖，大气中有高腐蚀性的气体，还有一些奇妙的射电信号，而这个奇妙世界就是地球。伽利略号是在前往木星的途中路过地球的。绿色覆盖物是一种可吸收阳光的生物材料，在这个过程中会不断释放出腐蚀性的氧气，否则这种气体将在化学反应中消失。地球拥有一个其他宇宙天体所不具备的特性：它是目前已知唯一存在生命的地方。

氧气

植物吸收二氧化碳，它可利用阳光将其转化为叶子的养分，释放出氧气。

动物呼出二氧化碳。

动物吸进氧气。

植物释放氧气。

氧循环

地球上的一切生命都相互关联。植物和动物通过氧循环互相依赖生存。动物吸入氧气并从食物中获得能量，同时呼出二氧化碳。植物依靠二氧化碳生存，再将其转换为氧气。

地球上的生命

地球作为一颗"宜居行星"，是已知的唯一一存在着生命的世界。它既不会热得将水蒸发掉，也不会冷得到处结冰。它不是很小，所以能包容大气；但又不是太大，以至成为木星之类的"气态"行星。

生物进化

从细菌、参天大树到哺乳动物，地球上生存的物种超过了 100 万。这一切都是进化的结果：一代接一代，物种不断地适应周围的环境，在竞争中进化。最初 30 亿年间，地球上的生命只是以单细胞的形式生活在海洋中。5.7 亿年前它们进化成为多细胞的植物和动物，之后便有一些开始在陆地上生活了。

2. 巨大浅水洼中的化学不断聚集，在 40 亿年组成了地球上第一个胞。大约 4 亿年前，出现了最简单的植物后，包括第一只昆虫内，陆地动物相继诞

3. 大约 2 亿年前的地球非常温暖，到处都是巨大的树蕨类植物和恐龙。

4. 如今，地球上的生命仍在繁衍，但人类活动对其形成了新的威胁，每年都有数百个物种消失。

黑烟柱

并非所有的生命都需要阳光才能生存。有些蠕虫生活在深达数千米的黑暗海底。它们依靠海底火山口冒出的"黑烟柱"生存，那里有它们所需的化学物质和能量。在木星卫星——木卫二的海洋中，也可能生活着类似生物。

黑烟柱

宇宙的力量

• 地球上的生命会受到周围宇宙的致命"骚扰"。彗星、小行星、太阳强烈的耀斑或附近恒星的爆炸都可造成地球生命的"大灭绝"，恐龙的突然灭绝就是一个先例。

生命起源：闪电

根据一种理论，地球上的生命出现于闪电穿过地球的原始大气，气体结合成生命所必需的分子之际。化学家用烧瓶中的气体和电火花模拟了这个过程。

生命起源：彗星

另一种理论认为、生命分子（甚至活细胞）是被彗星带到地球上的。乔托号行星际探测器在1986年发现，哈雷彗星的固体核上覆有黑色的外壳，外壳的组成物质类似于活细胞中富含碳的分子。

初，火山的活动和巨雷电可能点燃了地球命的火花。

包含着DNA的细胞核

制造蛋白质的核糖体

为细胞提供能量的线粒体

叠层石

蕨类

蟑螂（昆虫）

开花植物利用鸟类和其他动物传播它们的种子。

蜂鸟

最新种类的动植物在近200万年才获得生命。

活细胞

所有生命都由细胞构成。一些生物是单细胞，而人体的细胞多达1000亿。这些细胞的功能各不相同，彼此差异很大，但基本元素都一样。

单细胞

许多物种只有一个单细胞，如池塘里栖息着的藻类和能够传播疾病的细菌。有一些单细胞生物居住在沸泉或深深的地下。单细胞有时会群居在一起，如看起来像石头的叠层石。

简单生物

一些简单的生物已存活了数亿年。蕨类植物是陆地上的首批殖民者，比开花植物的进化更早。3.5亿年以来，海中的软体动物和陆地上的昆虫都没有发生变化。

复杂生物

通过进化，许多植物和动物已变得更加复杂。开花植物利用昆虫来授粉。鸟类和哺乳动物是恒温动物，能忍受温度的变化。海豚和所有的猿类（包括人类在内）都依靠大脑来生存。

月球

　　月球是距离地球最近的天体。地球围绕着太阳运动，而月球又环绕着地球旋转，它们俩在太空中划出了优美的华尔兹舞步。夜空中的月球看起来比其他任何星星都更大、更明亮。它自身并不发光，但能将太阳光反射出去。月球围绕地球运动时，我们能看到向阳面的大小或月相总在发生变化。月球穿过地球的阴影时，它明亮的脸庞就会黯然失色，而这种情况每年最多会出现三次。

月球概览

　　月球是由岩石组成的一颗满身尘土、十分贫瘠的球体，没有大气或液态水。它自转一周与环绕地球运动一周的时间相同。

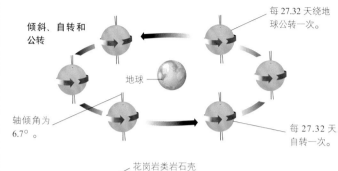

倾斜、自转和公转

每27.32 天绕地球公转一次。

地球

轴倾角为6.7°。

每27.32 天自转一次。

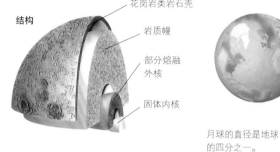

结构

花岗岩类岩石壳

岩质幔

部分熔融外核

固体内核

大小

月球的直径是地球的四分之一。

从月球表面看到的地球

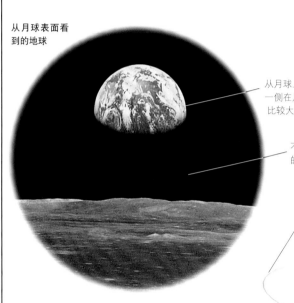

从月球上看，地球白天的一侧在月球的天空中显得比较大。

不存在阻碍视线的月球大气。

地球的卫星

　　月球是地球唯一的天然卫星。大多数卫星要比母行星小得多，但我们的月球相比之下则比较大，直径达到了地球的四分之一。这么大的一对天体在一起，算得上是一种双行星系统。

轨道路径

　　环绕地球的月球轨道并非正圆形，因此它们间的距离会发生变化。从月球到地球中心，最小距离是356500 千米，最大为405500 千米。球的轨道与地球赤道保持着一角度。

远地点（距离地球最远的点）

地球赤道

月球轨道

近地点（距离地球最近的点）

恒星月和朔望月

　　月球绕地球旋转一周需要27.32 天，我们称之为恒星月。但实际上月球完成一个月相周期需要更长的时间——29.53 天，这是因为地球同时也在绕着太阳运动。我们将这个时间段称为太阴月或朔望月，它也是我们历法的依据。

残月：阳光能照射到月球的部分非常窄，但仍然可见。

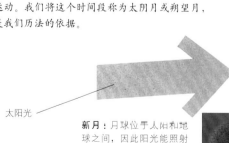

太阳光

新月：月球位于太阳和地球之间，因此阳光能照射到的月球表面背对着我们。面朝地球到的月球表面一片黑暗，无法看见。

月球轨道

关键数据

直径	3476 千米
与地球平均距离	384400 千米
绕地球公转速度	每秒 1.02 千米
每月	29.53 天
质量（地球=1）	0.01
体积（地球=1）	0.02
平均密度（水=1）	3.34
表面重力（地球=1）	0.17
平均表面温度	−20℃

了解更多

月食

当月球运行至地球的阴影部分时，就会发生月食。太阳的直射光被地球遮挡，无法到达月球，月球的亮度就会减弱或变成一个暗红的圆盘。发生月全食时，整个月球进入本影，即阴影中央最黑暗的部分。发生偏食时，月球只有一部分进入本影，剩下的位于半影内——即苍白的外层部分。

月全食的延时照

太阳光经地球大气折射落在月球表面，被食的月球看起来就是红色的。

月球轨迹

月全食可持续一个多小时。

太阳光

地球　　　本影　　　半影

地球向夜空投下锥形阴影。

月球进入本影，发生月全食。

月食的发生

对月长嗥的狼

月球神话

古老的民间传说、神话和迷信都为月球平添了几多神秘。传说女巫能从满月中获得更多魔法，将人变成疯子或恶性十足的狼人。还有人认为月球上的明暗特征很像人的脸或兔子。

月相

与地球一样，月球总有一半沐浴在阳光下，而另一半被笼罩在黑暗之中。绕地球运动的月球似乎总在改变着它的形状，这是因为我们看到的、被太阳所照射到的部分或月相大小并不相同。月相会遵循一定的周期，当黑暗的一面朝向我们时是新月，当我们能看到阳光照射的所有部分时是满月，接着会再次变成新月。

下弦月：我们能看到月球上阳光照射部分的一半，还有四分之一的轨道没有走完。

亏凸月：我们能看到的四分之三的阳光照射部分，且正在不断减少或蚀亏。

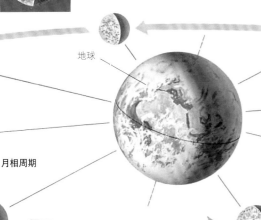

地球

月相周期

地球视线

月球

娥眉月：我们只能看到阳光照射的很少部分，但这部分正在逐渐增大——月亮"渐满"。

上弦月：我们能看到阳光照射部分的一半，这时月球运行到了它轨道的第一个四分之一处。

满月：我们能看到阳光照射的整个部分，月球在地球的背面。

盈凸月：我们能看到的阳光照射部分持续增加，大约有四分之三。

月球的影响

虽然月球比地球小得多，但仍能对地球产生巨大影响。地球和月球相互吸引，地球微呈椭圆形就与此有关。这种畸变对地球的陆地几乎没有什么影响，却能使其正背两面的海洋激流澎湃，形成潮汐。这些潮汐反过来会影响到地球的自转速度，以及地月之间的距离。

潮汐

随着地球表面受到的月球引力产生的潮汐隆起的影响，海洋每天都会出现两次涨潮和落潮。潮汐周期能达到 24 小时 50 分钟，这是因为月球绕地球运动，每天到达既定位置时都会延迟 50 分钟。潮汐的实际高度不仅取决于月球的轨道位置，也取决于当地的地理环境。

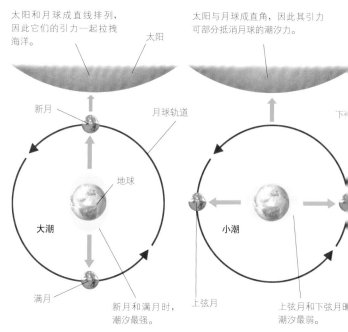

潮汐隆起也可在地球的背面形成，那里的月球引力最弱。

地球经过潮汐隆起时，沿海各地都会涨潮。

地球轨道

地球的自转

地球

潮汐隆起

退潮发生在潮汐隆起的两侧。

潮汐隆起出现月球轨迹的前方

月球引力影响着地球海洋。

月球

月球轨

潮汐的成因

在地球上，正面对着月球的一侧受到的月球引力最强，而背面最弱。潮水形成两个隆起，并在月球绕着地球运行的同时移动。在地球自转的作用下，潮汐隆起会出现在月球轨迹的前方，而不是正对着它。

英格兰塞文河口的涨潮

英格兰塞文河口的落潮

太阳和月球成直线排列，因此它们的引力一起拉拽海洋。

太阳与月球成直角，因此其引力可部分抵消月球的潮汐力。

太阳

新月

月球轨道

下

地球

大潮

小潮

满月

上弦月

上弦月和下弦月潮汐最弱。

新月和满月时，潮汐最强。

大潮和小潮

满月和新月时，太阳、地球和月球排成一列。太阳的引力和月球的潮力相结合，就会造成最高的涨潮和最低的落潮，也就是大潮。上弦月和下月时，太阳与月球成直角，太阳的引力部分抵消月球的潮汐力，从而产生潮——最低的涨潮和最高的落潮。

食带将穿越北非和欧洲。

实际食带穿过了中东和中亚。

公元前 136 年 4 月 15 日全食的实际食带。

巴比伦

目前自转速率下的食带。

公元前 136 年的日全食

珊瑚化石

潮汐减速

地球表面和潮汐隆起之间的摩擦会逐渐减缓它的自转，因此地球完成自转一圈的时间会越来越长。这个证据来自过去日全食记录。公元前 136 年的日全食的食带经过了波斯的巴比伦城。如果地球那时的自转速度与今天相同，其食带应在更远的西部。珊瑚化石也提供了证据。它们的生长线显示，3.5 亿年前的地球一天要比现在短三个小时左右。

激光测距

使用激光测距，天文学家就可获得地球与月球之间的距离。地球射出激光束，到达月球后会反射回来。光的传播速度大约为每秒 30 万千米，将激光束所花费的时间减半后，天文学家就能计算出地球与月球之间的距离。这种计算的误差不过数厘米。

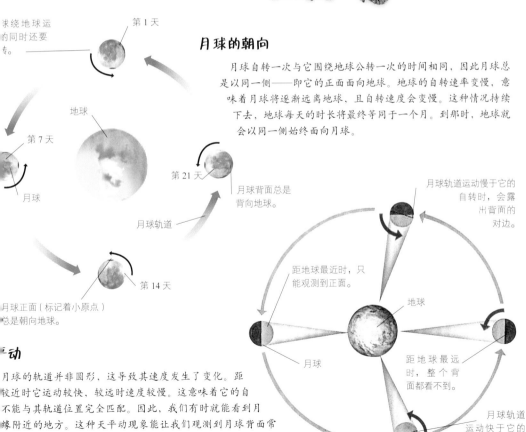

第 1 天

月球绕地球运动的同时还要自转。

地球

第 7 天

月球

第 21 天

月球背面总是背向地球。

月球轨道

第 14 天

月球正面（标记着小原点）总是朝向地球。

距地球最近时，只能观测到正面。

地球

月球

距地球最远时，整个背面都看不到。

月球轨道运动慢于它的自转时，会露出背面的对边。

月球轨道运动快于它的自转时，会露出背面的一部分。

月球的朝向

月球自转一次与它围绕地球公转一次的时间相同，因此月球总是以同一侧——即它的正面面向地球。地球的自转速率变慢，意味着月球将逐渐远离地球，且自转速度会变慢。这种情况持续下去，地球每天的时长将最终等同于一个月。到那时，地球就会以同一侧始终面向月球。

东海

👁 观测背面

通过双目望远镜更容易观测到天平动现象。从这张照片可看到月球西边最多的背面部分，左下角为东海的一部分。

天平动

月球的轨道并非圆形，这导致其速度发生了变化。距地球较近时它运动较快，较远时速度较慢。这意味着它的自转不能与其轨道位置完全匹配。因此，我们有时就能看到月球边缘附近的地方。这种天平动现象能让我们观测到月球背面常被掩盖部分的 9%。

了解更多

地球 84　月球 92
月球正面 100　月球背面 102
自转的地球 242

月球表面

从地球上看，月球是一个灰色的世界，但其灰度的变化也能为我们揭示一些奥秘。浅色区域是更古老的高地，约占月球的85%；而暗色区域更年轻，是低地平原。利用望远镜观测月球表面，并通过飞船和宇航员的拍摄、测量和采样，天文学家已成功解开了月球的历史奥秘。从46亿年前月球诞生一直到今天，天文学家已研究出了它的不同发展阶段。

火星大小的天体与地球发生侧面碰撞。

喷出物在地球周围形成环带，而后聚集在一起形成月球

月球起源

人们在过去出了各种理论来解释球的形成，但多数天文学家前都认为它可能是在太阳系的早期，由一个火星大小的天与年轻的地球相撞而形成的。喷出物在地球周围形成环月球就是在环带内诞生的。阿波罗计划带回的月球岩石为一理论提供了证据支持。

风化层是陨星碰撞产生的灰尘和岩石组成的月球表面层。

月海是月球上暗色平原的代名词，得名于拉丁语。

陨击坑（又称环形山）是陨星撞击留下的碗状凹坑，在希腊文中意指"碗"。

岩壳的厚度为20~120千米。

高原（高出月海的区域）是最先冷却和凝固的外壳。

月球表面只能将7%的照射光反射出去。

山脉是月壳被抬升的区域，环绕着一些月海和大环形山。

最大的陨击坑直径达几百千米，被称为盆地。

月球景观

月球拥有两个明显而独特的景观：阴的平原——即月海，和颜色较浅的高原。原地带布满了环形山，是现存最古老的月壳光滑的平原是充满了熔岩的大陨击坑，它常包含着一些较新的小陨击坑，周围通常山脉环绕。

月球的历史

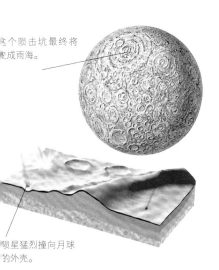

这个陨击坑最终将形成雨海。

陨星猛烈撞向月球的外壳。

40亿年前

在月球最初形成的前7.5亿年，它经历了陨星的毁灭性轰击。陨星刺破了月壳，在其表面凿出了一个个陨击坑。

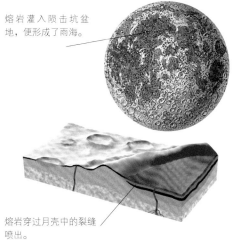

熔岩灌入陨击坑盆地，便形成了雨海。

熔岩穿过月壳中的裂缝喷出。

30亿年前

碰撞的速度减慢，接着是火山的强烈活动，从表面以下100千米涌上来的熔岩灌满了幽深的陨击坑。熔岩凝固后，便形成了月海。

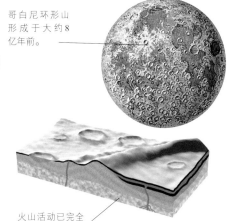

哥白尼环形山形成于大约8亿年前。

火山活动已完全停止。

8亿年前

所有火山在10亿年前停止了活动，陨星碰撞也变得非常罕见。只有少数的几个环形山，如哥白尼环形山，是在过去的10亿年内形成的。

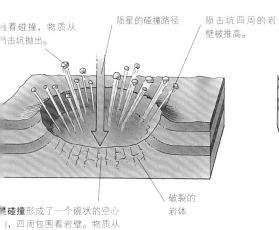

随着碰撞，物质从陨击坑抛出。

陨星的碰撞路径

陨击坑四周的岩壁被推高。

碰撞形成了一个碗状的空心，四周包围着岩壁。物质从陨击坑抛出。

破裂的岩体

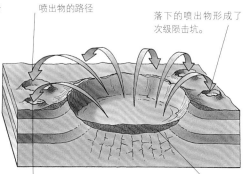

喷出物的路径

落下的喷出物形成了次级陨击坑。

次级陨击：喷出物落在坑口以外的月球表面，撞出许多较小的陨击坑。

陨击坑底松散的碎屑

表面温度

月球的温度变化十分极端。表面最低温度为−170℃，但高温却能达到120℃。月球没有大气，因此无法调节表面温度。阳光照射到的部分完全暴露在太阳的直射下，但阳光被挡住时热量就会丧失。

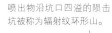

陨击坑底在碰撞后"回弹"，形成了环形山。

喷出物沿坑口四溢的陨击坑被称为辐射纹环形山。

环形山的形成

太空的岩石撞击月球表面，便形成了环形山。任何天外来物都可能会落到月球表面，这是因为它没有大气，无法使其燃烧掉。碰撞月球表面的太空岩石称为陨星。陨击坑的深度、直径和特征取决于撞击陨星的大小和速度。

完全形成的环形山除再次受到撞击外，将保持数百万年不变，且不会受到水或天气的侵蚀。所有环形山的形成方式都类似，但各具特色：有的坑壁成梯形，有的拥有中央峰，还有的喷出物会呈辐射纹状或毯状。

喷出物可覆盖到陨击坑壁以外的区域。

探索月球

数百年来，人们一直梦想着登上月球。在 20 世纪中叶，美国和苏联让这一梦想成了现实。1959 年，作为第一个脱离地球引力的飞船，月球 1 号开始向月球进发。轰轰烈烈的月球探索在接下来的 10 年就此展开，苏联和美国的航天器、机器人和航天员被送往月球进行探索。其他行星及其卫星也成了后来的航天任务目标，但到了 20 世纪 90 年代，宇宙飞船又瞄向了月球。目前，美国宇航局正计划在 2020 年前后将宇航员再次送上月球，建造月球基地。（中译注：中国的月球探索任务嫦娥工程于 2003 年启动。2013 年发射的嫦娥三号带月球车实现软着陆。）

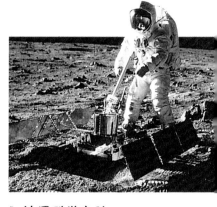

阿波罗科学实验

宇航员留下了一些实验和设备，将探测发送回地球。它们可测量月震（月壳内的活动）、土壤温度、太空中的灰尘量以及到达月球的粒子量。

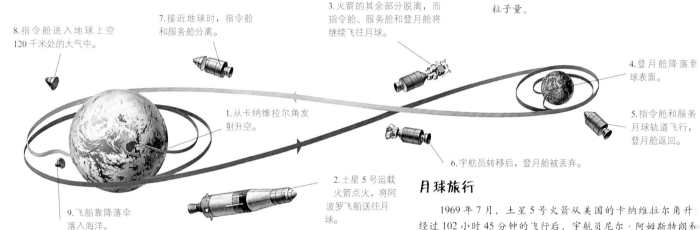

8. 指令舱进入地球上空 120 千米处的大气中。

7. 接近地球时，指令舱和服务舱分离。

3. 火箭的其余部分脱离，而指令舱、服务舱和登月舱将继续飞往月球。

4. 登月舱降落到月球表面。

1. 从卡纳维拉尔角发射升空。

5. 指令舱和服务舱月球轨道飞行，登月舱返回。

6. 宇航员转移后，登月舱被丢弃。

2. 土星 5 号运载火箭点火，将阿波罗飞船送往月球。

9. 飞船靠降落伞落入海洋。

月球旅行

1969 年 7 月，土星 5 号火箭从美国的卡纳维拉尔角升空。经过 102 小时 45 分钟的飞行后，宇航员尼尔·阿姆斯特朗兹·奥尔德林乘坐的登月舱才在月球正面着陆。第三名队员克·科林斯继续留在轨道上的指令舱和服务舱，等待着接两名友返回地球。

阿波罗计划

1961 年，美国制定阿波罗计划，目标是在 10 年内将宇航员送至月球。他们为此设计和建造了强大的土星 5 号运载火箭，并将其用在阿波罗早期任务的各段行程中。从 1969 年的阿波罗 11 号开始，12 位宇航员已先后 6 次登月，他们探索和拍摄月球表面，并将 388 千克的岩石和土壤带回地球进行分析。

乘坐阿波罗 15 号的吉姆·欧文

登月舱是宇航员在月球上的家，上半部分是返回地球时的助推器。

月球车形如一辆电普车，曾被阿波罗号、16 号和 17 号的航员使用。

阿波罗登月

务	着陆时间	着陆位置	活动	停留时间
波罗 11 号	1969 年 7 月 20 日	静海	首位宇航员登月	22 小时
波罗 12 号	1969 年 11 月 19 日	风暴洋	首次开始重大科学实验	32 小时
波罗 14 号	1971 年 2 月 5 日	弗拉·毛罗环形山	首次登陆月球高地	34 小时
波罗 15 号	1971 年 7 月 30 日	哈德雷－亚平宁环形山	首辆月球车探索月球	67 小时
波罗 16 号	1972 年 4 月 21 日	笛卡儿地区	探测高地	71 小时
波罗 17 号	1972 年 12 月 11 日	金牛－利特罗夫峡谷	最长、最后一次登月	75 小时

月球的冰

1994 年发射的克莱芒蒂娜号和 1998 年的月球勘探者在执行航天任务时，都发现了月球极地的阴暗陨击坑中存有冰的证据，它们可能是在很久以前彗星撞向月球时产生的。这些冰可以融化成水提供给未来的月球基地，或分解成氧气供宇航员呼吸，制作成氢充当火箭燃料。

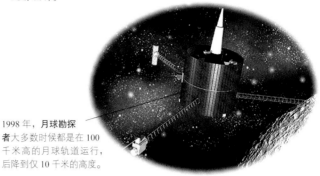

1998 年，月球勘探者大多数时候都是在 100 千米高的月球轨道运行，后降到仅 10 千米的高度。

月球任务

阿波罗计划因将宇航员送至月球而闻名，不过还有许多其他的遥控飞船也进行过此类旅行，如美国的徘徊者号和探测者号。第一个到达月球并绕其轨道运行，拍摄月球背面，并在其表面着陆的探测器是苏联的月球号。月球车 1 号和月球车 2 号是两辆苏联的机器人车辆，在 1970 年至 1973 年之间对月球进行了勘探。

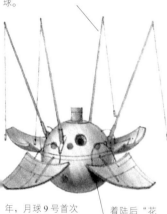

线将电视画面传送回球。

年，月球 9 号首次球成功软着陆。

着陆后"花瓣"张开，露出天线。

提供电能的太阳能电池盖

无线电天线

通过无线电遥控，月球车 1 号在 1970 年和 1971 年对月球表面进行了 10 千米的勘探。

地球上的科学家可通过摄像头观测、指挥。

土壤检测设备

车轮可抓住月球的软土前行。

月球的"第一"

- 1959 年，月球 2 号成为第一个在月球硬着陆的飞船。一个月后，月球 3 号拍摄到了月球背面的第一张照片。

- 1964 年，徘徊者 7 号在月球硬着陆，传回了第一批月球近照，共 4308 张。

- 1966 年，月球 9 号从月球表面第一次传回电视画面。

月岩

- 1968 年，宇航员乘坐阿波罗 8 号首次在月球轨道飞行了共计 10 圈。

- 1969 年，尼尔·阿姆斯特朗成为在月球上漫步的第一人。他和阿波罗 11 号带回了月球的岩石和土壤样本。

- 1970 年，月球 16 号首次实现在月球上自动取样。

了解更多

球基地

美国宇航局已宣布将在 2024 年左右建成永久的月球基地。等一些国家也有此雄心壮志。如果想在月球一次停留数宇航员须能从月球表面的岩石提取氧气等物质。

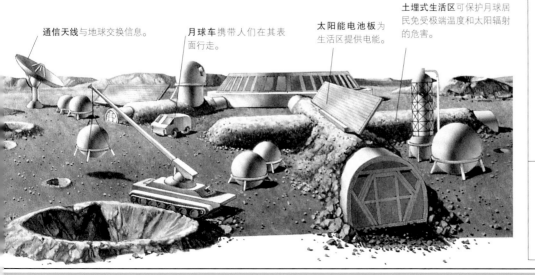

通信天线与地球交换信息。

月球车携带人们在其表面行走。

太阳能电池板为生活区提供电能。

土埋式生活区可保护月球居民免受极端温度和太阳辐射的危害。

月球正面

月球正面（总是面向地球的一面）以阴暗的月海为主要特征，天文学家最初曾认为它们是海洋。熔岩冲破月球外壳，涌入陨星撞击留下的盆地，形成了这些熔岩海。不过，它们中间最大的月海风暴洋也无法与地中海相比。月球表面布满了陨击坑，即使在月海内和周围的高山上也是如此。所有航天器都是在月球正面着陆。

雨海

38.5 亿年前，陨星撞击形成巨大的月面盆地，月球正面的地形勃然换貌。月球内部喷出的熔岩在接下来的 10 亿年逐渐将这个盆地填满，雨海便由此形成。

阿利斯塔克是一个直径达 37 千米的环形山，是整个月球上最亮的点。

风暴洋是一个巨大的月海，但不如雨海保存得完好。

亚平宁山脉

亚平宁山脉在月球上最为壮观。在雨海的四周、亚平宁山脉与喀尔巴阡山脉、高加索山脉、侏罗山脉以及阿尔卑斯山脉共同围成了一个断断续续的圆环。这些山脉都是陨星撞击月球表面，迫使周围土地隆起而形成的。

哥白尼环形山

哥白尼环形山是月球上最典型的一座辐射纹环形山。它的直径为 107 千米，有近 4 千米深，岩石碎片十分明亮，沿山口辐射而下。内部有年轻的陨击坑和中央峰，边缘明显呈梯形，内壁陡峭，外坡平缓。阿波罗 12 号的宇航员收集的材料表明，它已有 8.5 亿岁的高龄。

正面的特征

浩瀚而阴暗的月海要比月球平均表面低 2 千米至 5 千米。南部地区多为布满陨击坑的高地，还有一些巨大的环壁平原。两极地区是高原。明亮的辐射纹环形山是最近才形成的月球特征。

第谷环形山

第谷环形山形成于 1 亿年前，它包含有若干中央峰，周围是高耸的梯形壁。它的辐射纹只有在满月的直射光下才能看见。

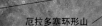

冷海
柏拉图环形山
虹湾
雨海
17
2
阿基米德环形山
13
厄拉多塞环形山
开普勒环形山
12 3
9
1
14
7
格里马尔迪环形山
托勒密环形山
9
伽桑狄环形山
云海

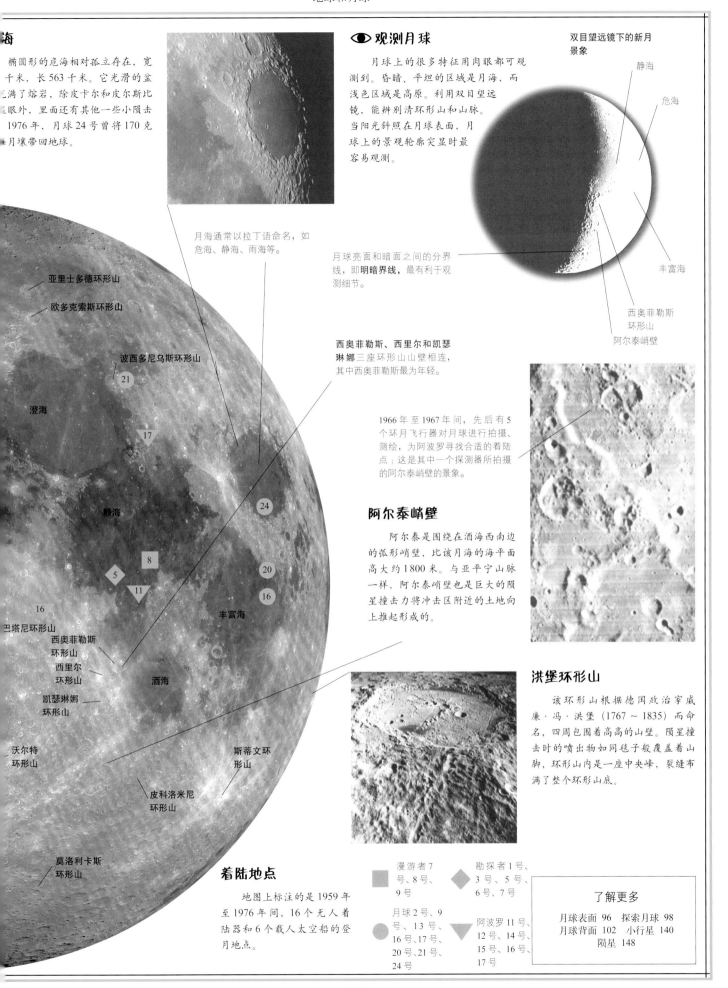

海

椭圆形的危海相对孤立存在，宽□千米，长563千米。它光滑的盆□满了熔岩，除皮卡尔和皮尔斯比□眼外，里面还有其他一些小陨击□1976年，月球24号曾将170克□月壤带回地球。

月海通常以拉丁语命名，如危海、静海、雨海等。

亚里士多德环形山
欧多克索斯环形山
波西多尼乌斯环形山
21
澄海
17
静海
8
5
11
16
巴塔尼环形山
西奥菲勒斯环形山
西里尔环形山
凯瑟琳娜环形山
酒海
沃尔特环形山
皮科洛米尼环形山
莫洛利卡斯环形山
24
20
16
丰富海
斯蒂文环形山

👁 观测月球

月球上的很多特征用肉眼都可观测到。昏暗、平坦的区域是月海，而浅色区域是高原。利用双目望远镜，能辨别清环形山和山脉。当阳光斜照在月球表面，月球上的景观轮廓突显时最容易观测。

双目望远镜下的新月景象
静海
危海
丰富海
西奥菲勒斯环形山
阿尔泰峭壁

月球亮面和暗面之间的分界线，即**明暗界线**，最有利于观测细节。

西奥菲勒斯、西里尔和凯瑟琳娜三座环形山山壁相连，其中西奥菲勒斯最为年轻。

1966年至1967年间，先后有5个环月飞行器对月球进行拍摄、测绘，为阿波罗寻找合适的着陆点；这是其中一个探测器所拍摄的阿尔泰峭壁的景象。

阿尔泰峭壁

阿尔泰是围绕在酒海西南边的弧形峭壁，比该月海的海平面高大约1800米。与亚平宁山脉一样，阿尔泰峭壁也是巨大的陨星撞击力将冲击区附近的土地向上推起形成的。

洪堡环形山

该环形山根据德国政治家威廉·冯·洪堡（1767～1835）而命名，四周包围着高高的山壁。陨星撞击时的喷出物如同毯子般覆盖着山脚，环形山内是一座中央峰，裂缝布满了整个环形山底。

着陆地点

地图上标注的是1959年至1976年间，16个无人着陆器和6个载人太空船的登月地点。

■ 漫游者7号、8号、9号

● 月球2号、9号、13号、16号、17号、20号、21号、24号

◆ 勘探者1号、3号、5号、6号、7号

▽ 阿波罗11号、12号、14号、15号、16号、17号

月球背面

月球背面始终背对着地球。直到1959年，苏联太空船月球3号飞至月球背面并发回第一张照片后，它才露出了本来面目。虽然月球背面与正面类似，但仍存在着明显的差别。那里的月壳比月球正面更厚，熔岩难以渗入由太空岩石撞击所留下的盆地，因此几乎没有月海。此外，月球背面的陨击坑也更多，这个谜至今都让天文学家困惑不解。

莫斯科海

莫斯科海是月球背面仅有的几个月海之一，宽度虽然达到了277千米，但与一些辽阔的环形山（如阿波罗环形山）相比它要小得多。莫斯科海的海底呈暗色，与周围形成鲜明的对比。

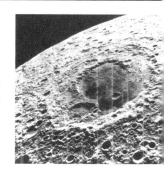

齐奥尔科夫斯基环形山

月球背面最突出的是齐奥尔科夫斯基环形山，底部深色的熔岩已凝固，状态介于陨击坑和月海之间。它的直径达到了185千米，中心是巨大的山状结构。齐奥尔科夫斯基环形山附近存在着很多陨击坑。人们认为这个区域的月球表面最古老。

范德格拉夫环形山

这个环形山的外形非常不规则，直径约为233千米，内部还有几个较小的陨击坑。令人惊讶的是，这么大的环形山只有4千米深。与周围相比，范德格拉夫环形山的磁场和放射性更强，这可能是由埋在地下的火山岩造成的。

背面特征

月球背面最显眼的两个月海是东海和莫斯科海。环形山比比皆是，但并没有月球正面的那么暗。最明显的环形山呈圆形，如赫茨普龙环形山、阿波罗环形山和科罗廖夫环形山等。

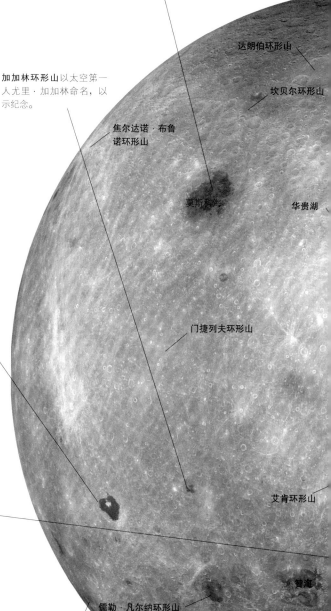

加加林环形山以太空第一人尤里·加加林命名，以示纪念。

达朗伯环形山

坎贝尔环形山

焦尔达诺·布鲁诺环形山

华贵湖

莫斯科海

门捷列夫环形山

艾肯环形山

儒勒·凡尔纳环形山

赞海

南海

莱布尼兹环形山

冯·卡门环形山

泡利环形山

南海

这个月海衔接着月球的正面和背面，但形状难以表述。它由黑暗的火山岩组成，而不是真正的月面盆地。

罗廖夫环形山

在月球背面，直径超过 200 千米环形山共有 10 座，而 437 千米的罗廖夫环形山就是其中的一座，是里最大的峭壁之一。科罗廖夫内部许多较小的环形山，其中的克雷洛夫环形山拥有自己的中央峰，直径约 50 千米。

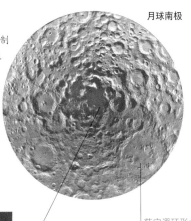

克雷洛夫环形山

极区

月球的南北极是最后被绘制的部分，由克莱芒蒂娜探测器在 1994 年完成。将该探测器发回的众多图像拼成马赛克地图后，人们发现一些极地陨击坑永远都无法被太阳照射到。

月球南极

薛定谔环形山

在永不见光的阴影区，月壤中有冰存在。

赫茨普龙环形山是一座直径达 591 千米的月面盆地，它也是月球背面的主要特征之一。

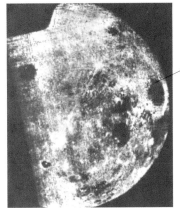

莫斯科海

第一张月球背面照

月球背面的这张照片由月球 3 号拍摄于 1959 年 10 月。虽然图像质量无法与今天的媲美，但仍可清晰欣赏到月球的主要特征，如莫斯科海。

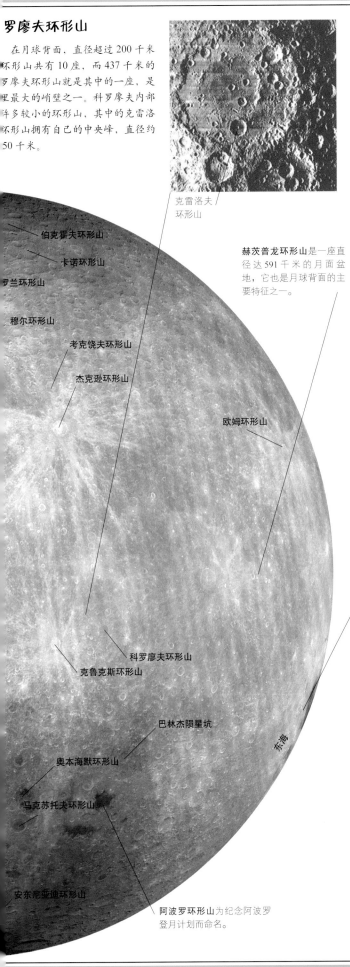

伯克霍夫环形山

卡诺环形山

罗兰环形山

穆尔环形山

考克饶夫环形山

杰克逊环形山

欧姆环形山

科罗廖夫环形山

克鲁克斯环形山

巴林杰陨星坑

奥本海默环形山

马克苏托夫环形山

东海

安东尼亚迪环形山

阿波罗环形山为纪念阿波罗登月计划而命名。

东海

巨大的东海是月球最年轻的月海，直径达 327 千米，横跨月球的正面和背面。跨度达 900 千米的环形山延绵在四周，与它呈同心环布局。环形山之外覆盖着喷出物，淹没了更早的陨击坑，只有中心的撞击盆地充满了熔岩。

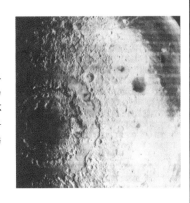

测绘月球

• 1609 年，英国人托马斯·哈里奥特（1560～1621）根据自己望远镜的观测，制作了首张月球图。一年后，伽利略制作的图揭示了月球更多的特征。

• 18 世纪的天文学家利用改进型望远镜，制作出了更详细的月球地图。

月球轨道飞行器

• 月球的第一张照片拍摄于 1840 年。19 世纪后期出现了月球图集。

• 20 世纪 60 年代的美国环月飞行器和 1994 年的克莱芒蒂娜探测器相继发回了月球的详细图像。

了解更多

水星

水星是最接近太阳的行星，受太阳辐射和炙烤最为厉害。这个由岩石构成的世界十分干燥，大气薄得几乎可以忽略不计。在太阳系所有的行星中，水星绕太阳转动最快，但其自转却很慢。从地球上可以看到水星表面模糊的标记。20世纪70年代，水手10号太空船飞过水星，人类才首次近距离观测到了这个布满了陨击坑的星球。令天文学家困惑的是，这么小的行星竟拥有那样巨大的铁核。

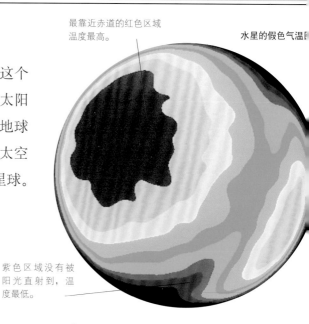

最靠近赤道的红色区域温度最高。

水星的假色气温图

紫色区域没有被阳光直射到，温度最低。

伤痕累累的表面

在约40亿年前太阳系早期时，年轻的水星受陨星撞击十分严重。从水星内部涌出的熔岩形成辽阔的平原，外观乍看上去与月球非常相似。由于这里没有风和水，所以布满了陨击坑的表面至今也没有多大变化。

温度

由于受近邻太阳的炙烤，水星的昼夜温差变化比任何行星都大。水星平均表面温度为167℃，但最接近太阳时，温度可飙升至450℃以上。水星的大气非常薄，无法保存热量，因此到了晚上它冷却得非常快，温度可降至−180℃。

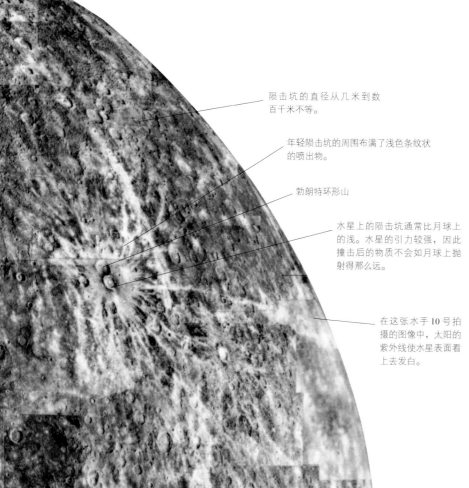

陨击坑的直径从几米到数百千米不等。

年轻陨击坑的周围布满了浅色条纹状的喷出物。

勃朗特环形山

水星上的陨击坑通常比月球上的浅。水星的引力较强，因此撞击后的物质不会如月球上抛射得那么远。

在这张水手10号拍摄的图像中，太阳的紫外线使水星表面看上去发白。

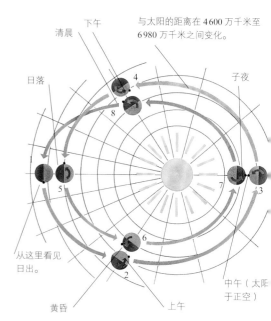

与太阳的距离在4600万千米至6980万千米之间变化。

下午

清晨

子夜

日落

从这里看见日出。

中午（太阳于正空）

黄昏

上午

自转和公转

水星的自转速度非常慢，几乎需要59天才能完成一次；但它围绕太阳公转却很快，仅需88天。对于水星上的观察者而言，这两种柙运动造成接连两次日出之间的间隔竟达176天。在位置1看到日出的人必须等回归位置1才能再次看到日出。在这段时间内，水星绕太阳完成了两次公转。

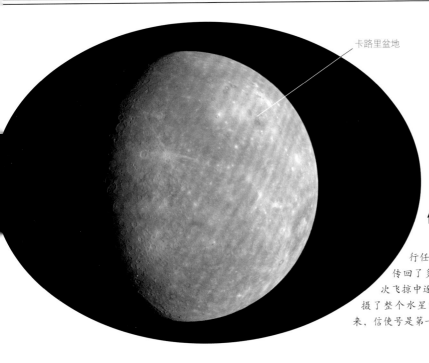

卡路里盆地

关键数据

直径	4880 千米
与太阳的平均距离	5 790 万千米
围绕太阳公转速度	每秒 47.87 千米
日出周期	176 天
质量（地球=1）	0.06
体积（地球=1）	0.06
平均密度（水=1）	5.43
表面重力（地球=1）	0.38
表面平均温度	167°C
卫星数目	0

信使号水星探测器

信使号探测器于 2004 年发射升空，飞往水星执行任务。2008 年 1 月，它完成了对水星的首次飞掠并传回了多张图像，这就是其中的一张。信使号在接着的两次飞掠中逐渐减速，最终在 2011 年进入水星轨道。它几乎拍摄了整个水星的彩照。自 1974 年和 1975 年水手 10 号的拜访以来，信使号是第一艘访问水星的探测器。

水星概览

水星密度大、运行快、岩石多、铁核大，但引力小、大气薄。水星是太阳系最小的一颗行星。

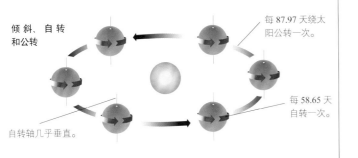

倾斜、自转和公转

每 87.97 天绕太阳公转一次。

每 58.65 天自转一次。

自转轴几乎垂直。

大气

钾和其他气体（1%）
氦（6%）
氢（22%）
钠（29%）
氧（42%）

结构

硅酸盐岩石壳

硅酸盐岩石幔

铁核直径 3 600 千米

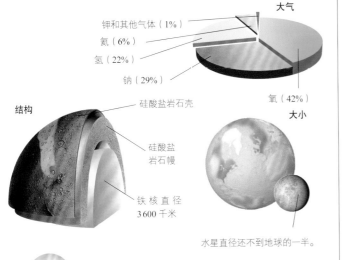

大小

水星直径还不到地球的一半。

太阳

水星是距离太阳最近的行星。

定位示意图

受行星磁场影响的空域称为磁层。

北磁极
自转轴

磁核

像地球一样，水星也有自己的磁场——不过非常弱，强度仅有地球的约 1%。水星的铁核占到直径的四分之三，这也是它磁场的发源地。天文学家认为它的核是由固体铁构成，外部或许包裹着一层薄薄的液态铁和硫。

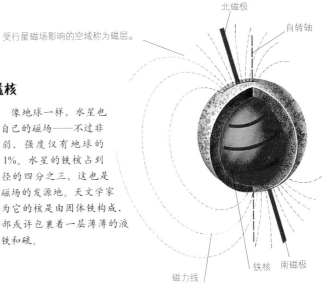

铁核 南磁极

磁力线

👁 观测水星

只有在日没之后或日出前的黎明才能观测到水星，这时它最接近地平线。水星就像一颗明亮的恒星，用肉眼或双目望远镜就能看见。水星盘面也会出现位相变化，但只有借助较强大的望远镜才能观测到。

水星

水星表面

　　水星从来不会远离太阳运行，因此很难从地球直接观察到。即使利用哈勃空间望远镜等天基观测站，也难以看清水星的表面，这是因为太阳辐射会破坏望远镜的灵敏仪器。除70年代中期的水手10号任务外，天文学家直到2008年信使号首次飞掠水星，才获得了它的新照片。信使号第一次证明了水星的平原地形与火山作用有关。

卡路里盆地

　　这个巨大的盆地宽1300千米，由大约36亿年前一颗小行星般大小（直径达100千米）的太空岩石撞击水星而形成。从这张假色照片中可明显看出卡路里盆地与周围环境的差别。盆地边缘内的橙色斑点是火山。

激波

　　太空岩石撞击水星形成卡路里盆地时，这个行星还很年轻。它的地壳和上层地幔还没有稳定下来，仍在不断冷却和收缩，撞击产生的激波传遍了整个行星，由此形成了表面的丘陵和高山。

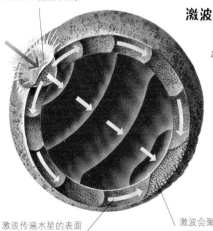

太空岩石撞击水星。

激波传遍水星的表面和内部。

激波会聚引起了撞击部位另一端表面的变形。

陨击坑的世界

　　水星是陨击坑的世界，表面受到了无数陨星的撞击和摧残。卡路里盆地就是由一次巨大的碰撞形成的，四周环绕着高高的卡路里山脉。山脉以外是充满了熔岩的平原区，覆盖着陨星撞击时喷出的岩石。水星表面也有许多皱脊、峭壁和裂缝，是这颗行星年轻时发生冷却和收缩而形成的。

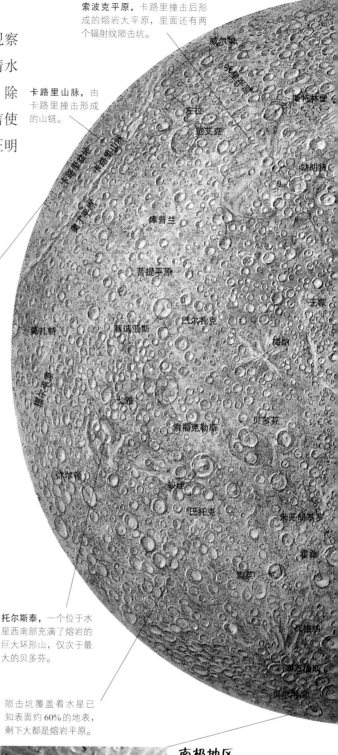

索波克平原，卡路里撞击后形成的熔岩大平原，里面还有两个辐射纹陨击坑。

卡路里山脉，由卡路里撞击形成的山链。

威尔肯

斯特林堡

左拉

范艾克

勃朗特

库普兰

菩提平原

奥丁平原

主霜

真扎特

蒂迪亚斯

巴尔扎克

姆纳

贝多芬

贝尔平原

戈雅

索福克勒斯

弥尔顿

蚁垤

匹托克

米开朗琪罗

霍桑

雪莱

瓦格纳

鲁布廖斯

贝尔廖兹

托尔斯泰，一个位于水星西南部充满了熔岩的巨大环形山，仅次于最大的贝多芬。

陨击坑覆盖着水星已知表面约60%的地表，剩下大都是熔岩平原。

南极地区

　　水星的两极有太阳无法照射到区域。通过反射雷达的研究，科学认为这些地区可能存在着水冰。由其他物质（如硫）也可产生类似结因此这个结论还有待证实。

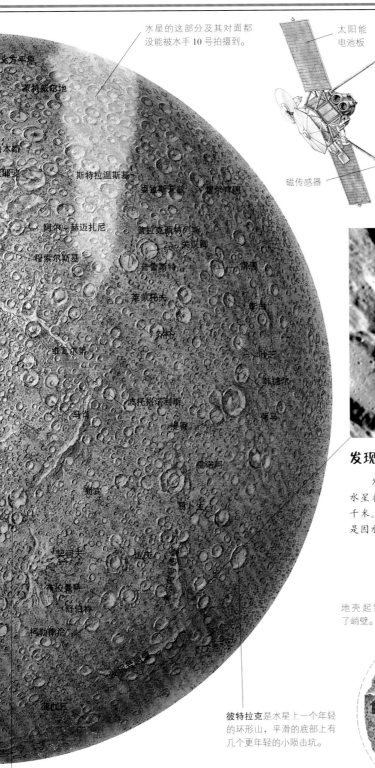

水星的这部分及其对面都没能被水手10号拍摄到。

北方平原

蒙特威尔地

本韵

斯特拉温斯基

阿尔－赫迈扎尼

娄娄斯基斯

雷尔拜因

穆索尔斯基

雷拉克西特列斯

关汉卿

普鲁斯特

雷博

莱蒙托夫

乔叟

维瓦尔第

叶芝

韩德尔

汲托熔诺利斯

荷马

马首

提曾

雷诺阿

刺宾

易卜生

契诃夫

普拉暑特

舒伯特

柯勒律治

海顿

水手 10 号

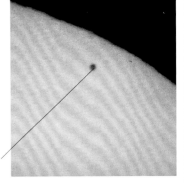

太阳能电池板

1974 年和 1975 年，水手 10 号共进行了三次水星飞掠，距离其表面仅有 327 千米。从它发回的图像可辨认出 1.5 千米大小的附着物，并发现水星具有磁场。

磁传感器

水星

水星凌日

在日出或日落时分，我们才能从地球的天空看到水星。每隔几年，太阳、地球和水星运行到一条线时就会发生凌日现象：我们能看到水星呈一个黑点，历经几个小时从太阳的一侧移动到另一侧。

发现号峭壁

发现号峭壁高出周围 2 千米，是水星表面一个巨大的峭壁，绵延 500 千米。与此类似的地貌还有很多，应是因水星的冷却和收缩而形成的。

水星的历史

- 水星形成于大约 46 亿年前。在接下来的 7 亿年间，水星表面不断受到太空岩石的撞击，产生了无数的陨击坑。

- 5 亿年后，水星已经冷却，缩小到了现在的形状。

- 人们在古时已认识了水星。17 世纪的观测表明水星存在着相位变化。

- 1965 年，水星表面反射回的雷达波表明其自转周期为 59 天。

- 1974 年，水手 10 号发回了水星表面的第一张详图。

- 2008 年，信使号发回了它的首张水星照。

地壳起皱，形成了峭壁。

水星地核的直径缩小了 4 千米。

彼特拉克是水星上一个年轻的环形山，平滑的底部上有几个更年轻的小陨击坑。

马蒂斯盆地

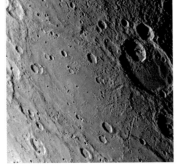

马蒂斯盆地直径达 210 千米，里嵌有小的陨击坑。在信使号拍摄的一张照片中，马蒂斯位于中间偏右，太阳低悬在半空中。许多水星的盆地都是以作家、音乐家和艺术家命名，而马蒂斯正是一位法国的画家。

皱脊和峭壁

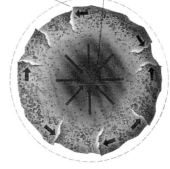

以前的水星比今天旋转得更快，温度也更高。随着表面皱脊的形成，它的旋转也在减速，且变得越来越冷，越来越小。地壳在皱脊部位不断隆起，形成了大的峭壁。

了解更多

金星

金星的轨道比地球更接近太阳，因此属于内行星。金星是大小类似地球的岩石球体，此外两者再没有别的相同之处。昏暗的金星上布满了火山，大气令人窒息，毫无温馨感可言。它的平均温度比其他任何行星都高。我们从地球上只能看到金星的云端，厚厚的大气下藏匿着由火山喷发而塑造的风景。

金星俯视图

西大距：日出前可看到金星。

下合：金星在太阳的

金星

太阳

上合：金星消失在太阳的强光中。

东大距：日没后金星依然可见。

地球

表面特征

自诞生以来，金星表面已发生了巨大变化，目前的岩石景观形成于大约 5 亿年前，是由火山的强烈活动所造成的——目前，这种变化仍在继续。金星地表大部分都是连绵的火山平原与高原。最广阔的高原是阿佛洛狄忒台地，上面镶嵌着玛亚特山等几座大火山。

金星的轨道

金星的轨道比地球更接近太阳，因此时会在地球和太阳之间通过。发生这种时，金星会消失在太阳的强光中。当运行东、西大距，即在天球上与太阳距离最远金星最明亮。在这些时候，金星可在日没或日出前观测到。

玛亚特山是金星上最大的火山之一，比周围高 9 千米，直径达 200 千米。

由麦哲伦号宇宙飞船雷达拍摄，并经计算机合成的图像。

在玛亚特山脚下的原区，熔岩蔓延了百千米。

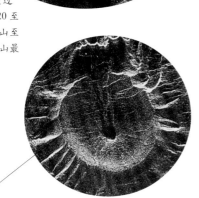

饼状拱形结构是阿尔法区的平顶火
，山壁十分陡峭，平均直径为20
米，高度达750米。

山爆发

金星上火山活动的迹象
可见，金星表面有长长的
岩流，布满了火山口以及圆顶
山和盾状火山。火星上直径超过
千米的大火山共有156座，20至
千米之间的有近300座，小火山至
有500座。圆顶形和蛛网状的火山最
奇特。

蛛网状火山如同蜘蛛结
的网。这座位于艾斯特
拉区的火山直径约为35
千米，脊状山坡环绕在
凹峰的边缘。

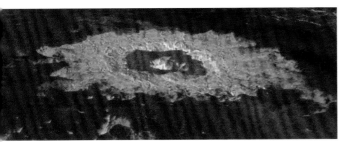

拉维尼娅平原的陨击坑

击坑

人们迄今已在金星上发现了900多个陨击坑，大小从1.5千米到280千
不等，其中超过60%都保存着原来的形态，并未受到破坏。它们的环面清
可辨，四周仍是陨星撞击时的喷出物。其余40%的陨击坑中有少数已被火
熔岩损坏，更多的是在金星的地壳运动和破裂中改变了形态。

关键数据

直径	12 104 千米
与太阳的平均距离	1.082 亿千米
围绕太阳公转速度	每秒35.02 千米
日出周期	117 天
质量（地球=1）	0.82
体积（地球=1）	0.86
平均密度（水=1）	5.2
表面重力（地球=1）	0.9
表面平均温度	464℃
卫星数目	0

了解更多

金星概览

金星属于岩质行星，结构和大小与地球类似。它是太阳系最
热的一颗行星，这与它的大气有关。金星自转得很慢，并且
方向与大多数行星正好相反。

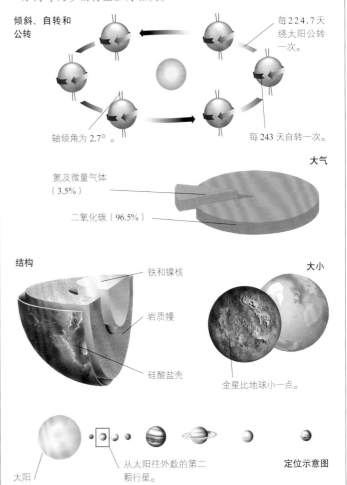

倾斜、自转和
公转

每224.7天
绕太阳公转
一次。

轴倾角为2.7°。

每243天自转一次。

大气

氮及微量气体
（3.5%）

二氧化碳（96.5%）

结构

铁和镍核

岩质幔

硅酸盐壳

大小

金星比地球小一点。

太阳

从太阳往外数的第二
颗行星。

定位示意图

狭窄的峭壁带
高达数百米，
在平原地带绵
延数百千米。

拉维尼娅平原
是金星的主要
平原之一。

金星的平原

超过四分之三的金星表面覆盖着平原，平原主要是在火
山爆发的过程中形成的。平原上点缀着火山、陨击坑和熔岩
流，金星上的风也雕刻着它们的容貌。

金星大气

40 亿年前，金星和地球都很年轻，它们的大气也很相似。如今，一切都发生了变化。金星大气的质量比地球大 100 倍，因此站在金星上绝不会透过这么厚的大气欣赏到天上的星星。金星大气主要是二氧化碳，但也包括火山多次爆发而产生的硫粉尘和硫酸。这种气体使金星变成了一个闷热、阴沉并令人窒息的世界。

金星快车

欧洲的金星快车于 2005 年发射升空，使命是在金星轨道详细探测它的大气。金星快车携带的 7 件仪器能进行红外线、紫外线和可见光的探测。2006 年，它送回了金星南极的第一张图像（译注：2008 年，金星快车探测器在金星大气中探测到作为火山活动证据的高浓度二氧化硫气体。于 2014 年底因燃料耗尽坠落金星。）

大气结构

紧挨着金星表面的大气区非常清澈，弥漫到了约 40 千米的上空。其上是高 20 千米的浓厚云层，它包含有粉尘和硫酸，阻止了阳光直射到金星表面。最上面一层的大气也非常清澈，厚度约为 20 千米。

金星南极上空的红外云层图像

极地云

从金星快车的红外图中，可以看到右下角的浪和左上方南极上空的涡，中间的区域是冷云领。

云领比周围的云要冷 35°C。

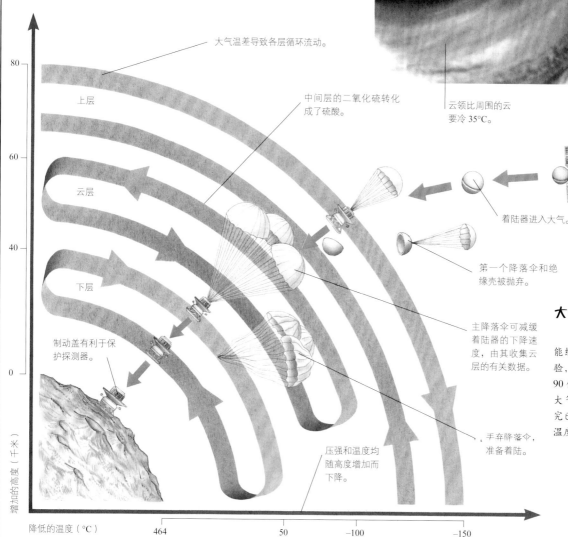

大气温差导致各层循环流动。

上层

中间层的二氧化硫转化成了硫酸。

云层

下层

制动盖有利于保护探测器。

着陆器进入大气。

苏联金星号行星探测器的降落

轨道飞行器和着陆器分离前沿着金星飞掠。

第一个降落伞和绝缘壳被抛弃。

主降落伞可减缓着陆器的下降速度，由其收集云层的有关数据。

大气研究

探测器穿过金星大气时，必能经受住腐蚀性云层和高气压的考验，金星表面压强比地球表面要高 90 倍。已有许多探测器进入了金星大气，并成功抵达其表面。这些研究已探明了金星大气的结构和组成、温度和压强的变化范围。

丢弃降落伞，准备着陆。

压强和温度均随高度增加而下降。

增加的高度（千米）

降低的温度（°C）　　464　　　50　　　−100　　　−150

云顶图案

金星上空的大气变化得非常快。通过紫外像，可以看到云层是按照从东到西的方向在运动，约4天完成一次循环。这个方向与金星的自转方向一致，但速度要快60倍，高达每小时350千米。大气越低，运动的速度越慢，而金星表面的风速勉强能达到每小时10千米。

些紫外像是由先驱者－金号行星际探测器在1980年5月和6月拍摄的，距离为50000千米。

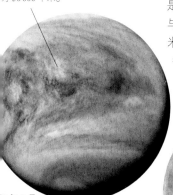

0年5月
, 19:19

从赤道旋转着
区移动。

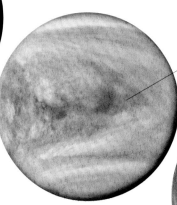

1980年
5月3日，
0:29

迅速变化的云层图案。

云层的移动

太阳的热量驱动着金星的云层。赤道地区的大气受太阳照射变暖，会上升并朝较冷的极区移动。新来的气体由于温度降低会下沉至较低的云层。当运动回赤道后，这一过程会重新开始。

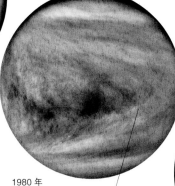

1980年
5月3日，
5:07

云顶运动呈Y形或
V形图案。

● 金星的相位

与月球一样，金星也存在着相位变化，我们能看到不同大小的日照面。当金星的整个光照面朝向地球时，它却被太阳遮挡住了，因此我们从来没有看到过完整的金星。它围绕太阳旋转，从地球看，它越近就越大，但太阳照射面却在不断减少。

在这些图像中，云顶由右向左移动。

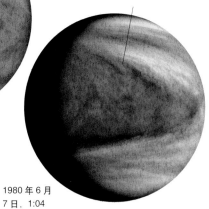

1980年6月
7日，1:04

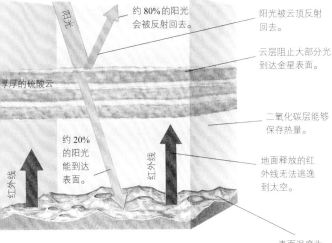

阳光

约80%的阳光
会被反射回去。

阳光被云顶反射
回去。

云层阻止大部分光
到达金星表面。

厚厚的硫酸云

约20%
的阳光
能到达
表面。

红外线

红外线

二氧化碳层能够
保存热量。

地面释放的红
外线无法逃逸
到太空。

表面温度为
464℃，若
没有大气，
温度会降到
64℃左右。

室效应

只有不到四分之一的阳光能洒落在金星表面。阳光穿过云层，使金星表面变暖，金星表面以红外辐射的形式释出热量。大气像温室玻璃一样阻止了红外辐射向太空逃逸，因此金星上的温度会越升越高，越聚越热。

金星任务

名称	类型	抵达	成就
水手2号	掠飞	1962年12月	发现大气中存在二氧化碳
金星4号	大气	1967年10月	首次从大气中传回数据
金星5号和6号	大气	1969年5月	探测大气，假设已与表面接触
金星7号和8号	着陆器	1970年12月，1972年7月	第一个从金星表面发回数据的着陆器
金星9号和10号	轨道飞行器/着陆器	1975年10月	发现了金星布满岩石的表面图像
先驱者－金星1号	轨道飞行器	1978年12月	第一张全球雷达图
先驱者－金星2号	多探测器	1978年12月	使用5个探测器研究大气的组成和结构
金星13号和14号	着陆器	1982年3月	表面的首张彩图，首次进行土壤样本分析
金星15号和16号	轨道飞行器	1983年10月	表面雷达图像
维加1号和2号	大气/着陆器	1985年6月	使用气球探测器研究大气，着陆器测试表面
麦哲伦号	轨道飞行器	1990年8月	表面雷达图像
金星快车	轨道飞行器	2006年4月	全球大气研究

了解更多

探索行星 80　地球大气 88　月球 92
金星 108　金星表面 112　木星大气 124

金星表面

虽然金星是最接近地球的行星，但它的表面始终被云层遮蔽，无法清晰观测。直到1969年，科学家才使用类似于机场透过云雾跟踪飞机的雷达技术，成功透过云层"看到了"金星。利用地球上的观测仪器和轨道航天器收集的数据，人们制作出了金星地图。到目前为止，最详细的雷达数据是由麦哲伦号探测器在1990年至1994年间收集的。从金星的图像可以看出，这颗行星布满了火山平原与高原。

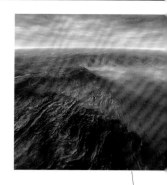

麦克斯韦山脉

伊什塔尔地的大小与澳大利亚接近，在这片高地的中部矗立着陡峭的麦克斯韦山脉。这是金星表面最高的山脉，达到了12 000米。

伊什塔尔地是一片高原，周围环绕着狭长的群山。

拉克希米高原是一个光滑的火山平原，其上耸立着两座盾状火山——科莱特和萨卡加维亚。

希芙山

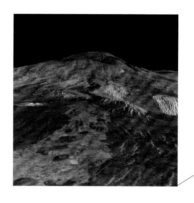

金星表面散落着成千上万座火山，其内部的热量就是通过这些火山口穿壳而出。艾斯特拉区有一些大的火山，如希芙山。希芙山高出周边平原约2千米，直径大约为300千米。

阿尔法区

地球雷达在金星表面发现的第一种地貌是阿尔法区。它位于金星的南半球，主要由火山高原组成，跨度大约为1300千米。阿尔法区也坐落着低矮的圆顶山丘、连绵的峭壁、沟槽和山谷。

伊什塔尔地
拉克希米高原
科莱特
维斯塔峭壁
Ut峭壁
萨卡加维亚
塞德娜平原
牛拉山
萨福山
艾斯特拉区
吉尼维尔平原
画眉区
纳乌卡平原
季纳京平原
阿尔法区
伊尼尼山
哈索尔山
夏娃
拉达
拉维尼娅平原区

表面特征

金星表面较平坦，约90%的地形起伏不超过3千米。低地火山平原占到了整个地表的85%，其余的15%由众多高原地区组成，它们被称为"地"或"区"，由金星地壳运动产生。通过麦哲伦号探测器，人们发现了直径小至120米的山形地貌以及在风力作用下形成的沙丘和岩纹。

拉维尼娅平原是一个独立的熔岩平原，由阿尔法区围绕而成。

根据麦哲伦号探测器的数据，人们又为金星地图增添了约4000处表面特征。其中很多都是以著名的女性命名，如圣经人物夏娃。

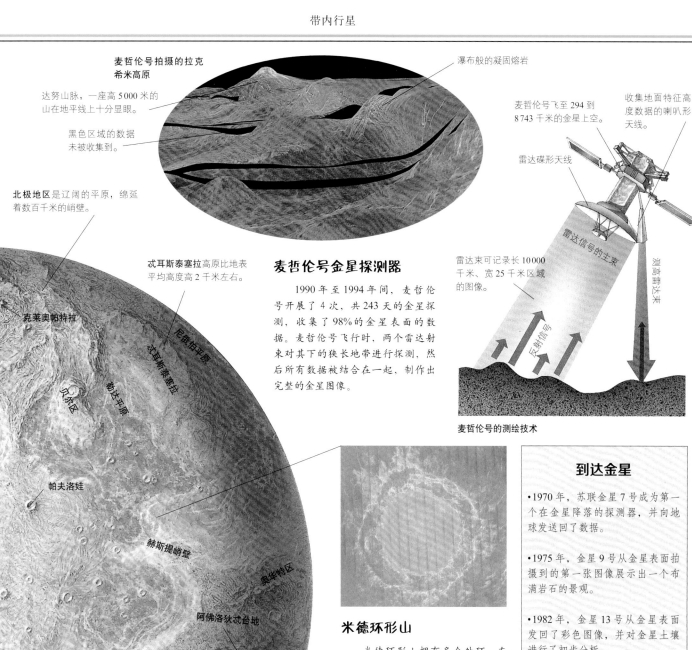

麦哲伦号拍摄的拉克希米高原

达努山脉，一座高5000米的山在地平线上十分显眼。

黑色区域的数据未被收集到。

瀑布般的凝固熔岩

麦哲伦号飞至294到8743千米的金星上空。

收集地面特征高度数据的喇叭形天线。

雷达碟形天线

雷达信号的主束

雷达束可记录长10000千米、宽25千米区域的图像。

反射信号

测高雷达束

麦哲伦号金星探测器

1990年至1994年间，麦哲伦号开展了4次，共243天的金星探测，收集了98%的金星表面的数据。麦哲伦号飞行时，两个雷达射束对其下的狭长地带进行探测，然后所有数据被结合在一起，制作出完整的金星图像。

麦哲伦号的测绘技术

北极地区是辽阔的平原，绵延着数百千米的峭壁。

忒耳斯泰塞拉高原比地表平均高度高2千米左右。

克莱奥帕特拉

尼俄伯平原

忒耳斯泰塞拉

沉积区

勒达平原

帕夫洛娃

赫斯提峭壁

奥华特区

阿佛洛狄忒台地

艾诺平原

分高原要比低地平原4千米到5千米。

米德环形山

米德环形山拥有多个外环，直径达280千米，是金星上最大的环形山。这座环形山的内部比较崎岖，中部呈小山状。在环形山之外，撞击时产生的喷出物已被风化，成为贯通着风蚀沟的狭窄岩脊。

到达金星

•1970年，苏联金星7号成为第一个在金星降落的探测器，并向地球发送回了数据。

•1975年，金星9号从金星表面拍摄到的第一张图像展示出一个布满岩石的景观。

•1982年，金星13号从金星表面发回了彩色图像，并对金星土壤进行了初步分析。

金星13号拍摄的彩色图像

•1985年，苏联的维加1号和2号探测器释放出小型着陆器，测得了金星表面温度和压强，并进行了岩石分析。

了解更多

探索行星 80　水星 104
金星 108　金星大气 110

阿佛洛狄忒台地

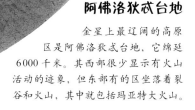

金星上最辽阔的高原区是阿佛洛狄忒台地，它绵延6000千米。其西部很少显示有火山活动的迹象，但东部有的区坐落着裂谷和火山，其中就包括玛亚特大火山。

火星

火星以罗马战神命名，红色的外表十分亮丽。这颗红色行星由致密的岩石材料组成，它与水星、金星和地球一样，同属内太阳系的类地行星。火星距离太阳是日地距离的 1.5 倍，只是到 20 世纪 90 年代后期科学家才开始对这颗红色星球展开详细研究。人们有可能从火星上找到化石，甚至能从那里发现原始生命。

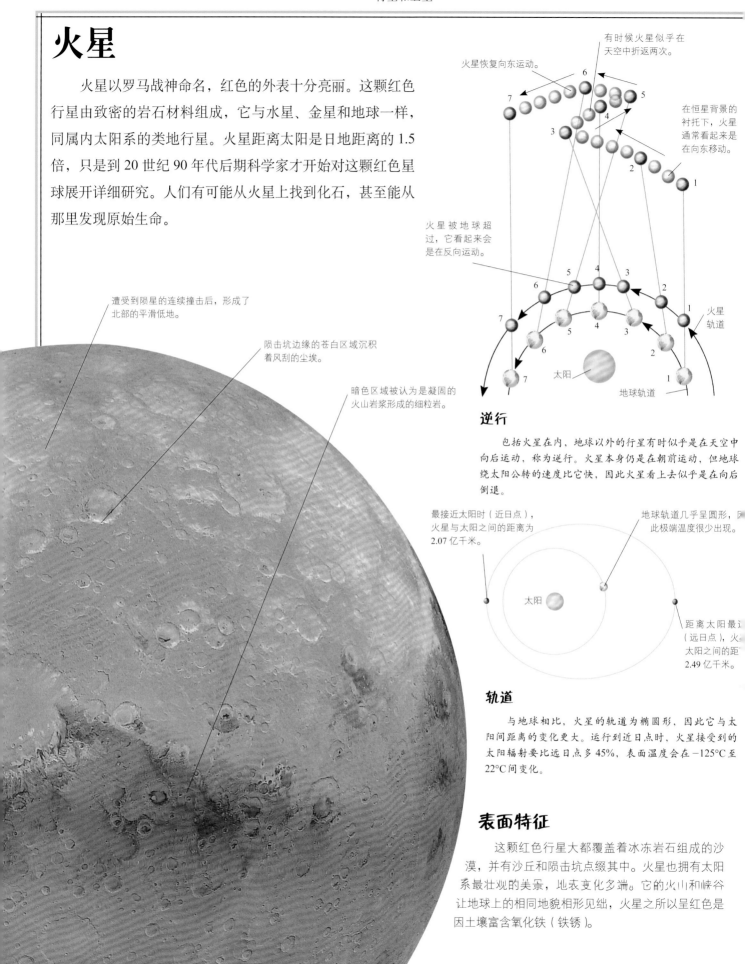

遭受到陨星的连续撞击后，形成了北部的平滑低地。

陨击坑边缘的苍白区域沉积着风刮的尘埃。

暗色区域被认为是凝固的火山岩浆形成的细粒岩。

火星恢复向东运动。

有时候火星似乎在天空中折返两次。

在恒星背景的衬托下，火星通常看起来是在向东移动。

火星被地球超过，它看起来会是在反向运动。

火星轨道

太阳

地球轨道

逆行

包括火星在内，地球以外的行星有时似乎是在天空中向后运动，称为逆行。火星本身仍是在朝前运动，但地球绕太阳公转的速度比它快，因此火星看上去似乎是在向后倒退。

最接近太阳时（近日点），火星与太阳之间的距离为 2.07 亿千米。

地球轨道几乎呈圆形，因此极端温度很少出现。

太阳

距离太阳最远（远日点），火星与太阳之间的距离为 2.49 亿千米。

轨道

与地球相比，火星的轨道为椭圆形，因此它与太阳间距离的变化更大。运行到近日点时，火星接受到的太阳辐射要比远日点多 45%，表面温度会在 −125°C 至 22°C 间变化。

表面特征

这颗红色行星大都覆盖着冰冻岩石组成的沙漠，并有沙丘和陨击坑点缀其中。火星也拥有太阳系最壮观的美景，地表变化多端。它的火山和峡谷让地球上的相同地貌相形见绌，火星之所以呈红色是因土壤富含氧化铁（铁锈）。

星及轨道

火卫一和火卫二是火星的两颗卫星，□7 年被首次观察到。由于反射的光非常□它们属于太阳系中最暗的天体。这些小□星的密度比火星低，上面布满了陨击坑，□从东南方向绕火星运行。火卫一的直径为□千米，火卫二最宽处仅有 16 千米。天文□家认为，这两颗卫星都是被火星引力捕获□小行星。

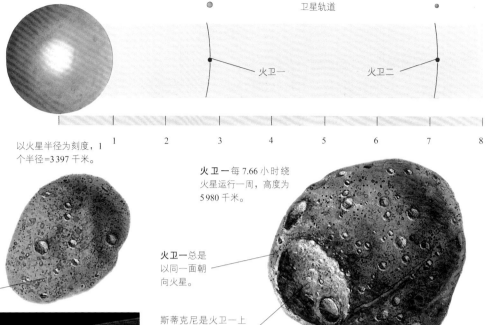

以火星半径为刻度，1个半径＝3 397 千米。

火卫二每 30.3 小时绕火星运行一周，高度为 20 040 千米。

火星的卫星是由富含碳的岩石构成的。

火卫一每 7.66 小时绕火星运行一周，高度为 5 980 千米。

火卫一总是以同一面朝向火星。

斯蒂克尼是火卫一上最大的陨击坑，直径约为 10 千米。

大气

火星上有云、天气变化和盛行风。它稀薄的大气主要由二氧化碳构成，有时候三分之一的大气会在两极冻住。每一天，太阳风都会以超音速带走一些云层。

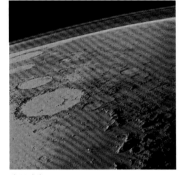

火星大气

👁 天空中的火星

火星从地球用肉眼就可以看到，冲日时（地球位于太阳和火星之间）观测尤其明显。冲日现象每 26 个月就会发生一次，这个时候的火星特别明亮，与地球也最接近。每隔 15 至 17 年，火星就能运行到与地球最接近的地方。在这张照片中以明亮程度来看，天空中最亮的是木星，接下来就是火星。

关键数据

直径	6 794 千米
与太阳的平均距离	2.279 亿千米
围绕太阳公转速度	每秒 24.13 千米
日出周期	24.63 小时
质量（地球＝1）	0.11
体积（地球＝1）	0.15
平均密度（水＝1）	3.93
表面重力（地球＝1）	0.38
平均表面温度	−63°C
卫星数目	2

了解更多

火星概览

火星是一颗岩质行星，内核富含铁。它的大小几乎是地球的一半，自转周期与地球十分接近。火星的大气比较薄，表面压强仅有地球的 1%。

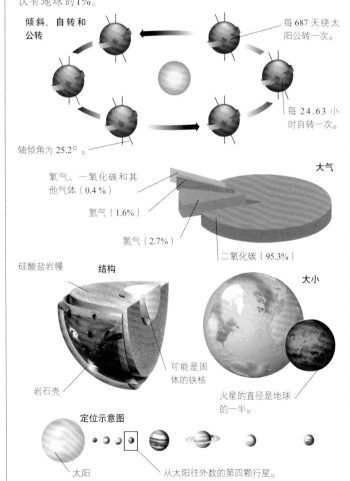

倾斜、自转和公转

每 687 天绕太阳公转一次。

每 24.63 小时自转一次。

轴倾角为 25.2°。

大气

氧气、一氧化碳和其他气体（0.4%）

氩气（1.6%）

氮气（2.7%）

二氧化碳（95.3%）

硅酸盐岩幔

结构

可能是固体的铁核

岩石壳

大小

火星的直径是地球的一半。

定位示意图

太阳

从太阳往外数的第四颗行星。

寻找火星生命

　　18 世纪后期，天文学家威廉·赫歇尔对火星表面的阴暗区进行了观测。他认为这些地方都是海洋，这引发了人们对火星上存有生命的猜想。一个世纪后，乔瓦尼·斯基亚帕雷利使用望远镜对火星进行了详细研究，并声称看到了河道，有许多人认为那些都是智能生命挖掘的运河。1965 年 7 月，水手 4 号飞船发回了这颗红色星球的照片，其表面一片荒芜，人们寻找火星生命的信心受到了打击。或许火星上曾经存在过生命，甚至今天也有，只不过是在尚未探索到的地方。

曾经存在水的证据

　　地球上的生命都需要水。如今，虽然液态水无法在冷冻的火星上存在，但其表面特征表明水一定在这个行星上流淌过。它上面有很多槽道，而这些槽道只有经水流的冲击才能形成。还有许多的证据（如岩石沉积物明显受过水的冲刷），都表明了地下水曾经在火星上存在。

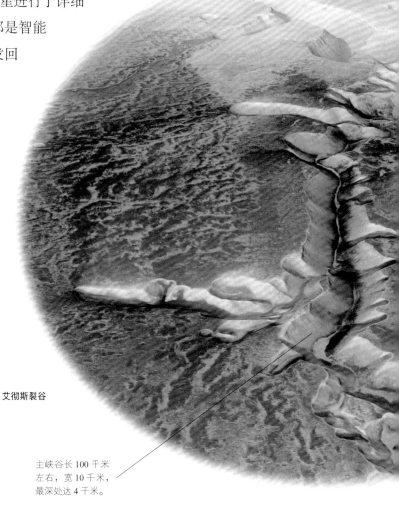

峡谷曾经是火星上最[...]水源之一。

艾彻斯裂谷

主峡谷长 100 千米左右，宽 10 千米，最深处达 4 千米。

挖掘冰块

　　2008 年，凤凰号着陆器携带着微型实验室到达火星的北极地区，寻找生命存在的痕迹。它的机械臂挖掘了这个沟槽，携带的实验室对火星土壤样本进行了分析。沟槽中的白色物质是表层土壤下的冰块。

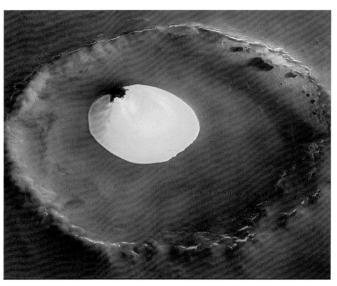

表面的冰层

　　这个未命名的陨击坑[...]于火星遥远的北部地区[...]径大约为 35 千米。二氧[...]碳冻霜在温暖的夏季已[...]北极蒸发，但留下了一[...]形的水冰斑片。陨击坑[...]缘和山壁上同样存在着[...]水冰。

水的起源

在火星形成的初期阶段，那里广泛存在着液态水。虽然它距离太阳比较遥远，但剧烈的陨星撞击和火山活动也使它有了温暖的环境，生命可能就是在这个阶段诞生。如今，火星大部分的水都被冻在土壤内，形成了恒冻层，两极还覆盖有纯粹的冰块。

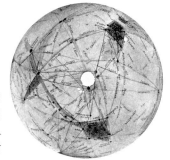

30亿年前，火星表面可能有水存在。

火星运河

地表水形成的山谷

火星上的运河首先被乔瓦尼·斯基亚帕雷利发现，到了19世纪90年代，珀西瓦尔·洛厄尔在美国亚利桑那州旗杆市的天文台将它们编进了火星图。洛厄尔认为水从火星两极流向赤道干旱地区，最后汇入了绿洲。洛厄尔和斯基亚帕雷利看到的运河后来被证明是两人的错觉。

海盗号探测器曾通过实验来寻找火星土壤中生物体所排放的气体。往一份火星土壤样本中加入营养成分，但释放出的气体被证明并不适宜生命存活。

气体分析仪

营养供给

惰性气体氦气

给火星土壤加入营养液。

经过5天的照射，任何植物细胞都会在亮光下开始生长。

中的植物类细胞可通过海盗号的另一验来检测。土壤在灯光的照射下不断，被"催熟"的细胞排放出气体，但对这些气体的分析，依然没有发现生在的确凿证据。

从土壤样本中分离出气体。

气体分析仪。

可破坏土壤中任何有机的化学物质，变成气体。

盗号着陆器实验

1976年，两艘海盗号探测器抵达火星，并利用落伞向火星投下了两个着陆器展开复杂实验。这些器用于验证火星土壤中是否存有传说中的生命。初的实验似乎表明火星有生命迹象，但后来分析认为这些实验中并未发现生物。

海盗号着陆器通过天线传送数据。

双摄影机

海盗号着陆器

气象仪器

长臂携带着铲子，用来收集土壤样本。

火星重要历史

• 1898年，赫伯特·乔治·威尔斯出版了《星际战争》，人们对火星上是否存在生命存在着各种猜测。

• 1965年，水手4号发回了22张火星图片，只见火星上面一片荒凉。科学家认为它应该与月球类似。

• 水手9号在1971年至1972年执行任务时，发现了火星上巨大的水手峡谷和火山构造。

• 2006年，环火星巡逻者启动了有史以来规模最大的任务，收集火星数据。

威尔斯的《星际战争》

了解更多

火星任务

自 1996 年以来，陆续有众多的无人航天器离开地球，执行火星任务，试图解开 20 世纪 60 年代到 70 年代第一批火星探测器留下的奥秘。火星曾经既温暖又潮湿吗？水上哪里了？大气发生了怎样的变化？大气对火星表面有哪些影响？太空船携带的漫游车和着陆器在火星表面进行勘探，轨道飞行器在太空收集图像和数据，它们研究了火星的岩石、地貌和大气，试图揭示其中的秘密。火星任务的一个目的是探索那里是否出现过原始生命，这些无人探测为人类首次前往火星铺平了道路。

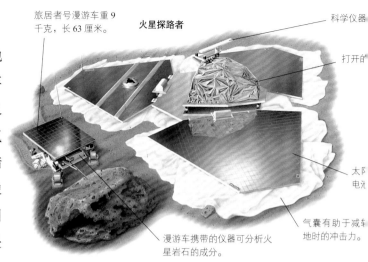

旅居者号漫游车重 9 千克，长 63 厘米。

火星探路者

科学仪器

打开的

太阳能电池

气囊有助于减小着陆时的冲击力。

漫游车携带的仪器可分析火星岩石的成分。

火星探路者

在美国宇航局的火星探路者计划中，旅居者号成了第一个登上火星的漫游车。它于 1997 年 7 月在阿瑞斯谷着陆，并工作了近 3 个月。选择这个地方是因为科学家期望在那里能找到各种岩石和土壤。

探测车

2004 年，美国宇航局的两个探测车分别在火星的两侧登陆：勇气号在古谢夫环形山着陆，机遇号在梅里迪亚尼高原降落。它们都携带着相机和岩石分析仪器，以及能捡拾火星表面岩石的工具。这两个探测器最初预计能工作大约 3 个月，但它们后来都经历住了沙尘暴和冬天的考验，2008 年年底仍然在发回数据。火星奥德赛号飞船为地球和火星车之间的无线电通讯提供了中继服务。

火星探测车

全景相机

无线电通信天线

太阳能电池

部署仪器的机械臂

微型科学仪器

为看得更清楚，这张全景图中的颜色经过了特别渲染。

直径为 170 千米的古谢夫环形底部景观。

勇气号拍摄的火星全景

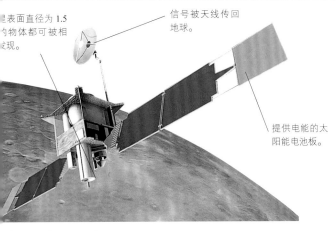

信号被天线传回地球。

是表面直径为 1.5 的物体都可被相现。

提供电能的太阳能电池板。

球勘测者飞行器

环球勘测者飞行器于 1997 年 9 月到达火星，它逐渐放慢速度，18 个后进入了距火星表面仅 350 千米的低轨道运行。它携带着照相机和分光可对火星进行详细测绘，研究它的气候类型和化学组成。环球勘测者器一直工作到了 2006 年 11 月。

火星奥德赛号

火星奥德赛号由美国宇航局在 2001 年送入太空，2002 年至 2004 年间一边绕火星运行，一边展开重要的科学实验。它勘查了火星的矿物质分布和化学元素，并在极地地表下发现了大量的水。

火星快车

火星快车是欧洲空间局的第一个火星任务。它于 2003 年 12 月抵达火星轨道，计划至少能在 2009 年前不断地发回图像和数据，不幸的是它所携带的猎兔犬着陆器并没能与地球建立联系。

环火星巡逻者

美国宇航局的环火星巡逻者在 2006 年抵达火星轨道，其目的之一是研究火星的历史和水的分布。它发回的数据将比以往所有的任务数据都丰富。

好奇号火星车（火星科学实验室）

900 千克重、1.6 米长的火星科学实验室将是这颗行星上最大的机器人漫游车，它携带的科学仪器也比以前更大、更先进。整个漫游车凭借降落伞着陆。它已于 2011 年 11 月 26 日发射，2012 年 8 月 6 日成功登陆火星。

成功的火星探测任务

名称	到达时间	国家	任务类型
水手 4 号	1965	美国	飞掠
水手 6 号	1969	美国	飞掠
水手 9 号	1971	美国	轨道飞行器
火星 2 号	1971	苏联	轨道飞行器
火星 3 号	1971	苏联	轨道飞行器和着陆器
海盗 1 号和 2 号	1976	美国	轨道飞行器和着陆器
环球勘测者	1997	美国	轨道飞行器
火星探路者	1997	美国	着陆器和漫游车
火星奥德赛号	2001	美国	轨道飞行器
火星快车	2003	欧洲	轨道飞行器
火星漫游者	2004	美国	漫游车
环火星巡逻者	2006	美国	轨道飞行器
凤凰号着陆器	2008	美国	着陆器
好奇号	2012	美国	漫游车

了解更多

星际旅行 72　探索行星 80
行星生命 90　探索月球 98
寻找火星生命 116　地外生命 236

火星表面

火星表面受火山活动、陨星撞击以及洪水和风的影响非常大，地质极其复杂。这里没有植被，也没有水。地球由许多运动板块组成，而火星表面可能只是一整块。这颗行星的外壳缺乏运动，因而形成了巨大的火山和火山冲积平原。熔岩持续不断地从同一个火山口喷出，时间长达数百万年，这使它形成了巨型火山的特征。

亚拔山

亚拔山位于塔尔西斯高地的北部边缘，是一座高1600米、跨度为464千米的山峰。它可能是一座火山或冠状物，由炽热的岩浆冲出火星地壳而形成。

从火星的这张照片可看到北部的冰冠以及赤道附近壮观的火山和峡谷。

陆地结构

火星南半球主要分布着高地，而北部是广阔的低地平原，这两个区域之间还有长长的绝壁。与北部相比，由陨星撞击形成的陨击坑在南部地区更多。在赤道北面的塔尔西斯高地上，坐落着奥林匹斯山等巨大的火山和水手大峡谷，以及众多的峭壁和裂缝。

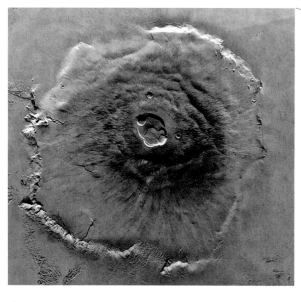

北方大平原

乌里欧提斯沟

帕塔罗斯沟

米兰科维奇

亚拔沟

阿尔卡迪亚平原

乌拉尼欧斯丘

什洛尼尔斯丘

塔尔西斯丘

艾斯克雷尔斯山

水手谷

亚马逊平原

塔尔西斯山脉

提丰尼林峡谷

帕弗尼斯山

叙利亚高原

阿尔西亚山

咪端座沟

塔尔西斯高地 延绵8000千米，相当于从英国伦敦到美国大峡谷的距离。

水手峡谷是一个巨大的峡谷，长500千米、深8千米。组成它的小峡谷都足以与美国大峡谷相媲美。

除陨击坑外，南部高地还有熔岩冲击成的平原。

火星西半球

西奈

奥林匹斯山

奥林匹斯山是火星上乃至整个太阳系中最大的火山。它比周围的塔尔西斯高地还要高出24千米，脚下有6千米深的悬崖。这座火山的直径达到了600千米，火山口跨度为90千米，最近的一次喷发或许仅发生在2500万年前。

击坑

火星表面的陨击坑大都形成于38□前的陨星猛烈撞击。一种理论认□南部高地和北部低地之间的差异□因一次特别剧烈的撞击而形成的。

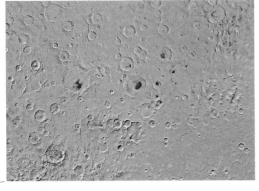

火星上的陨击坑

水冰云时有形成，但大多数时候都是以粉尘和二氧化碳云层为主。

海盗1号在水手峡谷北面的克里斯平原着陆。

阿西达里亚平原

月凑高原

克里斯平原

科普莱特斯峡谷

拉蓋尔

火星风暴的风速最高可达每小时300千米，卷起的沙尘暴有时会笼罩整个火星。

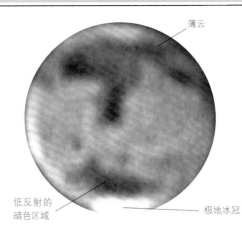

薄云

低反射的暗色区域

极地冰冠

👁 表面特征

火星是唯一一个使用普通望远镜就能观测清楚的行星。使用口径为15厘米的望远镜，就可看到极地冰冠，偶尔也能观测到云。与一些区域相比，火星表面某些部分对光的反射更弱，只呈现出暗斑状，这是因为它们的岩石构造不同。

奥弗裂谷

奥弗裂谷是水手峡谷的一部分，由地壳断裂（拉开）、山体滑坡以及风和水的侵蚀而形成。这个峡谷的岩壁高4千米，悬崖底部的滑坡泥石清晰可见。峡谷壁后面的浸水物质再加上地震，造成了峡谷多处出现山体滑坡。

极地冰冠

火星的北南两极都覆盖着二氧化碳冻冰、灰尘和水冰。二氧化碳冻冰在夏季蒸发，冰冠因此会收缩，留下的主要是水冰。在海盗号火星探测器所拍摄的这张图片中，南部冰冠的直径在夏天已缩减到了大约400千米。

了解更多

太阳系的诞生 82　地球表面 86
火星 114　陨星 148

木星

木星是离太阳第五近的行星，它与类地行星存在着极大差别。木星是迄今为止太阳系中最大的行星，可容纳 1300 多个地球，质量达到其他所有行星总和的 2.5 倍。木星拥有巨大的引力，原本可能会撞到地球的彗星也因此偏离了轨道。木星是一颗气态行星，与较小的岩质带内行星不同的是它没有固体表面，除拥有一个非常小的岩核外其余部分全都是气体和液体，人们只能看到它的气体外表。木星至少有 67 颗卫星，以及一个尘环系统。

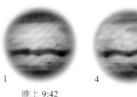

结构

木星是由氢气和氦气组成的巨大球体，内部被压缩成液态，并可能拥有一个固体岩核。人们对木星岩核的了解十分有限，但认为它比地球还要大 10 至 15 倍。云顶之下 20000 千米处的压强大，温度高，氢气会变成性质类似于金属的液体。普通的液氢位于这个金属面之上，木星外围是由氢气和氦气组成的大气。

环带

木星的环带比较暗淡，最早见于 1979 年旅行者 1 号传回的图像。后旅行者 2 号和伽利略号探测器拍摄的图片捕获了木星环的更多细节。木星拥有向云顶延伸的云状内环、一个扁平的中央环、以及一个外环，从伽利略号拍摄的照片可看出是"环环相嵌"。陨星撞击木星的 4 颗内卫星，飞散的尘埃形成了木星的环带。

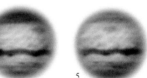

1 　　 4

晚上 9:42

2 　　 5

3 　　 6

晚上 11:34

自转

木星仅用 9 小时 55 分钟就可成一次自转，速度非常快；而地球小，却需要 24 小时才能自转一木星的赤道部分隆起、边缘扁平，都与它的快速自转有关。木星两极间的距离比其赤道短 7%。

利用地基望远镜，就能观测到木星的快速自转。经过 2 个小时后，这个大红斑就会在木星上移动约四分之一的距离。木星在这张望远镜照片中是上下颠倒的。

包括硫在内的多种化合物造就了木星的多彩外观。

木星拥有颜色不同的带状纹，因此也被称为带状行星。

如果木星的质量再大 50 倍，它内核的高温将足以让氢聚变，木星就会变成一颗恒星。

云顶的斑点、椭圆形及条纹都是天气干扰结果。

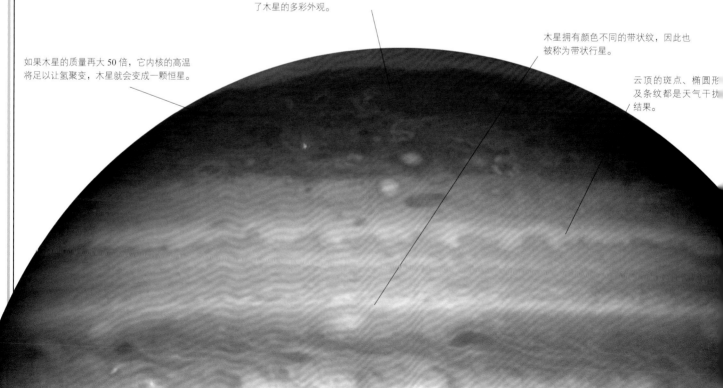

木星概览

木星是一颗巨大的行星。它没有地壳，大气厚度为1000千米，内层依次是液氢、液态金属氢和一个固体核。

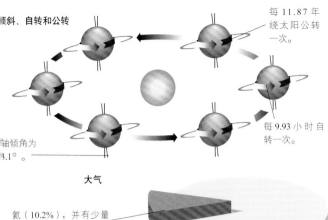

顷斜、自转和公转

每11.87年绕太阳公转一次。

每9.93小时自转一次。

轴倾角为3.1°。

大气

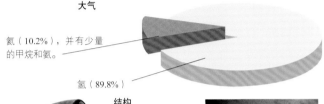

氦（10.2%），并有少量的甲烷和氨。

氢（89.8%）

结构

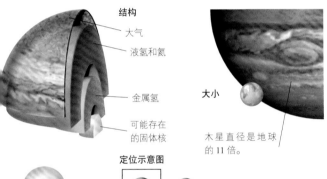

大气

液氢和氦

金属氢

可能存在的固体核

大小

木星直径是地球的11倍。

定位示意图

太阳

从太阳往外数的第五颗行星。

内部的热量从木星的云带间散出。

云层越高，温度就越低。

经计算机渲染的红外像。红色区域温度最高。

温度

　　木星释放的热量比它从太阳接收到的更多。木星收缩时，会释放出热量。木星的直径曾达到700000千米，是目前的5倍。这个行星每年会收缩大约2厘米，同时大量的热被释放出来。木星云顶的温度目前是−110℃，且深度每增加1千米，温度就要上升0.3℃，因此其内核温度将达30000℃左右。

👁 观测木星

　　木星是天空中第四亮的天体，用肉眼就可以看到。它的详细特征（如条纹）借助于口径为15厘米的望远镜就可以看到。

发现大事记

• 1610年，德国天文学家西蒙·马里乌斯（1573～1624）发现并命名了木星的4颗最大卫星，之后伽利略对它们进行了研究。

• 木星的大红斑最早是在17世纪观测到的。

• 1955年，天文学家观测到了木星强烈的射电波。

• 1973年，先驱者10号首先到达木星。它发现了木星巨大的磁场。

• 1995年，伽利略号到达木星。它的轨道飞行器和探测器彻底更新了我们对这个行星的了解。

了解更多

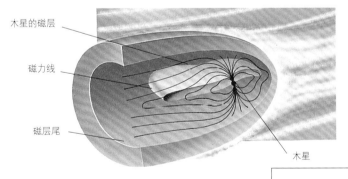

木星的磁层

磁力线

磁层尾

木星

磁性

　　木星磁场比地球强20000倍。科学家认为，木星内部的金属氢快速旋转，其电流产生了磁场。这种磁场进入太空，在木星周围形成了一个巨大的磁泡——磁层。它的尾巴长达6.5亿千米，超过了土星轨道。

关键数据

直径（赤道）	142984 千米
直径（极地）	133708 千米
与太阳的平均距离	7.784 亿千米
围绕太阳公转速度	13.07 千米/秒
日出周期（云顶）	9.84 小时
质量（地球=1）	318
体积（地球=1）	1321
平均密度（水=1）	1.33
云顶重力（地球=1）	2.36
云层温度	−110℃
卫星数目	至少 67

木星大气

在太阳系中，木星的大气运动最为剧烈。它旋转的速度快，掀起的狂风经伽利略号探测器测量已达到每小时 650 千米。木星巨大的旋涡风暴从地球上就可以清晰看到，到达木星的航天器还拍摄到了它巨大的闪电。孕育了木星和太阳的古老气体云十分相似，因此通过研究木星的深层大气，科学家可以更好地了解太阳系的早期历史。

北极地区

北温带南部边缘是红色椭圆形。

云顶

木星是一个巨大的气体球，随着深度的增加，它的成分被压缩成了液体和固体。木星没有固体表面，因此天文学家经常提到的温度等特性参照的是与地球海平面大气压相同的大气的特性：这大概相当于云的高度。

狂风造成了北赤道带的扭绳形状。

大红斑

相当于地球三倍大小的飓风在木星大气中肆虐了 300 多年。这股飓风被称为大红斑，每 6 天就会按逆时针方向旋转一周。大红斑比周围的云层高出 8 千米，主要由氨气和冰云构成。

潮湿空气在大红斑中上升，并被搅成漩涡状。

区和带之间的边界

区和带

大气中的亮色部分称为区，气体会上升；而暗色部分称为带，气体会下降。带的顶部要比区的顶部大约低 20 千米。带的颜色的形成可能与硫或有机分子有关。

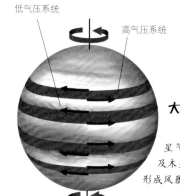

低气压系统

高气压系统

大气环流

木星内部（而不是太阳）的热能影响着木星气候的变化。热流上升和快速旋转形成了遍及木星的高低气压系统，它们之间的边界区就会形成风暴。

快速自转的木星

木卫一释放出的荷电粒子流正好击中木星的两极下方。这些荷电粒子可能会造成强大的射电辐射，这种辐射已从木星检测到。

云廓线

在木星1000千米厚的大气边缘，有三个共80千米厚的云层。伽利略号探测器证实其顶层是由薄氨冰构成、中心层含有硫化铵，底层是冰和水。

雾蒙蒙的云顶由氨冰组成。

云顶下大约20千米处，是硫化铵云层。

云顶下约30千米处是水冰。

下方大气的温度和压强都会升高，简单、无色的气体会发生反应，形成复杂的有色分子。

大白斑

与大红斑一样，白色的椭圆形也是气旋风暴。风从它的中心刮起，带动着边缘旋转。1998年，科学家观测到了两个白色的椭圆形合为一体，形成了太阳系中仅次于大红斑的特大风暴。

赤道区

南赤道带

气流带在以超过每小时600千米的速度反方向运动。

伽利略号探测器进入木星大气赤道以北。

探测器带着降落伞，缓慢穿过了大气。

测量大气成分、压强和温度的仪表。

探测器降落了57分钟，然后被木星大气摧毁。

探测器穿越大气时，隔热罩对它起到了保护作用。

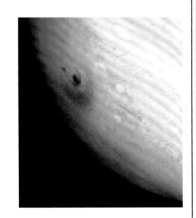

彗星碰撞

1994年7月，舒梅克－列维9号彗星的21块残骸撞上了木星。这次撞击的速度大约为每小时210000千米，将直径达4000千米的巨型火球送到了云顶2000千米的高空。瞬间显现的暗点就是撞击发生的地点。

南极地区

伽利略号探测器

美国宇航局的伽利略号探测器于1995年12月抵达木星。它绕着木星飞行，直到2003年9月。伽利略号将一个单独的探测器释放到了木星大气中。探测器只观察到了一缕缕的云彩，氧气和水都比科学家预测的要少。

了解更多

太阳系概要 78　地球大气 88
土星 128　天王星 134
陨星 148

木星卫星

直径

木卫三 5268
千米

木卫四
4806 千米

木卫一
3643 千米

木卫二
3130 千米

木星和它已知的 67 颗卫星（斯科特·谢泼德于 2015 年 3 月更新的数据）常被视为小太阳系。这些卫星差别很大，有些是岩石的，有些是冰球，而且更引人注意的是有些可能存在诞生原始生命的必要条件。除木卫五外，其他的所有卫星都以宙斯的情人和后代命名。在希腊神话中，宙斯相当于罗马神朱庇特。1610 年，伽利略首先对木星 4 颗最大的卫星进行了研究。巧的是，也正是伽利略号探测器揭示了木星系的复杂性，以及木星同其卫星之间的互相作用和影响。

伽利略卫星

伽利略研究过的 4 颗卫星，按照同木星距离由近到远的顺序排列分别是木卫一、木卫二、木卫三和木卫四，它们统称为伽利略卫星。它们的体积是月球的 0.9 至 1.5 倍，并且各具特征。伽利略卫星几乎是在木星赤道附近绕它运动，轨道近似于圆形。

木卫二

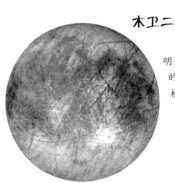

木卫二的表面是光滑的冰。伽利略号获得的数据表明，这些冰层下存在液态海。一些科学家认为，海洋的温暖地区可能存在着水生生物。哈勃空间望远镜检测到木卫二拥有稀薄的氧气。

水

冰盖边缘被洋流切割。

冰川

来自核心的热量通过散热口（海底火山）排出，水温升高。

木卫二外壳的横截面

木星的大卫星

名称	直径 （千米）	距离木星 （千米）	轨道 （天）	发现 时间
木卫十六	40	127 960	0.29	1979
木卫十五	20	128 980	0.3	1979
木卫五	200	181 300	0.5	1892
木卫十四	100	221 900	0.67	1979
木卫一	3 643	421 600	1.77	1610
木卫二	3 130	670 900	3.55	1610
木卫三	5 268	1 070 000	7.15	1610
木卫四	4 806	1 883 000	16.69	1610
木卫十三	10	11 094 000	239	1974
木卫六	170	11 480 000	251	1904
木卫十	24	11 720 000	259	1938
木卫七	80	11 737 000	260	1905
木卫十二	20	21 200 000	631	1951
木卫十一	30	22 600 000	692	1938
木卫八	36	23 500 000	735	1908
木卫九	28	23 700 000	758	1914

内卫星

在木卫一的轨道之内，木星还拥有 4 颗小卫星。这些图像是由伽利略号探测器拍摄的，是它们中的 3 颗。木卫五是最大的非伽利略卫星。内卫星会不断受到陨星的撞击，产生的尘屑就会进入木星环。木卫十六和木卫十五最终可能会撞向木星。

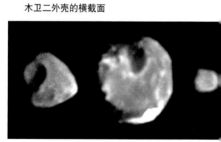

木卫十四　　木卫十五　　木卫十六

外卫星

在伽利略卫星之外，木星的很多卫星都有类似的轨道和特性。它们可能是小行星残骸。距离木星 1770 万千米以外的所有卫星与近卫星的运动方向正好相反。

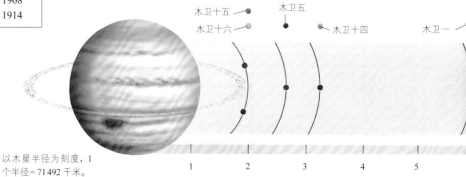

木卫十五　木卫五
木卫十六　　　木卫十四　　　木卫一

以木星半径为刻度，1 个半径 = 71 492 千米。

1　　2　　3　　4　　5

探索木卫

称	时间	主要任务
行者号	1979 年 3 月	拍摄伽利略卫星和木卫五，在木卫一发现火山，发现木卫十六和木卫十四
行者号	1979 年 7 月	首次飞掠木卫二，最近距离拍摄木卫三，发现木卫十五
利号	1997 年 6 月~2003 年 9 月	获得伽利略卫星的详细图片和数据，发现木卫二表面下存在海的证据

木卫三

　　木星最大的卫星比水星还大。伽利略号发现木卫三拥有自己的磁层，从而改变了科学家对其结构的设想。科学家曾认为这颗卫星拥有一个岩石内核，外面包围着水和冰壳。现在，他们认为木卫三的内核是熔铁，并由岩石幔和冰壳包围着。

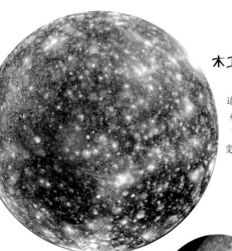

木卫四

　　木卫四的表面布满陨击坑，它们的历史可以追溯到木星系的诞生。木卫四由大约 60% 的岩石和铁以及 40% 的冰和水组成。伽利略号探测到了这颗卫星周围磁场的变化。科学家认为，这种变化可能是由木卫四冰壳下的电流运动引起的。

木卫三表面的断层与美国加利福尼亚州的非常相似，沟槽的侧面非常滑。

木卫一上布满了火山、熔硫湖泊、熔岩流以及高达 8000 米的山。

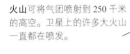

火山可将气团喷射到 250 千米的高空。卫星上的许多大火山一直都在喷发。

木卫一

　　木星、木卫二、木卫三的引力对木卫一都有影响，木卫一的地壳会受到它们的牵引。木卫一在分子的碰撞和研磨中会产生热量，因此它的火山活动在太阳系中最活跃。木卫一拥有很薄的二氧化硫大气。

◉ 观测卫星

　　使用较先进的望远镜，从地球就可以连续几小时跟踪 4 颗伽利略卫星的位置变换。这些卫星在天文学史上具有重要的作用：它们围绕着另一颗行星运动，这表明并非一切都是以地球为中心。

最远的卫星：距离木星 2850 万千米。

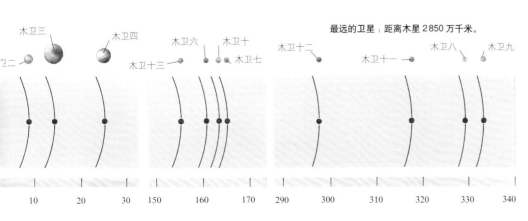

土星

　　土星是太阳系第二大行星，它赤道附近的环带非常亮，因此也最容易辨认。与木星一样，土星也是由气体和液体组成的巨型球体，外部包裹着云层。土星与太阳之间的距离几乎是日地距离的 10 倍，在望远镜发明前，人们认为土星是最遥远的行星。用肉眼看起来它像一颗相当明亮的黄色恒星，但需要借助望远镜才能看到它的环带。先驱者 11 号、旅行者 1 号和 2 号已掠过土星。2004 年，卡西尼号飞船抵达了土星轨道。

旅行者号飞掠

　　1980 年，旅行者 1 号飞船飞过土星及其最大的卫星——土卫六。旅行者 2 号于 1981 年再次经过土星，后继续前往天王星和海王星。

奶油行星

　　土星与木星一样，表面也有因自转而形成的云层。土星的云层很平静，也没有木星的艳丽。它们在大气中低也更冷（白云顶部为 −140℃）。其云层上面有一层薄呈现出奶油色，看起来比木星还要光滑。

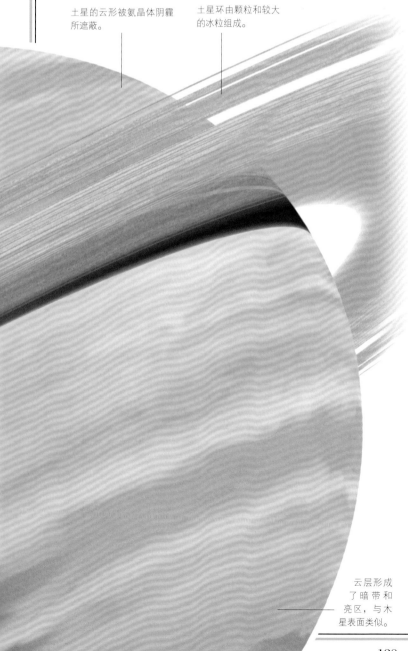

土星的云形被氨晶体阴霾所遮蔽。

土星环由颗粒和较大的冰粒组成。

云层形成了暗带和亮区，与木星表面类似。

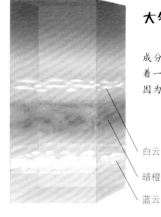

大气

　　土星主要包括三种云层，其气成分与木星的云层相同，但上面着一层霾。云层距离土星更远，因为土星的引力比木星弱。

白云

暗橙色云

蓝云

土星风暴

　　大约每隔 30 年，土星的北半球在夏季就会爆发大风暴，在赤道附近形成大白斑。从这些哈勃空间望远镜拍摄的照片中可看出土星风暴云曾在 1990 爆发，蔓延到了整个行星。

风暴阶段 1

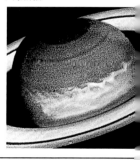

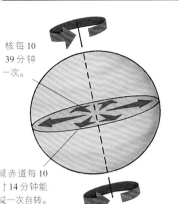

大肚子行星

土星赤道每 10 小时 14 分钟就能完成一次自转，但两极要多出近半个小时。土星密度低、自转速度快，因此其赤道比其他任何行星都要突出。土星赤道比两极间的距离多出 11%。

核每 10 小时 39 分钟自转一次。

星赤道每 10 小时 14 分钟能完成一次自转。

星密度

土星是密度最小的行星，密度只有水的 70%（中心大，表面密度小）。与水密度一样的物体能浮在水面上。

倘若能将土星放入一个足够大的海洋，它就会漂浮起来。

卡西尼号探测器

惠更斯号空间探测器   土卫六

风暴阶段 2

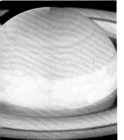

风暴阶段 3

风暴阶段 4

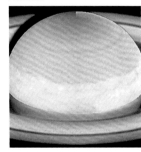

土星概览

土星直径是地球的 9 倍，有一个岩核，外层是液体和气体。由冰粒组成的亮环围绕在行星的赤道附近。

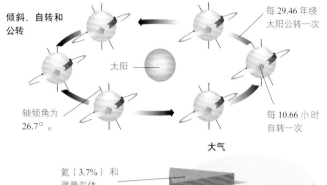

倾斜、自转和公转

每 29.46 年绕太阳公转一次

太阳

轴倾角为 26.7°。

每 10.66 小时自转一次

大气

氦（3.7%）和微量气体

氢（96.3%）

结构

大气
液态氢和氦
液态金属氢和氦
岩冰内核

太阳

大小

土星直径是地球的 9 倍。

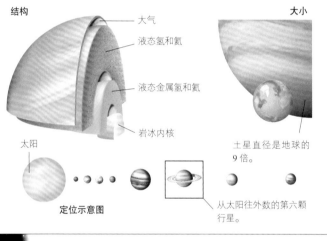

定位示意图

从太阳往外数的第六颗行星。

卡西尼计划

惠更斯号空间探测器于 1997 年发射升空，开始执行对土星及其光环和卫星的太空研究任务。2004 年，卡西尼号飞船进入土星轨道，整个计划到 2010 年结束。2005 年，它释放的惠更斯号空间探测器在土星最大的卫星——土卫六着陆。

土星

关键数据

直径（赤道）	120 536 千米
直径（极地）	108 728 千米
与太阳的平均距离	14.27 亿千米
围绕太阳公转速度	9.66 千米 / 秒
日出周期（云顶）	10.23 小时
质量（地球 =1）	95
体积（地球 =1）	763.59
平均密度（水 =1）	0.69
云顶重力（地球 =1）	0.92
云顶温度	−140°C
已知的卫星数目	62

了解更多

太阳系概要 78　木星 122　天王星 134

土星环

4颗行星拥有自己的环带：木星、土星、天王星和海王星，但土星环目前是最亮的，甚至通过小型望远镜就能欣赏到它的美丽景象。环带看起来似乎很结实，但实际上它们由冰块和岩石组成——有的如灰尘般渺小，也有的如房子一样大，像小卫星群一样环绕在土星赤道。土星环可能是一个或多个被捕获的彗星爆炸形成的，这些遗迹估计已有数亿年的历史。

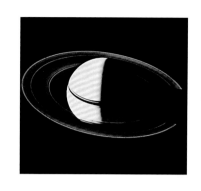

亮环

土星的这个美景从地球无法测到。1981年，旅行者2号离土星前往更加遥远的天王星和海星时，回首拍摄了这张照片。太光从背后照进来，环带显得分外丽。土星的球体在环带的内侧。

环带在球体上留下的影子

组成环带的冰块。它们有的极其微小，有的可达几米宽。

灰尘悬停在广阔的上，形成了暗色条纹

透明的C环

环带剖析

从地基望远镜可以观测到土星的三个环带：外环明亮的中环B和透明的内环C。这些主环中的颗粒呈紧排列的小环状，航天任务中还发现了环两侧存在着较为淡的颗粒。D环距离土星最近，F环、G环和E环位于外层。

D环距离土星非常近，几乎都要碰到它了。

通过卡西尼环缝能看到土星。

D环
C环
B环
卡西尼环缝
A环
恩克环缝
F环

内环

从地球上看，B环是最明亮、最宽阔的环带。卡西尼环缝宽近5000千米，位于B环和A环之间。恩克环缝较卡，位了A环间。G环和E环距离土星更远、也最为暗淡，没有在图中显示。

牧羊犬卫星

土卫十七和土卫十六两卫星在狭窄的F环的两侧，阻止了环粒子逃离，因此被牧羊犬卫星。F环是由先驱号在1979年发现的，一年后者1号发现了牧羊犬卫星。

卡西尼号近拍

卡西尼号探测器近距离观测发现，土星环是由无数狭窄的小环组成，看上去就像老式留声机唱片上的凹槽。这些小圆环即使在卡西尼等环缝内也可被看到。包括狭窄的F环在内，这张图片显示了土星所有的内环。图像通过红色、绿色、蓝色滤光器的处理，非常接近自然色。

指环王

• 1610年，伽利略通过他的原始望远镜观测土星，将它的环带错当成了两颗卫星。伽利略称它们为"耳朵"卫星。

伽利略画的"耳朵"

• 克里斯蒂安·惠更斯在1655年确认土星有环带。

• 1675年，乔瓦尼·卡西尼发现了A环和B环之间的缝隙（现被称为卡西尼环缝）。

• 约翰·恩克（1791~1865）1837年发现恩克环缝。

• 1895年，美国天体物理学家詹姆斯·基勒（1857~1908）利用光谱证实环带是由颗粒聚合而成。

• 1979年，先驱者11号发现F环。

• 1980年和1981年，旅行者1号和2号发现环带是由成千上万个小环组成。

• 2004年，卡西尼号开始研究土星的环带。

每个颗粒都是土星的小卫星。

较小的颗粒仅有数厘米。

在距离土星最远的E环中，可以发现来自土卫二的尘埃。

环带的大小

土星环比其他任何行星的环带都更广阔。E环较为模糊，宽度达到了30.2万千米，几乎相当于地球和月球之间的平均距离。尽管如此广阔，但土星环有的地方只有约10米厚，面积和厚度相比之下比一张纸还要薄。

地球

地球的卫星

E环

消失的环带

土星的轴倾角为26.7°，因此在它围绕太阳公转的过程中，我们能从不同的角度观测到它的环带。在它29.5年的公转周期中，环带会发生两次"侧向"。在这个角度观测环带，它们会显得极薄，似乎从视图中消失了。上一次发生这种现象是2009年9月，而下次则要等到2025年。

从地球上看到的侧向坏

从地球上用肉眼看，土星像一个黄色的恒星。通过望远镜就可以看到环带。

2025

太阳

2003
2032

地球

2017

土星的轨道

2009

最大角度的环倾斜

最大角度的环倾斜

环带看起来从变大到消失要花十四五年。

从地球看到的侧向环

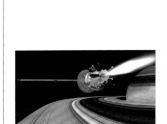

卡西尼号飞越环带

土星卫星

土星至少拥有 62 颗卫星(斯科特·谢泼德于 2015 年 3 月更新的数据),土卫六是迄今所发现的最大的一颗。它是太阳系中的第二大卫星,比水星还大。但是,大多数围绕土星运动的卫星都很小,直径不到 10 千米。它们的轨道倾斜度通常非常大,距离土星也更远。从轨道来判断,它们应该是被捕获的小行星。还有其他几个小卫星在环带之内或附近运行。它们的引力影响着环带的形状,因此被称为牧羊犬卫星。

土卫十一

惠更斯号空间探测器

惠更斯号空间探测器由欧洲空间局制造,以发现土卫六的天文学家命名。它于 2005 年 1 月借助降落伞穿过大气,经过 2 小时 30 分钟在土卫六着陆。接着,它通过卡西尼号探测器将数据用无线电发回地球,信号传输共持续了约 2 小时。从返回的照片中,可以看到土卫六表面有类似于海岸线和河道的特征,证明其表面应该有液体曾经流过。它还发现在土卫六表面以上 18 千米 ~ 20 千米处,有一层厚厚的橙色阴霾。

冰卵石

橙色表面覆盖着冰粒组成的沙状物质。

惠更斯号空间探测器宽 1.3 米、重 318 千克,共携带有 6 台仪器。

土卫六的湖泊

2008 年,卡西尼号探测□带的仪器证实了一个 20 年前□测,即土卫六的北极有巨大□态甲烷和乙烷湖泊。这张雷□拍摄到一条宽 140 千米的条□照片经过颜色编码处理,以□平滑的液体块颜色更深些。□的湖泊类似于北美五大湖的面□

土卫二

虽然这颗卫星有些地方非常明亮,但其表面却十分冰冷,坑坑洼洼,有的地方已被水冲刷过。卡西尼号探测器曾观测有水从 4 个长长的裂缝中喷出,这些裂缝被称为虎纹。

卫六

土卫六是太阳系中唯一拥有较厚大气层的卫
也是除地球外表面唯一存在液体的天体。它的
主要是氮气，这一点与地球一样，而表面气压
地球要高出50%。然而，土卫六与地球还是存
在着巨大差别。它的温度一般是−180℃，而
湖泊、厚厚的霾和云层是碳氢化合物，
并不是水。

土卫七

土卫七拥有海绵状的外观，这是由于
其表面存在着大量边缘锋利的陨击坑。它
的主要成分是水冰，内部多孔，40%均是
大洞。它的自转轴摆动很大，空间取向无
法确定。

土星的大卫星				
名称	直径（千米）	距离土星（千米）	轨道（天）	发现时间
土卫十八	30	133 583	0.58	1990
土卫十五	31	137 670	0.59	1980
土卫十六	86	139 380	0.61	1980
土卫十七	81	141 720	0.63	1980
土卫十一	113	151 422	0.69	1966
土卫十	179	151 472	0.69	1966
土卫一	397	185 404	0.94	1789
土卫二	504	237 950	1.37	1789
土卫三	1066	294 619	1.89	1684
土卫十三	25	294 619	1.89	1980
土卫十四	21	294 619	1.89	1980
土卫四	1123	377 396	2.74	1684
土卫十二	33	377 396	2.74	1980
土卫五	1529	527 108	4.52	1672
土卫六	5151	1 221 930	15.95	1655
土卫七	292	1 481 010	21.28	1848
土卫八	1472	3 560 820	79.32	1671
土卫九	220	12 869 200	545.08	1898

土星环

土卫六

土卫五的环带

土卫五是土星的第二大卫星，约四分
之一是岩石，四分之三是冰，表面有大量的
陨击坑。2008年，实施卡西尼任务的科学
家发现了土卫五周围存在三个薄环带的证
据。这些环带过于模糊而无法直接成像，但
这张照片模拟出了它们可能的样子。

土卫五   土星

卫星的发现

• 1655年，惠更斯发现土卫六。

• 1671年，乔瓦尼·卡西尼
发现土卫八，1672年又找到
了土卫五。

• 1684年，卡西尼发现土卫
三和土卫四。

• 1898年，威廉·皮克林发
现土卫九，这也是使用照相
技术发现的第一颗土卫。

• 1944年，荷兰天文学家
赫拉德·柯伊伯（1905～
1973）发现了土卫六的大气。

• 1966年土星环发生侧向时，
天文学家发现了土卫十和土
卫十一。

• 1980年，旅行者1号飞过
土星，发现了土卫十五、土
卫十六和土卫十七。

• 2000年至2007年，天文学
家又发现了37颗小的土星
外卫星。

土卫十一

土卫十一与土卫十沿同一
个轨道绕土星运行，土卫十更
小，位于光环系统的边缘。
它们俩的轨道相距仅50千
米。差不多每隔4年，内侧
的卫星就会超过外侧的，它
们的轨道就会发生交换。这
两颗卫星可能是由一颗大卫星
分裂而成。

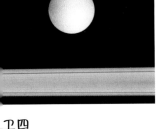

碰撞形成的
扁平状外观

卫四

土卫四是一颗冰冷的卫星，表面
满了各种各样的陨击坑。它的轨道
还有两颗更小的卫星：土卫十二始
以大约60°的角度在前面运行，而
小的土卫三十四直径仅有3千米，
其后以60°的角度运行。这样，它
之间永远都不会发生碰撞。

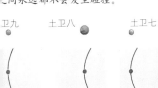

卫九   土卫八   土卫七

土卫六   土卫五 土卫十二 土卫三   土卫二   土卫一   土卫十 土卫十四 土卫十三   土卫四   土卫十七 土卫十一 土卫十六 土卫十五 土卫十八 土星

| 215 | | 59 | 24 | 23 | 22 | 21 | 20 | 10 | 6 | 5 | 4 | 3 | 2 | 1 |

土星半径为刻度，1个半径＝60 268千米。

天王星

　　1781 年 3 月 13 日的夜晚，天王星成了第一颗通过望远镜被发现的行星，发现者是威廉·赫歇尔。天王星非常暗弱，用肉眼无法看到，但可利用双目望远镜进行观测。作为太阳系的第三大行星，天王星最显著的特点是它似乎在"侧卧"着，因此它公转时两极会轮流指向太阳。这也许是因为天王星形成时，被另一个天体"撞倒了"。天王星拥有 27 颗已知的卫星，以及一系列暗弱的环带。

结构及组成

　　天王星有一个岩核，外层包裹着冰冷的液体层，融入主要成分为氢的大气。它的大气中含有甲烷，因此整个星体呈蓝色，其他颜色的光线已全被过滤掉。这颗行星上覆盖着霾，在可见光下只能观测到它暗弱的环带；不过在红外像中，我们还可欣赏到由甲烷晶体组成的亮丽云彩。那里的云量会随季节的变化而增减。

环带

　　在赤道周围，天王星有 13 条已知的环带。这些环带（以及赤道）几乎都处在一种直立的状态，这是因为天王星的倾斜角非常大。这些环带非常暗，很难从地球上观测到。天卫六和天卫七是天王星的两颗小卫星，分列在最亮的环带（伊普西龙环）的两侧运行。

旅行者 2 号拍摄的环带图像

关键数据

直径	51 118 千米
与太阳的平均距离	28.71 亿千米
围绕太阳公转速度	每秒 6.82 千米
日出周期	17.24 小时
质量（地球=1）	14.5
体积（地球=1）	63.1
平均密度（水=1）	1.32
云顶重力（地球=1）	0.89
云顶温度	−197℃
已知的卫星数量	27

天卫十五是旅行者 2 号发现的最大的天卫，不过它的直径只有 150 千米。

天卫四是天王星的第二大卫星，直径为 1523 千米，轨道距离为 582 600 千米。

天卫三直径为 1578 千米，是天王星最大的卫星，道距离为 435 800 千米。

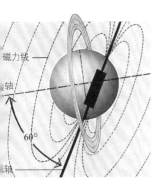

磁场

　　天王星产生的磁场比地球强50倍。这个磁场与它的自转轴成60°的倾角，这相当于地球的北磁极是在摩洛哥。更令人惊奇的是，天王星的磁性产生于幔，而非核中。

磁力线

轴

60°

轴

天王星概览

　　天王星倾斜度极大，因此它的季节变化特别慢。天王星每84年绕太阳运行一次，两极中的一极会连续42年享受阳光，接下的42年又会陷入黑暗之中。

倾斜、自转和公转

每84年绕太阳公转一次。

每17.24小时自转一次。

轴倾角为98°。

大气

甲烷（2.3%）和微量气体
氦（15.2%）
氢（82.5%）

结构

大气由氢气、氦气及其他气体组成。

幔由水、冰、甲烷和氨组成。

硅酸盐岩核

太阳

大小

天王星的直径约为地球的4倍。

定位示意图

从太阳往外数的第七颗行星。

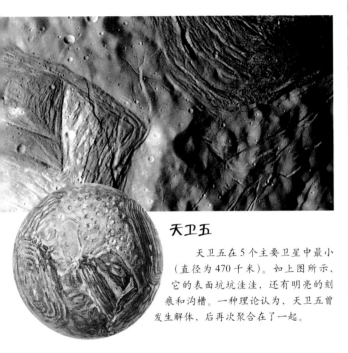

天卫五

　　天卫五在5个主要卫星中最小（直径为470千米）。如上图所示，它的表面坑坑洼洼，还有明亮的刻痕和沟槽。一种理论认为，天卫五曾发生解体，后再次聚合在了一起。

天王星的卫星

　　天王星拥有27颗卫星，其中有10颗是旅行者2号在1986年发现的，这些卫星分别以威廉·莎士比亚和亚历山大·蒲柏的作品人物命名。最大的天卫三还不到月球直径的一半。有9颗外卫星（下图未显示）与天王星之间的距离比天卫四还要远7至35倍，其中一颗顺行，其他8颗都在逆行。

天卫一
天卫二

天卫一和天卫二

　　这两颗卫星的大小（直径约1160千米）相似，但看起来差别很大。在主要卫星中天卫一最亮，而天卫二最暗。天卫一表面有神奇的山谷，这是由表壳裂造成的。

探索天王星

• 1781年，威廉·赫歇尔在英国的巴斯利用自制望远镜观测天空时，发现了天王星。

• 天王星的环带在1977年被发现，它当时正从一颗恒星前面经过。

• 1986年，旅行者2号飞过天王星，观测到了10颗新卫星。

了解更多

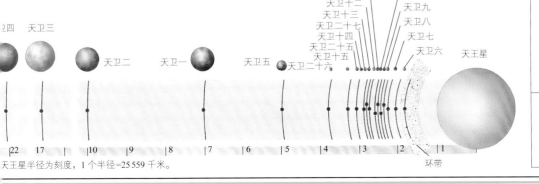

天卫四　天卫三　天卫二　天卫一　天卫五　天卫二十六
天卫十一　天卫十
天卫十二　天卫九
天卫十三　天卫八
天卫二十七　天卫七
天卫十四
天卫二十五　天卫六
天卫十五
天王星

22　17　10　9　8　7　6　5　4　3　2　1

天王星半径为刻度，1个半径=25 559 千米。

环带

海王星

海王星在太阳系的 4 个巨行星中最为遥远，它与太阳之间的距离是日地间的 30 倍。海王星是德国天文学家约翰·伽勒在 1846 年发现的，但人们预测它的存在则较早，依据的事实是它的引力使天王星偏离了航线。海王星共有 13 颗已知的卫星，并有一些暗弱的环带。通过小型天文望远镜和双目望远镜，能看到海王星，不过只是一个模糊的点。它与天王星有许多相似之处。

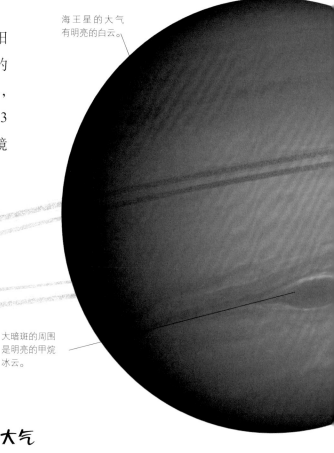

海王星的大气有明亮的白云。

它至少拥有四条环带。

大暗斑的周围是明亮的甲烷冰云。

海王星概览

海王星的大小、自转周期和内部结构都类似天王星。然而，海王星的云彩更具活力，轴倾角也没那么大。

倾斜、自转和公转

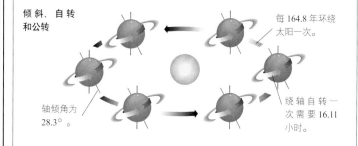

每 164.8 年环绕太阳一次。

轴倾角为 28.3°。

绕轴自转一次需要 16.11 小时。

大气

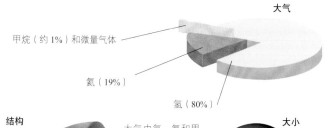

甲烷（约 1%）和微量气体

氨（19%）

氢（80%）

结构

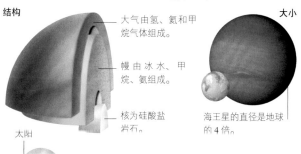

大气由氢、氦和甲烷气体组成。

幔由冰水、甲烷、氨组成。

核为硅酸盐岩石。

太阳

大小

海王星的直径是地球的 4 倍。

定位示意图

从太阳往外数的第八颗行星。

大气

与天王星相比，海王星的上层大气有更多的甲烷，因此海王星也显得更蓝。海王星的大部分气体都是氢和氦。海王星的内部更温暖，气体流动更频繁，因此比天王星的大气活动更剧烈，行星表面交织着各种白云和乌云。

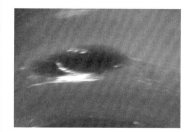

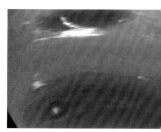

大暗斑

大暗斑是一块巨大的椭圆形云朵，大小几乎等同于地球。大暗斑由旅行者 2 号在 1989 年发现，但当哈勃空间望远镜 1994 年观测海王星时，它已经消失。大暗斑每隔 16 天会以逆时针方面旋转一次，四周镶嵌着更亮、更高的甲烷云。

滑板车

旅行者 2 号在海王星南半球捕到了明亮的"滑板车"。围绕海王星运动时，它似乎比大暗斑更迅速，因此得名。滑板车由明亮的云带组成，每天的形状都会发生改变。

云带

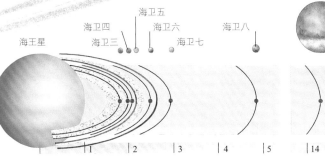

旅行者 2 号拍摄的明亮云带由甲烷组成，与地球上的卷云非常相似。这些云带长达数千千米，给下面 50 千米～100 千米处的主云层蒙上了阴影。

关键数据

直径	49 532 千米
与太阳的平均距离	44.98 亿千米
围绕太阳公转速度	每秒 5.48 千米
日出周期	16.11 小时
质量（地球=1）	17.2
体积（地球=1）	57.74
平均密度（水=1）	1.64
云顶重力（地球=1）	1.13
云顶温度	−200°C
已知的卫星数量	13

海卫四　海卫五　海卫六　海卫八　　　海卫一

海卫三　　　　　　海卫七　　　　　　　　　　海卫二

海王星

海王星的大气由甲烷组成，因此呈蓝色。

以海王星半径为刻度，1 个半径 = 24 766 千米。

卫星

海王星共有 13 颗卫星，其中的 5 颗由旅行者 2 号在 1989 年发现。4 颗最近的卫星在海王星的环带间运行，这些环带可能是由卫星表面脱落的尘埃形成的。2002 年和 2003 年首次发现的 5 颗卫星（这里没有显示）要比海卫二远 3 到 9 倍。

风

据测量，大黑斑附近由东向西的风超过了每小时 2 000 千米。海王星是太阳系中风力最强的行星。

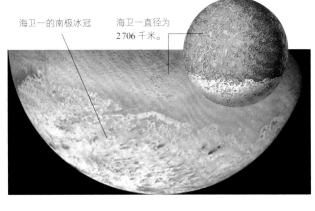

海卫一的南极冰冠　　海卫一直径为 2 706 千米。

海卫一

海卫一是海王星最大的卫星，比矮行星——冥王星还要大。海卫一可能是一块与海王星分离的星体，后被其引力捕获。海卫一上覆盖着冰冻的氮和甲烷，它的表面温度在太阳系中最低，只有 −235°C。

冰火山

从旅行者 2 号拍摄的照片中可发现海卫一有暗色的条纹，它们由像间歇泉一样喷出的氮气构成。气体和暗尘飘浮到 8 千米的上空，然后会在海卫一稀薄的大气中顺风飘动 150 千米远。

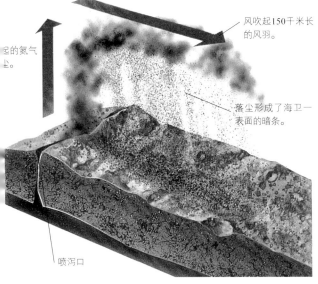

海卫一的火山

风吹起 150 千米长的风羽。

落尘形成了海卫一表面的暗条。

喷泻口

升起的氮气尘。

观测海王星

• 1846 年，德国天文学家约翰·伽勒（1812～1910）发现了海王星。威廉·拉塞尔（1799～1880）在英国发现了海卫一。

• 1949 年，荷兰出生的美国天文学家赫拉德·柯伊伯（1905～1973）发现了海卫二。

• 1984 年，人们从地球上发现了海王星环。

• 1989 年，旅行者 2 号飞过海王星，第一次完美拍摄到了它的云层、环带和卫星。

旅行者 2 号

小成员概要

太阳、行星和它们的卫星几乎集中了太阳系中所有的物质，剩余的小部分物质组成了无数的小天体——太阳系的小成员。它们有的是岩块，有的是岩石、尘埃、冰和雪的混合物。岩质天体（小行星）位于太阳系的行星区域内，由雪和尘埃构成的天体（彗星）则组成了边缘处的奥尔特云。在这两者之间，是 20 世纪末发现的柯伊伯带天体。

奥尔特云大约包含着 10 万亿颗彗星，46 亿年前太阳系形成时它们就已经存在了。奥尔特云直径为 1.6 光年。

外太阳系

奥尔特云以荷兰天文学家扬·奥尔特的名字命名，是太阳系的外边缘。该球形云由环绕太阳系行星区的彗星组成，平均距离为 0.8 光年。在奥尔特云和行星之间有一个围绕太阳运动的彗星环带——柯伊伯带，它以天文学家赫拉德·柯伊伯的名字命名。

奥尔特云边缘的彗星需要 1 千万年才能绕太阳运行一周。奥尔特云外面彗星无法存在，因为那里太阳的引力不够强大，无法阻止它们被过路的恒星拉走。

奥尔特云所有彗星的总质量大约相当于三个地球。

奥尔特云延伸至最近恒星距离的五分之一。

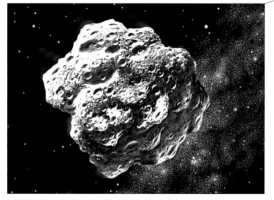

艺术效果图：柯伊伯带天体

柯伊伯带

柯伊伯带与海王星轨道相接，包含着成千上万颗小而冰冷的天体。截至 2008 年，被发现的已有 1000 多颗，其中有 4 个被归类为矮行星。主带距离太阳 55 AU，但有些轨道又细又长，与太阳相距 100 AU 甚至更远。有时在海王星引力的巨大作用下，有些彗星会改变轨道，进入内太阳系。

柯伊伯带

内太阳系

大多数小成员是在大行星之间运行的小行星，由岩石和金属组成。它们大都位于火星和木星之间的环带，但有些轨道距离地球和太阳非常近。外太阳系的小成员也会通过行星区。彗星的轨道会在奥尔特云和柯伊伯带内外穿梭。

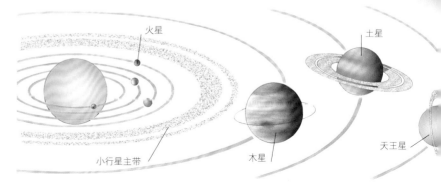

火星

土星

小行星主带

木星

天王星

寻找小成员

天文学家利用世界上最强大的望远镜来寻找遥远的小成员。他们使用灵敏的电子探测器CCD来拍摄天空的高清照片，记录柯伊伯带中的暗弱天体。接着，天文学家将比较不同时间所拍摄的照片，参照星空中天体的运行轨迹来寻找小成员。

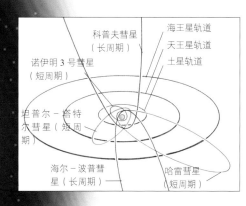

科普夫彗星（长周期）
诺伊明3号彗星（短周期）
坦普尔－塔特尔彗星（短周期）
海尔－波普彗星（长周期）
海王星轨道
天王星轨道
土星轨道
哈雷彗星（短周期）

周期彗星

只有当外太阳系的彗星核靠近太阳受热时，它们的彗发（发光的头部）和彗尾才会延长。周期彗星遵循一定的轨道运行，会定期从我们的天空划过。它们中有200多颗是短周期彗星，200年之内就能绕太阳运行一周；而长周期彗星可能需要数千年。

半人马型小天体

半人马型小天体的轨道位于木星和海王星之间。天文学家认为，半人马型小天体按这些轨道运行只有几百万年的历史。它们以前可能是柯伊伯带天体，进入行星系后成了短周期彗星。

小成员的发现

• 第一颗小行星在1801年被发现。一个世纪后人们又发现了近500颗，但仍不清楚它们的构成。

• 就在还不算很久以前的1910年，还有许多人担心哈雷彗星的回归。人们开始吃抗彗星药丸，梦想着前往月球避难。

1910年的彗星恐惧症

• 1986年，乔托号行星际探测器第一次传回了彗星中心的特写照——雪核。

• 天文学家不断发现新的小成员。他们尤其热衷于寻找柯伊伯带天体和近地小行星。

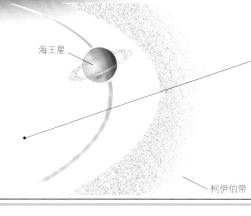

海王星

柯伊伯带

了解更多

小行星

太空中的岩石有数十亿颗，它们被称为小行星，在内太阳系围绕着太阳运动。这些小行星围绕太阳运动时也会自转。90%以上的小行星运行轨道都在火星和木星之间，呈环形，即小行星带或主带。它们围绕太阳运动一周需要3年至6年。小行星的大小、形状和颜色各不相同，但灶神星非常耀眼，用肉眼就可以看到。即使在最强大的望远镜下，大多数小行星也只不过是一个小亮点，不过现在已有飞船传回了一些清晰图片。

最大的谷神星占了小行总质量的三分之一。

灶神星是第三大小行星。

灵神星具典型的不则外貌。

小行星的大小

谷神星是第一颗被发现的小行星，直径为932千米，也是最大的一颗。不过，谷神星并不属于典型的小行星，现已被归类为矮行星。只有那些直径超过300千米的小行星才会呈球形，而大多数都更小，形状也没有规则。直径超过250千米的小行星仅有10颗。

小行星主带

太阳

火星轨道

阿波罗型小卫星

木星的轨道

特洛伊型小行星

木星

阿莫尔型小行星

阿登型小行星

希达尔戈型小行星需要14年才能绕太阳运行一周。

喀戎是一颗发现于1977年的小行星，它的椭圆形轨道非常奇特，目前它被归为彗星。

两群特洛伊型小行星一前一后伴随着木星运动。

土星轨道

土星

天王星的轨道

天王

小行星带

小行星主带从距离太阳约2.54亿千米处开始，一直延伸到了约5.98亿千米处。小行星主带有数十亿颗小行星，各自独立围绕太阳运动。它们的前进方向与行星相同，并会自转。许多小行星都特别微小，直径只有数米，不过还有大约10亿颗直径超过了1千米。小行星之间通常相距数千千米。

艺术效果图：近地小行星

如果将所有的小行星都聚在一起，它们的质量只有月球的15%。

近地小行星

一些小行星的轨道与地球轨道非常接近，它们一般属于阿波罗群、阿莫尔群和阿登群成员。每个群都以一颗单独的小行星命名，沿着一定的轨道运行。阿登群主要位于地球道内，阿波罗群与地球轨道交叉，阿莫尔群轨道位于火星和地球之间。

绘主带

目前，大约有 20 万颗小行星已被确定，经过长时间的观察计算出了它们的轨道。从 1801 年的谷神星开始，人们利用望远镜在 19 世纪初发现了更多的小行星。天文学家们发现的小行星都过于暗弱，只能通过长曝光图像辨别出来。在木星引力的作用下，主带形成了几个缝隙，它们被称为柯克伍德空隙。

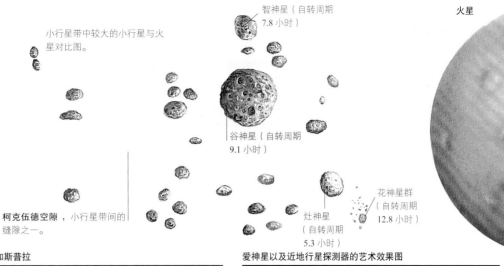

小行星带中较大的小行星与火星对比图。

智神星（自转周期 7.8 小时）

谷神星（自转周期 9.1 小时）

火星

柯克伍德空隙，小行星带间的缝隙之一。

灶神星（自转周期 5.3 小时）

花神星群（自转周期 12.8 小时）

海王星

海王星的轨道

加斯普拉

爱神星以及近地行星探测器的艺术效果图

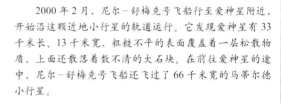

小行星的类型

小行星主要分为三种类型：岩类、金属类以及混合类。加斯普拉属于岩类，是第一颗被拍到近照的小行星。它的直径约为 19 千米，每 3.3 年绕太阳转动一周，1991 年 10 月被伽利略号探测器拍摄到。

近探爱神星

2000 年 2 月，尼尔－舒梅克号飞船行至爱神星附近，开始沿这颗近地小行星的轨道运行。它发现爱神星有 33 千米长、13 千米宽，粗糙不平的表面覆盖着一层松散物质，上面还散落着数不清的大石块。在前往爱神星的途中，尼尔－舒梅克号飞船还飞过了 66 千米宽的马蒂尔德小行星。

小行星之间的碰撞

主带以前的外形与今天的并不一样。太阳系形成时，它大约由 640 个岩球组成，每一个都比谷神星大。这些原行星碰撞后分离，大量的物质散落。小行星残片相互碰撞，形成了现今的主带。这些碰撞可分三种类型，今天仍时有发生。

当撞击的小行星直径小于大天体的 1/50 000 时，就会形成陨击坑。

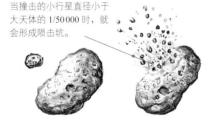

"流产的行星"

小行星带被认为是一颗流产行星的残留物。环带区的物质形成了 600 多颗大岩球——原行星，但在 46 亿年前太阳系行星形成时未能聚合成一颗大星。在年轻行星木星的引力作用下，原行星碰撞后再次组合，形成了如今环带的无数天体。

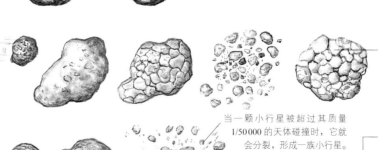

当一颗小行星被超过其质量 1/50 000 的天体碰撞时，它就会分裂，形成一族小行星。

形成尘埃流。

当冲击物相当于被撞天体的 1/50 000 时，较大的小行星就会碎裂，形成一个碎石球。

矮行星

冥王星在1930年被发现后，曾被认为是太阳系的第九大行星，不过，人们很快就发现了它的独特之处。它比月球还小，沿着一条椭长而倾斜的轨道运行。20世纪90年代，天文学家在海王星之外发现了更多类似于冥王星的小天体。它们有的比冥王星还大，如阅神星。2006年，天文学家将冥王星、阅神星和小行星带中的谷神星列入矮行星之列。

什么是矮行星

与大行星不同，矮行星主要在小行星带或柯伊伯带。作为矮行星的条件是须有足够的质量，其引力能让自身成为球形或接近球形。谷神星是小行星带中唯一的一颗矮行星。到2008年，天文学家已将冥王星、阅神星、鸟神星和妊神星列为了柯伊伯带的矮行星。

月球

冥王星

谷神星

微型行星

与大行星相比，矮行星显得格外小巧。由于冥王星距离我们非常遥远，天文学家直到1978年发现了它的卫星——冥卫一之后，才意识到了冥王星有多么小。通过追踪冥卫一的轨道，天文学家发现冥王星的质量只有地球的0.2%，比月球还小。谷神星虽然是小行星带中最大的天体，但它的质量还不到冥王星的十分之一。

冥王星和冥卫一

冥王星和它最大的卫星——冥卫一属于典型的柯伊伯带天体，基本上由冰和一些岩石构成。冥卫一被发现于1978年，大小是冥王星的一半。冥卫一每6.39天就能围绕冥王星赤道运动一周，并且总是以同一侧面对冥王星。与天王星类似，冥王星的自转轴倾斜角也非常大，似乎是在"侧卧"着旋转。

冥王星表面覆盖着冷冻氮和甲烷。

新视野号会飞到冥王星上空大约14 000千米处。

冥王星的卫星——冥卫一的直径大约为1150千米。

新视野号太空飞船

2006年1月，美国宇航局发射新视野号太空飞船，飞掠冥王星和冥卫一。它在2007年接近木星，以利用重力助推加快速度。由于冥王星非常遥远，它在2015年才到达目标。成功飞掠后，新视野号又继续飞行，前往柯伊伯带的一个或多个天体。

新视野太空飞船携带着一台相机及其他5件仪器。

艺术效果图：新视野号

冥卫三和冥卫二

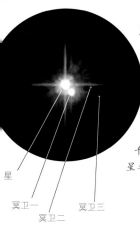

星
冥卫一
冥卫二
冥卫三

2005年，哈勃空间望远镜在一次搜索中发现除冥卫一之外，还有两颗小卫星在围绕着冥王星运动。天文学家将它们称为冥卫二（Nix）和冥卫三（Hydra），名字与神话中的冥王和摆渡的船夫有关，但也代表着新视野号的首字母。它们的精确尺寸还不能确定，不过应是在50千米至100千米之间。天文学家认为，冥王星的3颗卫星是冥王星与柯伊伯带中的另一个天体发生剧烈碰撞的产物。

阋神星

阋神星是最大的已知矮行星和类冥矮行星——在海王星之外运行的矮行星。它在2003年首次被观测到，但直到2005年才得到确认。阋神星的轨道呈高度椭圆形，与太阳的距离是日地距离的38至98倍不等。阋神星有一颗小卫星——阋卫一。阋神星和阋卫一的这张照片是由哈勃空间望远镜拍摄的。

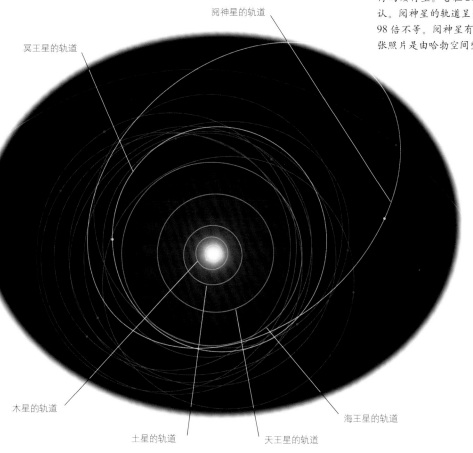

阋神星的轨道
冥王星的轨道
木星的轨道
土星的轨道
天王星的轨道
海王星的轨道

谷神星

谷神星被发现于1801年，之后的50年间一直被认为是一颗行星。人们后来发现了更多的小行星，才发觉它是小行星带中最大的一名成员。谷神星在2006年又被归类为矮行星，这已是它第二次改变身份了。这张照片是由哈勃空间望远镜拍摄的。

道

外太阳系中类冥矮行星的轨道通比七大行星更扁，并向太阳系的主平顷斜。这幅图突出了冥王星和阋神的轨道，同时也显示了有可能在未被认定为矮行星的其他10个天体轨道。随着对这些遥远天体的不断解，天文学家估计还会发现几百个行星。

关键数据					
	谷神星	冥王星	妊神星	鸟神星	阋神星
与太阳的平均距离（天文单位）	2.77	39.48	43.34	45.79	67.67
轨道周期（年）	4.6	248	285	310	557
轨道倾角（度）	11	17	28	29	44
直径（千米）	932	2306	1150	1500	2400
卫星数目	0	3	2	0	1
发现时间	1801	1930	2004	2005	2006
矮行星确定时间	2006	2006	2008	2008	2006

了解更多

太阳系概要 78　探索行星 80
太阳系的诞生 82　小成员概要 138
小行星 140　阻击 150

彗星

太阳系内有数十亿颗彗星，在其边缘形成了浩瀚的球状奥尔特云。彗星个头很小，形状不规则，由雪和岩尘组成，都在自己的轨道上绕太阳运动。偶尔某颗彗星会离开奥尔特云，进入内太阳系。接近太阳时，它就会变成一个巨大的头拖着两条长长尾巴的样子，并且又大又亮，从地球上就能看到它划过天空。每一年，都会有数千个不同的彗星被记录下来，而被发现的则更多。

一般而言，气体彗尾呈蓝色，且非常窄。

海尔-波普彗星

每隔 10 年左右，夜空中就会出现一次壮观的彗星美景，如海尔-波普彗星。在 1997 年的大部分时间里，这颗彗星用肉眼就可以看到。

剖析彗星

彗星有一个由雪和岩石粉尘松散集成的内核。彗星穿过内太阳系时会因太阳的热量而变化，雪短时间内会变成气体，成为闪烁着亮光的彗发。太阳风和辐射也会扫向内核，形成两条尾巴，一条是气体，另一条是尘埃。

彗发可蔓延至 10 万千米宽。

雪和灰尘组成的彗核通常只有几千米大，隐藏在彗发中。

这台相机是分析和拍摄哈雷彗星图像的 10 台仪器之一。

乔托号行星际探测器

彗核

彗核是彗星唯一的固体部分，首次被发现于 1986 年 3 月。哈雷彗星穿过内太阳系时，乔托号行星际探测器飞上前收集了约 10 小时的数据，从 600 千米的高空对彗核进行拍摄。彗核从一端到另一端共 16 千米。

剖面图显示了这颗彗星的彗核是由雪和尘埃构成。

亮侧面向太阳。

彗核表面被阳光加热后释放出气体和尘埃。

陨击坑

表面的一串小丘

暗尘壳

星尘号和怀尔德 2 号彗星

2004 年 1 月，星尘号探测器到达怀尔德 2 号彗星。它收集了尘埃和气体样本并送回地球。在这张星尘号拍摄的彗核照片中，还能看到喷射的气体。

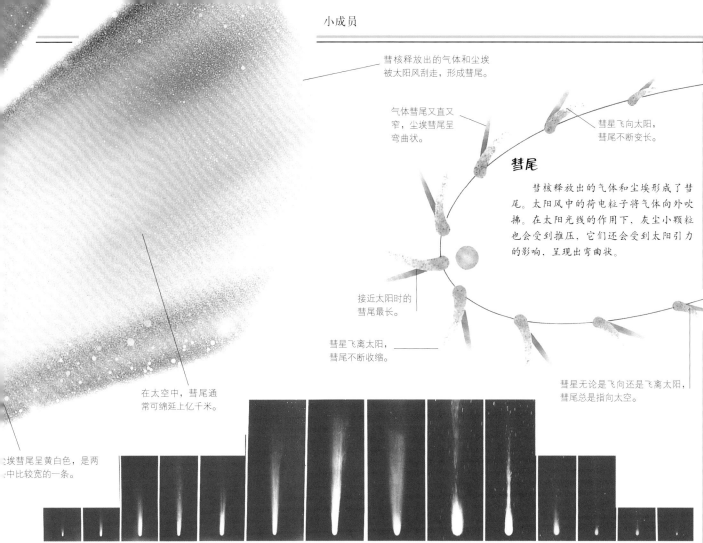

彗核释放出的气体和尘埃
被太阳风刮走，形成彗尾。

气体彗尾又直又窄，尘埃彗尾呈弯曲状。

彗星飞向太阳，彗尾不断变长。

彗尾

彗核释放出的气体和尘埃形成了彗尾。太阳风中的荷电粒子将气体向外吹拂。在太阳光线的作用下，灰尘小颗粒也会受到推压，它们还会受到太阳引力的影响，呈现出弯曲状。

接近太阳时的彗尾最长。

彗星飞离太阳，彗尾不断收缩。

彗星无论是飞向还是飞离太阳，彗尾总是指向太空。

在太空中，彗尾通常可绵延上亿千米。

尘埃彗尾呈黄白色，是两条中比较宽的一条。

哈雷彗星，1910 年 4 月 26 日～ 6 月 11 日

彗星解体

在内太阳系，彗星平均沿轨道运行 100 次后，就会丧失它们所有的气体和尘埃。飞行途中如若遇到碰撞，彗星则会牺牲得更加壮观。彗星不断被吸入太阳，舒梅克－列维 9 号甚至被木星的引力撕碎。1994 年 7 月，该彗星的 21 个碎片消散在木星大气中。

克－列维 9 号彗星

哈雷彗星的彗尾

彗星的轨道每次接近太阳时，就会形成新的彗尾。彗尾只能存在短暂的两个月。这些照片显示了哈雷彗星 1910 年回归时，彗尾在 4 月 26 日至 6 月 11 日（从左到右）间的形成和消亡过程。

彗星航天任务

任务	彗星	抵达时间	详情
维加 1 号和 2 号	哈雷	1986	从 9000 千米和 8000 千米高空拍摄图像
乔托号行星际探测器	哈雷	1986	从 600 千米高空拍摄图像
乔托号行星际探测器	格里格－斯基勒鲁普	1992	从 200 千米高空收集数据
深空 1 号	博雷利	2001	从 200 千米高空拍摄图像
星尘号	怀尔德 2 号	2004	从 240 千米高空拍摄图像，采样返回
深度碰撞空间探测器	坦普尔 1 号	2005	进行碰撞，500 千米高空掠飞
罗塞塔号	楚留莫夫－格拉希缅科	2014	环绕彗星飞行，释放着陆器

了解更多

观测彗星

有的彗星非常明亮，用肉眼就能看到，也有的只能借助双目望远镜或天文望远镜分辨。在夜空中，这些彗星看起来就像模糊的光斑。它们在太阳系中飞速穿越，虽然看不到它的移动，但你也应该能勾勒出它在夜空中的轨迹。

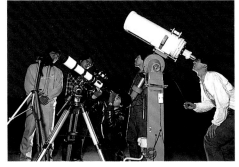

利用望远镜观测彗星

流星

　　每天晚上，人们在地球上都会看到一道道亮光划过天空，它们就是流星。流星是由岩石和尘埃穿过地球大气发生燃烧而形成的，这些岩石和尘埃来自一些彗星，或因小行星碰撞而产生。这些小颗粒散落在太阳系的各个角落，每年都会有 200 000 吨的流星体消亡在地球上空。这些小颗粒发生燃烧，就会形成随机的流星或流星雨。

流星雨

　　流星自史前时代已出现在地球的天空，但1799 年 11 月狮子座流星雨出现时，它们被看作天外来客。直到 19 世纪末期，人们才将彗星和流星雨联系了起来。

流星的一生

　　流星来自短周期的彗星或小行星。彗星靠近太阳时，会失去一些物质；小行星相互碰撞时，会产生部分残骸。而当流星体进入地球大气，它就会因摩擦而发热、蒸发，形成亮光。短周期彗星会沿其轨道留下一个流星群，如果地球与这些彗星的轨道发生交错，人们就会看到流星雨。

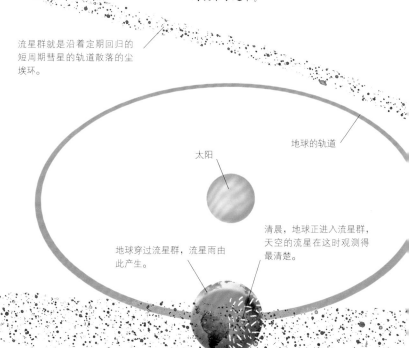

流星群就是沿着定期回归的短周期彗星的轨道散落的尘埃环。

太阳

地球的轨道

彗星的轨道

地球穿过流星群，流星雨由此产生。

清晨，地球正进入流星群，天空的流星在这时观测得最清楚。

狮子座流星雨

　　在这张长曝光的照片中，恒星变成了短亮痕。前景中的长痕是 1966 年 11 月狮子座流星雨的一部分。狮子座流星雨中的流星似乎都是从天空中一个点开始，这个点称为辐射点。

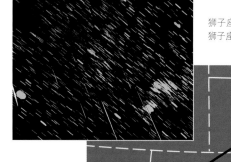

流星雨的成因

　　流星雨以辐射点所在的星座命名。例如，狮子座流星雨似乎开始于狮子座。每年 11 月，当地球穿过坦普尔－塔特尔彗星留下的流星群时，就会出现狮子座流星雨。类似的流星雨每年都会出现数次。

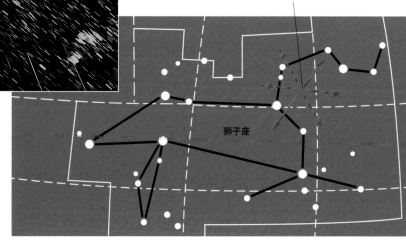

狮子座流星雨似乎源自狮子鬃毛中的一个点。狮子座流星雨每小时通常有 10 颗流星出现。

狮子座

流星

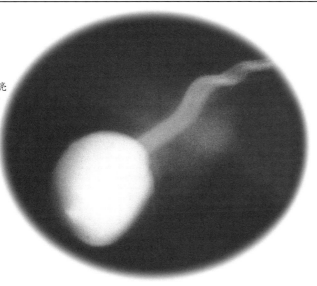

流星体越大，就越明亮。最亮流星称为火流星，星等至少可5等，比金星还亮。1933年3形成了这样一个火流星，它星体没有完全烧毁。每一年，大气中会出现数万颗大流星，约有5000颗会分解和爆炸，属于火流星。

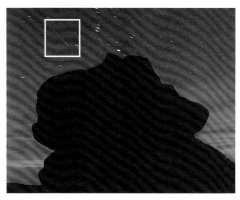

单颗流星

整年都可看到独自陨落的单颗流星，它们并非流星雨的一部分。每一小时，我们就会看到大约10颗。一般而言，单颗流星的尾巴宽约1米，长7千米～20千米，持续时间不到一秒钟。

流星体到陨星

流星体进入地球大气后，其命运取决于大小、速度和黏合度。小的流星体在高空会燃烧、分解；较大或更快的会更接近地后被燃烧掉。在极少的情况下，有的大流或其一部分会顺利穿过大气，撞到地面，陨星。

流星体带需要数十至数百年才能形成。

飞机表面携带的凝胶

集流星尘

流星体大小各异，有的微小尘埃只万分之一克，有的太空岩石可重达。过去20年间，科学家一直在收集研究小的流星体。覆盖着凝胶的飞机约20千米的高度巡航，快速移动的物会被粘到飞机上，再被带回实验行研究。

缓慢坠落在地面的单块岩石。

流星体以每秒11千米至74千米的速度进入大气。

流星现象发生在80千米至120千米的地球上空。

能被看到的流星的星等介于3.75至0.75之间。

火流星发生在下层大气中，比一般流星更加明亮。

流星体通常在10千米至30千米的高空解体。

没有减速的大岩石会形成爆炸陨击坑。

👁 观测流星

当地球穿过流星体密集区，流星体形成流星雨时，就是观赏流星的最佳时间。观赏流星并不需要特殊设备。让眼睛适应黑暗的夜色，迎着流星雨即将出现的方向，然后静静地等待就可以了。凌晨4时左右是流星出现的高峰期，这时的地球正在进入流星群。

流星雨

名称	日期	星座
象限仪流星群	1 月 1 日至 6 日	牧夫座
四月天琴流星群	4 月 19 日至 24 日	天琴座
宝瓶 η 流星群	5 月 1 日至 8 日	宝瓶座
宝瓶 δ 流星群	7 月 15 日至 8 月 15 日	宝瓶座
英仙流星群	7 月 25 日至 8 月 18 日	英仙座
猎户流星群	10 月 16 日至 27 日	猎户座
金牛流星群	10 月 20 日至 11 月 30 日	金牛座
狮子流星群	11 月 15 日至 20 日	狮子座
双子流星群	12 月 7 日至 15 日	双子座

了解更多

陨星

每一年，大约有3000块重量超过1千克，在地球大气中没有燃尽的太空岩石落在地球表面。这些岩石被称为陨星，而且大部分落入海中，无处寻觅。另外一些会落在陆地上，有的被迅速收集起来，有的则需要数年甚至几个世纪才能被发现。

陨星的种类

构成陨星的材料通常在地球上非常常见，但比例不同，它们被认为是太阳系中的早期材料。陨星可分为三种类型。

铁陨星

第二种最常见的陨星主要由铁、镍金属和其他的少量矿物组成。大多数铁陨星最初都是小行星的内核熔融形成的。

巴韦尔石陨星

它由一颗小行星的岩石及其他融化的碎片构成。1965年12月24日，它随着陨星一同落在了英格兰的巴韦尔。

陨星的起源

大多数收集到的陨星都来自小行星，但也有少数来自月球和火星，个别的还可能来自彗星。月球上也发现了陨星，它们大多数被认为是来自小行星。

石陨星

地球上发现的大多数陨星都是石质的，目前已收集约3000颗。根据不同的质地，它们可细分为包含固化岩石的球粒陨星和不包含固态岩石的无球粒陨石。

铁镍合金陨星。

陨星穿过地球大气形成深色熔壳。

这块6厘米的石铁陨星被发现于南极洲，来自一颗小行星。

50000年前与地球相撞的迪亚夫洛峡谷陨星。

石铁陨星

最罕见的陨星含有石头和铁的混合物。有些由熔融的铁镍和矿物橄榄石组成，还有的是金属与石块挤压、融合而成。

铁镍混合物中的绿色橄榄石晶体

宇航员杰克·施米特对月球上的一个陨星坠落地展开调查。

陨星的发现

最大的陨星 1920 年在非洲西南部被发现，根据坠落的地点被命名为西霍巴陨星。这块铁陨星落入石灰岩地层，保存完好，该地区已成为纳米比亚的国家保护区。

表面融化后又凝固成了薄薄的黑色外壳。

断裂处可看到颜色较浅的原石。

熔岩的流向正好与坠落的方向相反。

解剖陨星

太空岩石的表面与地球大气发生摩擦，会发热并熔化。一些陨星外表面一致，而另一些会有一个正面和一个背面。

找陨星

通过搜索南极洲、撒哈拉大沙漠以及澳大利亚沙漠等地球上人迹罕至的地区，科学家每年都能见大约 10 颗陨星。在南极洲冰天雪地的衬托下，容易发现黑色的陨星。

陨星研究

大多数陨星都被保存在博物馆或大学，科学家会根据放射性衰变的原理——元素放射出粒子而转变成另一种元素，使用特殊仪器研究它们的形成时间和过程。

了解陨星

• 自古埃及以来，人们就记录了单颗陨星和陨星雨的降落。

昂西塞姆陨星的坠落

• 1492 年，唐纳斯坦陨星坠落在法国昂西塞姆的附近，这是留存最早的有详细记载的陨星坠落事件。

• 1976 年 3 月 8 日，中国吉林发生陨石雨，观测到这次天象的人数创下了历史纪录。

了解更多

水星表面 106

流星 146

陨击 150

大陨星

称和地点	重量	降落或发现的时间
陨星		
霍巴，纳米比亚	60 吨	1920
尼吉托，格陵兰	30.4 吨	1895
库比利多，墨西哥	27 吨	1871
博西，坦桑尼亚	26 吨	1930
陨星		
林，中国	1.77 吨	1976
顿，美国堪萨斯州	1 吨	1948
岛，美国堪萨斯州	0.56 吨	1891
拉古尔德，美国阿肯色州	0.4 吨	1930
尤博恩，芬兰	0.3 吨	1899
星陨星		
加米，尼日利亚	18 千克	1962
和 000593，南极洲	13.7 千克	2000

陨星的坠落

每一年，大约都会有 6 颗太空岩石被看到或听到坠落到地球上。1991 年 5 月 5 日，英国剑桥附近的亚瑟·佩迪佛先是听到嗖嗖声和巨大的轰隆声，随后就发现有一颗陨星落在了他的花园里。经过大气的摩擦，这块陨星落地时还非常烫手。

陨击

陨星与地球相撞，就会形成陨击坑——地球表面会出现一个碗状的坑洞。地球自诞生以来就始终遭受着陨星的洗礼，约40亿年前在这颗行星还很年轻的时候这种现象最为严重。直径从1米至大于1000千米的陨击坑在太阳系的行星和卫星上大量存在。地球上已发现的陨击坑约为150个。

土卫一的陨击坑

所有的岩质行星以及大多数卫星上都有陨击坑。土卫一是土星的卫星之一，它冰冷表面就布满了陨击坑，其中赫歇尔巨型陨击坑直径达130千米，是土卫一直径的三分之一。这可能是像土卫一大小卫星在不被摧毁的情况下所承受的最大冲击力了。

陨击坑的形成

无论是地球还是其他行星或卫星，所有陨击坑的形成方式都大致相同。陨星撞击这些天体，在撞击点冲击表面物质并形成坑洞。陨击坑的大小取决于原始岩石的尺寸，一块30米的太空岩石撞击地球，可产生直径约1千米的陨击坑。

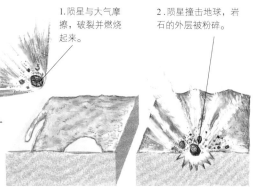

1.陨星与大气摩擦，破裂并燃烧起来。

2.陨星撞击地球，岩石的外层被粉碎。

3.陨星落入地球，激波传遍地球表面。

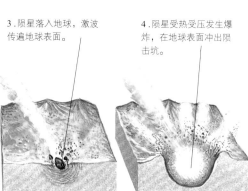

4.陨星受热受压发生爆炸，在地球表面冲出陨击坑。

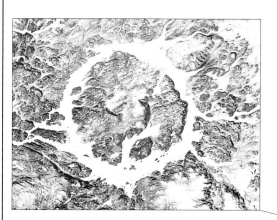

地球的陨击坑

地球的每一个大陆都有陨击坑，澳大利亚、欧洲和北美的部分地区最常见。这并不是因为那里坠落的陨星更多，而是由于这些地方的地表变化极少，陨击坑被保存了下来。陆地上发现的最小陨击坑直径仅为数米，最大的为140千米，大多数都形成于5000多万年前。

马尼夸根陨击坑

宇航员绕地球飞行时，可以看到加拿大最大的陨击坑之一的马尼夸根陨击坑。两个半圆形的湖泊组成了陨击坑的轮廓，直径达100千米。

美国亚利桑那州的流星陨击坑

流星陨击坑

这个1871年发现的陨击坑坐落在美国亚利桑那州的沙漠之中，体积庞大且保存完好。大约50000年前，一颗30米左右的陨星撞击地球，便形成了这个直径达1.2千米的陨击坑，其边缘高出周围45米。

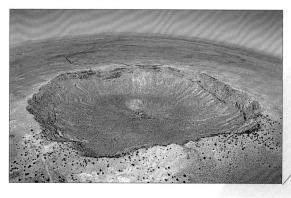

古斯卡撞击

太空岩石在没有撞到地球的情况下，也会产生破坏性的影响。西伯利亚通古斯卡河的周围无人居住，1908 年 6 月 30 日，在它 6 千米的上空就发生了一次爆炸。该次爆炸由一小块彗星或小行星解体造成，30 千米范围内的树木被连根拔起，1000 千米内都能听到爆炸声。

通古斯卡撞击的影响范围与纽约市的面积相当

太空岩石侦测

对于可能接近地球的太空岩石，人们利用强大的望远镜展开了侦测。基特峰天文台位于美国的亚利桑那州，它能监视直径小至 1 千米的天体。

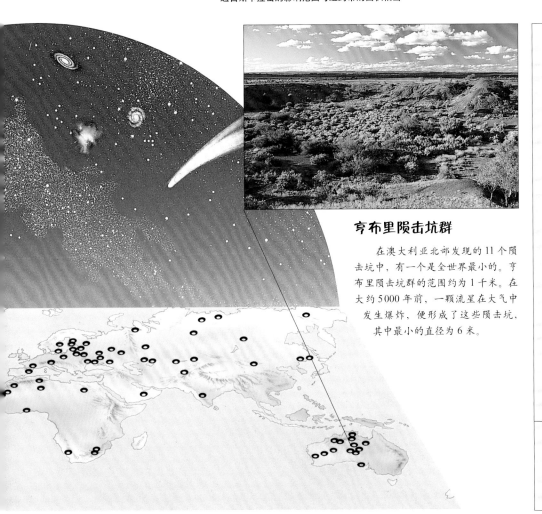

亨布里陨击坑群

在澳大利亚北部发现的 11 个陨击坑中，有一个是全世界最小的。亨布里陨击坑群的范围约为 1 千米。在大约 5000 年前，一颗流星在大气中发生爆炸，便形成了这些陨击坑，其中最小的直径为 6 米。

地球上的陨击

• 在大约 38 亿至 46 亿年前，地球以及其他年轻的行星和卫星饱受着太空岩石的撞击，这些岩石都是太阳系形成时的太空遗迹。

• 6500 万年前，一座山大小的岩石撞击地球，形成了 200 千米的奇克苏鲁布陨击坑，现埋藏在墨西哥的地表之下。有人认为，正是这次撞击导致了恐龙的灭绝。

• 现在，仍有陨星会偶尔落在地球上。1947 年 2 月，23 吨的陨星残骸落在了西伯利亚的锡霍特山脉，形成了直径为 26 米的陨击坑。

恒星

对于天文学专家而言，恒星是巨大的天然实验室——广袤无垠的宇宙的组成部分。原子物理学家可在地球上用粒子加速器测试物质的特性，而天体物理学家却在研究遥远恒星的心脏以及黑洞周围等能量更高的地带。在几光年远的宇宙中，恒星为地球上无法理解的关于物质特性的理论提供了检验场地。在那之外，恒星还有很多很多。从某种意义上说，恒星也有生命：它们出生、存活，然后消亡。我们的局域恒星——太阳也不例外。它的寿命预计为100亿年，现在正值壮年，但最后终将连同地球一起消亡。恒星也会涅槃、重生，下一代的恒星和行星将从废墟中诞生，甚至再次出现生命。

太阳内部

距离我们最近的恒星——太阳是一个巨大的炽热气体球。它的直径是地球的 109 倍，质量比太阳系所有行星之和还要大 745 倍。如果没有太阳持续不断的照射，地球上就不会出现生命。太阳的热量来自深埋于表面之下的炽热核炉。太阳已猛烈燃烧了 46 亿年，并会继续燃烧这么长的时间。

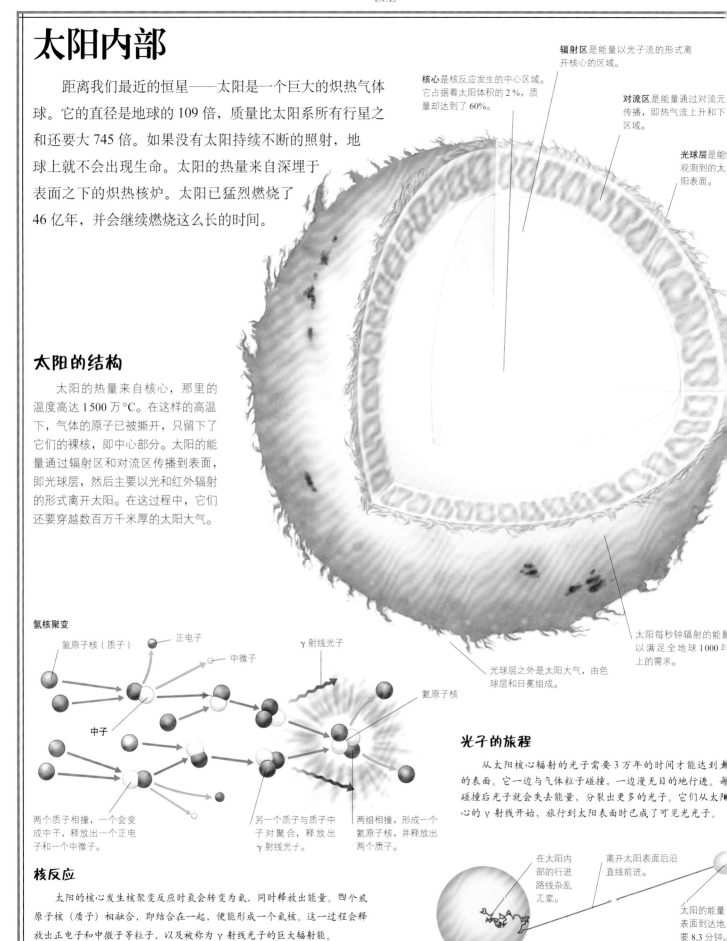

核心是核反应发生的中心区域。它占据着太阳体积的 2 %，质量却达到了 60%。

辐射区是能量以光子流的形式离开核心的区域。

对流区是能量通过对流元传播，即热气流上升和下区域。

光球层是能观测到的太阳表面。

太阳每秒钟辐射的能量以满足全地球 1000 年上的需求。

光球层之外是太阳大气，由色球层和日冕组成。

太阳的结构

太阳的热量来自核心，那里的温度高达 1500 万 °C。在这样的高温下，气体的原子已被撕开，只留下了它们的裸核，即中心部分。太阳的能量通过辐射区和对流区传播到表面，即光球层，然后主要以光和红外辐射的形式离开太阳。在这过程中，它们还要穿越数百万千米厚的太阳大气。

氢核聚变

氢原子核（质子）

正电子

中微子

γ 射线光子

中子

氦原子核

两个质子相撞，一个会变成中子，释放出一个正电子和一个中微子。

另一个质子与质子中子对聚合，释放出 γ 射线光子。

两组相撞，形成一个氦原子核，并释放出两个质子。

核反应

太阳的核心发生核聚变反应时氢会转变为氦，同时释放出能量。四个氢原子核（质子）相融合，即结合在一起，便能形成一个氦核。这一过程会释放出正电子和中微子等粒子，以及被称为 γ 射线光子的巨大辐射能。

光子的旅程

从太阳核心辐射的光子需要 3 万年的时间才能达到的表面。它一边与气体粒子碰撞，一边漫无目的地行进。每碰撞后光子就会失去能量，分裂出更多的光子。它们从太阳心的 γ 射线开始，旅行到太阳表面时已成了可见光光子。

在太阳内部的行进路线杂乱无章。

离开太阳表面后沿直线前进。

太阳的能量表面到达地要 8.3 分钟。

加拿大安大略省的萨德伯里中微子天文台

太阳的中微子

太阳的核聚变产生大量的中微子，这些幽灵般的粒子大多数穿过地球，但也有少数可以被中微子望远镜检测到。加拿大的萨德伯里中微子天文台设置在 2 千米的地下，以防止宇宙线的影响。

这些观测结果有助于物理学家研究中微子的性质，发现更多新信息。

太阳振荡

光球层，即太阳表面，会以复杂的振荡模式上下移动。这些振动叫作太阳振荡。

大都是由太阳表面下对流区所产生的声波引起的，这些声波无法向外逃逸。

通过仔细研究光球层的振动模式，科学家能够推理出太阳的内部结构。

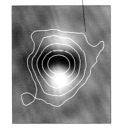

线条代表对流元周围的激波。

激波向外扩散。

日震

一些太阳振荡可能由日震引起。这些激波从炽热气体湍动环流，即对流元的边缘向外扩散，激波所携带的能量相当于引爆 12 亿吨烈性炸药所产生的能量。

太阳的构成

太阳的外层包括 73% 的氢、25% 的氦以及 2% 的其他元素。核心中，氢气仅占 34% 左右，氦约占 64%，每一秒都有 6 亿多吨的氢被转化为氦。

当中微子穿过水箱时，检测器能检测到闪烁的光。

日核的边缘

表面

氢

从中心向外，氢和氦的占比变化巨大。

氦

其他元素

太阳质量的百分比

与中心的距离（百万米）

太阳表面的下降区。

太阳表面的上升区。

太阳振荡模式的计算机图像

关键数据

与地球的距离	149 600 000 千米
直径	1 400 000 千米
质量（地球=1）	330 000
平均密度（水=1）	1.41
光度	3.9×10^{26} 瓦特
表面平均温度	5 500°C
核心温度	15 000 000°C
自转周期	25.4 天（赤道）
年龄	46 亿年

了解更多

太阳理论的演变

• 19 世纪初，一些科学家认为太阳是正在燃烧着的大煤块，还有人认为它上面覆盖着火山，或者是陨星不断撞击其表面产生了热能。

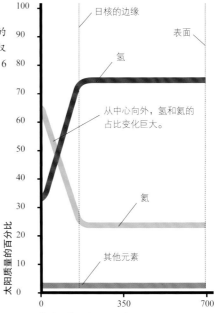

太阳是正在燃烧着的大煤块

• 1854 年，德国物理学家赫尔曼·冯·亥姆霍兹（1821～1894）提出，太阳因自身的重量而不断收缩，同时释放出热量。

• 20 世纪 20 年代，科学家意识到，太阳的能量来自核反应。

• 1938 年，德国物理学家汉斯·贝特（1906～2005）和卡尔·冯·魏茨泽克（1912～2007）各自研究出太阳内部的氢如何转变成氦。

太阳表面

太阳的可见光盘，也就是我们可见的太阳表面，叫作光球（⋯希腊语）。太阳内部核反应释放的能量经过千百年的运动，终于以⋯的形式从光球爆发出来。大约400年前，当伽利略第一次用望远⋯究太阳时，他惊奇地发现，太阳光亮的表面还点缀着暗斑（即太⋯子）。这些太阳黑子是由太阳内部的磁场造成的。

米粒组织是对流元——循环的热气流在太阳表面形成的斑块，其直径约为1000千米。

磁毯由投影在整个太阳表面的磁环组成。

日珥

耀斑形成的激波在表面上传开。

耀斑是发生在低层大气中的爆炸。

光球

光球并不像地球表面一样坚硬，而是500千米厚沸腾的炙⋯气体，它是来自太阳内部的不透明热气流的顶部。在光球层，⋯些气体开始变得透明，使光可以逃逸到太空中。光球底部的温⋯为8500℃，顶部为4200℃，平均温度大约为5500℃。通过摄⋯仪对光球的光进行分析，天文学家确定太阳主要由氢气和氦气⋯成。

太阳黑子

太阳黑子是定期出现在光球上的黑色斑点。已知最小的黑子直径接近1000千米，叫作微黑子。而最大的已连接成为黑子群，绵延10万千米。黑子的生命周期从几个小时到几个星期不等。

太阳黑子　　　　　颗粒状表面

黑子近照

日珥是悬挂在太阳大气中的气团。

暗条是日珥在太阳表面的投影。

光斑是出现在黑子前后的炙热的白色区域。

黑子群

巨针状体出现在太阳两极附近并向太空延伸，长度为针状体的4倍。

针状体是喷出的气流。

太阳黑子的结构

太阳黑子是光球上的浅洼地，那里的磁场非常强，阻止了热气流到达太阳表面。太阳黑子比光球的其余部分要冷大约1500℃，在周围强光的衬托下呈暗色。

本影是黑子中心阴暗、温度较低的区域。

半影是本影周围较亮、较热的区域。

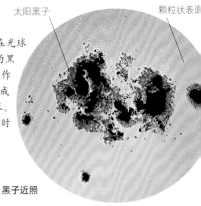

冷区在光球下延伸。

阳黑子周期

黑子的总数每11年会上升和下降一[次]。每个新周期变化最先开始于太阳的两[极附]近。它们的数量逐渐增加，越来越接[近赤]道，直到高潮。之所以会出现这种周[期性]变化，可能是因为太阳表面的不同部位[会]以不同的速度旋转，带动着磁场向赤道[移]力。

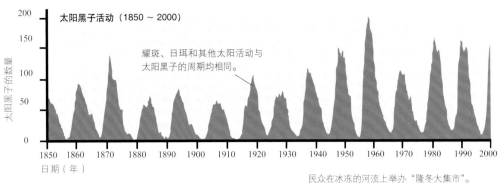

太阳黑子活动（1850～2000）

耀斑、日珥和其他太阳活动与太阳黑子的周期均相同。

太阳黑子的数量

日期（年）

对气候的影响

一些科学家认为，太阳活动可能会影响到地球的气候：太阳活动降低，天气就会转凉。1645年至1715年就曾出现这样的现象，太阳上几乎没有了黑子，其活动也似乎已经停止。这段时期北欧经历了一段异常寒冷的天气，被称为小冰河期。

民众在冰冻的河流上举办"隆冬大集市"。

泰晤士河，伦敦，小冰河期

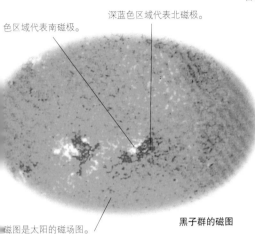

深蓝色区域代表北磁极。

[浅]色区域代表南磁极。

磁图是太阳的磁场图。

黑子群的磁图

[黑]子磁场

出现黑子的磁活动剧烈区叫作活动区。太阳表面不同[旋]转速度会干扰、扭曲太阳内部的磁场。光球层气流的[流]动会导致磁环在太阳表面破裂，形成太阳黑子。每个磁[环]一端是北磁极，另一端是南磁极。

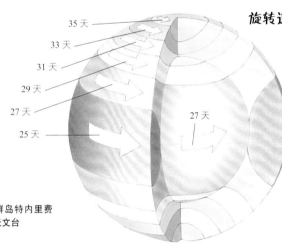

35天
33天
31天
29天
27天
25天
27天

旋转速度

太阳是一团气体，因此各部位不会像固体物质那样以相同的速度旋转。太阳赤道大约每25天转动一圈，而两极附近的地区则需要35天。太阳表面振荡或振动的方式表明，太阳的内部是像一个固体球一样旋转，周期为27天。

塔式望远镜

加那利群岛特内里费的蒂德天文台

[太]阳望远镜

塔式望远镜是设在塔的顶部，可以利用移动镜体（定日镜）[观]综太阳的光学望远镜。定日镜将光线沿着一个静态、垂直的通[道]反射给地面的测量仪器。真空塔式望远镜中的空气被排出，从[而]防止太阳热能影响气流，便图像扭曲。

太阳天文台

名称	位置	类型	观测对象
大熊湖太阳观测台	美国	光学	活动区
全球太阳振荡监测网	全球六地	光学	太阳振荡
超级神冈探测器	日本	中微子	太阳中微子
麦克马斯－皮尔斯太阳望远镜	美国	光学	太阳黑子、光谱
野边山射电天文台	日本	射电	活动区
萨克拉门托峰天文台	美国	光学	日冕
萨德伯里中微子观测站	加拿大	中微子	太阳中微子
蒂德天文台	加那利群岛	光学	磁场、太阳黑子

了解更多

太阳大气

太阳表面——光球层十分耀眼，常使我们无法看到它那暗淡的、稀薄的大气。当日全食发生时，月球运行到太阳的正面，我们才能从地球清晰观测到太阳大气。它主要由两部分组成——色球和日冕。这些区域经常发生巨大的物质喷射和爆发，形成日珥和耀斑。日冕的温度是光球的数百倍，但天文学家并不完全了解其中的原因。其结果是每一秒钟都有一百万吨的太阳大气被蒸发掉，进入太空。

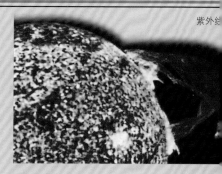

紫外线

日珥

巨大的云团和气体，即日珥，从色球层上延伸，绵延数十万千米后到达日冕。在黑群磁场的影响下，它们形成了巨大的环形或形。这些气体可能会减落至光球，形成日冕或射进太空。

色球

光球之上是色球，色球由不太致密的氢气和氦气组成，大部分区域的厚度约为 5 000 千米。色球最接近光球的区域温度约为 4 000°C，但其顶部会上升超过 500 000°C，并在那里与日冕相融合。毛刷一样的气体（针状体）从色球喷射进日冕。它们从巨大的对流元的边缘上升——热气体从太阳内部升起，然后落入太阳表面之下。

这张色球的紫外线图像由索贺太阳和日球层探测器拍摄。

日全食

色球可在日全食期间观测到，是围绕在月球边缘的粉红色斑点环。

高温氢气使色球在可见光波段呈现粉红色。

日全食发生时，月球的暗色圆盘遮住了太阳，只露出太阳的大气边缘。

太阳探测器

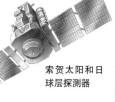

索贺太阳和日球层探测器

TRACE 太阳探测器

尤利西斯号太阳探测器

- **尤利西斯号**是1990年美国宇航局为欧洲空间局发射的探测器，以研究太阳风。它的轨道经过太阳的极区上空，在那里检测通常不会到达地球的高速粒子流。

- **索贺太阳和日球层探测器**由美国宇航局和欧洲空间局共同拥有，1995年发射升空，用于观测日冕和太阳振荡。这个观测站距离地球约150万千米。

- **TRACE**太阳探测器由美国宇航局于1998年发射，旨在研究日冕以及色球和日冕之间的边界。

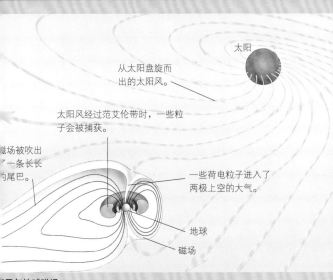

从太阳盘旋而出的太阳风。

太阳

太阳风经过范艾伦带时，一些粒子会被捕获。

磁场被吹出了一条长长的尾巴。

一些荷电粒子进入了两极上空的大气。

地球

磁场

风与地球磁场

太阳风

太阳风从日冕中形成后进入太空。它由电子和质子等粒子、磁场及它们所产生的电流组成。太阳风的强度变化与太阳活动有关。它会影响到距离太阳 150 亿千米的日球层。太阳风穿过地球时的速度在每秒 300 至 800 千米之间。在地球磁场的作用下，大部分的太阳风会发生偏转，但与此同时磁场会被挤压，拉出一条长尾巴。

从太空看极光

五颜六色的极光十分壮观，有时会出现在地球的磁极上空。荷电粒子被困在地球磁场中，与高层大气中的气体分子发生碰撞，便形成了极光。

光球显示为一个暗色圆盘，这是因为它不够热，无法产生 X 射线。

日冕凝聚区（这张 X 射线图像中明亮的区域）是聚集着高温气体的地方。

日冕的密度还不到地球大气密度的万亿分之一。

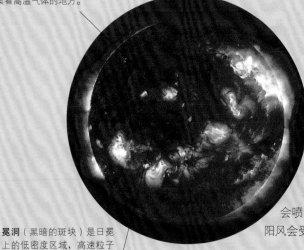

冕洞（黑暗的斑块）是日冕上的低密度区域，高速粒子流从这里进入太阳风。

日冕

日冕是太阳大气层的最外层区域，它位于色球之上，延伸数百万千米进入太空。尽管温度可超过 300 万 ℃，但那里的气层非常稀薄，因而显得十分暗淡。日冕有时会喷出包含数十亿吨气体的气泡，这时太阳风会受到强烈冲击。

发生日食时，可以看到日冕是一个乳白色的晕，经常伴随有亮条、圈环和冕流。

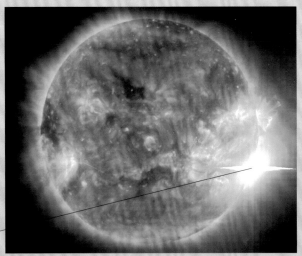

耀斑

太阳耀斑由磁能的释放而引起，是在色球上产生的一种黑子群的剧烈爆发。它们释放出的高能粒子和辐射到达电离层（地球大气中的带电层）时，会干扰地球上的无线电通讯信号。耀斑也会对太空中的宇航员造成伤害。

2003 年 11 月，索贺太阳和日球层探测器首次拍摄到了有史以来最强大的耀斑的紫外线图像。

了解更多

紫外线天文学 26
X 射线天文学 28
日食 160

日食

月球大约 27 天围绕地球转一圈，在这期间它有时会直接在太阳前面经过，这时我们即可看到日食。日食是自然界最恐怖但也最美丽的景观之一，月球的黑色圆盘逐渐从太阳表面移过。每年当中有 2 至 5 次日食能在地球的一些地方观测到。发生日偏食时，太阳只有一部分被月球遮挡，大多数地区都可观赏到。太阳被完全隐蔽时叫作日全食，地球上只有少数地区可以看到。

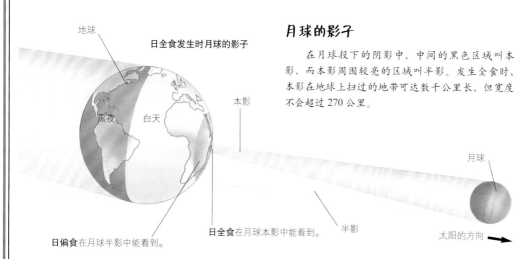

地球

日全食发生时月球的影子

黑夜　白天

本影

半影

月球

太阳的方向 ➡

日偏食在月球半影中能看到。

日全食在月球本影中能看到。

月球的影子

在月球投下的阴影中，中间的黑色区域叫本影，而本影周围较亮的区域叫半影。发生全食时，本影在地球上扫过的地带可达数千公里长，但宽度不会超过 270 公里。

日全食

日全食时，月球看上去几乎与太阳同样大小，太阳几乎被完全遮蔽。这时太阳消失，天色变暗，星星也出来了，太阳的粉红色色球和乳白色日冕从月球的四周射出光芒。太阳被完全遮挡的时间的长短取决于月球与地球之间的距离：月球距离地球越近，日食持续的时间就越长。日全食的发生时间相当有规律，任何一个地方每过 360 年才能欣赏到一次日全食。

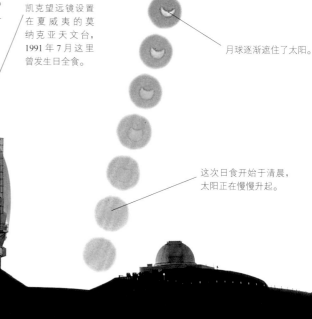

日全食过程照片

在偏食阶段，太阳看起来好像被咬掉了一个口。

警告：决不能肉眼直接观看日食，要使用特殊的过滤器或投影机来观看。

地球与月球最接近时，日全食发生的时长达 7.5 分钟，但都十分短暂。

在日全食发生的几分钟内，太阳完全被月球遮蔽。

月球逐渐遮住了太阳。

凯克望远镜设置在夏威夷的莫纳克亚天文台，1991 年 7 月这里曾发生日全食。

这次日食开始于清晨，太阳正在慢慢升起。

日环食

当月球距离地球最远时，它在天上显得很小，无法将太阳完全遮蔽。这时发生的不是日全食，而是日环食。当月球运行到太阳的正前方时，月球的边缘仍会露出太阳的灿烂光球，像一个火环。日环食可以持续 12 分钟左右。

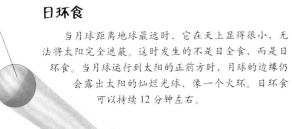

本影

半影

食时月球的影子

本影无法到达地球。

日环食可在本影内的地区观测到。

地球

白天　黑夜

月亮看起来比太阳略小。

可以看见明亮的环带围绕着月球。

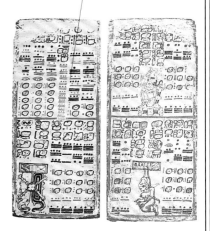

玛雅日食表

玛雅的占星学家经过详细计算，制作了这些表来预测日食的发生时间。

预测日食

古人发现，太阳、月球和地球每隔 18 年零 11 天就会返回到大致相同的位置，他们便据此来预测日食的发生时间。在古代，日食对许多宗教都具有重要的意义。中美洲的玛雅人认为日食是灾难来临的预兆，便组织宗教活动来祛邪避灾。

食效应

在太阳隐没或显露出来的瞬间，阳光会从月球边缘环形山间隙中喷薄而出，形成一个亮点，如钻戒。它们有时会连成一串，犹如美丽的珍珠，叫贝。

面闪耀着最后，就像色球打诫。

钻戒

日食的科学发现

在 1868 年发生的一次日全食期间，英国天文学家诺曼·洛克耶（1836～1920）发现了太阳色球上的一种未知气体，他以希腊的太阳神的名字将其命名为氦。直到 1895 年，人们才在地球上发现了氦。

1919 年，亚瑟·斯坦利·爱丁顿利用日全食来证明阿尔伯特·爱因斯坦的猜想，即太阳引力对遥远恒星的光会产生影响。日食发生时，他测量了天空中太阳附近恒星的位置，并证明了它们的光会因太阳而弯曲。爱因斯坦曾根据自己的相对论预言了这一点。

了解更多

日全食（2001～2010）

日期	最大持续时间	可见地区
2009 年 7 月 22 日	6 分 39 秒	印度、中国、太平洋
2010 年 7 月 11 日	5 分 20 秒	南太平洋
2012 年 11 月 13 日	4 分 2 秒	南太平洋、澳洲北部
2015 年 3 月 20 日	2 分 47 秒	北大西洋、北冰洋
2016 年 3 月 9 日	4 分 9 秒	苏门答腊、婆罗洲、太平洋
2017 年 8 月 21 日	2 分 40 秒	北太平洋、美国、南大西洋
2019 年 7 月 2 日	4 分 33 秒	南太平洋、南美、南大西洋

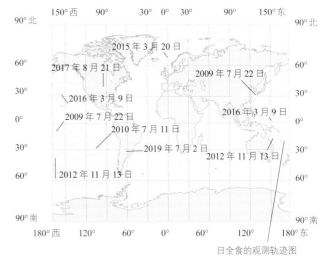

日全食的观测轨迹图

测量恒星

由于我们还不能到太阳系外旅行，因此只能在遥远的地方对恒星展开研究。通过分析恒星所发出的光，天文学家能够确定它们的亮度、颜色和温度。他们通过研究光的组成颜色，可以弄明白恒星的成分和运动速度。通过对位置的精确测量，天文学家可以预测数千年后恒星在天空中的行进路径。

马腹一：
星等 0.6，B1 型。

十字架三：星等 1.3，B0 型

半人马座 α（三星）：
星等 −0.3，G2、K1 和 M5 型。

南银河系全景图

煤袋星云

苍蝇座 α：
星等 2.7，B2 型。

星空

在夜晚的星空，我们差不多可以看到 2 500 颗恒星。肉眼看上去，它们似乎只是一些闪烁的亮点。有些恒星更加明亮，有些常聚集在一起，还有个别的是红色或蓝色的，十分抢眼。听起来似乎很难相信，但我们对恒星的了解确实都来自对星光的研究。我们知道它们与太阳一样，都是恒星，依靠核能释放光芒。我们还了解它们的诞生、存在和灭亡。天文学家根据它们的亮度（星等）和颜色对它们进行了分类。

星等标

金星

天狼星（天空中最亮的恒星）。

北极星

肉眼可以看到的最暗恒星。

双目望远镜可以看到的最暗恒星。

巡天照片上可以看到的最暗恒星。

	−4
	−3
	−2
	−1
	0
	+1
	+2
	+3
	+4
	+5
	+6
	+7
	+8
	+9
	+10
	+11
	+12
	+13
	+14
	+15
	+16
	+17
	+18
	+19
	+20
	+21
	+22

星等

天文学家使用星等来衡量恒星的亮度。星等越小，恒星就越亮，最亮是负值。在漆黑的夜晚，肉眼可以看到的最暗恒星大约为 6 等。星等标每变化一个等级，代表恒星的亮度将增加或减少 2.5 倍。

O 型（400
29 000 ℃

B 型（280
9 700 ℃

A 型（960
7 200 ℃

F 型（710
5 800 ℃

光谱型

恒星的颜色取决于它们的温度：温度最高的恒星呈蓝白色，最低的是橙红色。天文学共将恒星分为七大光谱型：O、B、A、F、G、K 和 M，其中 O 型温度最高，M 型最低。每个光谱型可再细分 10 类，编号为 0 至 9（从热到冷），太阳属于 G2 型。

G 型（570
4 700 ℃

K 型（460
3 300 ℃

M 型（320
2 100 ℃

最明亮的恒星

名称	星等	光谱型	距离（光年）
天狼星	−1.4（双星）	A0，白矮星	8.6
老人星	−0.6	F0	313
半人马座 α	−0.3（三星）	G2、K1、M5	4.4
大角星	0	K2	36.8
织女星	0	A0	25.3
五车二	0.1（双星）	G2、G6	42.2
参宿七	0.2	B8	775
南河三	0.4（双星）	F5，白矮星	11.4
水委一	0.5	B3	144
参宿四	0.5（变星）	M2	640

了解更多

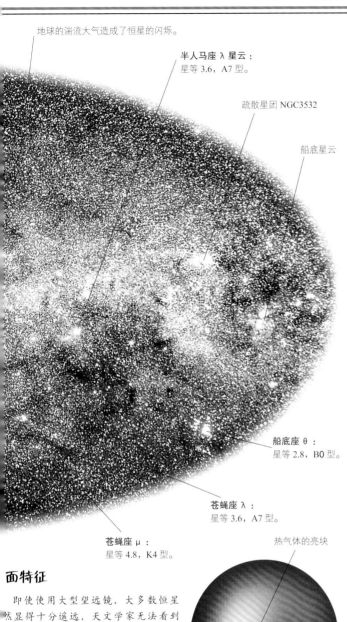

地球的湍流大气造成了恒星的闪烁。

半人马座 λ 星云：
星等 3.6，A7 型。

疏散星团 NGC3532

船底星云

船底座 θ：
星等 2.8，B0 型。

苍蝇座 λ：
星等 3.6，A7 型。

苍蝇座 μ：
星等 4.8，K4 型。

热气体的亮块

面特征

即使使用大型望远镜，大多数恒星仍然显得十分遥远，天文学家无法看到它们表面的特征，不过也有能观测清楚的。这张超巨星——参宿四的图中出现了一个明亮的斑点，这可能是上升到表面的热气。

了解恒星

• 公元前 130 年，伊兹尼克的喜帕恰斯设定了衡量恒星亮度的星等标。

• 1718 年，埃德蒙·哈雷发现公元前 129 年喜帕恰斯记录的恒星已发生了位置移动，他将这种现象称为自行。

• 1814 年，约瑟夫·冯·夫琅和费利用分光镜对太阳光进行了分析。他发现太阳光谱中出现了无数条暗色吸收线。

• 1868 年，根据多普勒效应，威廉·哈金斯发现了天狼星正在以 47 千米/秒的速度逐渐远离太阳。

光谱分析

光由波长长短不一的电磁波组成。在光谱分析中，光谱仪将恒星发出的光分解成不同的波长，由此形成的色带被称为光谱。恒星大气中的元素会吸收某些波长的光，在光谱中留下暗的吸收线（谱线）。每种元素都能产生不同的谱线模式，因此通过研究光谱中的谱线，天文学家就能确定恒星的成分。

钙　氢　氢　钠　氢

光谱上显示出了 3 种元素的暗线

红端的波长最长。

多普勒频移

在恒星的光谱中，暗线的波长会受到恒星运动的影响，这就是多普勒效应。恒星向着地球移动，波长将会缩短，暗线会向光谱的蓝端移动（蓝移）。恒星远离地球，波长会变长，暗线会向光谱的红端移动（红移）。通过测量波长的变化，天文学家就能计算出恒星的速度。

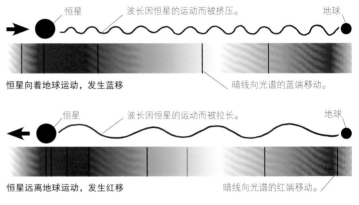

恒星　波长因恒星的运动而被挤压。　地球

恒星向着地球运动，发生蓝移　　暗线向光谱的蓝端移动。

恒星　波长因恒星的运动而被拉长。　地球

恒星远离地球运动，发生红移　　暗线向光谱的红端移动。

自行

恒星非常遥远，我们通常无法获知它们在太空的运动。但随着时间的推移，这种运动，即自行，却能够明显改变星座的形状。通过精确测量几年间恒星的位置变化，天文学家可以推算出星座在过去和未来的形态。

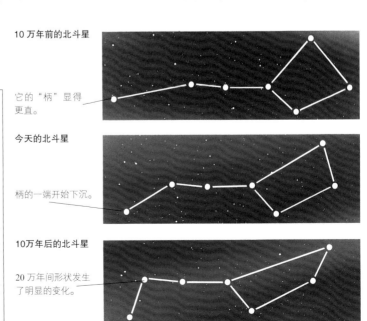

10 万年前的北斗星

它的"柄"显得更直。

今天的北斗星

柄的一端开始下沉。

10 万年后的北斗星

20 万年间形状发生了明显的变化。

变星

恒星发光并没有它们乍看上去那么恒定。亮度不断发生变化的恒星叫作变星。一些变化，如脉动、交食、旋转……有一定的规则和周期；而其他的变化，如爆发和激变，其行为却难以预测。一个恒星亮度发生变化可能是因为它发出的光量在改变，也可能是因为其光线被运动的尘埃云或伴星所遮蔽。通过绘制恒星亮度的光变曲线图，天文学家就可以得知亮度变化的原因。

1975 年天鹅座中的新星

新星事件之后的天鹅座
前新星的位置

激变变星

经历剧烈变化，能突然释放出强光的恒星叫作激变变星，其中包括新和超新星。在双星系统中，当白矮星吸掉伴星上的氢气时，就会形成新这些气体会不断积聚，直至发生核爆炸。1975 年，一个新星出现在天鹅瞬间使双星的亮度增加了 4 000 万倍。

船底座 η 星和钥匙孔星云

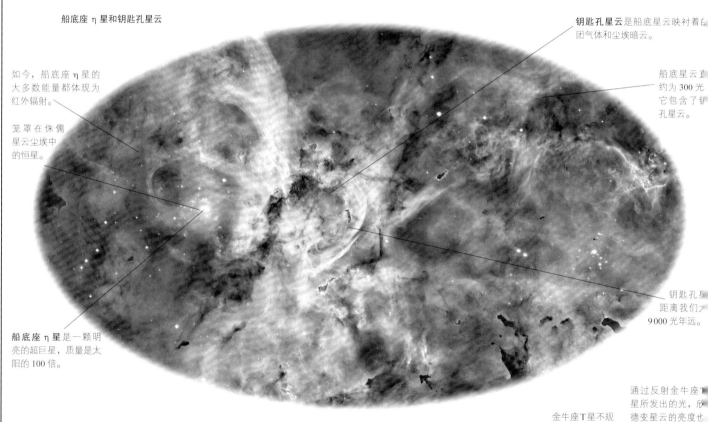

如今，船底座 η 星的大多数能量都体现为红外辐射。

笼罩在侏儒星云尘埃中的恒星

钥匙孔星云是船底星云映衬着白团气体和尘埃暗云。

船底星云直约为 300 光它包含了钥孔星云。

船底座 η 星是一颗明亮的超巨星，质量是太阳的 100 倍。

钥匙孔星距离我们了9 000 光年远。

船底座 η 星

自从 1677 年埃德蒙·哈雷纪录到船底座 η 星以来，它的亮度已发生了巨大变化。到 19 世纪中叶，它已成为天空中第二亮的恒星，星等为 -0.8，但随后又突然暴跌至 6 等以下。船底座 η 星披上了一层厚而模糊的尘埃——现被称为侏儒星云。不断漂动的尘埃云以及不稳定的外层大气是造成它亮度变化的主要原因。船底座 η 星属于爆发变星。

爆发变星

无规律地变亮或变暗的恒星被称为爆发变星。外层大气的剧烈变化是导致它们亮度发生改变的原因。有些烟雾会将其完全遮蔽，还有的——如金牛座 T 星——属于年轻恒星，星风将它们的尘埃和气体吹走，使它们不断收缩，直至尺寸稳定下来。

通过反射金牛座 T星所发出的光，欣德变星云的亮度也会变化。

金牛座 T 星不规律地闪烁着。

动变星

即将走到生命尽头时，恒星
至常脉动，从而造成亮度、温
和大小的变化。刍藁变星（以
星刍藁命名）属于红巨星，其
动周期可达 1000 天。造父变星
仙王座 δ，即造父一命名）是
色的超巨星，脉动周期为 1 至
天。

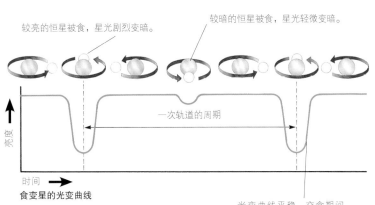

温度最高　温度最低　尺寸变化巨大

一次脉动的周期

亮度

时间 →
造父变星的光变曲线

光变曲线迅速上升，然后缓慢下降。

变星

一些成对恒星彼此非常接近，
起来几乎已连为一体。此外，
果它们的轨道以一定的角度侧
地球，那么每颗恒星会周期性
在其同伴面前通过，发生交食。
会导致它们到达地球的光量减
因此看起来是在变暗。

较亮的恒星被食，星光剧烈变暗。　较暗的恒星被食，星光轻微变暗。

一次轨道的周期

亮度

时间 →
食变星的光变曲线

光变曲线平稳，交食期间
则会突然变化。

剑鱼座 AB 的星斑

恒星运动半圈的
电脑图像。

星斑越多、覆盖的地区越
大，恒星就越暗。

星斑要比太阳黑子大
1000 倍。

转变星

有些恒星的表面覆
着类似太阳黑子的星斑，
们的亮度也会因此变化。随
恒星的自转，从地球能看到不同
斑点，其亮度就会变化。剑鱼座 AB 就属于
转变星，是一颗距离太阳大约 65 光年的冷矮
，剑鱼座 AB 的星等为 0.15，变化周期为 12.4 小
，即自转一次所花费的时间。

黑斑出现时，恒星
变暗。

主要变星

名称	星等	周期（天）	类型
大陵五	2.1 ~ 3.4	2.9	食变
参宿四	0.0 ~ 1.3	2100	脉动（半规则）
弯陈一	2.84 ~ 2.96	5.5	自转
造父一	3.5 ~ 4.4	5.4	脉动（造父变星）
御夫座 ε 星	2.9 ~ 3.8	9892	食变
船底座 η 星	−0.8 ~ 7.9	—	爆发
刍藁	2.0 ~ 10.1	332	脉动（长周期）
北冕座 R	5.7 ~ 14.8	—	爆发（深衰落）
北冕座 T	2.0 ~ 10.8	—	激变（再发新星）

了解更多

变星的第一次

• 公元前 1300 年，中国天文
学家在心宿二附近观测到了
一颗新星。

• 公元前 134 年，伊兹尼克的
喜帕恰斯在天蝎座发现了一
颗新星，并由此获得灵感，
编制了第一张星表。

• 1596 年，德国天文学家大
卫·法布里丘斯（1564~
1617）观测到了一颗变星，
后被波兰天文学家约翰内
斯·赫维留（1611~1687）
命名为刍藁。

17 世纪，英仙座
的雕刻品上显示
有大陵五。

大陵五是美
杜莎头颅的
左眼。

• 1669 年，意大利天文学家
和数学家赫米尼亚诺·蒙塔
纳里（1633~1687）发现了
大陵五的亮度变化。1782
年，英国人约翰·古德里克
（1764~1786）将大陵五列
为食双星。

• 1784 年，古德里克发现
了仙王座 δ（第一颗造父
变星）。1912 年，亨丽埃
塔·莱维特发现造父变星的
脉动周期与其光度有关。

👁 观测大陵五

大陵五是英仙座的一颗食变星。大陵
五的食变可持续大约 10 小时，亮度正好会
降低一个星等。它们每 2.9 天就会出现一
次，不用望远镜就很容易观测到。在北半
球秋季和冬季的夜晚，最容易看到英仙座。

大陵五

恒星有多远

　　1838 年以前，天文学家对宇宙的真实大小可谓一无所知。就在这一年，弗里德里希·贝塞尔使用视差法首次成功测量了到恒星的距离。现代天文学家已研究出不同的距离测量法，但都是以视差法为基础。依巴谷巡天卫星通过确定十余万颗恒星的视差，使我们关于恒星距离的知识发生了革命性的飞跃。

盖亚天体测量卫星

　　盖亚卫星将继续依巴谷天文卫星的巡天任务。它将测量约十亿颗恒星的位置、距离和速度，有些恒星非常暗，星等甚至达到了 20。这些数据将被用于制作银河系的三维图。盖亚于 2011 年年底发射进入太阳轨道。

依巴谷天文卫星

　　1989 年，欧洲空间局成功发射依巴谷天文卫星。这颗卫星远居于没有干扰的地球大气之上，费了三年半的时间来测量恒星的位置。它的精确度非常高，甚至能辨认出站在月球上的宇航员。依据发回的数据，科学家们计算出了 118 000 颗恒星的视差，最暗的星等仅为 12.5。现在，天文学家已知了距太阳 500 光年以内的恒星的精确距离。

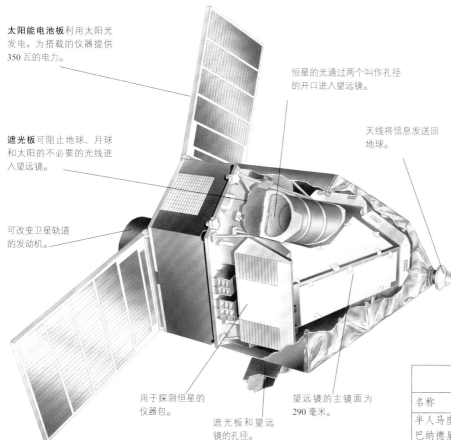

太阳能电池板利用太阳光发电，为搭载的仪器提供 350 瓦的电力。

恒星的光通过两个叫作孔径的开口进入望远镜。

遮光板可阻止地球、月球和太阳的不必要的光线进入望远镜。

天线将信息发送回地球。

可改变卫星轨道的发动机。

用于探测恒星的仪器包。

遮光板和望远镜的孔径。

望远镜的主镜面为 290 毫米。

光年和秒差距

　　天文学家使用光年和秒差距来描述距离。1 秒差距相当于 3.26 光年，即恒星形成 1 角秒的视差角（3600 分之一度）所运动的距离。

最近的恒星和恒星系统

名称	星等	光谱类型	距离（光年）
半人马座 α A,B,C	0.1、1.4、11.0	G2、K1、M5	4.4
巴纳德星	9.5	M5	5.9
沃尔夫 359	13.4	M6	7.8
拉朗德 21185	7.5	M2	8.3
天狼星 A，B	−1.4、8.5	A0、白矮星	8.6
鲸鱼座 UV 和 BL	13.0、12.5	M6、M5	8.7
罗斯 154	10.4	M4	9.7
罗斯 248	12.3	M5	10.3
天苑四	3.7	K2	10.5
HD 217987	7.4	M2	10.7

100 光年内的主要恒星

太阳（G2）

半人马座 α（G2，K1，M5）

天狼星（A0 和白矮星）

南河三（F5 和白矮星）

牵牛星（A7）

巨星或白矮星之外的恒星是主序星。

织女星（A0）

北河三（K0 巨星）

大角星（K2 巨星）

五车二（G6 和 G2 巨星）

光年 0 1 2 3 4 5 6 7 8 9 10 11 12 13 14 15 16 17 18 19 20 21 22 23 24 25 26 27 28 29 30 31 32 33 34 35 36 37 38 39 40 41 42 43 44 45 46 47 48 49

秒差距 0 1 2 3 4 5 6 7 8 9 10 11 12 13 14 15

差法

地球围绕太阳运动，在遥远恒星的……下，附近的恒星似乎在从一边向另……边移动。一颗恒星6个月内移过的角……叫作视差。测得这一角度后，天文学……可以利用简单的几何公式计算出恒星……距离。视差越小，恒星的距离就越远。……百光年以外的恒星就会因视差角太小……无法测量。

恒星A的视差角小，因此距离遥远。

遥远的恒星。

恒星A的视线。

……每颗恒星的位置需……个月的时间间隔，……的地球已移动到了……的对面。

地球在1月份的位置。

太阳

地球在7月份的位置。

恒星B比恒星A的视差角大，因此它的距离一定较近。

恒星B的视线。

方反比律

光度相同时，远处的恒星看起来似乎比近处的暗。这是因为遥远恒……的光在到达地球前向外扩散的面积更大，所以显得较暗。平方反比律……出，恒星的视亮度与其距离的平方成反比。例如，对于光度相同的两……恒星而言，如果一颗的距离是另一颗的两倍，那它们之间的亮度会相……□倍。

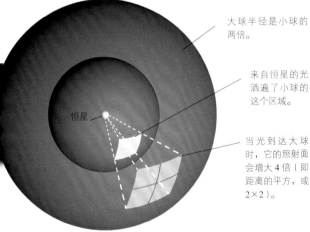

大球半径是小球的两倍。

来自恒星的光洒遍了小球的这个区域。

恒星

当光到达大球时，它的照射面会增大4倍（即距离的平方，或2×2）。

视差实验

将两根食指伸在你面前，一只手臂伸直，另一只伸开一半。一只眼睛紧闭，将头从一边摆动到另一边。较近的手指似乎比远的一只移动得更多，速度也更快。移动的程度就是视差。手指越远，视差越小。

毕宿五

毕星团

毕宿五与毕星团

天空中看上去似乎很接近的恒星不一定就是邻居。红巨星毕宿五似乎是在金牛座的毕星团之内，事实上毕宿五比星团更接近我们。它距离太阳65.1光年，而毕星团的距离太阳150光年。

恒星的距离

托勒密

• 公元140年，托勒密演示了如何利用视差法来计算地球到月球的距离

• 1669年，英国物理学家罗伯特·胡克（1635~1703）试图测量恒星的视差，但终没有成功。

• 1838年，弗里德里希·贝塞尔用视差法测量出了地球到恒星天鹅座61的距离。不久后，苏格兰天文学家托马斯·亨德森（1798~1844）宣布了地球到半人马座α的距离。

• 1997年，欧洲空间局公布了依巴谷星表，确定了118000颗恒星的视差距离。

了解更多

望远镜工作原理 14
测量恒星 162
恒星的特性 168
星团和双星 174

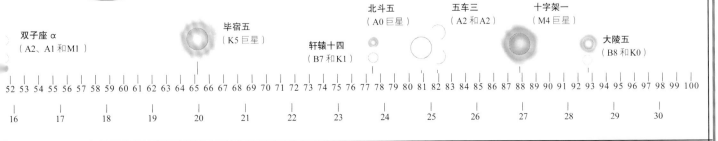

双子座 α
（A2、A1 和 M1）

毕宿五
（K5 巨星）

轩辕十四
（B7 和 K1）

北斗五
（A0 巨星）

五车三
（A2 和 A2）

十字架一
（M4 巨星）

大陵五
（B8 和 K0）

52 53 54 55 56 57 58 59 60 61 62 63 64 65 66 67 68 69 70 71 72 73 74 75 76 77 78 79 80 81 82 83 84 85 86 87 88 89 90 91 92 93 94 95 96 97 98 99 100

16 | 17 | 18 | 19 | 20 | 21 | 22 | 23 | 24 | 25 | 26 | 27 | 28 | 29 | 30

恒星的特性

我们怎样才能了解恒星的特性呢？确定恒星的距离后，我们就能计算出它的光度，并开始了解它们的大小、质量和年龄。我们不仅发现了和地球一样小的白矮星，也知道了有的超巨星大得足以装下我们的太阳系。有的恒星只有几百万年的历史，有的则几乎与宇宙一样年老。天文学家根据不同类型的恒星，绘制出了特殊的赫罗图。

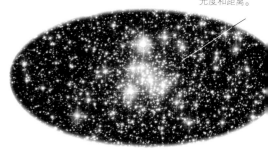

这些恒星的视亮度取决于它们的光度和距离。

光度和绝对星等

恒星的真正亮度叫作光度，是它每秒钟辐射出的总量，通常以太阳光度为单位。其他恒星的光度是太阳的万倍到 10 万分之一不等。天文学家也使用恒星的绝对星等来表示光度，指的是它若距离地球 10 秒差距（32.6光年）时的视星等。

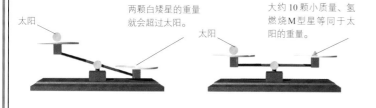

太阳

两颗白矮星的重量就会超过太阳。

太阳

大约 10 颗小质量、氢燃烧 M 型星等同于太阳的重量。

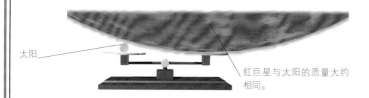

太阳

红巨星与太阳的质量大约相同。

质量比较

恒星的质量通常不以千克或吨计算，而是将它们的质量与太阳相比较。最轻恒星的质量还不到太阳的十分之一，而最重的可能会比太阳的 50 倍还多。恒星就像海滩上的鹅卵石一样数不清，但大恒星却极少。

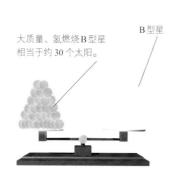

大质量、氢燃烧 B 型星相当于约 30 个太阳。

B 型星

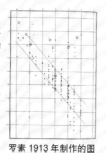

恒星的平均尺寸

恒星的大小差别很大，超巨星会达到太阳的 300 倍，而中子星和黑洞比地球还要小。

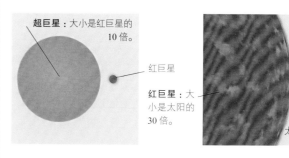

超巨星：大小是红巨星的 10 倍。

红巨星

红巨星：大小是太阳的 30 倍。

太阳

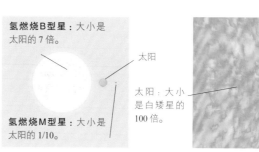

氢燃烧 B 型星：大小是太阳的 7 倍。

太阳

氢燃烧 M 型星：大小是太阳的 1/10。

太阳：大小是白矮星的 100 倍。

白矮星

白矮星：大小是中子星的 500 倍。

中子星

中子星：大小是黑洞的 5 倍。

黑洞

测绘恒星

• 1906年，埃纳尔·赫茨普龙绘制了一张图，将恒星分成了两类，即现在的主序星和巨星。

• 1913年，亨利·罗素制作了一张类似的图，天文学家开始认识到赫罗图对研究恒星的重要性。

罗素 1913 年制作的图

了解更多

赫罗图

天文学家将恒星标绘在图中，横轴表示光谱型，纵轴表示目视光度，并给出了们的绝对星等和温度。按照年龄，赫罗图标记出了每颗恒星的位置。主序包含了多数的恒星，而其他的分别位于巨星、超巨星和白矮星各支中。

主序星

在赫罗图中，从左上角到右下角的斜线地带属于主序星。主序星通过燃烧氢而发生核反应，并转变成氦。在恒星的一生中，90%的时间都属于主序星，这期间它们的光度或温度很少改变。太阳属于典型的主序星。

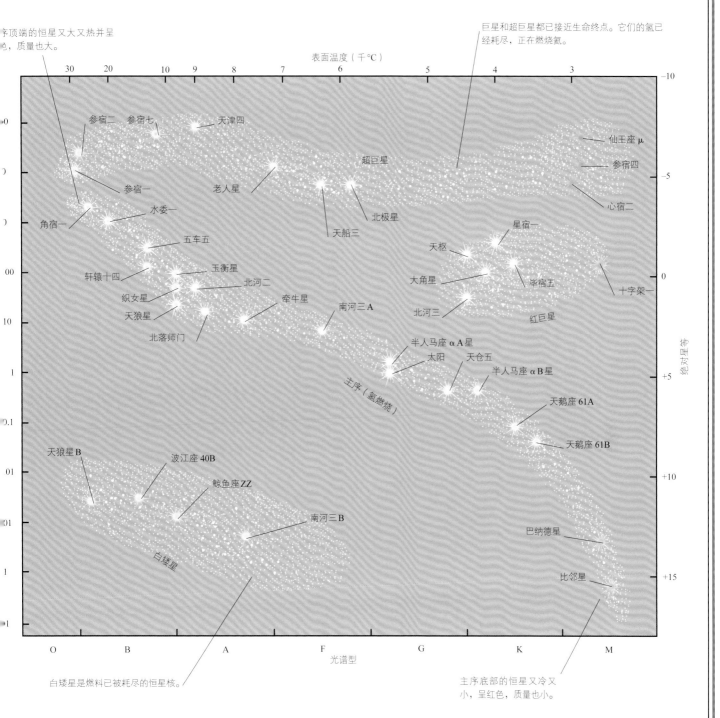

序顶端的恒星又大又热并呈色，质量也大。

巨星和超巨星都已接近生命终点。它们的氢已经耗尽，正在燃烧氦。

白矮星是燃料已被耗尽的恒星核。

主序底部的恒星又冷又小，呈红色，质量也小。

序星的质量

恒星在主序中按照各自的质量排列，质量最大位于左上方，质量最小的在右下方。褐矮星的核反应由于无法产生足够热量，所以不会出现在主序中。

主序星光度

主序星的光度取决于质量。质量越大，光度就越大。最亮星排列在主序的顶部，最暗的位于底部。

主序星的寿命

主序顶部炽热而明亮的恒星经过大约 1 万年，核燃料就会耗尽。底部的恒星非常暗弱，它们的氢气能持续燃烧至少 1000 亿年以上，比宇宙目前的年龄还长。

恒星的生命轮回

与人一样，恒星也有"生老病死"。然而它们的生命会长达数百万年甚至数十亿年，我们无法完整观测。如有外星人造访地球，他们会看到各种高低不同、外形各异的人们。他们可能会猜测最小的生物应是刚出生的，然后会尝试研究人类的生命周期。与此类似，通过研究不同类型的恒星，天文学家能够了解到整个恒星的生命轮回。

恒星的演化

恒星的生命从不断收缩的气体和尘埃开始，它们叫作原恒星。恒星内核开始发生核聚变，收缩便会停止。氢首先被聚变为氦，随后氦变成碳、氧，并在最大的恒星中变为铁。最终，一切物质被耗尽，恒星便会消亡。一些大质量星则会发生超新星爆炸。

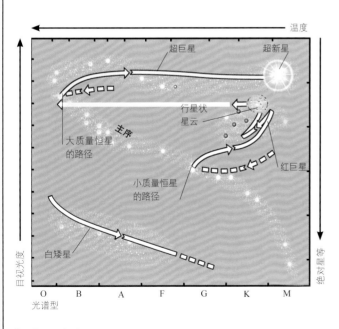

恒星的演化

不同质量的恒星，演化方式也不相同。这张赫罗图显示了两颗恒星的生命轮回，一个是与太阳类似的小质量恒星，另一个则比太阳大15倍。恒星的质量越大，寿命就越短。

原材料

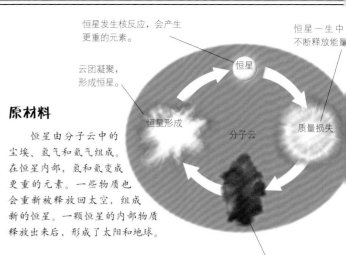

恒星发生核反应，会产生更重的元素。

云团凝聚，形成恒星。

恒星

恒星一生中不断释放能量

恒星形成

分子云

质量损失

恒星散落的气体和尘埃颗粒会与大分子云中的星际介质结合。

恒星由分子云中的尘埃、氢气和氦气组成。在恒星内部，氢和氦变成更重的元素。一些物质也会重新被释放回太空，组成新的恒星。一颗恒星的内部物质释放出来后，形成了太阳和地球。

1. 在遥远的太空，寒冷、黑暗的气体和尘埃云在自身引力的作用下收缩。

2. 云团不断收缩、变热，破碎后形成更小的团块，每一块都会形成一颗原恒星。

主序上的生活

恒星的大半生都位于赫罗图的主序中，核反应所产生的能量逐步将氢转化成了氦。氢逐渐被消耗掉，恒星变得越来越大，越来越热。

7. 当氢燃料耗尽时，恒星将膨胀成为红超巨星。

在主序中，这种蓝白色的成年恒星几乎可以保持数百万年不变化。

恒星的消亡

质量超过太阳8倍的恒星生命将会结束于超新星爆炸，只留下微小而致密的残骸，成为中子星或黑洞。

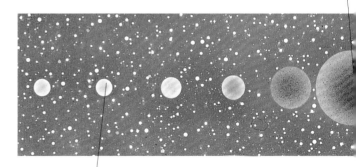

太阳的故事

1. 持续燃烧：大多数恒星质量都不够大，无法成为超新星。类似太阳的恒星会在主序上持续燃烧数十亿年，将氢耗尽后安静而默然地结束自己的生命。

2. 不断膨胀：当所有的氢耗尽时，太阳将膨胀成为一颗红巨星，开始燃烧氦，而不是氢。氦耗尽后，太阳将抖落其外层，形成行星状星云。

3. 白矮星：行星状星云终将散去，暴露出太阳核。太阳的内核是一颗白矮星，小而致密，已没有了核燃料。数十亿年后，它将不断冷却，直至消亡。

主序星　　　　　　　红巨星　　　　　　　行星状星云　　　　　　白矮星　　恒星逐渐消亡。

原恒星都笼罩在气体和云中，气体和尘埃云会随转，变成圆盘状。

4. 最终，不断收缩的原恒星爆发出生机，气体从圆盘的两侧喷出。

5. 尘埃颗粒凝聚并粘连在一起，盘绕在原恒星的周围，并可能最终形成行星。

6. 年轻、完全成型的恒星正在主序上将氢聚变成氦。

恒星的诞生

　　分子云在自身引力的作用下收缩、分裂成更小的团块。这些团块继续收缩、发热，变得更加致密。在热到足以发光前，天文学家可检测到它们的射电波和红外辐射。这些团块最终开始发光，当达到 1000 万 ℃ 时，核反应开始，新的恒星诞生。

10. 铁芯最终坍缩，恒星爆炸成为超新星。

现在更热。恒正在转变成碳

9. 核反应产生出越来越重的元素，直至形成铁芯。

11. 恒星大多数的物质都被吹走。坍缩并存活下来的恒星核变成中子星或黑洞。

中子星是一种高密度中子球体，直径约 30 千米。

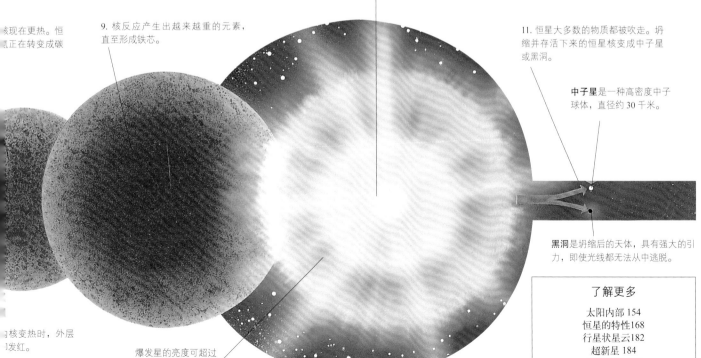

核变热时，外层发红。

爆发星的亮度可超过太阳 10 亿倍。

黑洞是坍缩后的天体，具有强大的引力，即使光线都无法从中逃脱。

了解更多

恒星的诞生地

即使最灿烂的恒星，出生时也是深深地隐藏在分子云的昏暗气体和尘埃中。有些分子云在银河光带的映衬下用肉眼就可看见。刚出生的恒星叫作原恒星，它们开始发光时，送出的辐射会照亮和加热云层。这样的发光云被称为星云。在恒星照耀下，暗云的其他部分会因强大辐射的挤压开始坍缩。经过数百万年的演化，整个星云将会变成恒星。

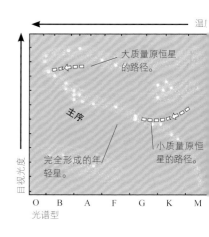

星云的中心

猎户星云是最接近地球的产星区，距离大约为 1350 光年。该星云会因受到一小簇年轻星（猎户座四边形天体）的紫外辐射而变热，还有更多的恒星和原恒星都隐藏在星云内部厚厚的云层中。猎户星云本身就是在更大的云团（巨分子云）中燃烧，包含的尘埃和气体是太阳质量的 500 000 倍。

年轻星的演

新生恒星呈红色，出现在赫罗图的右侧。它们不断缩向左边移动，温度升高到足以在主序上燃烧氢。

附近恒星的辐射会驱散星云较薄的部分。

随着部分星云的分散，包含着原恒星的致密球状体逐渐分离。

红外视图显示的是充满了新生恒星的棒形区，而这在可见光中是看不见的。

产星区将最终蔓延到这片暗云。

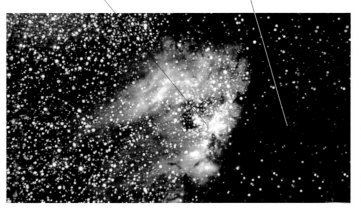

马蹄星云

另一个著名的产星区是马蹄星云，距离地球约 5000 光年。厚厚的尘埃云遮挡住了星云内的可见光，但是红外线能够穿过尘埃，展示出大片的新生恒星。来自新生恒星的辐射挤压尘埃云，会触发新一轮恒星形成。

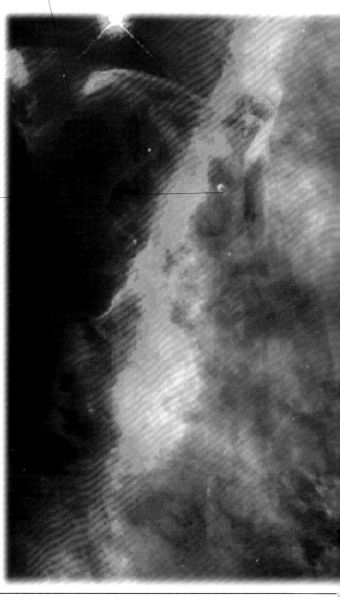

认识猎户星云

1656年，克里斯蒂安·惠更斯制作了猎户星云的第一张图。他的草图包含了星云中心的梯形恒星群。

18世纪，威廉·赫歇尔将猎户星云描述为"未成形的、火热的、雾状的未来太阳。"

1865年，威廉·哈金斯对猎户星云发光的光谱进行了研究，认为它是由高温气体组成的。

20世纪60年代，天文学家在猎户星云中发现了明亮的红外星，并猜测它们是埋在尘埃云中的原恒星。

爱尔兰帕森斯城的罗斯（1800～1867）所描绘的猎户星云。

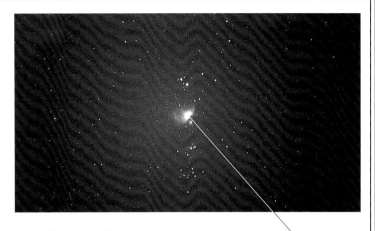

猎户星云位于猎户腰带的正下方。

👁 观测猎户星云

几个产星区非常明亮，使用双目望远镜就可观测到，宛如天空中的云片。亮度最高的是猎户星云，11月至3月间用肉眼就能轻松看见，它是猎户腰刀的组成部分。

原恒星群

在猎户星云内，天文学家已确认了150多颗原恒星。图中这5颗原恒星的周围盘旋着一团团的尘埃和气体，那也是它们的出生地。这些可能诞生行星的圆盘被称为原行星盘。

这张哈勃空间望远镜拍摄的假色图像中，氢呈绿色，氧呈蓝色，而星呈红色。

原行星盘由99%的气体和1%的尘埃组成。

原行星盘近照

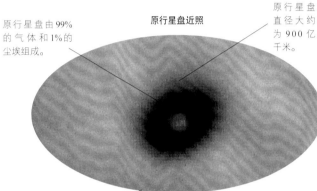

原行星盘直径大约为900亿千米。

猎户星云中的原恒星近照

原恒星开始发生核反应时，原行星盘会凝结形成行星。

原行星盘

一颗新恒星正在这个由尘埃和气体组成的小暗盘内孵化。原恒星只有数十万年的历史，质量大约为太阳的五分之一。圆盘四周相当于冥王星轨道直径的7.5倍，包含的质量大约是地球的7倍。

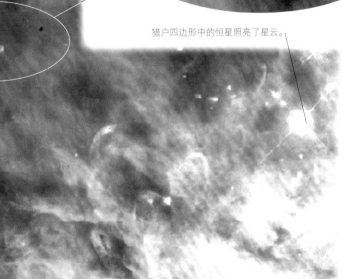

猎户四边形中的恒星照亮了星云。

有趣的星云

名称	星座	距离（光年）	直径（光年）
猎户星云	猎户座	1350	30
北美星云	天鹅座	1500	50
马蹄星云	人马座	5000	60
礁湖星云	人马座	5200	150
三叶星云	人马座	5200	40
玫瑰星云	麒麟座	5500	50
鹰状星云	巨蛇座	7000	60
船底星云	船底座	9000	300
蜘蛛星云	剑鱼座	160 000	800

了解更多

红外天文学 22　恒星的特性 168
恒星的生命轮回 170　星际介质 196

星团和双星

恒星不是单独诞生的，而是成群出世。我们看到的恒星总是群居在一起，或成对出现。沿着银河旋臂排列的疏散星团中松散地居住着数百颗恒星。这些星团非常重要，它们中所有的恒星都诞生于同一时间，并且成分相同。天文学家通过星团可以研究恒星的演化。即使看似孤立的恒星也暗藏惊喜：用望远镜观测时，你会发现天空中大约有一半的恒星都是双星或聚星。观测这些恒星的运动是寻找星团的唯一可靠方法。

昂宿增十二

昂宿六

昴星团

昴星团根据希腊神话中的 7 姐妹命名的，是最知名的疏散星团。它包含大约 100 颗恒星，其中 7 颗用肉眼就可以看出。该星团出现了几颗年轻的蓝色恒星，却没有红巨星，这表明它已存活了大约 1 亿年。与所有的疏散星团一样，随着恒星逐渐分散进入太空，昴星团将最终消失。

昂宿七

昴星团中的恒星看起来就像一群萤火虫，在年底时观测尤为壮观。

星团的年龄

在 NGC 2264 等年轻星团内，充满了生命短暂而高温的蓝色恒星。它们通常位于自己出生的星云内或附近。M67 等一些老星团的星云气体早已消散，它们中有众多的红巨星，这些红巨星的氢燃料已经耗尽，已接近生命的尽头。

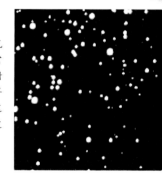

M67，该星团年龄已有 32 亿岁。

NGC 2264，该星团年龄已有 2 000 万岁。

疏散星团

名称	星座	年龄 （百万年）	距离 （光年）	恒星数目
双星团（英仙双星团）	英仙座	3.2+5.6	7400	150+200
宝盒星团	南十字座	7.1	7600	100
NGC 2264	麒麟座	20	2400	40
蝴蝶星团	天蝎座	51	2000	80
M47	船尾座	78	1600	30
昴星团	金牛座	100	375	100
M41	大犬座	190	2300	100
鬼星团	巨蟹座	660	520	50
毕星团	金牛座	660	150	200
M67	巨蟹座	3 200	2600	200

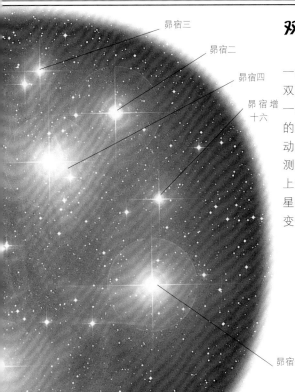

昂宿三

昂宿二

昂宿四

昂宿增十六

昂宿一

尘埃云中的条纹由星际磁场引起。

恒星周围的尘埃云被星光照亮。

昂宿五

双星

两颗并不是真正邻近的恒星，如果处在同一条视线，看上去就像是一对，这被称为光学双星。两颗恒星在相互引力的作用下被束缚在一起，就会形成真正的双星系统。根据彼此的质量，两颗恒星将围绕一个共同的平衡点运动。在目视双星中，两颗独立的恒星都可被观测到。在分光双星中，两颗恒星非常接近，看上去已成为一体。在某些分光双星中，一颗恒星会从另一颗的面前经过，因此其亮度会发生变化，它们被称为食双星或食变星。

平衡点

在双星系统中，当两颗恒星的质量相同时，平衡点位于中间。

平衡点

在双星系统中，当一颗恒星的质量比另一颗大，平衡点更接近质量较大的恒星。

相互作用双星

一些双星系统会发生相互作用：两颗恒星距离非常接近，彼此的气体会相互传递。在半接双星中，一颗恒星膨胀，气体会溢向另一颗。在相接双星中，两颗恒星相互接触，并拥有共同的外层大气。相互作用双星经常以变星的形态出现，并会发出强烈的X射线。

从同伴那儿夺走的气流。

黄星膨胀后，失去质量。

气体不断从较大、较冷的恒星向较小、较热的恒星移动。

半接双星系统

聚星

有时，3颗或以上的恒星会聚集在一起，组成聚星系统。恒星通常会成对排列，或一颗围绕一对运行。天琴座 ε 是最有名的聚星系统，由两对双星组成，两对围绕同一中央平衡点运动。

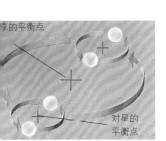

享的平衡点

对星的平衡点

双重双星系统中，每颗恒星都围绕其星运动，而两对双星围绕相同的平衡运动。

▷ 鬼星团

在巨蟹座的中央，坐落着鬼星团（号蜂巢）。这个疏散星团约有 50 颗星，在漆黑的夜晚肉眼刚好可以看而通过双目望远镜还能看得更清。在鬼星团南部几度之外，还可以看老星团 M67。

鬼星团

主要聚星			
名称	星座	恒星数目	星等
辇道增七	天鹅座	2	3.1, 5.1
天大将军一	仙女座	3	2.3, 5.5, 6.3
半人马座 α	半人马座	3	0.0, 1.4, 11.0
北河二	双子座	3	1.9, 2.9, 8.8
四边形聚星	猎户座	4	5.1, 6.7, 6.7, 7.9
织女二	天琴座	4	5.0, 5.2, 5.5, 6.1
参宿增一	猎户座	5	4.0, 6.0, 6.5, 7.5, 10.3
麒麟座 15	麒麟座	7+	4.7, 7.5, 7.7, 8.1, 8.2, 9.6, 9.6

了解更多

X射线天文学 28　测量恒星 162　变星 164
恒星的特性 168　恒星的生命轮回 170
恒星的诞生地 172　星际介质 196

球状星团

在天空中，球状星团的景象最为壮观。这些紧密排列在一起的恒星多达100万颗，孤独居住在银河系较外部的边远地区。银河系拥有200多个球状星团，其他星系包含得更多。除景象壮观外，这些球状星团还具有十分重要的科学意义。它们的恒星在星系中年龄最老，有助于天文学家测定宇宙的年龄。近年来，天文学家在其他星系中也发现了年轻的球状星团，而一些球状星团现在还正在形成。

球状星团中心的恒星密度是太阳附近恒星的一百万倍。

球状星团杜鹃座47

球状星团的样子

球状星团（比如令人惊叹的杜鹃座47）包含的恒星数量是疏散星团的1000多倍，它又大又明亮。疏散星团的形状不规则，而球状星团大都呈球形。球状星团的直径大约为100光年，在自身引力的束缚下紧密聚集在一起。疏散星团含有许多炽热的年轻恒星，因此外观呈蓝色；但球状星团看起来偏黄，这是因为那里的恒星较冷也较老。

杜鹃座47是天空中的第二亮球状星团。

大多数球状星团围绕银河系中心的椭圆轨道运行，并可远至晕内。

几个球状星团轨道靠近核

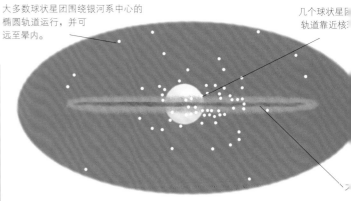

主要球状星团

名称	星座	距离（光年）	直径（光年）
M4	天蝎座	7000	50
M22	人马座	10 000	70
杜鹃座47	杜鹃座	15 000	140
半人马座 ω	半人马座	17 000	180
M13（大星团）	武仙座	23 000	110
M92	武仙座	25 000	85
M5	巨蛇座	25 000	130
M15	飞马座	31 000	110
M3	猎犬座	32 000	150
M2	宝瓶座	37 000	140

了解更多

恒星的特性 168　变星 164
恒星有多远 166　星团和双星 174　银河系概要 194

测绘球状星团

疏散星团只存在于银河系的盘内，而球状星团却不同，它们占据了银河系中央核球周围的球形区域。天文学家通过测量星团内天琴座RR型变星，获得了球状星团的距离。天琴座RR型变星是一种脉动变星，且具有相同的光度，因此天文学家可以通过测量这些恒星的亮度，计算出球状星团的距离。

杜鹃座 47 直径为 140 光年，质量约为太阳的一百万倍。

球状星团可能包含许多白矮星，但因太暗无法看到。

大多数亮星都是巨星。

在核心区，每立方光年包含的恒星大约有 1000 颗。

证认球状星团

- 1677年，在前往南大西洋的圣赫勒拿岛途中，埃德蒙·哈雷记录到了半人马座 ω 球状星团。
- 19世纪30年代，英国天文学家约翰·赫歇尔意识到半人马座 ω 是由无数颗独立的恒星组成。
- 1899年，美国天文学家索伦·贝利（1854～1931）在M5球状星团中发现了85颗天琴座RR型脉动变星。
- 1918年，哈洛·沙普利通过天琴RR型和造父变星测量球状星团的距离，发现球状星团分布在一个球内，其中心是银河系的核。

球状星团的形成

球状星团的年龄通常为 100 亿年。天文学家过去认为，球状星团与它们的母星系同时开始形成，但哈勃空间望远镜观测到了较年轻的球状星团，它们大都集中在那些相互碰撞的星系中。银河系的一些球状星团就可能是由小星系相撞而形成。R136 是天文学家发现的一个巨大的疏散星团，它非常浩瀚，可能正在演化成球状星团。

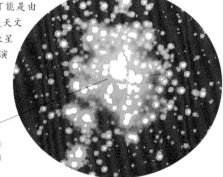

R136 位于大麦哲伦云中的蜘蛛星云内，1 亿年后可能就会变为球状星团。

探索球状星团的年龄

利用赫罗图，天文学家就可以估计出球状星团的年龄。这能显示出哪些主序星已耗尽了它们的氢。年老星团的赫罗图中不存在明亮的主序星和众多的巨星。一些球状星团似乎比宇宙更老，这已成为天文学的未解之谜。

▷ 半人马座 ω

大多数球状星团都较暗，用肉眼容易看到的只有 3
个：M13、杜鹃座 47 和半人马座 ω。其中，半人马座 ω 非
常明亮，且相对接近地球，因此在半人马座中最为耀眼。
它稍扁平，在 180 光年的直径范围内包含一百万颗
星。

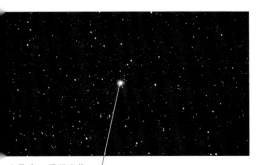

人马座 ω 看起来像一稍微模糊的亮星。

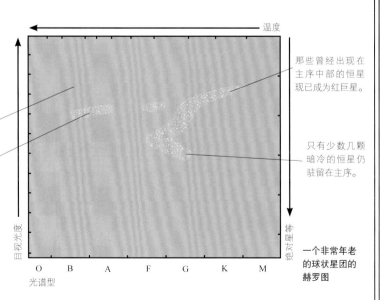

温度

质量最大的恒星已将氢耗尽，并爆炸成为超新星。

银河系早期形成的蓝巨星几乎纯粹是由氢和氦组成。

那些曾经出现在主序中部的恒星现已成为红巨星。

只有少数几颗暗冷的恒星仍驻留在主序。

目视光度

绝对星等

O B A F G K M
光谱型

一个非常年老的球状星团的赫罗图

太阳系外行星

宇宙中只存在我们的太阳系吗？在过去，天文学家只能猜测是否还有其他的行星系在围绕恒星运行。那些围绕其他恒星运动的太阳系外行星大约只有其母星亮度的十亿分之一，因此很难被观测到。不过自 1995 年以来，天文学家已发现了数百颗太阳系外行星，并期望找到更多。借助开普勒等高敏感太空望远镜，人们更容易观测太阳系外行星的特性，发现地球般大小的行星。

其他行星的样子

迄今为止，大多数已发现的行星的质量与木星相当或更大，主要原因是大的行星比地球般大小的行星更容易被发现。天文学家认为这些大行星与木星和土星一样都是气态巨行星，而不是地球或火星这类岩质行星。大多数行星与它们的母恒星都非常接近，因此温度会非常高，不太可能存在生命。

太阳系外行星的轨道

这幅图对地球和最先发现的 10 颗太阳系外行星的轨道进行了比较，并假设这 10 颗行星都是围绕同一颗母星运动。天文学家惊奇地发现，与地球到太阳之间的距离相比，大多数太阳系外行星更接近于它们的母恒星，其中有些比水星更近。一种解释是这些行星形成时距离它们的恒星非常遥远，随后开始逐渐向内盘旋。更令人惊讶的是，其中一些的椭圆轨道比太阳系行星的更扁。

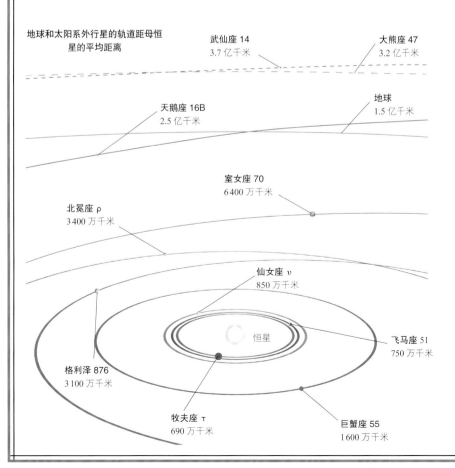

地球和太阳系外行星的轨道距母恒星的平均距离

武仙座 14
3.7 亿千米

大熊座 47
3.2 亿千米

天鹅座 16B
2.5 亿千米

地球
1.5 亿千米

室女座 70
6400 万千米

北冕座 ρ
3400 万千米

仙女座 υ
850 万千米

恒星

飞马座 51
750 万千米

格利泽 876
3100 万千米

牧夫座 τ
690 万千米

巨蟹座 55
1600 万千米

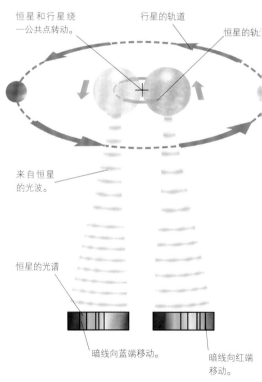

恒星和行星绕一公共点转动。

行星的轨道

恒星的轨道

来自恒星的光波。

恒星的光谱

暗线向蓝端移动。

暗线向红端移动。

恒星的摆动

通过观察行星对其母恒星产生的引力效应，就能发现太阳系外行星。当行星围绕恒星运动时，其引力会对恒星造成影响，使恒星产生轻微的摇晃。天文学家通过研究恒星的光谱，能检测出这些摆动。当恒星向我们而来时，它的光波会受到挤压，光谱中的暗线开始向蓝端移动；当恒星远离我们时，光波则被拉伸，暗线移向红端。

已发现的前 10 颗太阳系外行星				
星名称	母星与太阳距离（光年）	行星发现时间	最小的行星质量（地球=1）	围绕恒星的运动周期（天）
马座 51	50	1995	150	4.2
蟹座 55	44	1996	270	14.6
熊座 47	46	1996	890	1090
夫座 τ	49	1996	1230	3.3
女座 υ	54	1996	220	4.6
女座 70	59	1996	2100	117
鹅座 16B	72	1996	480	804
冕座 ρ	55	1997	350	39.6
利泽 876	15	1998	670	60.8
仙座 14	55	1998	1050	1620

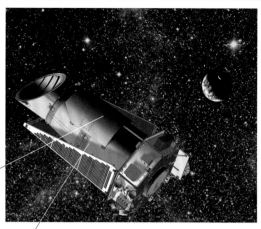

开普勒太空望远镜尾随地球绕着太阳运动。

该望远镜的镜面口径为 0.95 米，总是指向同一方向。

开普勒任务

2009 年，美国宇航局将开普勒太空望远镜送入太空，目的在于探测环绕恒星运动的地球般大小的行星。它可以精确测量恒星的亮度，以及当一颗行星经过恒星前面时恒星亮度的微小下降。它将连续 4 年瞄准天鹅座和天琴座的一个天区，不间断地监测视野内所有恒星发出的光。

他探测方法

通过观察行星经过母恒星前方(凌)时后者亮度的变化，也能测到太阳系外行星。恒星亮度的变化可以绘制成光变曲线图。另中方法叫微引力透镜效应，原理是当行星引力场作为一个透镜将遥远恒星的光放大时，可观测到其亮度的突然增加。

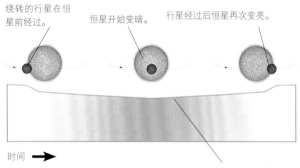

绕转的行星在恒星前经过。

恒星开始变暗。

行星经过后恒星再次变亮。

时间 ➡

恒星的光变曲线和行星的移动

如同地球大小的行星可将恒星的亮度减少万分之一。

圆盘侧面对向地球。

气体和尘埃组成了圆盘。

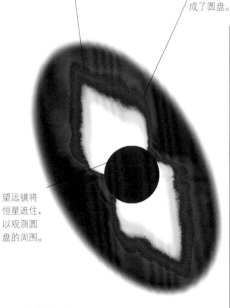

望远镜将恒星遮住，以观测圆盘的周围。

冲星行星

脉冲星 PSR 1257+12 至少拥有三颗行星，每一颗的质量都与地相似。脉冲星 PSR 1620－26 周围也发现了一颗行星。当一个恒生超新星爆发时，就会形成脉冲星，而现有的行星究竟如何在祥的灾难中存活下来一直是个谜。一种可能是，行星形成于超新之后，由爆炸留下的碎屑结合而成。

绘架座 β

天文学家已发现在新生恒星周围有运动的行星。绘架座 β 是一颗年轻恒星，四周包围着气体和尘埃组成的旋转圆盘。这个盘的温度相当低，但能发出很强的红外辐射。圆盘之内可能正在形成行星，形成方式与太阳系的行星相同。

效果图：从其行星上看到的脉冲星。

寻找太阳系

• 1964 年，美国天文学家彼得·坎普（1901～1995）声称他已发现了巴纳德星的一颗行星，巴纳德星是最接近太阳的一颗恒星。没有人能够证实这颗行星的存在。

• 1984 年，绘架座 β 恒星的红外辐射被证明是由一个气体和尘埃盘产生的，这个盘正在孕育着更多的行星。

• 1995 年，首颗太阳系外行星被发现，它围绕恒星飞马座 51 运行。

红巨星

恒星并非永远存在。随着氢的不断减少，其中心的核反应会逐渐平息。但恒星不会就此消亡，而是膨胀成为一颗辉煌的红巨星，直径几乎会扩大 100 倍。质量更大的恒星将变成威武的超巨星，整个星系际空间都能看见它的光亮。发生这种变化，是因为恒星的深层内核内聚集了新能源氦，可以让它的光辉持续更长的时间。

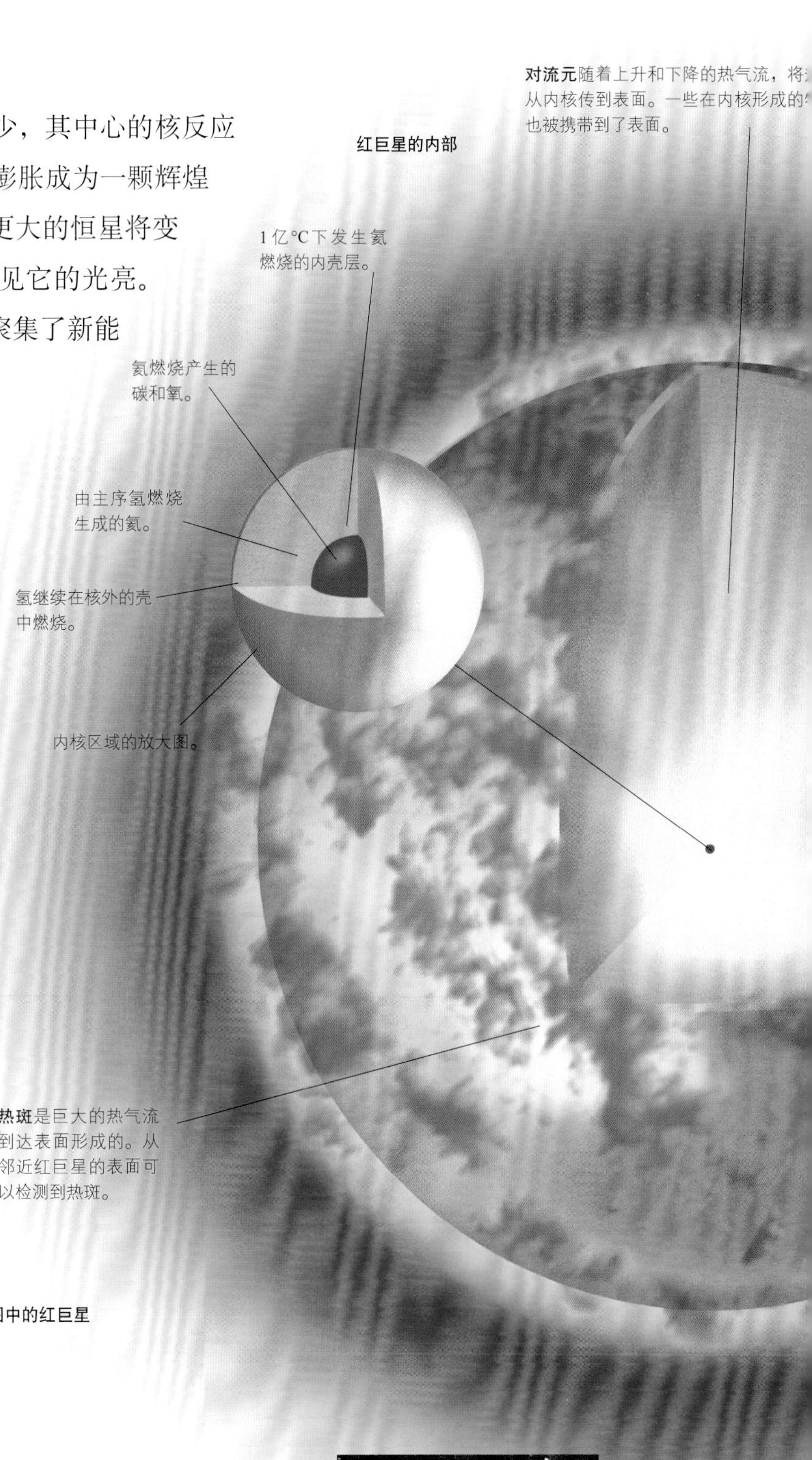

对流元 随着上升和下降的热气流，将从内核传到表面。一些在内核形成的也被携带到了表面。

红巨星的内部

1 亿 °C 下发生氦燃烧的内壳层。

氦燃烧产生的碳和氧。

由主序氢燃烧生成的氦。

氢继续在核外的壳中燃烧。

内核区域的放大图。

红巨星的内部

与其他任何一颗恒星类似，红巨星的热源也是其内核发生的核反应。它的氢几乎已经耗尽，内核已缩小到往日的十分之一，比地球大不了多少。由于这个微小内核温度极高，压力巨大，所以恒星可以通过聚变氦来产生能量，同时生成较重的碳、氧等元素。在内核的外侧，薄薄的氢壳会不断生成氦。

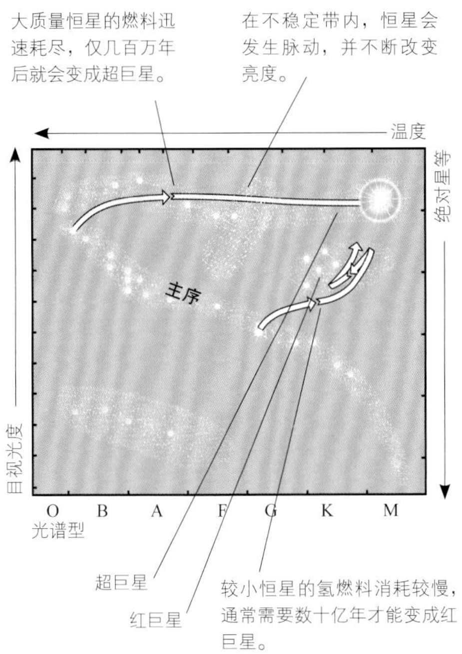

大质量恒星的燃料迅速耗尽，仅几百万年后就会变成超巨星。

在不稳定带内，恒星会发生脉动，并不断改变亮度。

温度

绝对星等

主序

目视光度

O B A F G K M
光谱型

超巨星

红巨星

较小恒星的氢燃料消耗较慢，通常需要数十亿年才能变成红巨星。

赫罗图中的红巨星

热斑 是巨大的热气流到达表面形成的。从邻近红巨星的表面可以检测到热斑。

巨星的演化

当内核的氢耗尽时，恒星就会变成巨星。恒星不断膨胀和冷却，就会移离主序。小质量的恒星突然发亮，移动进入红巨星区域。大质量恒星的亮度大致保持不变，但会向超巨星区域移动。巨星的颜色取决于表面温度，超巨星可以呈现出蓝色（最热）、白色、黄色或红色。

星风

巨星的外层大气以在太空漂泊数光形成星风。蝴蝶星云气体和尘埃组成，从星的中心地带喷薄而

超巨星

有的巨星质量相当于太阳的 8 倍，它们常会离开主序，变成超巨星。与巨星一样，它们的能量也来自氢聚变，不过它们所产生的碳和氧可进一步发生核聚变，形成更重的元素。

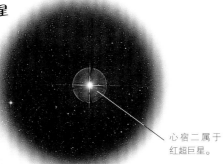

超巨星心宿二

与红巨星相比之下的太阳。

太阳还不到典型红巨星直径的十分之一。

红巨星的大小

巨星体积的变化非常大。当第一次离开主序时，恒星一般能膨胀到太阳直径的 200 倍。氦燃烧开始后，恒星直径将是太阳的 10 至 100 倍。超巨星可能更大，超过太阳直径的 1000 倍。红超巨星仙王座 μ 是最大的恒星之一，直径超过了土星的轨道。

心宿二属于红超巨星。

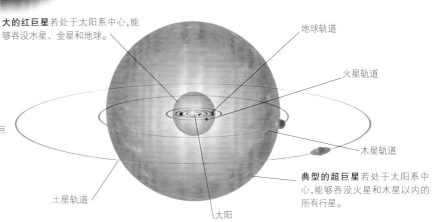

大的红巨星若处于太阳系中心，能够吞没水星、金星和地球。

地球轨道

火星轨道

木星轨道

典型的超巨星若处于太阳系中心，能够吞没火星和木星以内的所有行星。

土星轨道

太阳

乌黑的粉尘颗粒将凝结在恒星的外层大气中，并随星风被刮走。尘埃漂入星际空间，在那里形成新一代恒星。

从地球看太阳成为红巨星时的景象。

太阳的后半生

再过大约 50 亿年，太阳的氢将被耗尽。到那时，太阳的亮度将达到现在的两倍。变成一颗红巨星时，它会膨胀得很大，甚至会吞没水星，而亮度将提高 1000 倍。氦聚变开始后，太阳将变得较为稳定，并在接下来的 20 亿年间作为一颗巨星安定下来，直径将达到目前的 30 倍左右。

蝎座的心宿二和附近恒星

👁 观看红巨星的方位

巨星和超巨星是天空中最知名的星星。明亮的巨星包括牧夫座的大角星和金牛座的毕宿五。御夫座的五车二由两颗相互绕转的巨星组成。超巨星包括船底座的老人星、猎户座的参宿七和参宿四、天蝎座的心宿二和天鹅座的天津四。仙王座 μ 是最大的超巨星之一，因其呈红色故又被称为石榴石星。

巨星数据

名称	星等	光谱型	距离（光年）
老人星	-0.6	F0 白超巨星	310
大角星	0	K2 橙巨星	37
五车二	0.1	G6&G2 黄巨星	42
参宿七	0.2	B8 蓝超巨星	775
参宿四	0.5	M2 红超巨星	640
马腹一	0.6	B1 蓝巨星	335
毕宿五	0.9	K5 红巨星	65
心宿二	1.1	M1 红超巨星	600
北河三	1.2	K0 橙巨星	34
天津四	1.2	A2 白超巨星	2600
十字架三	1.2	B0 蓝巨星	350
十字架一	1.6	M4 红巨星	88

了解更多

恒星的特性 168　恒星的生命轮回 170
行星状星云 182　超新星 184

行星状星云

行星状星云像花一样绽放在太空。另一颗红巨星膨胀后消散，喷射的外层大气形成了不断扩展的星云，在太空中闪耀数万年。对于质量能达到太阳8倍的所有恒星而言，它们都是以这种方式结束自己的生命的，它们的物质扩散后形成了精致的发光星环和壳体。这个星云将逐渐变得暗淡并消失，其中心的白矮星（高温而致密的星核遗迹）经过数十亿年后，将逐渐冷却，消亡。

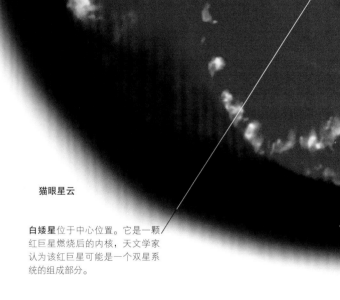

陈旧气体的外叶。

近期喷射气体内壳层。

猫眼星云

当红巨星没有更多的氦燃料燃烧时，它的内核就会收缩，恒星将再次膨胀。但这次膨胀会非常突然，会将恒星的外层气体吹入太空。炽热的内核照亮了被吹离的气体，并会形成行星状星云（威廉·赫歇耳认为圆盘状的星云看起来像行星，所以叫它们行星状星云）。行星状星云只能存活数千年，因此相当罕见，银河系只有大约1500个。猫眼星云是最为复杂的行星状星云之一，年龄约为1000岁。

猫眼星云

白矮星位于中心位置。它是一颗红巨星燃烧后的内核，天文学家认为该红巨星可能是一个双星系统的组成部分。

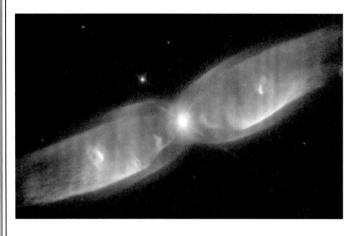

蝴蝶星云

蝴蝶星云是最美丽的行星状星云之一。天文学家认为，其中心的白矮星不断从较大的伴星那儿吸引来物质，形成了由气体和尘埃组成的旋转圆盘。当红巨星外层被吹散时，圆盘使这些物质变为两股喷流，以超过300千米/秒的速度喷射出去。该星云位于距离我们大约2100光年的蛇夫座，目前大约1200岁。

指环星云和附近的恒星

👁 观测行星状星云

行星状星云非常暗弱，不用望远镜通常无法看到，其中一个最容易被观测到的是天琴座的指环星云，它位于织女星的东南方和渐台二的东侧，看起来像是一个小而淡的烟圈，在漆黑无月的夜晚可通过小型望远镜观测到。

白矮星

在每一个行星状星云的中心，都有一个小而热的恒星——白矮星。它是红巨星燃烧后的内核，富含恒星发生氦燃烧后而产生的碳和氧，而暴露的外层现已不存在。由于白矮星不再产生能量，它们的体积会变得非常小：就一般的白矮星而言，就像是太阳被压缩成了地球般的大小。在银河系中，约10%的恒星都可能是白矮星，由于它们太暗，只有距离我们最近的那些才能被看到。

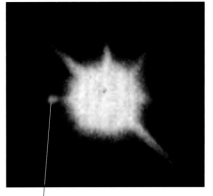

天狼星B是距离太阳最近的白矮星。这颗星非常小，围绕着明亮的天狼星运动。

氢是星云的大部分组成材料，在这张哈勃空间望远镜拍摄的照片中呈红色。

较重的元素，如氧和氮，显示为绿色和蓝色。

发光星云由恒星在红巨星阶段表面飘散的气体构成。在中心的白矮星的辐射下，它会保持一定的热度。

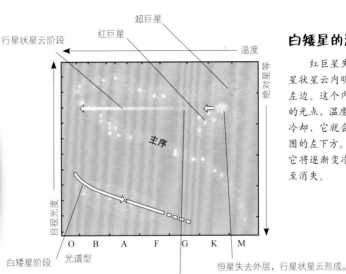

超巨星
红巨星
温度
行星状星云阶段
主序
白矮星阶段
光谱型
O B A F G K M
目视光度
绝对星等

暴露的内核在图中迅速移动，到达白矮星的位置。

恒星失去外层，行星状星云形成。

白矮星的演化

红巨星失去外层后，裸露的内核成为行星状星云内明亮的中央星，位于赫罗图的最左边。这个内核非常炽热，显示为一个明亮的光点，温度高达100 000° C。随着内核的冷却，它就会变成一颗白矮星，移动到赫罗图的左下方。由于没有更多的核燃料来燃烧，它将逐渐变冷，移动到赫罗图的右下方，直至消失。

白矮星的密度

白矮星的物质密度比水大100万倍。这意味着白矮星周围的引力场非常强。站在一颗白矮星上，一个人的体重将能达到600吨左右。火柴盒大小的白矮星物质与一头大象的重量相当。

质量较小的白矮星个头较大。

质量较大的白矮星个头较小，密度较大。

钱德拉塞卡极限

白矮星的质量无法超过太阳的1.4倍。钱德拉塞卡在1930年公布了这一惊人发现，他认为白矮星的质量越大，受到自身引力的挤压就越大，因此也会变得越小。如果一颗恒星燃烧后的内核质量超过了太阳的1.4倍（钱德拉塞卡极限），它就会坍缩形成中子星或黑洞。

主要行星状星云

名称	星座	距离（光年）	大小（光年）
螺旋星云	宝瓶座	450	1
亚铃星云	狐狸座	1 000	1.5
夜枭星云	大熊座	1 300	1
小虫星云	天蝎座	2 000	0.5
指环星云	天琴座	2 000	1.5
土星星云	宝瓶座	3 000	1.5
爱斯基摩星云	双子座	3 000	0.5
闪视行星状星云	天鹅座	3 500	2.5
小哑铃星云	英仙座	3 500	5
猫眼星云	天龙座	3 500	6

了解更多

超新星

　　所有最大质量的恒星结束自己的生命时，都会发生巨大的爆发，成为超新星。恒星在太空中发生爆炸时，连续几天都会在整个星系中一枝独秀。现在，我们仍可以看到几百年甚至几千年前恒星爆炸后留下的发光遗迹。超新星比较罕见，我们的银河系每百年只能出现两三颗，而其中的大多数都隐藏在星际尘埃中。银河系中最近被看到的一颗超新星出现在 1604 年，不过天文学家已在其他星系中发现了更多超新星。

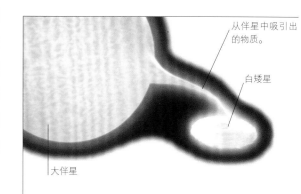

从伴星中吸引出的物质。

白矮星

大伴星

其他类型的超新星

　　正在爆发的超巨星属于 II 型超新星，而 Ia 型超新星更强大。小而致密的白矮星从较大的伴星中吸引出气体，它的质量将不断增加，直至无法支撑自己而坍缩，在巨大的爆发中毁灭。Ia 型超新星总会达到相同的光度，所以可用来测量遥远星系的距离。

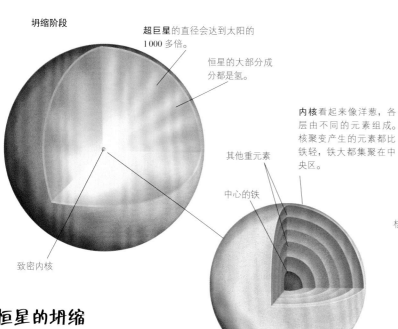

坍缩阶段

超巨星的直径会达到太阳的 1000 多倍。

恒星的大部分成分都是氢。

内核看起来像洋葱，各层由不同的元素组成。核聚变产生的元素都比铁轻，铁大都集聚在中央区。

其他重元素

中心的铁

致密内核

坍缩产生的激波将整个恒星撕裂，产生强烈爆发。被吹入太空的重元素将形成下一代恒星。

核的外层向内坍缩。

亚原子的中微子暴来自中心的铁。

坍缩的内核形成中子星或黑洞。

恒星的坍缩

　　有的恒星质量能达到太阳的 8 倍左右，当其氢耗尽时就会膨胀成一颗超巨星。与红巨星不同，超巨星内部的温度依然很高，氦燃烧后形成的碳和氧将能因此而形成较重的元素。超巨星可以创造出比铁更重的元素。

铁芯的质量能达到太阳的 1.4 倍，导致它无法支撑自身的重量，向内坍缩，形成比铁更重的元素。

超新星 1987A

　　1987 年 2 月 23 日，地球的上空出现了 400 年来最亮的超新星。它位于银河系的一个小伴星系——大麦哲伦云中。85 天后，这颗恒星的亮度上升到 2.8 等，不用望远镜也很容易看到，但与那些遥远星系中的亮星相比，这颗超新星还是相当暗。天文学家还探测到在恒星变亮的 3 个小时前，内核坍缩时释放出了中微子。

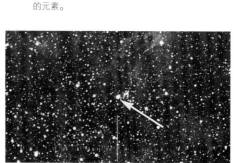

爆发的 3 年前，将成为超新星 1987A 的恒星还是一颗隐约可见的蓝超巨星，被称为桑杜列克 −69°202。它最初的质量大约是太阳的 20 倍。

超新星 1987A 依靠爆发所产生的放射性元素增亮，并直持续到 5 月 20 日。恒星原来结构的紧凑程度影响着的最大亮度。

新星遗迹

超新星爆发后，其遗迹的温度非常高，并将继续膨胀发光几百年甚至几千年。目前已知的超新星遗迹大约有150个。这张X射线图显示的是仙后座中的超新星1572年爆发后的遗迹。第谷·布拉赫曾对这颗超新星进行过详细研究，这颗超新星也是以他的名字命名的。

第谷超新星遗迹

恒星外层爆炸后飞入太空。

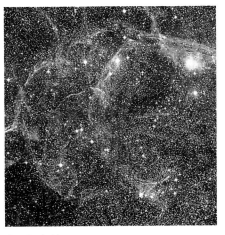

恒星遗迹

船帆超新星遗迹是一颗恒星大约11000年前爆发后留下的骸体。其中心距离太阳大约1500光年。爆后的物质以每秒数千千米的速度与太空中的气团相撞，这些气团因此变热、发光。氢气可发出红光，氧气发蓝光。船帆座遗迹所发的光通过X射线望远镜也可以看到。

1940年NGC4725星系的照片，该星系位于后发座。

超新星的位置。

1941年同一区域的照片，从中可看出一颗灿烂的超新星。通过比较这些照片，能够发现星系中恒星的变化。

寻找超新星

天文学家无法预测恒星的爆炸时间，直到不久前，超新星都只是偶然被发现。如今，天文学家使用自动望远镜和计算机，每晚都在搜索数百个遥远的星系。天文爱好者在寻找超新星的过程中也扮演着重要角色。一些人使用传统照相机，还有的使用电子相机，而更多的只是凭借自己的眼睛和记忆来寻找超新星。1957年，天文爱好者发现了第一颗超新星，如今这个数字已超过了130颗。

主要超新星

年份	星座	星等	距离（光年）
185	半人马座	−8	9800
386	人马座	1.5	16000
393	天蝎座	0	34000
1006	豺狼座	−9.5	3500
1054	金牛座	−5	6500
1181	仙后座	0	8800
1572	仙后座	−4	7500
1604	蛇夫座	−3	12500
1987	剑鱼座	2.8	160000

超新星大事纪

• 公元2世纪，中国的天文学家首次记录了超新星。

• 中国人在1054年记录的一颗明亮的超新星产生了金牛座中的蟹状星云。它也可能出现在当时美洲原住民的壁画中。

• 1604年，约翰内斯·开普勒在银河系新发现了一颗超新星，它最亮时星等能达到−3。

• 1771年的夏尔·梅西耶星云星团表中最早记录了蟹状星云。

• 1885年，德国天文学家恩斯特·哈特维希（1851～1923）在仙女星系发现了一颗明亮的新星，成为其他星系中首颗被发现的超新星。

• 1934年，沃尔特·巴德和弗里茨·兹威基提出了超新星这个词。

• 1942年，蟹状星云被确认是超新星1054的发光遗迹。

• 20世纪50年代，美国天文学家威廉·福勒（1911～1995）和弗雷德·霍伊尔解释了大质量恒星的燃料耗尽时，超新星是如何诞生的。

• 大麦哲伦云的超新星1987A是第一颗使用现代仪器进行研究的超新星。

中子星

超新星的爆发标志着恒星的消亡，但也是另一种形式的重生。恒星的外层部分被抛入太空，内核会坍缩成一颗中子星——如同将太阳的质量装到比纽约还小的超密物体中。中子星具有强烈的磁场和引力场，因此常会变成脉冲星。射电脉冲星会发射有规律的射电波，而X射线脉冲星则会发出一阵阵规则的高能辐射。银河系可能散落有这些奇怪物质的暗色遗迹。

蟹状星云

蟹状星云

最有名的中子星坐落在蟹状星云的中心，是1000年前一颗恒星发生超新星爆发留下的遗骸。恒星的大多数物质已落入15光年的空域中，但其坍缩的内核依然存在。中子星是星云的动力源，它每秒疯狂旋转30周，倾泻出光波、射电波和X射线等能量。

爆发的大气以每秒1000千米的速度向外喷出。

中子星内部

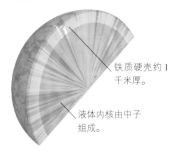

铁质硬壳约1千米厚。

液体内核由中子组成。

中子星的内部

中子星并不是气态的，而是由固体和液体组成。其外层为竖硬的固体铁壳，之下是液体，几乎完全由被称为中子的亚原子粒子组成。恒星的内核坍塌时，大部分原子被挤压在一起，迫使电子和质子结合成为中子。

中央恒星是一颗脉冲星，即一颗拥有强大的磁场，能量能使星云发光的旋转中子星。

脉冲星的辐射束照亮了周围的气体。

中子星的密度

中子星内的中子非常小，并且排列得非常紧密。如此致密的中子星具有十分强烈的引力，火箭的速度要达到光速的一半才能从其表面逃逸。中子星的质量若达到了太阳的3倍，它就会在自身的引力下坍缩，形成黑洞。

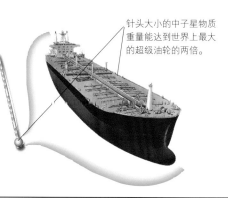

针头大小的中子星物质重量能达到世界上最大的超级油轮的两倍。

主要脉冲星

名称	周期（秒）	距离（光年）	注释
PSR J1748-2446ad	0.001	18 000	转速最快
毒蜘蛛脉冲星	0.002	5 000	脉冲双星
蟹云脉冲星	0.033	8 100	形成于1054年
脉冲双星	0.059	23 000	第一个脉冲双星
船帆座脉冲星	0.089	1 500	γ射线源
PSR1919+21	1.337	2 100	第一个射电脉冲星
PSR J2144-3933	8.5	587	周期最长
杰敏卡	0.23	520	X射线和γ射线
武仙座X-1	1.24	15 000	X射线脉冲星
半人马座X-3	4.84	25 000	第一个X射线脉冲

了解更多

X射线天文学 28　恒星的生命轮回 170
红巨星180　超新星 184　黑洞188

脉冲星

自 1967 年第一颗脉冲星被发现以来，天文学家已发现了 1 000 多颗脉冲星。脉冲星是有很强磁场的旋转中子星，能有节奏地释放出射电波。最快的脉冲星每秒能发射 642 次脉冲，而最慢的每 5.1 秒发射一次脉冲。大多数脉冲星都躺在银道面里，但球状星团中发现的也有很多。强磁星也是一种中子星，其磁场更强。它们可能与太空中一些神秘的 γ 射线暴有关。

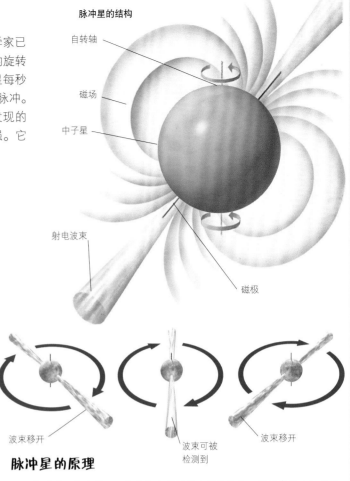

脉冲星的结构

自转轴

磁场

中子星

射电波束

磁极

光学脉冲星

一些脉冲星会同时发出光闪和射电脉冲。蟹云脉冲星每秒会闪烁 30 次，船帆超新星遗迹中的另一颗脉冲星每秒可闪烁 11 次。

波束移开

波束可被检测到

波束移开

脉冲星的原理

中子星一边自转，一边从各个磁极放出射电波束。该波束每次扫过地球，我们就能检测到一个射电波脉冲，就像灯塔上的闪光灯一样。中子星逐渐将能量辐射掉，旋转的速度同时会变慢。数百万年之后，它会因旋转得太慢而不能发射出射电波，随后逐渐消亡。

中子星

星相互绕转多圈后沿螺轨道接近。

X射线双星

一些脉冲星发射的是X射线，而不是射电波，双星系统内的中子星会把正常伴星的气体吸引过来。这些气体被中子星的强大磁场劫持，成漏斗状向两极移动。当气体撞到表面时，将会形成约 1 亿°C 的热斑，并释放X射线，这个热斑每次进入视野后，我们就能看到X射线脉冲。

再生脉冲星

有些射电脉冲星旋转的速度非常快，每秒可释放数百次脉冲。天文学家认为它们原是转速已减缓、濒临死亡的老脉冲星，之所以又快转起来，是因为进入红巨星阶段的伴星路过时，落向老脉冲星的气体产生了推动作用。X射线双星可能就是这种老的脉冲星"起死回生"的结果。

冲双星

通常情况下，脉冲星会环绕另一恒星运形成脉冲双星系统。这颗恒星可能很普也可以是白矮星或另一颗中子星。通过测两颗中子星系统的脉冲行为，天文学家已发它们正在逐渐盘旋着靠近对方。这两颗中子最终将会相撞，甚至可能形成黑洞。

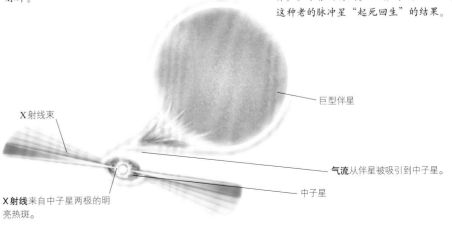

巨型伴星

X射线束

气流从伴星被吸引到中子星。

中子星

X射线来自中子星两极的明亮热斑。

黑洞

黑洞是宇宙中最奇特的天体，不会发出任何可见光，可谓名副其实。然而，大多数黑洞都是宇宙中最明亮的恒星（变成超新星的巨星）的最终归宿。这些超新星爆发后遗留下的内核密度极高，引力非常强大，即使光也无法逃脱，因此该天体是黑的。任何物质的运动速度都超不过光速，所以物质落入黑洞后就会被永远困住。在黑暗的太空中巡查黑洞是一个巨大挑战，但天文学家现在相信它们确实存在。

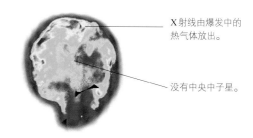

天鹅圈超新星遗迹

X射线由爆发中的热气体放出。

没有中央中子星。

形成

超新星爆发时，恒星的内核通常会坍缩成为中子星。但也有例外，上图中这个炽热的超新星遗迹就没有中央中子星。如果坍缩内核的质量超过了太阳的3倍，排列致密的中子也无法承受其引力，恒星因此就会完全坍缩成为黑洞。

气流击中绕黑洞运动的气体，形成一个明亮的热斑。

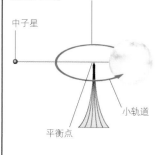

轨道小、运动慢：可见恒星的轨道小、运动慢，表明它已接近系统的平衡点，而且比看不见的伴星重。

中子星

小轨道

平衡点

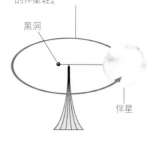

轨道大、运动快：可见恒星的轨道大、运动快，表明它远离平衡点，因此比看不见的伴星轻。

黑洞

伴星

探测

只有当黑洞接近另一颗恒星时，它才能被探测到。黑洞拥有强大的吸引力，可将伴星的大气高速剥离掉。这些气体向着黑洞倾泻而下，形成了被称为吸积盘的螺旋形旋涡。摩擦力使旋转气体变得极热，最热之处可达1亿°C，并释放出X射线。

黑洞的重量

当天文学家发现一颗恒星绕一颗看不见的伴星转时，就可以通过对比，推测出它将成为中子星还是黑洞。中子星的质量不会超过太阳的3倍，因此超过的一定会成为黑洞。在双星系统中，两个天体会围绕同一个平衡点运动，通过观察这两颗恒星与平衡点的位置，就能推测出它们俩的相对质量。天文学家利用恒星的亮度和颜色可计算出它的质量，进而推算出其伴星的质量。

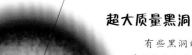

尘埃环供给吸积盘

黑洞区

超大质量黑洞

有些黑洞的质量能达到太阳的数百倍甚至数十亿倍。它们潜伏在星系的中心，不是由超新星，而是由星系中巨大的气体发生坍缩而形成。其巨大的引力能从广阔太空吸入尘埃和气体，形成巨大的吸积盘。它们有的可能比较暗淡，如NGC 4261，有的也会成为大放异彩的类星体。

活动星系NGC 4261

黑洞数据		
名称	质量	伴星质量
GRO J1655－40	6.3个太阳	2.4个太阳
大麦哲伦云X－3	7.6个太阳	4.5个太阳
GRO J0422+32	4.3个太阳	0.5个太阳
A0620－00	11个太阳	0.5个太阳
天鹅座V404	12个太阳	0.6个太阳
天鹅座X－1	16个太阳	30个太阳

了解更多

X射线天文学28　超新星184
黑洞的内部190
银河系中心204　活动星系216

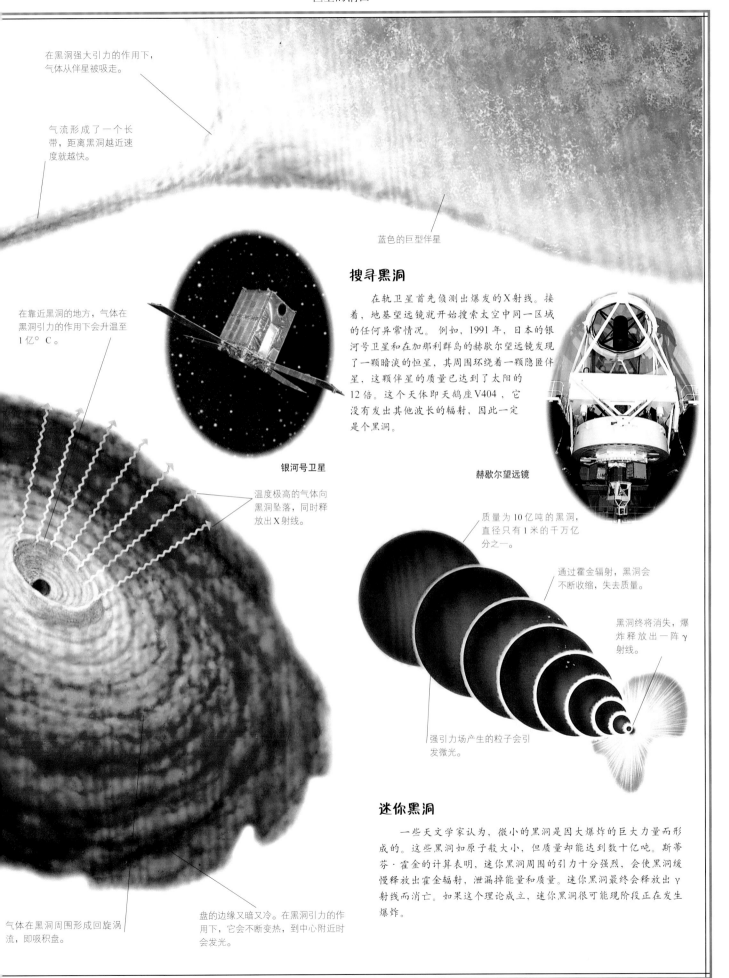

在黑洞强大引力的作用下，气体从伴星被吸走。

气流形成了一个长带，距离黑洞越近速度就越快。

蓝色的巨型伴星

在靠近黑洞的地方，气体在黑洞引力的作用下会升温至1亿°C。

搜寻黑洞

在轨卫星首先侦测出爆发的X射线。接着，地基望远镜就开始搜索太空中同一区域的任何异常情况。例如，1991年，日本的银河号卫星和在加那利群岛的赫歇尔望远镜发现了一颗暗淡的恒星，其周围环绕着一颗隐匿伴星，这颗伴星的质量已达到了太阳的12倍。这个天体即天鹅座V404，它没有发出其他波长的辐射，因此一定是个黑洞。

银河号卫星

温度极高的气体向黑洞坠落，同时释放出X射线。

赫歇尔望远镜

质量为10亿吨的黑洞，直径只有1米的千万亿分之一。

通过霍金辐射，黑洞会不断收缩，失去质量。

黑洞终将消失，爆炸释放出一阵γ射线。

强引力场产生的粒子会引发微光。

气体在黑洞周围形成回旋涡流，即吸积盘。

盘的边缘又暗又冷。在黑洞引力的作用下，它会不断变热，到中心附近时会发光。

迷你黑洞

一些天文学家认为，微小的黑洞是因大爆炸的巨大力量而形成的。这些黑洞如原子般大小，但质量却能达到数十亿吨。斯蒂芬·霍金的计算表明，迷你黑洞周围的引力十分强烈，会使黑洞缓慢释放出霍金辐射、泄漏掉能量和质量。迷你黑洞最终会释放出γ射线而消亡。如果这个理论成立，迷你黑洞很可能现阶段正在发生爆炸。

黑洞的内部

黑洞称得上光的监狱，那里的引力十分强烈，因而没有任何东西可以逃脱。它们还具有更加离奇的效果：黑洞的引力能使空间和时间发生扭曲，物理定律在它的中心均不能成立。没有人能看到黑洞的内部，但数学家可以利用爱因斯坦的引力理论，即广义相对论来展开探索。黑洞边缘及深处出现了奇怪的现象，那里的物质已收缩成了一个奇点：尺度无限小，但密度又无限大。一些数据表明，黑洞可能是通往其他宇宙的入口。

浅引力阱

太阳造成一个浅引力阱。彗星等天体会以适中的速度向它"滚"去。

白矮星更加致密，其空间凹陷也更明显。天体接近陡坡时就会迅速滚入。

陡峭的引力阱

引力阱

根据爱因斯坦的广义相对论，引力不是物体之间的一种力量，而是空间本身的一种扭曲。这样，我们就能想象出黑洞周围的引力效应。爱因斯坦将空间设想成了一张薄的橡皮膜。如果在它上面放一个重物，如台球，它就会出现一个凹坑——引力阱。同样，太阳也会将周围的空间扭曲成一个引力阱。行星轨道都是围绕这个"井口"形成的弯曲路径。恒星越致密，这个引力阱就越深，两侧也更陡峭。

非常陡峭的引力阱

中子星的密度比白矮星更大，它的引力阱壁非常陡峭。天体滚入时的速度能达到光速的一半。

黑洞的凹壁十分陡峭，天体会以光速落入。

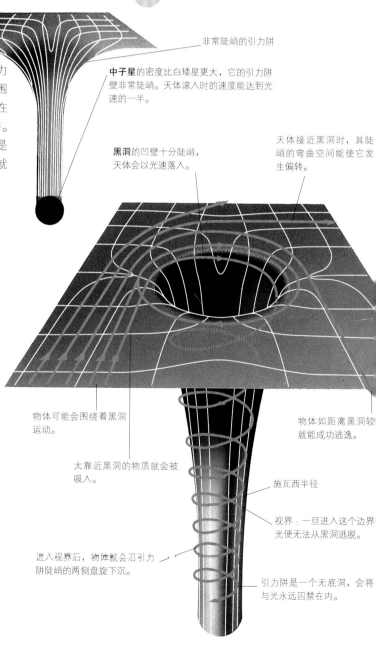

天体接近黑洞时，其陡峭的弯曲空间能使它发生偏转。

物体可能会围绕着黑洞运动。

物体如距离黑洞较远就能成功逃逸。

太靠近黑洞的物质就会被吸入。

施瓦西半径

视界：一旦进入这个边界，光便无法从黑洞逃脱。

进入视界后，物体就会沿引力阱陡峭的两侧盘旋下沉。

引力阱是一个无底洞，会将光永远囚禁在内。

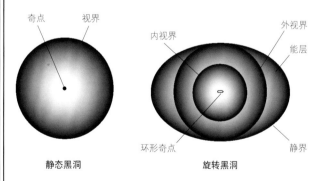

奇点　视界

内视界　　　外视界

能层

环形奇点　　静界

静态黑洞　　　　**旋转黑洞**

黑洞的结构

所有黑洞都具有相同的基本结构。在中心的奇点周围，围绕着一种无形的边界——视界，任何物质都无法从里面逃脱。视界的大小叫作施瓦西半径，施瓦西是首个认识到视界重要性的物理学家。旋转黑洞更复杂，它拥有一个能层（如宇宙漩涡）、一个额外的内视界和一个环形奇点。

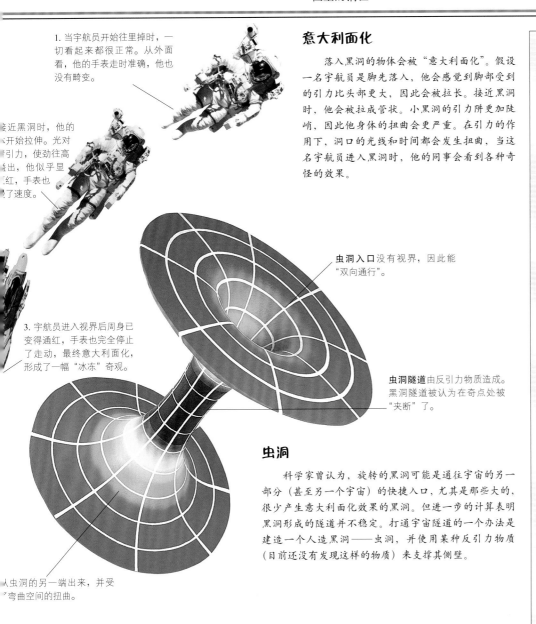

1. 当宇航员开始往里掉时，一切看起来都很正常。从外面看，他的手表走时准确，他也没有畸变。

接近黑洞时，他的……开始拉伸。光对……引力，使劲往高……出，他似乎显……红，手表也……了速度。

3. 宇航员进入视界后周身已变得通红，手表也完全停止了走动，最终意大利面化，形成了一幅"冰冻"奇观。

人虫洞的另一端出来，并受……弯曲空间的扭曲。

意大利面化

　　落入黑洞的物体会被"意大利面化"。假设一名宇航员是脚先落入，他会感觉到脚部受到的引力比头部更大，因此会被拉长。接近黑洞时，他会被拉成管状。小黑洞的引力阱更加陡峭，因此他身体的扭曲会更严重。在引力的作用下，洞口的光线和时间都会发生扭曲，当这名宇航员进入黑洞时，他的同事会看到各种奇怪的效果。

虫洞入口没有视界，因此能"双向通行"。

虫洞隧道由反引力物质造成。黑洞隧道被认为在奇点处被"夹断"了。

虫洞

　　科学家曾认为，旋转的黑洞可能是通往宇宙的另一部分（甚至另一个宇宙）的快捷入口，尤其是那些大的、很少产生意大利面化效果的黑洞。但进一步的计算表明黑洞形成的隧道并不稳定。打通宇宙隧道的一个办法是建造一个人造黑洞——虫洞，并使用某种反引力物质（目前还没有发现这样的物质）来支撑其侧壁。

空间和时间的扭曲

　　这几页的图看起来既方便又简单：它们描绘的空间是二维的，就像一张纸，而现实中的空间有三个维度。根据爱因斯坦的相对论，像恒星一样的巨大天体能使空间发生扭曲。这种效果在二维空间更容易演示，特别是黑洞引起的极端变形。时间是第四个维度，这里并没有显示，它也会受到强大引力场的影响。

恒星周围的空间被质量压弯。

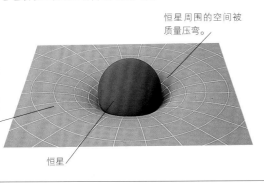

二维视图显示大物体在时空中所形成的凹陷。若没有恒星，扭曲的网格线就会是一……平面。

恒星

正常的空间

恒星

恒星附近的空间在质量的作用下发生了箍缩。

三维视图显示了恒星引力会使空间的扭曲更加复杂。通常沿直线运动的物体会被迫跟随弯曲的网格线行进。

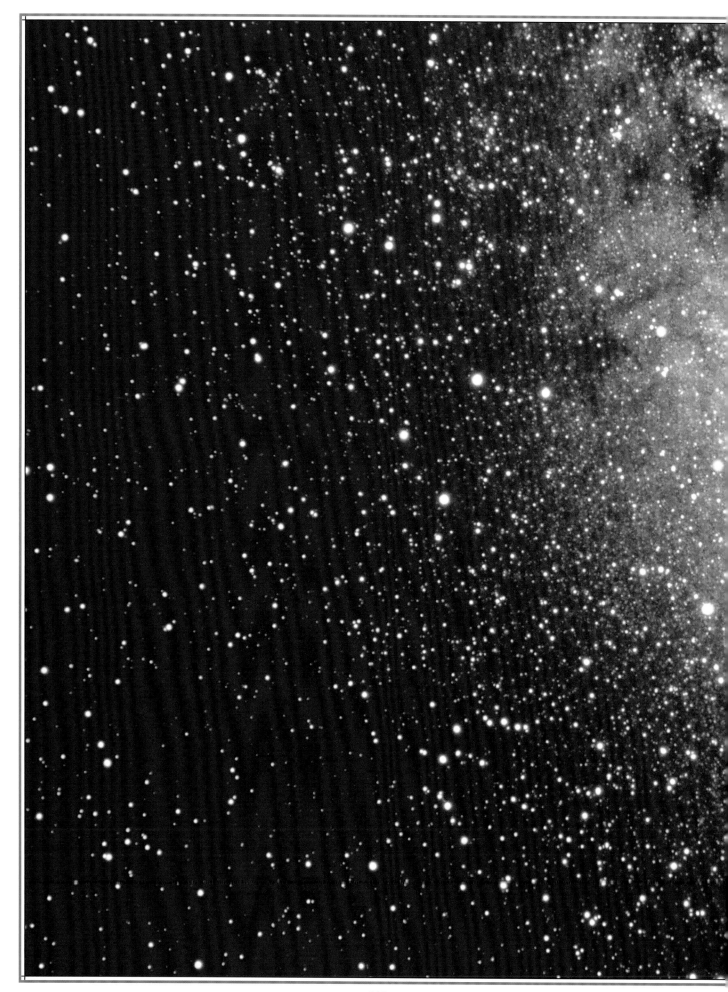

星系和宇宙

宇宙学研究的是最大尺度的宇宙现象，在天文学中最具挑战性。作为天文学的最新领域，宇宙学只有 100 多年的研究历史。在那之前，我们并不知道宇宙到底有多大。人们先是发现太阳只是银河系中的一个恒星，而该星系的恒星达到了 4000 亿颗，接着又发现我们的银河系只是宇宙中 1000 亿个星系中的一个成员。接下来，人们又发现所有的星系都在彼此分离，这表明我们的宇宙曾是一个拥挤的地方。现在，天文学家已知道宇宙开始于 137 亿年前的大爆炸，但它的未来仍是个未知数。一个最大的悬而未决的问题就是，在宇宙的其他地方是否有生命？特别是那里有没有"人"的存在？

银河系概要

我们居住在宇宙中的银河系。如果你从上往下俯视银河系，会发现它有点像夜晚闪烁着灯火的城市。在这座太空城市中，太阳只是 4000 亿个恒星居民中的一个。这些恒星间夹杂着尘埃云和气体团，未来的恒星也正是由它们构成的。在一些地方，云层中镶嵌着正在孕育着恒星的绚丽星云。银河系是一个旋转着的、直径达 10 万光年的旋涡形星系，但厚度只有 2000 光年。天文学家认为银河系形成于数十亿年前，一个巨大的气团在自己引力的作用下坍缩形成盘状，然后与附近的星系融合，不断扩展开来。

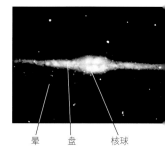

晕　盘　核球

银河系的形状

从侧面看，银河系宛如一个平的盘，中间是一个凸起的核球。周围是一个巨大的球形区域，四晕，是银河最初还是一个气团时的沿。晕之内包含有球状星团以及和的暗物质。

银河系俯视图

银盘中有长长的旋臂。

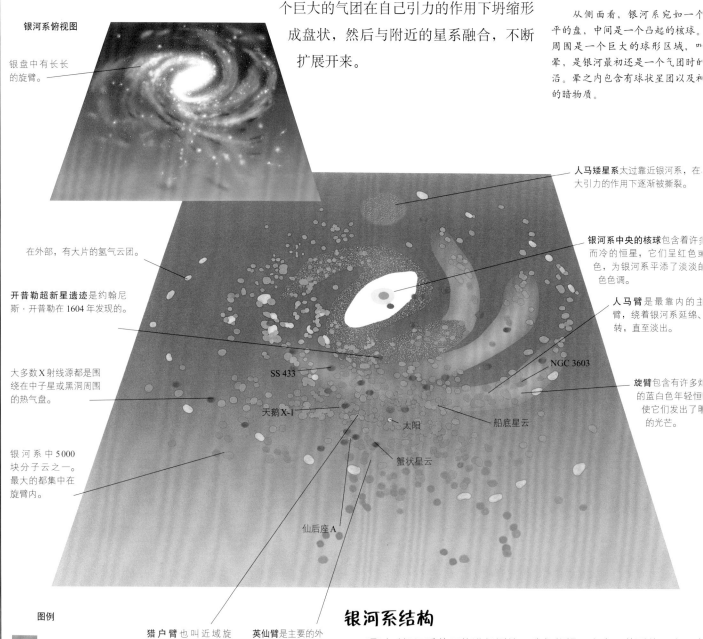

在外部，有大片的氢气云团。

开普勒超新星遗迹是约翰尼斯·开普勒在 1604 年发现的。

大多数 X 射线源都是围绕在中子星或黑洞周围的热气盘。

银河系中 5000 块分子云之一。最大的都集中在旋臂内。

SS 433

天鹅 X-1

仙后座 A

太阳

船底星云

蟹状星云

NGC 3603

人马矮星系太过靠近银河系，在大引力的作用下逐渐被撕裂。

银河系中央的核球包含着许而冷的恒星，它们呈红色色，为银河系平添了淡淡色色调。

人马臂是最靠内的主臂，绕着银河系延绵转，直至淡出。

旋臂包含有许多的蓝白色年轻恒使它们发出了的光芒。

图例

- 星协
- 氢云
- 分子云
- 星云
- ● X 射线源和超新星遗迹

猎户臂也叫域旋臂，是英仙臂和人马臂之间的一条旋臂。我们的太阳系就坐落在它的内缘。

英仙臂是主要的外缘旋臂。它浩瀚而参差不齐，很多地方几乎与猎户臂合并在一起。

银河系结构

通过对银河系的天体进行测绘，我们能揭示它真正的形状。在一长的中心核球的周围，环绕着两个主旋臂和其他次旋臂。明亮的年轻发光的气体云和尘埃星云、致密而黑暗的分子云共同描绘出了旋臂状。相比之下，核球包含的气体云很少，主要由老年恒星组成。

银河系理论

- 大约在公元前500年，古希腊人认为银河系是从天后赫拉的乳房流出的一股奶汁。他们把它叫作"Kiklos Galaxias"，即"银环"。

- 1610年，伽利略通过小望远镜的观察，得出结论称银河系是由"无数恒星集结成的团块"组成的。

- 通过测绘恒星的分布，威廉·赫歇尔1785年发现我们的银河系呈透镜形。

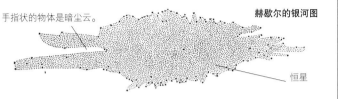

赫歇尔的银河图

手指状的物体是暗尘云

恒星

- 球状星团是银河系的外层。1915年至1920年，哈洛·沙普利通过测量到球状星团的距离，确定了银河系的真实大小和形状。

观测银河系

银河系在6月至9月间特别明亮，这时地球上的夜天正好对准了银河系中心的密集地区。银河系相对比较薄，而且我们就生活在其中，因此银河系恒星在夜天中呈带状分布。这个带状物的黑暗裂缝是巨大的尘埃云，它遮蔽住了身后的无数恒星。

河系的自转

银河系并不是单个坚实的物[体]，因此不同部分的转速并不相[同]，这与引力有关。在稀疏的外缘[地]带，恒星和其他物质受到的引力[较]小，会慢慢绕着银河系运行。处[于]核球区域的恒星因为受到来自四[面]八方的引力，所以平均转速也很[慢]。而核球与边缘地带之间密度较[高]的区域中，物质会受到数十亿颗[恒]星的拉力，因此运行速度可达每[秒]250千米。

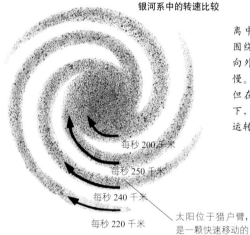

银河系中的转速比较

每秒 200 千米
每秒 250 千米
每秒 240 千米
每秒 220 千米

太阳位于猎户臂，是一颗快速移动的恒星。

绘银河系

与光学望远镜相比，射电望远镜可以穿透尘埃云，天[文]学家便利用射电望远镜的这一特征来绘制银河系。绘制[银]河系的关键是测出一个天体的旋转速度，这可以通过测[量]天体移动时射电波长度的变化来实现。天文学家[知]道银河系不同部分的旋转速度，就可以计算[出]它们与太阳的距离。

这个小射电望远镜的口径只有1.2米，它坐落在纽约市中心一幢建筑的顶部，对银河系的气体云进行测绘。

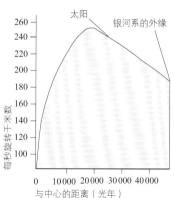

转速变化曲线图

从这幅图可以看出，距离中心约20000光年的天体围绕银河系运动的速度最快。向外天体的运行速度逐渐变慢。虽然那里的恒星很少，但在晕中暗物质的引力作用下，它们还是会保持一定的运转速度。

太阳

银河系的外缘

每秒旋转千米数
260
240
220
200
180
160
140
120
100

0 10000 20000 30000 40000
与中心的距离（光年）

银河系数据

星系类型	旋涡星系（Sb 和 SBc 之间）
光度	太阳光度的 140 亿倍
总质量（包括暗物质）	太阳质量的 10000 亿倍
恒星质量	太阳质量的 2000 亿倍
气体质量	太阳质量的 200 亿倍
尘埃质量	太阳质量的 2 亿倍
直径	100000 光年
圆盘的厚度	2000 光年
核球厚度	6000 光年
中心与太阳的距离	25000 光年
太阳围绕中心旋转的周期	2.2 亿年
太阳的旋转速度	每秒 240 千米
最老星团	130 亿岁
球状星团数量	158 个已知，总共 200 个（估计）

了解更多

射电天文学 24　星际介质 196
我们的邻居 198　英仙臂 200
人马臂 202　银河系中心 204
星系概要 210　暗物质 230

星际介质

恒星决定了银河系的形状和结构，它们之间存在着什么物质也是一个重要的问题。太空并非一片空白：大约火柴盒大小的空间内会包含好几个氢原子和奇特的灰尘颗粒。太空如此浩瀚，这些微小颗粒加起来的质量要占到银河系的10%。这些气体云足以制造出200亿颗像太阳一样的恒星。这些尘埃和气体云的混合物叫作星际介质，它们总是在不停地翻滚打转，孕育着新的恒星，并回收恒星消亡后的一些物质。恒星的残留物质与它们的原始组成材料存在着微妙的差别，因此星际介质的成分也总在不断变化。

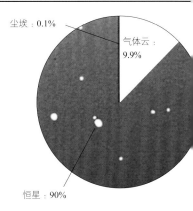

尘埃：0.1%

气体云：9.9%

恒星：90%

银河系的组成

银河系的大部分可见物质都是星，只有10%是气体云和尘埃，其分子云和云际温介质各占一半。

猎户座中的马头星云

云际温介质的主要成分是氢气，在最密集的地方能呈红色。

看不见的宇宙线主要由超新星的高能质子组成，在星际介质中穿行。

参宿一是猎户腰带上的一颗恒星。

恒星之间

星际介质并不是千篇一律的。云际温介质大部分由气体云组成，它们的温度能达到8 000°C（比太阳更热）。它们中间散落着很薄的气泡，那里的温度能超过100万°C，这些气泡由超新星或一群年轻热星的能量产生。还有一些是氢原子组成的冷云，它们通常呈弯曲的线状结构，镶嵌在古老气泡的边缘。最后，还有由暗淡而浓密的气体云和尘埃组成的分子云，它们是恒星诞生的襁褓。

尘埃云在年轻恒星周围呈蓝色，这是因为恒星的光遇到尘埃粒子后发生了散射。太阳光照射到地球大气时也会发生这种现象，所以我们才能看到蓝色的天空。

马头星云是一片致密分子云的组成部分。从"鼻子"到"鬃毛"的距离是4光年。

宇宙尘

宇宙尘颗粒来自低温老恒星的表面。这些覆盖着冰层的颗粒物直径还不到千分之一毫米，由石墨或叫作硅酸盐的矿物质构成（与铅笔芯的制作材料一样）。它们的结构类似于洋葱，有同心壳层。

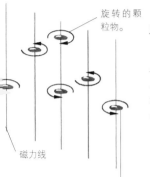

墨尘埃粒子

放大 10000 倍后的图像。

在光学望远镜下 NGC 3603 是银河系中最庞大的星云。

NGC 3576 是船底座复杂的组成部分之一。

旋转的颗粒物。

磁力线

尘埃粒子在磁场中排列了起来。

尘埃及磁性

宇宙尘粒子会在太空中不停地旋转。星际介质的磁场较弱，灰尘颗粒在这种作用力下会排成队列，旋转的方向与磁场的方向成直角。这可能就是马头星云后面呈条纹状的原因。

宇宙尘的影响

宇宙尘能阻碍光线穿越太空，对恒星的视觉效果也会产生戏剧性的影响。例如，从地球上观察星云 NGC 3603 和 NGC 3576，它们看起来就像一对双胞胎。事实上，NGC 3603 要比 NGC 3576 璀璨得多，但它的光芒看上去比较弱，这是因为它被面前的尘埃遮挡住了。

在这种红外像中，天鹅圈呈黄绿色。

云际温介质

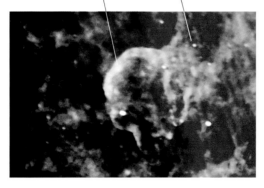

热气泡

气泡的温度最高，但排列并不密集，是星际介质的组成部分，例如天鹅圈。它们是超新星在 2 万多年前创造的，目前仍在爆炸激波的作用下变得越来越热。

磁场在太空中将尘粒排列起来，使马头星云背后的星际介质呈现出条纹状。

分子云积攒了厚厚的尘埃，挡住了云内所有新生恒星的光芒。

天鹅座裂谷

👁 分子云

我们用肉眼就能看到银河系天鹅座内有一块分子云。它是天鹅座中心的暗隙——天鹅座裂谷，其内没有恒星存在，巨大的分子云阻挡住了背后的星光。

宇宙的化学反应

致密的分子云中温度比较低且没有什么干扰，原子很容易连接形成分子。太空中已确定的分子超过了 150 种，最知名的是以下 10 种。

名称	分子式
水	H_2O
甲醛	CH_2O
氰化氢	HCN
甲酸	CH_2O_2
硫化氢	H_2S
丙炔腈	HC_3N
氨	NH_3
甘氨酸	$C_2H_5NO_2$
甲醇	CH_3OH
丙烯腈	C_3H_3N

分子云内的化学反应能将简单分子变得复杂，如经过一系列反应，碳和氧形成了甲醇。

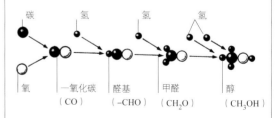

| 碳 | 氢 | 氢 | 氢 |

| 氧 | 一氧化碳 (CO) | 醛基 $(-CHO)$ | 甲醛 (CH_2O) | 醇 (CH_3OH) |

了解更多

我们的邻居

在银河系，太阳周围的区域是夜天中最绚丽的地方。这不仅是因为它们距离我们较近，还因为有些地区，如猎户座，孕育着恒星的壮观复合体，而它们将成为银河系中最吸引人的"旅游景点"。我们的邻居在太阳周围延绵5000光年，包括我们熟悉的金牛座、南十字座以及猎户座中的恒星。邻居中的主要成员来自猎户臂或近域旋臂，人们曾认为猎户臂是人马臂和英仙臂之间的一座桥梁，但现在我们知道，它自己就是一个旋臂。

下图在银河系中的位置

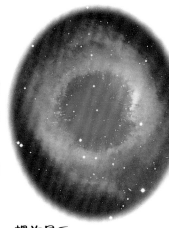

螺旋星云

螺旋星云距离太阳450光年，是最接近太阳的行星状星云。螺旋云非常暗弱，却覆盖了月球一半大的天空。它的螺旋形状可能是由一红巨星两次喷射外层物质而形成的

二号环和三号环是年轻大质量恒星成为超新星时爆炸产生的遗迹。

北美星云和鹈鹕星云

天鹅座大暗隙是一团映衬着银河系的大块分子云。

天津四

昂星团包含有100颗蓝白色的恒星，它们已拥有大约7800万年的历史。

蝎虎座OB1

鹿豹座OB1是一群相对年轻的恒星，与蝎虎座OB1一样也是个星协。

一号环是一个巨大的泡，被大质量年轻恒星产生的狂风吹得鼓了起来。

蛇夫座ρ星云

小虫星云是一个运动速度可达每秒400千米的气体云。

天蝎座X－1

煤袋星云看起来就像天空中南十字座旁的一个洞，是一个直径为60光年的分子云。

哑铃星云

心宿二

螺旋星云

毕星团

北极星

马腹

太阳

十字架二

参宿四

鬼星团

参宿七

金牛座暗云

御夫座ε

御夫座AE

古姆星云

老人星

红矩形星云

猎户星云

马头星云

锥状星云

船帆脉冲星位于船帆星云是一颗12000年前的恒星炸后形成的坍缩内核，它不停地旋转。

船帆超新星遗迹

蝴蝶星云

猎户座复合体包括户星云和巴纳德环

巴纳德环是一个超星遗迹，直径大约300光年

图中显示的户臂区域跨约为5000光

麒麟座R2中有一颗比太10000倍的恒星。这颗恒尘埃掩盖，但可以通过红远镜进行观测。

图例

氢云

分子云

星际泡

星云

星团和巨星

猎户臂结构

我们的邻居都是孕育恒星的"造星工厂"，这包括猎户座复合体、北美星云和蛇夫座ρ星云。年轻的恒星比比皆是，还有的恒星正在分子云中孕育。此外，也有一些"英年早逝"的恒星的遗迹。

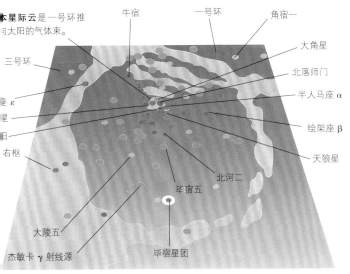

本星际云是一号环推向太阳的气体束。

牛宿
一号环
角宿一
大角星
北落师门
半人马座 α
绘架座 β
天狼星
三号环
座 ε
星
田
右枢
北河二
毕宿五
大陵五
杰敏卡 γ 射线源
毕宿星团

图例	
氢云	
冷星（K和M型）	
热星（A、F和G型）	
极热星（O和B型）	
星团	

本地猎户座主要特征

名称	距离（光年）	类型	事实
毕星团	150	星团	6.3 亿岁
老人星	310	巨星	比太阳亮 100 000 倍
一号环	400	热泡	直径 700 光年
鬼星团	520	星团	绰号"蜂巢"
煤袋星云	550	分子云	质量是太阳的 40 000 倍
心宿二	600	红巨星	被称为"火星的敌手"
参宿四	640	红巨星	大小相当于太阳的 400 倍
参宿七	775	巨星	蓝白星，20 000° C
船帆星云	815	超新星遗迹	12 000 岁，内含一个脉冲星
红矩形	900	红巨星	喷射两股气体流
哑铃星云	1000	行星状星云	直径 2 光年
猎户星云	1350	星云	包含 100 颗新生恒星
马头星云	1350	分子云	从"鼻子"到"鬃毛"为 4 光年
蝎虎座 OB1	1900	星协	不到 3 千万年
御夫座 ε	1900	双星	藏在暗盘中
御夫座 AE	1900	年轻星	已脱离猎户星云
锥状星云	2400	星云	发光星云，有暗色"锥"
天鹅暗隙	2400	分子云	1500 光年长
麒麟座 R2	2600	分子云	内藏新生恒星
鹿豹座 OB1	3000	星协	恒星年龄小于 1000 万年

了解更多

测量恒星 162　行星状星云 182　超新星 184
银河系概要 194　英仙臂 200　人马臂 202

地泡

太阳坐落在本地泡内，本地泡银河系的一个酒桶形区域，直径达）光年，有可能是超新星遗迹。虽泡中的气体云密度低，但它的温度很高，气泡会因此而膨胀。它还包几个致密气体云。

夫座 ρ 复合体

蛇夫座 ρ 复合体也是恒星的出地之一，在天空中颜色最为炫丽。红色是气体受年轻星的紫外辐射轰所致，蓝色是光线经尘埃颗粒散射成。恒星真正诞生的活跃之地隐藏暗分子云的背后。

暗云
蛇夫座 ρ 星

红巨星心宿二的外面围着黄色的星云。

宿五形成了 V的顶点。

毕星团内的恒星在天空组成 V 形图案。

👁 毕星团

毕星团的恒星构成了金牛座的"头"，它红色的"眼睛"是明亮的红巨星——毕宿五。毕星团是距离地球最近的星团，只有 150 光年。它坐落在一个超星团的中心，将太阳包裹在内。

北美星云

北美星云的形状与北美大陆惊人地相似，这正是它名字的由来。北美星云和它的邻居——鹈鹕星云十分巨大，直径达到了 100 光年，比猎户星云还要大 6 倍。

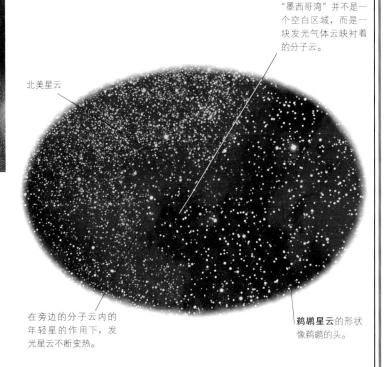

"墨西哥湾"并不是一个空白区域，而是一块发光气体云映衬着的分子云。

北美星云

在旁边的分子云内的年轻星的作用下，发光星云不断变热。

鹈鹕星云的形状像鹈鹕的头。

英仙臂

直到 1951 年，天文学家才确定银河系是一个旋涡星系。就在这一年，美国天文学家威廉·摩根（1906～1994）通过研究英仙座、仙后座和仙王座中恒星的亮度，发现它们都处于大致相同的距离。他绘制的图表明，这些星座都在5000光年～8000光年远的地方。他还发现最外面的主旋臂是英仙臂。英仙臂靠近边缘，这对于我们了解银河系非常重要，因为它背后很少有明亮恒星或复杂的结构干扰我们的视线。

下图在银河系中的位置

英仙星团

英仙座星团

双星团

双星团距离我们7000光年。这两个疏散星团（英仙座h星团和χ星团）彼此相距50光年，每个有数百颗恒星。它们是一个由恒星组成、直径达750光年的松散群（即星协）的核心。

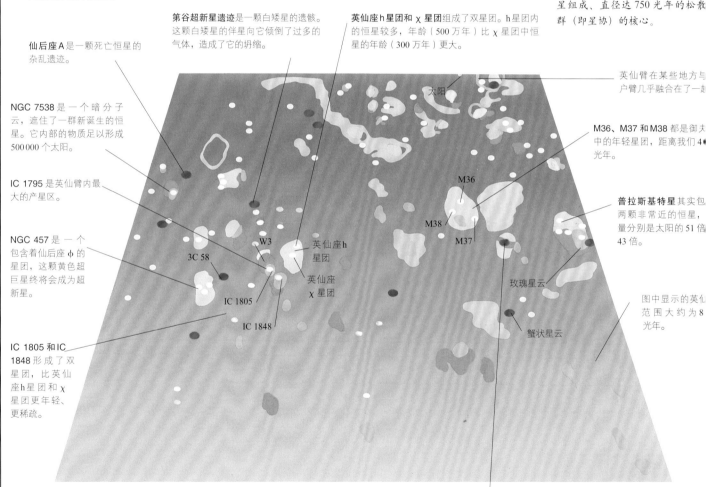

第谷超新星遗迹是一颗白矮星的遗骸。这颗白矮星的伴星向它倾倒了过多的气体，造成了它的坍缩。

英仙座h星团和χ星团组成了双星团。h星团内的恒星较多，年龄（500万年）比χ星团中恒星的年龄（300万年）更大。

仙后座A是一颗死亡恒星的杂乱遗迹。

NGC 7538 是一个暗分子云，遮住了一群新诞生的恒星。它内部的物质足以形成500 000个太阳。

IC 1795 是英仙臂内最大的产星区。

NGC 457 是一个包含着仙后座φ的星团，这颗黄色超巨星终将会成为超新星。

IC 1805 和 IC 1848 形成了双星团，比英仙座h星团和χ星团更年轻、更稀疏。

太阳

英仙臂在某些地方与户臂几乎融合在了一起

M36、M37 和 M38 都是御夫中的年轻星团，距离我们4光年。

M36

M38

M37

W3

3C 58

英仙座h星团

英仙座χ星团

IC 1805

IC 1848

玫瑰星云

蟹状星云

普拉斯基特星 其实包两颗非常近的恒星，量分别是太阳的51倍43倍。

图中显示的英仙范围大约为8光年。

图例

星云

分子云

星协

氢云

星团和巨星

脉冲星和超新星遗迹

英仙臂结构

英仙臂是银河系的主要旋臂之一，它由一系列不相连的年轻恒星和星云组成，没有包裹住银河系。它也包含了大量的超新星遗迹，即恒星的尸体，因此有一种墓地的感觉。

IC 443 星云是一个超新星遗迹。它正在压缩1000个太阳质量的星际介质，也许有一天会演变成恒星。

些气体云以每秒 1500
米的速度向外扩散。

星云弯曲的暗条看起来
像螃蟹的钳子。

仙后座
超新星

1603 年星图中的仙后座

• 大约在公元前 1000 年，双子座 OB1 星协内的一颗超
新星缔造了 IC 443 星云。

• 公元 1054 年，中国天文学家观测到金牛座恒星中
有一颗客星发生爆炸。它非常明亮，连续三个星期
的白天和两年的晚间都能看到它。今天，我们把它
的遗迹称作蟹状星云。

• 1572 年，第谷在仙后座看到了一颗新星（超
新星）。

• 1680 年，约翰·弗拉姆斯蒂德记录了一颗暗弱恒
星——仙后座 3，它可能在爆炸后形成了仙后座 A。

状星云

大多数超新星遗迹都是球形的，但蟹状星云由无数条长
的纤维组成，延绵 15 光年。纤维内幽灵般的蓝光是一种同
步加速辐射，由快速运动的电子产生。这些电子是中央快速旋
转的脉冲星释放的。蟹云脉冲星的直径仅有 25 千米，但质量
比太阳大。

年轻恒星吹出了一个如猎户
星云大小的洞。

玫瑰星云位于
麒麟座内。

玫瑰星云

巨大的玫瑰星
云距离我们有 5500
光年，在天空看起来
比满月还大。它的中心不断
有年轻恒星诞生，辐射和这些恒星的强
风将玫瑰星云的气体吹走，因而它正逐渐变得更大、
更暗。

中心的恒星组成了疏
散星团 NGC 2244

电子进入强磁场，释放出了
射电波。

黄色和红色区域的射电波最
强烈。

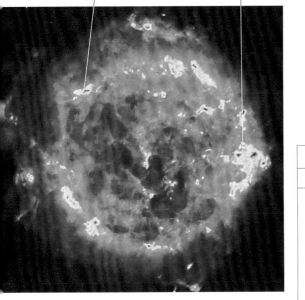

后座 A

从地球可探测到的最亮的射电源来自仙后座 A，它是 300 年
前一颗恒星爆炸后的遗迹。从这张射电望远镜图片中，可看出它
的气体云壳在以每秒 6000 千米的速度向外飞驰。明亮而鲜艳的部
分是致密壳体的炽热边缘。在壳体之外，星际介质中的冷气正在
不断变大的壳体卷走。

英仙臂中的主要天体

名称	距离（光年）	类型	事实
M36	4100	疏散星团	年龄 2000 万年
M38	4200	疏散星团	交叉形结构
M37	4600	疏散星团	年龄 3 亿年
普拉斯基特星	5000	双星	质量分别为太阳的 51 倍和 43 倍
玫瑰星云	5500	星云	直径为 100 光年
W3	5500	分子云	巨大的恒星襁褓
蟹状星云	6500	超新星遗迹	内有活跃的脉冲星
双星团	7400	疏散星团	年龄分别为 300 万年和 500 万年
第谷超新星遗迹	7500	超新星遗迹	来自 1572 年被观测到的超新星
3C 58	8800	超新星遗迹	来自 1181 年被观测到的超新星
仙后座 φ	9400	灿烂恒星	比太阳亮 200 000 倍
仙后座 A	10 000	超新星遗迹	最亮的射电源

了解更多

射电天文学 24　星团和双星 174　超新星 184
中子星 186　银河系概要 194　人马臂 202

人马臂

人马臂坐落在猎户臂和银心之间，是银河系两大旋臂之一。它又宽又长，围绕着整个银河系，末端逐渐消散在宇宙中。从我们所在的猎户臂很难看清人马臂，因为大片的尘埃挡住了我们的视线。射电波和红外辐射可以穿过这些尘埃，但天文学家发现这个热闹区域的天体往往非常模糊，因为它们与其他一些较近的天体落在同一条视线上。不过，天文学家还是在积极探索它那诡异且不寻常的特点。

船底座 η

船底座 η 比太阳还要亮 500倍，是已知最亮但也最不稳定的恒星之一。从这张哈勃图像上，可看出仍蜷缩在 1843 年耀发时抛出的尘埃中。几千年之后，它可能爆炸成为新星。

下图在银河系中的位置

PSR B1937 +21 是已知旋转最快的脉冲星之一。它高速旋转可能是伴星向它倾泻物质引起的。

鹰状星云 的形状与鹰相似，它尘埃弥漫，凌驾在发光星云之上。

马蹄星云 是坐落在长 65 光年的致密分子云一端的热气泡。

SN 1006 是公元 1006 年爆发的一个超新星的遗迹，它爆发时非常明亮，以至能投射出阴影。

宝盒星团 由美丽的蓝色恒星组成，近南十字座。其中的一颗恒星——十字 κ 已变成了一颗红巨星。

图中显示的这段人马臂约长 12 000 光年。

船底星云 是比阳亮 500 万倍恒星 HD 9312的居住地。

天鹅 X – 1 是一个双星，其中的一颗恒星现已成为黑洞。

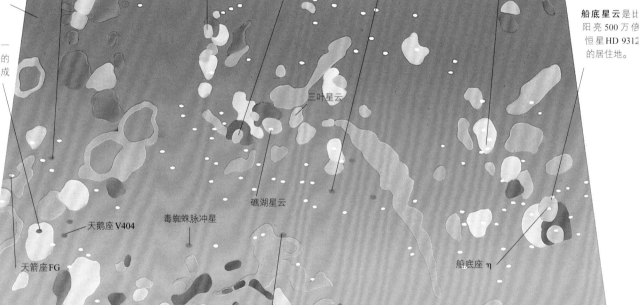

三叶星云

礁湖星云

天鹅座 V404

毒蜘蛛脉冲星

船底座 η

天箭座 FG

太阳

图例

	氢云
	星云
	分子云
	星协
●	脉冲星和超新星遗迹
○	星团

PSR 1919 +21 是首个被发现的脉冲星。它的脉冲与人工信号非常接近，因此其发现者将它称为"一号小绿人"。

天蝎座 X – 1 是太阳系外第一个被发现的 X 射线源，是一颗死亡的中子星。

人马臂的结构

人马臂最接近我们的一部分镶嵌着大星云和致密分子云。鹰状星云、马蹄星云、三叶星云和礁湖星云组成了一个巨大的恒星诞生地，远处就是巨大的船底座复合体。这个区域同样分布着恒星遗迹、脉冲星和黑洞。它靠近银河系中心，主要由分子云构成。

鹅座黑洞

人马臂也有自己的黑洞，它们如果处在双星系统内，天文学家就可
对其进行"测量"。两个天体的质量决定着彼此绕行的方式。在天鹅座
④4中，黑洞比恒星更重，因此平衡点几乎落在了黑洞洞口内，恒星围
着黑洞旋转。在天鹅座X－1中，恒星要比黑洞重，因此平衡点落在
星内，黑洞围绕着恒星旋转。

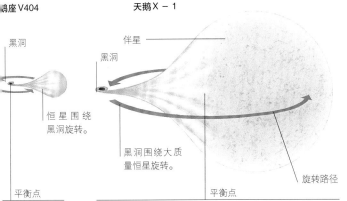

鹅座V404
天鹅X－1

黑洞
伴星
黑洞
恒星围绕
黑洞旋转。
黑洞围绕大质
量恒星旋转。
旋转路径
平衡点
平衡点

人马臂主要特征			
名称	距离（光年）	类型	事实
天蝎座X－1	1 800	X射线源	太阳系外发现的第一个X射线源
PSR 1919+21	2 100	脉冲星	第一个发现的脉冲星
SN 1006	3 500	超新星遗迹	1006年被发现，史上最亮超新星的遗迹
天鹅座V404	4 800	黑洞	质量是太阳的12倍
毒蜘蛛脉冲星	5 000	脉冲星	吞噬邻居
马蹄星云	5 000	星云	形成了100万颗恒星的星云
礁湖星云	5 200	星云	恒星年龄为200万年
三叶星云	5 200	星云	因尘埃带而得名
天箭座FG	6 200	不稳定的恒星	不断溢出大气
鹰状星云	7 000	星云	恒星年龄为600万年
天鹅X－1	7 500	黑洞	质量是太阳的16倍
宝盒星团	7 600	星团	年龄为700万年
船底座η	9 000	变星	会爆炸为超新星
开普勒超新星遗迹	12 500	超新星遗迹	超新星1604被开普勒发现
SS 433	18 000	双星	以每秒7万千米的速度喷射
脉冲双星	23 000	脉冲星	围绕中子星运动
NGC 3603	25 000	星云	银河系中最大的星云
PSR B1937+21	31 000	脉冲星	毫秒脉冲星

了解更多

变星 164　中子星 186　黑洞 188
银河系概要 194　我们的邻居 198

叶星云和礁湖星云

这两个星云位于5 000多光年之外，在天空中非常引人注目。顾名思
三叶星云（上）是由3部分组成，暗尘将这个星云分割成了3块。星
包围着一个致密的星团，其辐射加热了云内的氢，因此发出粉色的光芒。
湖星云（下）内的恒星的年龄已有200万年，其中有许多又大又亮，用
眼就能看到的恒星。

毒蜘蛛脉冲星

毒蜘蛛脉冲星是最不寻常
的一颗脉冲星，它能像毒蜘蛛
一样吃掉对方。这样一来，它
的伙伴只能是一颗小伴星。快
速旋转的脉冲星释放出能量，
恒星的气体云会因此受热，
并蒸发进太空。现在，毒
蜘蛛脉冲星的周围包裹着
从伴星捕获来的发光气体
云，而小伴星最终将会
蒸发掉，被它的脉冲星
邻居摧毁。

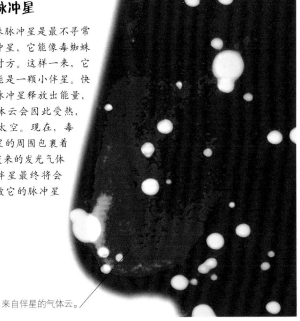

来自伴星的气体云。

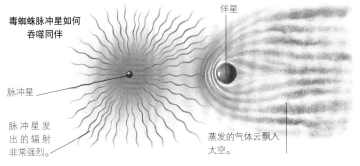

毒蜘蛛脉冲星如何
吞噬同伴

伴星

脉冲星

脉冲星发
出的辐射
非常强烈。

蒸发的气体云飘入
太空。

银河系中心

　　银河系的中心与其他部分不同，它是由红色和黄色恒星组成的棒形隆起，而气体云相对较少。巨大的气体云和尘埃云遮住了光学望远镜的视野，因此这个隆起的构成直到最近都是一个谜。现在，人们通过射电望远镜和红外望远镜，已发现了那里一些惊人的秘密：气体云环或气体云流的运动速度相当快，并有强大的磁区。距离内核越近，气温就越高。这些都表明银河系的中心一定非常不平静，充满活力。它之所以活跃，是因为那里既有新一轮恒星的诞生，也有气体云落入巨大的黑洞，释放出能量。

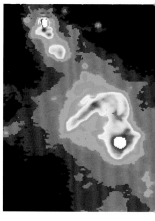

银河系中心的射电图

　　在这张射电图上，银河系中心的直径大约为 450 光年。图片中心正下方就是人马座A复合体（明亮白色天体），弯曲部分是弧，左上是巨大的分子云人马座B2。

下图在银河系中的位置

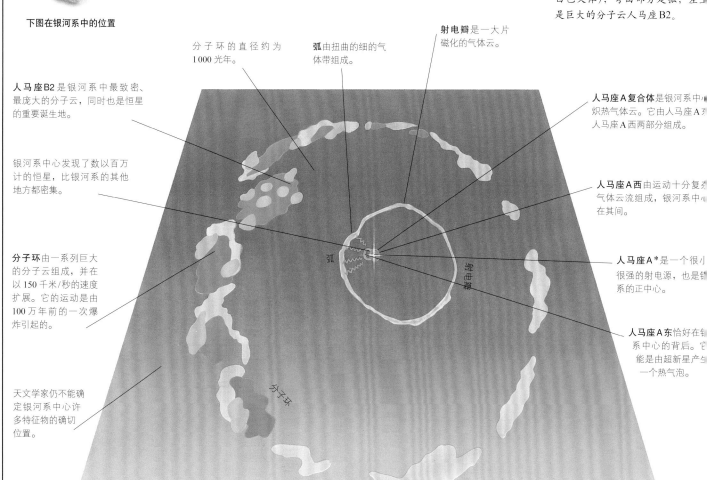

分子环的直径约为 1000 光年。

弧由扭曲的细的气体带组成。

射电瓣是一大片磁化的气体云。

人马座B2 是银河系中最致密、最庞大的分子云，同时也是恒星的重要诞生地。

银河系中心发现了数以百万计的恒星，比银河系的其他地方都密集。

分子环 由一系列巨大的分子云组成，并在以 150 千米/秒的速度扩展。它的运动是由 100 万年前的一次爆炸引起的。

天文学家仍不能确定银河系中心许多特征物的确切位置。

人马座A复合体 是银河系炽热气体云。它由人马座A东和人马座A西两部分组成。

人马座A西 由运动十分复杂的气体云流组成，银河系中心在其间。

人马座A* 是一个很小很强的射电源，也是银河系的正中心。

人马座A东 恰好在银河系中心的背后。它可能是由超新星产生的一个热气泡。

弧

射电瓣

分子环

银河系中心

　　银河系中心集聚着最大和最重的天体。其核心是一个星团，成员大都是在强引力的作用下快速移动的红超巨星，以及被称作人马座A*的强射电源。高速运动的恒星证明人马座A*是一个巨大的黑洞。

图例

星云

分子云

氢云

结构

银河系最内部的100光年由比其他地方强一千倍的磁场组成。这在组成的细条中最为明显。这是射电瓣的一部分，磁化气体云形成了广阔的网状。在这个磁化区域内有许多奇异的天体，如鼠星。磁场的起源仍是谜。

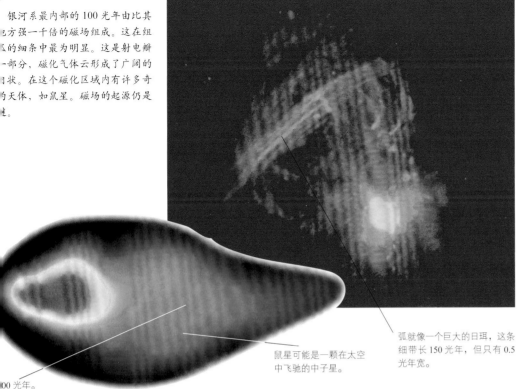

弧就像一个巨大的日珥，这条细带长150光年，但只有0.5光年宽。

鼠星可能是一颗在太空中飞驰的中子星。

……0光年。

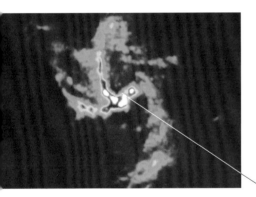

中央螺旋

中央的10光年范围内包括三个区域：人马座A西、人马座A*和中央星团。人马座A西看起来像一个小旋涡星系，但更小的旋臂是由向内流动的气体云组成，而两个主臂是热气盘的一部分，倾斜并旋转着。盘的旋转速度表明，它里面的物质质量等同于500万颗太阳。

人马座A*

人马座A*

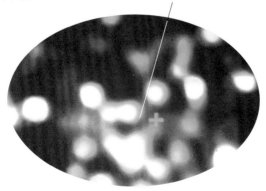

中央星团

人马座A西之内坐落着中央星团，包含250万颗恒星。这张红外图显示的是最里面2光年范围的恒星。它的中心就是人马座A*，一个超大质量的黑洞。这里曾经十分活跃，目前已趋平静。如果这里有足够的气体云来"养活"它，未来它可能会再次"复活"。

银河系中心的特征

名称	中心距（光年）	事实
人马座A*	0	黑洞相当于320万～400万个太阳
IRS 16	0.1	蓝星团
人马座A西	10	热气盘
周盘	约20	较冷的气体
人马座A东	30	热气泡
	100	磁弧
拱星团	100	大质量年轻星
五合星团	100	大质量年轻星
鼠星	约100	带尾的中子星
射电瓣	约300	磁化"烟囱"
歼灭者	340	带喷流黑洞
人马座B2	400	分子云
分子环	500	分子云环

了解更多

黑洞 188
银河系概要 194
星际介质 196
活动星系 216

探索银河系中心

• 1918年，哈洛·沙普利通过测量球状星团的距离，计算出了太阳在银河系中的位置，以及它与银河系中心的距离。

• 1957年，在研究了中心附近快速运动的气体云之后，扬·奥尔特提出那里一定存在着某种爆发。

• 1958年，约瑟夫·什克洛夫斯基预言银河系中心存在一种"奇怪的特性"。

• 20世纪60年代中期，人们确认银河系中心存在着一些分子云，并绘制出了分子环。

• 20世纪70年代和80年代，红外研究揭示了中央星团的更多细节。

• 1983年，美国利用甚大阵射电望远镜，发现了银河系中央螺旋中的旋转气团。

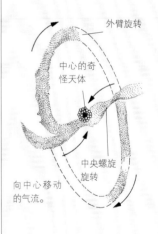

外臂旋转

中心的奇怪天体

中央螺旋旋转

向中心移动的气流。

• 1984年，天文学家发现了弧。

• 2003年，天文学家通过测量恒星的运动，得出结论称银河系中心黑洞的质量是太阳的320万～400万倍。

麦哲伦云

就像地球引力吸引着月球一样，银河系也吸引着两个巨大的伴星系围绕着它运动。大麦哲伦云和小麦哲伦云同在一个椭圆轨道上，每十亿多年就会绕银河系运动一周。目前，麦哲伦云几乎已运行到了距离我们最近的地方，在南方天空形成了灿烂的景象。我们可以清楚地看到这些近邻星系之中所有的恒星和气体云，麦哲伦云在帮助天文学家了解恒星和星系的特性方面起到了至关重要的作用。

超新星 1987A

1987 年 2 月 23 日，智利文学家惊奇地在大麦哲伦云发现了一颗新的恒星。尽管系距离遥远，但这颗超新星肉眼就很容易观察到，并持续了 10 个月的时间。它最亮相当于 2.5 亿个太阳。

超新星 1987A 的位置

蜘蛛星云是大麦哲伦云中最大、最明亮的气体云。

大麦哲伦云

大麦哲伦云是银河系的"小表弟"，包含的恒星和气体云与我们银河系的大致相同，但其质量只有银河系的二十分之一。大麦哲伦云由于太小，无法生长出像银河系一样壮观的旋臂，但比许多较小的星系有序一些。它处于大约 170 000 光年之外，是距离我们最近的一个大星系。除大麦哲伦云以外，只有目前正在被银河系撕裂的人马矮星系和大犬矮星系更近一些。

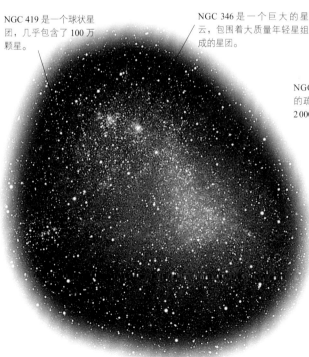

NGC 419 是一个球状星团，几乎包含了 100 万颗星。

NGC 346 是一个巨大的星云，包围着大质量年轻星组成的星团。

NGC 2100 是一个巨大的疏散星团，年龄只有 2 000 万年。

剑鱼座 S 是大麦哲伦星系最眼的恒星之一。它变化多光度是太阳的 500 000 倍。

中央星棒长 10 000 光年。

小麦哲伦云

小麦哲伦云的质量只有它伴侣的四分之一，位置也稍远，距离我们 210 000 光年。由于体积小，小麦哲伦云被银河系的引力撕裂，拉伸成了花生状。这个星系包含有 2 000 个星团，很多都产生于 1 亿年前恒星的炙热爆发。

蜘蛛星云

蜘蛛长着毛茸茸的腿，十分可怕，蜘蛛星云便是以此得名，它是最大、最明亮的星云之一。蜘蛛星云的直径约为800光年，是我们银河系著名的猎户星云的50倍。如果蜘蛛星云是处在猎户星云的位置，它会比整个猎户座更大，比满月更加明亮。众多炽热的年轻星将这个气体云照得通亮：其中心包含100多颗恒星，每个质量都能达到太阳的50倍。

淡的螺旋从中央直星棒的这一端开始延伸。一些天文学家将大麦哲伦云称为"独臂旋涡"。

大麦哲伦云包含6500个星团。

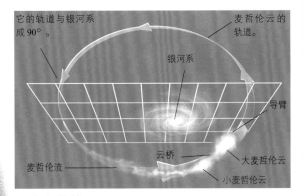

它的轨道与银河系成90°。

麦哲伦云的轨道。

银河系

导臂

云桥

麦哲伦流

大麦哲伦云

小麦哲伦云

暗尘埃云在大麦哲伦云中并不像在银河系中那么常见。

麦哲伦流

在银河系巨大的引力作用下，麦哲伦云的气体云溢进了太空。一团气体云组成的云桥包裹着两块星系，而沿着星系的椭圆轨道留下了长长的气尾，即麦哲伦流。一些气体云组成了导臂，铺设在两个星系之前。

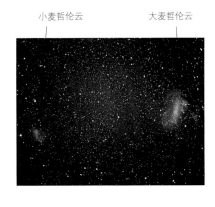

小麦哲伦云　　　大麦哲伦云

👁 观测麦哲伦云

麦哲伦云从南半球很容易看到，春季时在空中是最高的。在没有月亮的夜晚朝南看，你会发现这两个朦胧的大星斑，就像断开的银河片段。利用双目望远镜，就能看到蜘蛛星云和最亮的星团。

麦哲伦云的历史

· 非洲的卡兰加部落将麦哲伦云称为"饥荒和富足"。澳大利亚的土著居民认为大麦哲伦云是银河系的一个撕裂带。

斐迪南·麦哲伦

· 斐迪南·麦哲伦（约1480～1521）1519年至1521年环游世界时，是第一个记录麦哲伦云的欧洲人。

· 1908年，亨丽埃塔·莱维特在小麦哲伦云中辨认出了造父变星，从而第一次测量出了这个星系的距离。

· 1987年，大麦哲伦云中出现了383年以来最亮的超新星。

云的演化

麦哲伦云每15亿年绕银河系运动一周，当它们靠近我们的银河系时，那里的气体和恒星都会受到引力的作用。这就是它们在不断演化的原因。小麦哲伦云目前已被撕裂，它的恒星将最终成为银河系的一部分。大麦哲伦云也会是这样的命运。

5亿年前：麦哲伦云从40万光年之外的最远点向银河系进发。

2.5亿年前：麦哲伦云距离银河系15万光年，气体和一些恒星已被吸引了出来。

今天：麦哲伦云再次向外运动，留下了气体流，小麦哲伦云开始分裂。

本星系群

银河系引力的影响远远超出了麦哲伦云的距离，对更远的众多小星系都能产生作用。围绕在银河系周围的一群星系，以及最近的仙女星系和三角星系叫作本星系群。本星系群至少包含了50个星系，散布在约500万光年的空间里，其中大部分都很小、很暗淡。本星系群本身就是本超星系团中的一员。本超星系团是室女星系团中心的一个庞大星系集群，距离约为5000万光年。

椭圆星系

本星系群中大约有一半都是椭圆星系，其中包括仙女星系的一个伴星系——NGC 205。椭圆星系由老的红恒星组成，与气体充沛的不规则星系不同，它们已没有了气体云来催生恒星。最小的椭圆星系是矮椭圆星系，矮椭圆星系非常暗弱，在更遥远的星系团中天文学家都无法观测到它们。

椭圆星系NGC 205

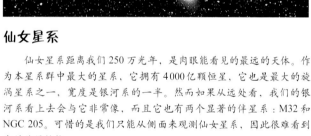

包含着年轻恒星的旋臂　　M32　　老年恒星的中央核球　　NGC 205

仙女星系

仙女星系距离我们250万光年，是肉眼能看见的最远的天体。作为本星系群中最大的星系，它拥有4000亿颗恒星，它也是最大的旋涡星系之一，宽度是银河系的一半。然而如果从远处看，我们的银河系看上去会与它非常像，而且它也有两个显著的伴星系：M32和NGC 205。可惜的是我们只能从侧面来观测仙女星系，因此很难看到它的旋涡结构。

银河系近邻

在宇宙中我们所在的这个角落，星系都集中在仙女星系和银河系周围。这两者都是本星系群中最庞大的星系，依靠强大的引力收集着周围的小伴星系。其他更遥远的星系也是在引力的作用下成团。除银河系和仙女星系等大旋涡星系外，本星系群中的成员绝大多数都是矮椭圆星系和矮不规则星系。

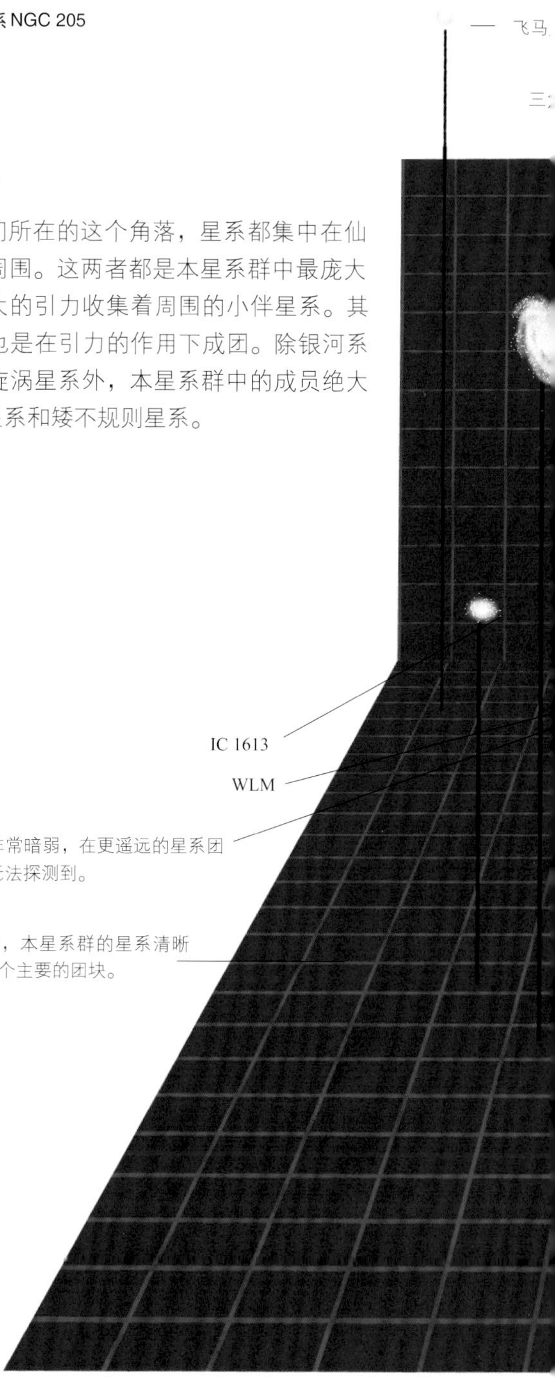

— 飞马

三角

IC 1613

WLM

矮星系非常暗弱，在更遥远的星系团中根本无法探测到。

在三维图中，本星系群的星系清晰地分成了两个主要的团块。

三角星系　　气体丰富的旋臂

三角星系

三角星系是本星系群的第三大星系，它的恒星数量仅是仙女星系的十分之一，只有银河系的一半大小。与本星系群的其他主要成员一样，三角星系也是一个旋涡星系。它包含了许多又大又亮的星云，其中的NGC 604是已知最大的产星区之一。

NGC 604

本星系群的中心区

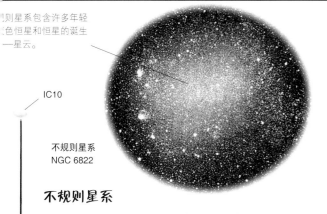

则星系包含许多年轻
色恒星和恒星的诞生
—星云。

IC10

不规则星系
NGC 6822

不规则星系

本星系群中许多星系都非常小，且形态不规则。与旋涡星系一样，它们包含有诞生恒星的星云，但没有真正的结构。1923年，人们利用造父变星，首先测量出了 NGC 6822 和仙女星系的距离，这证明在我们银河系之外还存在着独立的星系。

仙女星系被三角座旋涡星系以及M32
和NGC 205等小的椭圆星系环绕着。

NGC 185
NGC 147

仙女二

人马不规则
矮星系

NGC 6822
人马座

银河系的伴星系包括麦哲伦云、人马矮星系和几个矮椭圆星系。

在引力的作用下，仙女星系和银河系逐渐靠拢在一起。最终，所有的本群星系将合并成一个单一的超星系。

小熊座

天龙座

六分仪座

狮子二

狮子一

天炉座　玉夫座　　大麦哲伦云　小麦哲伦云　　船底座

观测仙女星系

在秋季的夜晚，北半球的人们就可以看见仙女星系。向南眺望，先找到飞马四边形，它的左上角有一排恒星，找到第三颗，再稍微向上看便是它了。在漆黑而晴朗的夜晚，你可以看到这个星系如满月般大小，呈迷蒙的椭圆形。

仙女座天区

本星系群

名称	距离 （光年）	直径 （光年）	光度是太阳 的百万倍数	类型
银河系	0	100 000	8 300	旋涡星系
大犬矮星系	25 000	30 000	20	不规则星系
人马矮星系	78 000	20 000	18	矮椭球星系
大麦哲伦云	170 000	25 000	2 100	不规则星系
小麦哲伦云	210 000	15 000	580	不规则星系
小熊星系	210 000	1 000	0.3	矮椭球星系
玉夫星系	260 000	1 000	2.2	矮椭球星系
天龙星系	270 000	500	0.3	矮椭球星系
六分仪星系	280 000	1 000	0.5	矮椭球星系
船底星系	330 000	500	0.4	矮椭球星系
天炉星系	450 000	3 000	16	矮椭球星系
狮子二	660 000	500	0.6	矮椭球星系
狮子一	810 000	1 000	4.8	矮椭球星系
NGC 6822	1 600 000	8 000	94	不规则星系
仙女二	1 700 000	2 000	2.4	矮椭球星系
NGC 185	2 000 000	6 000	130	椭圆星系
NGC 3109	2 100 000	25 000	160	不规则星系
狮子A	2 200 000	4 000	3	不规则星系
NGC 147	2 300 000	10 000	130	椭圆星系
IC 1613	2 300 000	12 000	64	不规则星系
仙女星系	2 500 000	150 000	25 000	旋涡星系
仙女七	2 500 000	2 000	5.7	矮椭球星系
仙女三	2 500 000	3 000	1.1	矮椭球星系
M32	2 600 000	5 000	380	椭圆星系
NGC 205	2 600 000	10 000	370	椭圆星系
仙女一	2 600 000	2 000	4.7	矮椭球星系
LGS3	2 600 000	1 000	1.3	不规则星系
IC10	2 700 000	6 000	160	不规则星系
三角星系	2 900 000	40 000	3 000	旋涡星系
WLM	3 000 000	30	500	不规则星系
飞马星系	3 100 000	7 000	12	不规则星系
人马不规则 矮星系	3 400 000	5 000	6.9	不规则星系

了解更多

星系概要

　　星系曾被称为宇宙岛，它们是由大量恒星、气体和尘埃组成的旋转体系。我们到处都能看到无数座这样的"天城"：它们大小不等，有的包含的恒星还不到 100 万颗，有的却有上万亿颗，有些直径只有数万光年，有些却能跨越数十万光年；有些呈简单的椭圆形，挤满了老年恒星，而另一些与我们的银河系一样，呈优美的螺旋形，它们一边旋转一边还拖着由年轻恒星和发光星云组成的旋臂。所有的星系都是由自身的引力结合在一起，但是星系的形状仍让天文学家感到困惑不解。

马林一是宇宙中已知最大的旋涡星系，距离我们 8 亿光年。

最大的星系

　　天文学家已发现了新类型的星系。它们过于弱，因此直到最近才被发现。这些幽灵般的恒星含的恒星很少，但却有大量的气体。一些星系的小是银河系的许多倍。

星系分类

　　星系的大小、质量和亮度存在很大差异，天文学家将它们分成了几个主要类型。星系的三大群体是椭圆星系、旋涡星系和棒旋星系。这些群体可进一步细分。其他星系没有规则和明显的结构。最小的星系被归为矮椭球星系或矮椭圆星系。最大的是巨椭圆星系，它们通过吞噬其他星系逐渐变大，这个过程叫作星系吞食。旋涡星系通常为中等大小。

星系 NGC 3379：E0 型　　　　星系 M32：E2 型　　　　星系 M59：E5

椭圆星系

　　一半以上的星系都是由老年恒星组成的球形集合体，并没有旋臂或盘。椭圆星系的尘埃和气体非常少，因此不会诞生恒星。它们的质量差异很大，一些最小和最大的星系都属于椭圆星系。椭圆星系以字母E后接一个数字来表示。E0 星系几乎呈圆形，而E7 星系则是扁平的椭圆形。

透镜星系（S0 型）似乎弥合了椭圆星系和旋涡星系之间的间隔。透镜星系拥有由老年恒星组成的核球年轻恒星组成的盘，但没有旋臂

星系统计数据			
名称	星座	类型	距离（百万光年）
M105	狮子座	E0	38
M32	仙女座	E2	2.5
M59	室女座	E5	60
草帽星系	室女座	Sa	28
NGC 2841	大熊座	Sb	50
仙女星系	仙女座	Sb	2.5
风车星系	大熊座	Sc	27
三角星系	三角座	Sc	2.9
涡状星系	猎犬座	Sc	30
NGC 2859	小狮座	SBa	85
NGC 5850	室女座	SBb	110
NGC 7479	飞马座	SBc	105
M82	大熊座	Irr	11
大麦哲伦云	剑鱼座	Irr	0.17

明亮区域是恒星的诞生地。

不规则星系 M82

不规则星系

　　有些星系既不能归类为椭圆星系，也不属于旋涡星系或棒旋星系，它们被称为不规则星系。不规则星系的形状没有规则，但拥有丰富的气体和尘埃。银河系的两个伴星系——大麦哲伦云和小麦哲伦云都属于不规则星系。星系 M82 正在经历着恒星的诞生，也被归类为不规则星系。

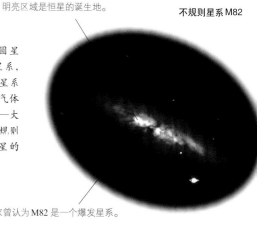

天文学家曾认为 M82 是一个爆发星系。

涡星系

银河系等星系呈旋涡形，有些像风火轮。在老年恒星组成的椭圆形中心区（核球）外面，包围着两条或两条以上组成的扁平星盘。旋臂拥有丰富的年轻恒星、明亮的云、气体和尘埃。旋涡星系用S后接小写字母a、b、c、表示。Sa型的核球最大，旋臂紧紧缠绕；而Sd型星系核球非常小，旋臂非常松弛。约三分之一的星系属于旋星系或棒旋星系。

星系M101：Sc型

星系NGC 2841：Sb型

NGC 4594：Sa型

大核球

侧向旋涡星系的暗尘带。

包裹着的旋臂。

Sb型和Sc型星系拥有更松弛的旋臂和更小的核球。

旋臂

旋臂不能是实体，否则它们旋转几次后就会被拖入中心区域。天文学家认为星系的自转能产生一种无形的密度波，在圆轨道上运动的尘埃和气体穿过它时会放慢脚步，并被挤压在一起。受挤压的气体云会发生坍缩，形成炙热而短命的恒星，旋臂因而会发出绚丽的光芒。

螺旋密度波

通过密度波时，恒星会变慢。

恒星围绕星系中心旋转。

大核球

恒星棒

NGC 2859：SBa型

新的压缩区

旋转密度波

旋星系

有一些旋涡星系被分开归类为棒旋星系，是因为它们有穿过中心向两侧延伸的直棒形。这个棒形物并不坚实，而是由运动着的恒组成。它可能只是恒星暂时的堆积，而非星系的大组成部分。棒旋星系由SB来表示，并像普通的旋星系一样，后面也跟着字母a、b、c、d来表示旋臂紧度和核球的大小。

星系NGC 5850：SBb型

SBb型和SBc型星系拥有较松弛的旋臂和较小的核球。

星系NGC 7479：SBc类型

侧向旋涡星系

旋涡星系呈扁平盘状。当我们从侧面看时，它就像一个中心向两侧鼓起的微型银河系。在NGC 891星系中，我们可以看见它的暗尘带。

星系的历史

• 波斯天文学家阿尔—苏菲早在公元964年就观测到了仙女星云。

• 1755年，德国哲学家伊曼努尔·康德（1724～1804）提出，星云是由恒星组成的遥远的宇宙岛。

• 1802年，威廉·赫歇尔完成了对2500个星云的测量，但天文学家仍不知道它们是什么。

罗斯的螺旋星云图

• 1845年，罗斯伯爵威廉·帕森斯（1800～1867）发现某些星云拥有旋涡结构。

• 1924年，埃德温·哈勃证明了一些星云坐落在银河系之外，它们本身就是星系。他还设计出了一种星系分类方案。

了解更多

银河系概要 194
麦哲伦云 206
本星系群 208
星系碰撞 212
星系的形成 228

星系碰撞

　　星系碰撞是最宏伟、最壮观的天文景象：两个星系高速运行着，每个都包含上千亿颗恒星，以每小时 100 万千米的速度碰撞在一起。星系中巨大的气体云碰撞产生焰火，数千颗炽热的新恒星由此诞生。过去宇宙碰撞的一个迹象是星暴——看似平常的星系突然诞生出众多的恒星。星系碰撞经常会并合成更大的星系。大多数星系最终将与它们的邻居并合，宇宙中星系的数量将减少，但体积会更大。

触须星系中的恒星绵延 50 万光年。

NGC 4039

NGC 4038

哈勃拍摄的触须星系

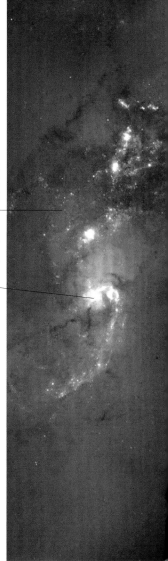

触须星系的广角图像

哈勃空间望远镜通过对中部区域仔细观察，发现巨型气体云碰撞时会形成风暴。

碰撞前，两个星系都是典型的旋涡星系。

尘埃和气体从旋臂陷入两个星系的内核区域，这里的恒星显现出偏红的颜色。

车轮星系

　　车轮星系是两个星系之间直接碰撞的一个显著例子，它曾经与我们的银河系一样，也是一个正常的旋涡星系。在大约 3 亿年前，一个较小的星系加速穿过了它的中心，由此引发了众多恒星的诞生，形成了年轻的蓝色恒星环。

星系相互作用

　　当星系碰撞时，它们之间的相互作用要比两个台球相撞复杂得多。每个星系都是依靠引力结合在一起，相互碰撞就会引发一场拉锯战，每个星系对其他天体都会产生引力。气体云在中心区域相互碰撞，边缘地带的恒星则被甩入了太空。就 NGC 4038 和 4039 这两个星系而言，它们的碰撞巳形成了两条长长的弧形星带，非常像昆虫的触须。

这个恒星环可轻松容纳下整个银河系。

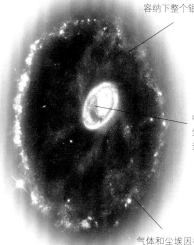

中部区域聚集着尘埃，遮住了众多的年轻恒星。

气体和尘埃因核球受到直接碰撞而向外铺开，形成星暴。

密近交会

　　通过模拟，我们可以了解触须星系的形成过程。目前的计算机还不够强大，无法模拟两个星系数十亿计的恒星，因此每个星系仅用 350 颗恒星代表，围绕着一个庞大的中心点旋转。当两个星系靠近并彼此绕转时，计算机将能计算出这些恒星受如此复杂的引力作用后是怎样变化的。

NGC 4038　　NGC 4039

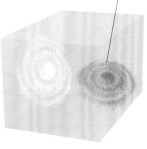

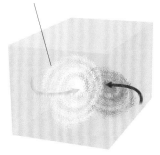

1. 12 亿年前，触须星系还是两个不同的旋涡星系。

2. 9 亿年前，两个星系开始相互碰撞。

3. 6 亿年前，两个星系互相缠绕，变得扭曲。

亿年前　　　　　　　2 亿年前　　　　　　　1 亿年前　　　　　　　今天

擦边碰撞

　　大约 3 亿年前，涡状星系和一个小星系差一点相撞。在计算机模拟中，我们看到它们从一侧相碰。小星系星盘的边缘受伤，而更大的涡状星系却毫发无损。然而，这次碰撞却给小星系带来了浩劫，涡状星系依靠引力将它的恒星拉了出来，在两者之间搭建了一座临时桥梁。

结合光学和射电观测的假色图像。

蓝色区域是气体。

涡状星系

　　现今通过望远镜的观测表明，似乎有一个小星系挂在涡状星系的一只旋臂上。这个星系在几亿年前与涡状星系碰撞，现在已移动了一段距离。涡状星系的气体和恒星被路过系的引力激发，形成了异常突出的旋涡图案，这也是它名字的由来。

蓝色区域是经过碰撞触发形成的星团。有些包含有上百万颗炽热的年轻蓝色恒星。

碰撞已经缔造了上千个新的星团。

红色区域是强磁场。

绿色区域是恒星。

热星的年龄还不到 1000 万年，这表明碰撞是在最近发生的。

银河系的命运：再过 50 亿年的时间，我们的银河系将撞入仙女星系，或许会形成像触须星系一样的天体系统。

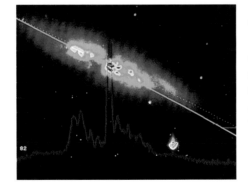

星暴星系

　　星暴星系通常是星系发生碰撞的结果，星系的气体云被挤压在一起，突然触发了一系列恒星的诞生。1983 年，红外天文卫星发现星暴星系充满了炽热的年轻恒星——在这张 M82（一个位于大熊座的星系）的红外图中显示为红斑。该图显示了星系不同区域所释放的能量。

展开的旋臂。

来自 NGC 4039 的恒星。

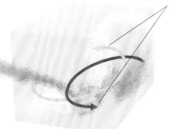

来自 NGC 4038 的恒星。

星系内核的路径现已锁定，彼此围绕着运动。

4. 3 亿年前，来自旋臂的恒星已从两个星系甩了出去。

5. 今天，两道喷射出的恒星已远离了原来的星系。

星系团

　　星系并不孤独。它们也成群而居，有些成双成对，有些则是包含成千上万个星系的星系团。有的星系团形状很规整，大致呈球形，主要包含椭圆星系；还有的不规则地蔓延，由旋涡星系主导。天文学家认为星系团会相互并合，不断变大，并且不规则的星系团要比普通的更年轻。星系释放的热气体集聚在星系团中心，通过检测它所产生的X射线，人们就能更加明确地了解星系团的形态。星系团本身也会聚集成更大的超星系团，成为宇宙中最大的结构体。

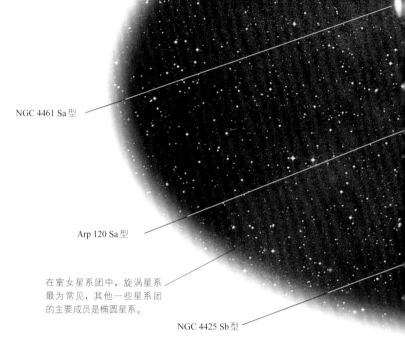

NGC 4473 E4 型

NGC 4461 Sa 型

Arp 120 Sa 型

在室女星系团中，旋涡星系最为常见，其他一些星系团的主要成员是椭圆星系。

NGC 4425 Sb 型

室女星系团

　　我们的星系——银河系是本星系群的一个成员，这个群还包含着其他30多个小而暗的星系。距离我们最近的星系团是室女座星系团，它位于室女座方向，有5000万光年之遥。两个世纪以来人们就已经知道，它是一个有2000多个星系的不规则星系团——18世纪80年代至90年代，威廉和卡罗琳·赫歇尔编的"星云星团表"中有300个"星云"就在这片天区。虽然3个巨椭圆星系构成了室女星系团的主要部分，但其中大多数较亮的成员还是旋涡星系。

重要的星系团

名称	距离（百万光年）	大小（百万光年）	气体温度（百万℃）
室女星系团	50	11	30
天炉星系团	70	8	—
半人马星系团	140	5	45
巨蟹星系团	210	11	—
英仙星系团	240	17	75
后发星系团	290	20	95
武仙星系团	490	15	45
Abell 2256	760	10	85
北冕星系团	940	8	100
双子星系团	1000	9	—

室女星系团中心的X射线照片

Abell 2256 中心的X射线照片

星系团内的热气体

　　X射线卫星的观测显示星系团内充满了热气体，其温度可达1亿℃。这些气体来自于星系，并聚集在星系团中心。在室女星系团的这张X射线照片中，可看出热气体云比星系团中所有星系加在一起的质量更大。

星系团的演化

　　较小的星系群相互合并，便形成了系团。在 Abell 2256 星系团的气体X射线照片中，另一个星系群被吸入星系团，中心的右边形成了一个亮点。如果星系团不能再吞噬星系群，它里面的气体会分得更加均匀。

室女星系团中的巨椭圆星系 M87

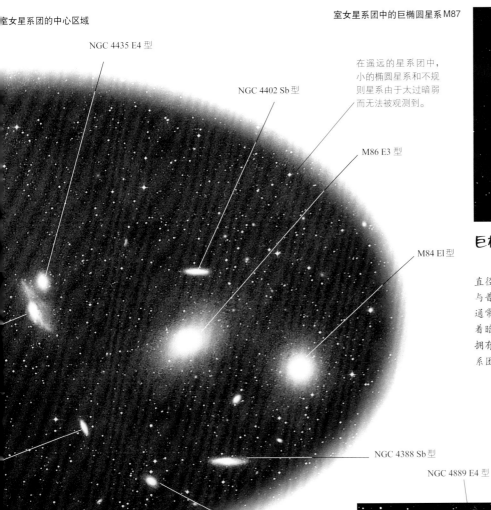

NGC 4435 E4 型

NGC 4402 Sb 型

M86 E3 型

M84 E1型

在遥远的星系团中，
小的椭圆星系和不规
则星系由于太过暗弱
而无法被观测到。

NGC 4388 Sb型

NGC 4413 SBb型

巨椭圆星系

　　许多星系团的中心都坐落着一个巨大的星系，
直径能达到 500 000 光年。这些巨椭圆星系看起来
与普通的椭圆星系十分相似，只是要大得多。它们
通常都会发出强烈的射电波和 X 射线，周围还环绕
着暗弱恒星和球状星团组成的晕，并且至少有一半
拥有一个以上的中央核球。巨椭圆星系通过吞噬星
系团中的其他星系而变大。

超星系团

　　与星系能聚合成星系团一样，星系团也能组成超星系团。在 1 亿光年的
域内，1 个超星系团包含的星系会超过几十个。超星系团的形状非常复
——有的拥有蜿蜒的星系飘带，还有的如薄煎饼一样扁平。我们的本星系
是本超星系团的一个边缘成员，室女星系团是本超星系团的中心所在。本
星系团由 11 个主要星系团组成，呈扁平状，直径是其厚度的 10 倍。

NGC 4889 E4 型

NGC 4874 E0 型

后发星系团

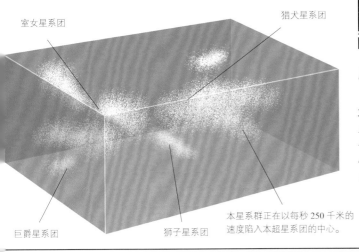

室女星系团

猎犬星系团

巨爵星系团

狮子星系团

本星系群正在以每秒 250 千米的
速度陷入本超星系团的中心。

后发星系团

　　距离银河系最近的致密规则星系团位于后发座之内。后发星系团包含有
3 000 多个星系，直径大约为 3 亿光年。它主要由椭圆星系和透镜状星系组
成。与蔓延的室女星系团不同，后发星系团非常紧凑，四周围绕着光滑的几
乎呈球形的热气。后发星系团似乎拥有两个团块，各以一个巨椭圆星系为中
心。后发星系团很可能是很久以前由两个大小相同的星系团合并而成的。后
发星系团本身也是后发超星系团的中心所在。

活动星系

有一小部分星系非常特殊，其中心能喷射出巨大的能量，而这个中心区域比太阳系大不了多少。它们被称为活动星系，其中包括类星体、射电星系、赛弗特星系和耀变体，都属于同一个家族的成员。它们虽然相互关联，但我们看到的现象取决于星系的远近以及观察角度。

喷流能释放出射电波，有时还有可见光。

巨大的气体瓣能释放射电波。

星系

中心区域

中央尘环

活动星系的中央区有一个位于核心的强大能源隐藏在甜甜圈形的尘埃和气体环内。该环外部较暗，但内缘可见闪亮红光，这是因为那里吸收了内核的辐射。这个环中心的两侧都能射出喷流。

气体和尘云的内缘温度高，转动快。

内核

来自内核的能量使环的内侧发热变红。

活动星系的内部

活动星系拥有许多共同的特征，但只有射电星系能全面显示这些复杂的结构。从远处看，它最明显的特征就是会从星系两侧释放出冲入广袤星云的射电喷流。从近处看，星系的心脏地带有甜甜圈形的尘埃和气体环，在受热后红光四射。每个活动星系都有一个超大质量黑洞，产生的能量可达到太阳的万亿倍。

黑洞将落入它的气体全部吞噬。

气体和尘云的外缘温度低，运动慢。

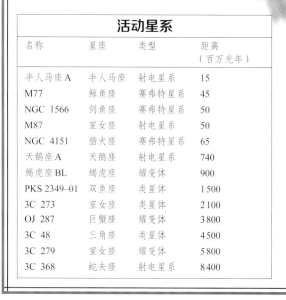

活动星系			
名称	星座	类型	距离 （百万光年）
半人马座 A	半人马座	射电星系	15
M77	鲸鱼座	赛弗特星系	45
NGC 1566	剑鱼座	赛弗特星系	50
M87	室女座	射电星系	50
NGC 4151	猎犬座	赛弗特星系	65
天鹅座 A	天鹅座	射电星系	740
蝎虎座 BL	蝎虎座	耀变体	900
PKS 2349-01	双鱼座	类星体	1 500
3C 273	室女座	类星体	2 100
OJ 287	巨蟹座	耀变体	3 800
3C 48	三角座	类星体	4 500
3C 279	室女座	耀变体	5 800
3C 368	蛇夫座	射电星系	8 400

射电瓣

热气体喷流从星系的中心涌出，可绵延数十万光年。它们在那里遇到星际气体云，呼啸着进入巨大的射电瓣。

喷流在撞上其他粒子时产生摆动。

磁场让黑洞周围的荷电粒子排成烟囱形。只有速度非常高的才能逃脱。

的内部

星系的心脏地带是一个巨大的洞，质量能达到太阳的十亿倍。际气体不断陷入黑洞，这里也是系的动力源和发动机。气体被吸黑洞时，会形成旋转的吸积盘。体受热释放出的荷电粒子陷入强场中，从两极逃逸后形成喷流。

流包含着荷电粒子和磁场。

流离开内核时，速度几接近于光速。

在黑洞引力的作用下，即使是一颗恒星的气体也能供最明亮的星系照耀一年。

吸积盘的中心部分非常热，足以释放出X射线。

吸积盘外侧边缘的能量来自被瓦解的恒星和星际气体。

吸积盘由星际气体和恒星遗迹组成。

类星体PKS 2349-01：这个类星体位于15亿光年之外，从哈勃望远镜拍摄的照片中可看到它灿烂内核周围的暗弱星系。

赛弗特星系NGC 1566：位于5000万光年之外，是一种较暗的类星体。

耀变体3C 279：从这张康普顿γ射线天文台的图像中，可看出耀变体内核释放出的高能辐射。

类星体

类星体是宇宙中最为强大的天体，但由于过于遥远而看起来像暗弱的恒星。类星体能够发出射电波、X射线、红外线和可见光，有时还能看到喷流。类星体是遥远星系的灿烂内核，它们的尘环倾斜着，露出了吸积盘发出的辐射。

赛弗特星系

大约十分之一的大型旋涡星系中心都有一个非常亮的光斑。这就是赛弗特星系，它们可能是不那么强大的类星体，其内核有一个较小的黑洞。一些天文学家认为，包括银河系在内，所有的大型旋涡星系都可能演变成为赛弗特星系。

射电星系

射电星系是天空中最大的天体。从其中心射出的一个或两个喷流长达数千光年，将气体流送入星系两侧巨大的星云中。在射电星系中，中央的尘环看上去在正侧面，将它的内核隐藏了起来，而较暗的喷流却能够被看见。

射电星系3C 368：图像上的蓝线显示的是星系射电辐射的强度。

耀变体

耀变体看上去类似于类星体，它的亮度变化迅速，差幅可达100倍，并且每天都在变化。耀变体看上去是将喷流直接指向了我们的活动星系。我们顺着喷流直接俯视内核，能看到黑洞周围的吸积盘释放出的光和其他辐射。

活动星系的历史

• 1943 年，美国天文学家卡尔·赛弗特（1911～1960）注意到一类内核非常亮的旋涡星系，即赛弗特星系。

• 1946 年，英国物理学家斯坦利·海伊（1909～2000）在天鹅座中发现了一个强射电源。

• 1954 年，德国出生的美国天文学家沃尔特·巴德（1893～1960）和鲁道夫·闵可夫斯基（1895～1976）在射电源天鹅座A位置发现了一个暗淡的特殊星系。

射电星系天鹅座A

• 1963 年，荷兰天文学家马尔滕·施密特（1929～　）在射电源3C 273 的位置发现有一个暗弱的恒星状天体，它已远超出了我们的银河系。这是第一个类星体。

• 1968 年，人们测出了来自蝎虎座BL 的射电信号。蝎虎座BL 拥有奇怪的特征，曾被误认为是一颗变星。蝎虎座BL 是耀变体的原型。

• 20 世纪七八十年代，许多天体物理学家经过研究认为，所有不同类型的活动星系都可解释为其中心拥有超大质量黑洞的普通星系。

宇宙的大小

宇宙的浩瀚难以想象。就最遥远的星系而言，它们发出的光需要大约130亿年的时间才能到达我们这里——要知道光的传播速度非常快，1秒钟就能环绕地球7圈。天文学家甚至想象不出这么远的距离，但他们可以用不同的尺度来描绘宇宙。他们使用了各种方法来测量距离：有些适用于行星，有些针对的是恒星或星系。天文学家常会以较近物体的距离为基础进行测量，如阶梯般一步步向宇宙延伸。

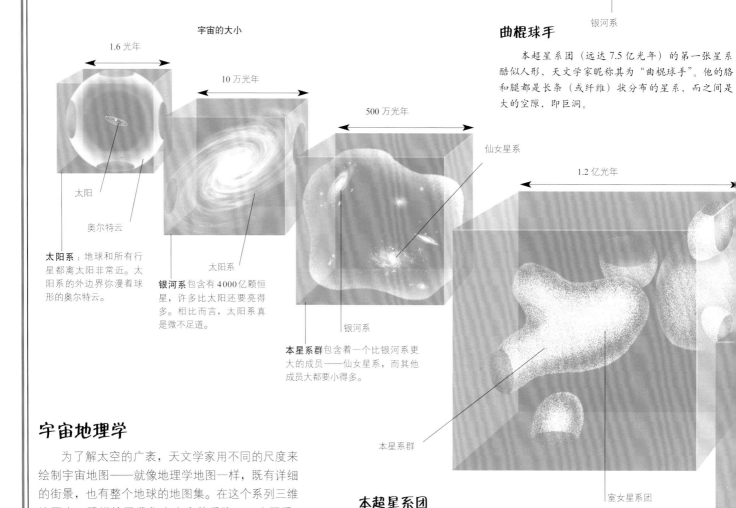

圆点代表星系，图上显示了1059个星系。

7.5

5 亿光年

2.5 亿光年

银河系

曲棍球手

本超星系团（远达7.5亿光年）的第一张星系酷似人形，天文学家昵称其为"曲棍球手"。他的胳膊和腿都是长条（或纤维）状分布的星系，而之间是大的空隙，即巨洞。

宇宙的大小

1.6 光年

10 万光年

500 万光年

1.2 亿光年

太阳

奥尔特云

太阳系：地球和所有行星都离太阳非常近。太阳系的外边界弥漫着球形的奥尔特云。

太阳系

银河系包含有4000亿颗恒星，许多比太阳还要亮得多。相比而言，太阳系真是微不足道。

仙女星系

银河系

本星系群包含着一个比银河系更大的成员——仙女星系，而其他成员大都要小得多。

本星系群

室女星系团

宇宙地理学

为了解太空的广袤，天文学家用不同的尺度来绘制宇宙地图——就像地理学地图一样，既有详细的街景，也有整个地球的地图集。在这个系列三维地图中，既描绘了我们在太空的后院——太阳系，也刻画了只有巨型望远镜才能看见的星系。它们以光年为刻度单位：1光年是光一年内所传播的距离，相当于9.5万亿千米。

本超星系团

本超星系团含有几十个小星系团，其中包括靠近一侧边缘的本星系群。本超星系团以巨大的室女星系团为中心，距离银河系5000万光年。

邻近的宇宙

超星系团串联在一起，组成了巨大的纤维状结构，绵延数亿光年。它们被硕大的巨洞隔开，其中的星系非常少。这些巨洞往往宽达1亿光年。

距离测量

天文学家利用雷达来测量行星的距离，使用视测量恒星的距离。但这些方法都不能用于银河系外的距离测量。因此，研究人员发明了一种阶梯量法：他们通过比较近邻星系的恒星与银河系中似的恒星来测量近邻星系的距离，然后利用这些系的距离来估算其他星系有多远。

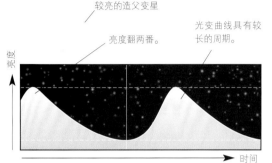

造父变星

亮度增加一倍。

光变曲线

亮度

时间

较亮的造父变星

亮度翻两番。

光变曲线具有较长的周期。

亮度

时间

转的旋涡星系

移的一边逐渐远离地球。

蓝移的一边正向我们靠近。

星系自转法

通过造父变星的距离研究近邻星系，天文学家发现旋星系的总光度与它的自转速度有关。这个速度可以从星每一侧的红移和蓝移的变化来获得。转速相同的星系可用来测量长达 10 亿光年的距离。

造父变星标准烛光

如果两颗恒星的光度相同，但其中一颗看起来较暗，那么它的位置肯定较远。天文学家利用造父变星来测量距离，因为它们的光度变化周期可从其平均光度来确定——恒星光度越大，周期就越长。天文学家能从造父变星的周期长度获得它的光度，即真正亮度，与它的视亮度比较后就能获得它所在星系的距离。

10 亿光年

巨洞

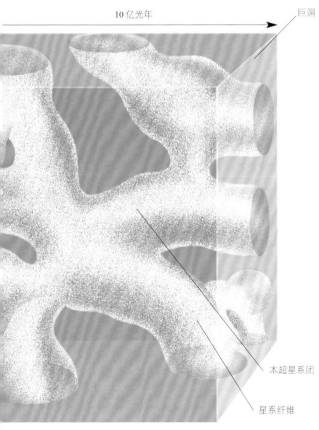

本超星系团

星系纤维

超新星的距离

超新星是正在爆发的恒星，它们非常耀眼，在数十亿光年远的星系中天文学家都能够发现它们。通过观测它们增亮和变暗的方式，天文学家就能识别不同类型的超新星。Ia 型超新星总能达到相同的最高光度，因此是理想的标准烛光。这个明亮的白点 1994 年出现在星系 NGC 4526 中。

膨胀宇宙

太空深处正在上演十分奇特的一幕。遥远的星系团都在争相远离我们——星系团越远，膨胀的速度就越快。这么看来，我们的银河系好像是不得人心！但事实上，每一个星系团都在彼此分离，就像烘焙蛋糕时，里面的葡萄干会分离一样。宇宙的膨胀对天文学家具有重要意义：测量出近邻星系的膨胀速度后，就可以计算出它的距离。

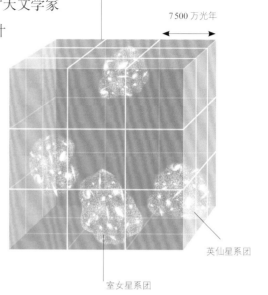

30亿年前：星系团之间的距离要比如今小25%。

武仙星系

7500万光年

空间的膨胀

虽然宇宙正在膨胀，但它并没有膨胀进任何别的东西中。相反，空间本身正携带着星系团扩张。我们可以将空间想象为一个橡皮筋编成的框架，上面点缀着星系团。框架膨胀时，星系团就会随之分离。空间的每个区域都在以相同的速率膨胀，因此两个星系团距离越远，它们之间的空间就会增大得越快。

英仙星系团

室女星系团

后发星

一个星系团周围的空间

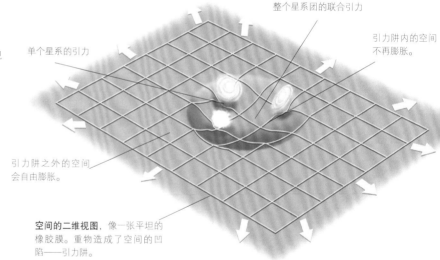

整个星系团的联合引力

单个星系的引力

引力阱内的空间不再膨胀。

引力阱之外的空间会自由膨胀。

空间的二维视图，像一张平坦的橡胶膜。重物造成了空间的凹陷——引力阱。

光被星系中的物质吸收掉，形成了暗线。

哈勃定律：埃德温·哈勃发现星系的速度取决于它的距离。

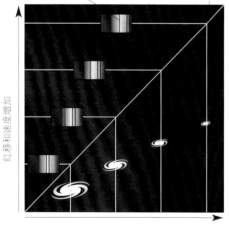

红移和速度增加

距离增加

红移的星系

通过光谱中可见的亮线或暗线，天文学家能测量出一个星系的速度。这些线的位置取决于星系的运动（多普勒效应）。如果星系正在移动得越来越远，这条线就会向较红、较长的波长移动（即红移效应）。红移越大，速度就越快。较远的星系正在驶离的速度也较快。

膨胀和引力

宇宙中的一切都在膨胀的说法并不正确。球、太阳系和银河系都没有变大。事实上，整个星系团会保持相同的尺寸，这是因为它们是由引力凝结在一起的。只有当星系团之间的距离非常大时，它们才能克服引力，开始膨胀。

后发星系团中的星系并没彼此分开，整体正在以6600千米的速度离我们而去。

再过 20 亿年：星系团会比如今膨胀 15%。

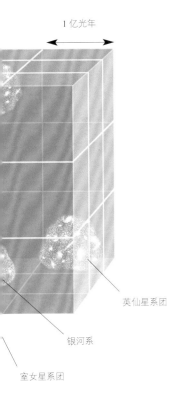

：这个虚构的空间宽度为 1 亿光年。
一年，它就会膨胀 0.01 光年。

1 亿光年

室女星系团

银河系

英仙星系团

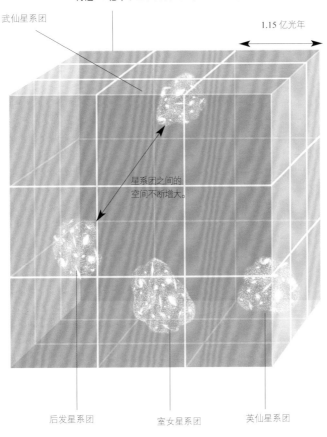

武仙星系团

1.15 亿光年

星系团之间的
空间不断增大。

后发星系团　　　室女星系团　　　英仙星系团

｜量红移

许多星系都非常暗弱，因此很难探测
，更不用说利用光谱来揭示它们的红移
距离了。为此，人们建造了巨大的望远
，以最大程度地收集光波。天文学家还
发了敏感的电子光谱仪，用来同时测量
多星系的红移。

5 米斯隆数字巡天望远镜，同一时间可记录
0 条光谱。

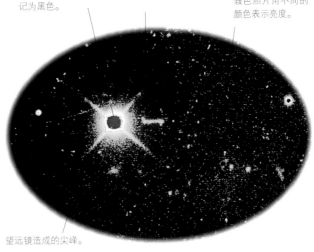

3C 273 最亮的光被标
记为黑色。

喷流由高速电子组成。

假色照片用不同的
颜色表示亮度。

望远镜造成的尖峰。

寻找类星体

20 世纪 50 年代，天文学家发现一些类似于恒星的天体能发出
非常奇怪的射电波，它们的光谱线表现得让人费解。人们最终在最
亮的天体——3C 273 中发现，这些谱线是由氢原子造成的，但红
移了 16%。根据哈勃定律，这个红移意味着 3C 273 一定位于 25
亿光年之外——它这么遥远，因此一定比任何星系都要明亮。如今
我们知道，这些准恒星射电源（类星体）都是非常活跃的星系。

了解膨胀

• 1917 年，美国天文学家
维斯托·梅尔文·斯莱弗
（1875 ~ 1969）公布了 25 个
星系的速度：它们大多数都
正在飞速离去。

• 1929 年，埃德温·哈勃计
算出了宇宙的膨胀速率（哈
勃常数）：距离每增加百万
秒差距，星系远离地球的速
度增加每秒 500 千米。

哈勃在他的望远镜旁

• 1948 年，弗雷德·霍伊尔
（1915 ~ 2001）、赫尔曼·邦
迪（1919 ~ 2005）和汤米·戈
尔德（1920 ~ 2004）组成的
国际团队提出，物质是在退
行星系之间的空间产生的。
这种稳恒态理论在 1965 年被
宇宙大爆炸理论推翻。

• 1952 年，德美天文学家沃尔
特·巴德（1893 ~ 1960）重
新计算了哈勃常数：每百万
秒差距增加每秒 225 千米。

• 1963 年，荷美天文学家马
尔滕·施密特（1929 ~ 　）
利用红移计算出了类星体 3C
273 的距离。

• 2008 年，很多观测将哈勃
常数确定为每百万秒差距增
加每秒 71 千米。

了解更多

大爆炸

大爆炸是万物的开始：包括时间、空间以及宇宙中所有物质的基础材料。大约137亿年前，伟大的宇宙时钟就已在一个火球内敲响，这个火球非常致密，它的能量同时创造出了物质和反物质。在宇宙诞生的瞬间，它的炽热度和稠密度已达到了极限。随后，它开始膨胀和冷却，如今这个过程仍在继续。

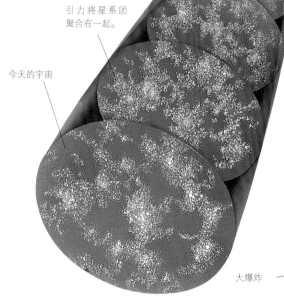

非常炽热的年轻宇宙。

最有可能的大爆炸日期：137亿年前。

年轻星系密密麻麻排列着。

引力将星系团聚合在一起。

今天的宇宙

追溯膨胀

宇宙正在膨胀——因此按理说，过去的一切物质肯定都是紧密相连的。如果我们今天看到的星系可以反向运动，那么它在137亿年前就只是一个点。这就是所谓大爆炸的爆炸原点。

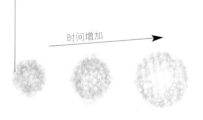

在强大能量的作用下，宇宙突然开始膨胀。每10⁻³³秒，它的尺度就会增大1倍。

宇宙在诞生的瞬间，温度几乎是无限高，膨胀也比较慢。

时间增加

大爆炸

大爆炸之前

大爆炸并没有"之前"的概念，因为当时并不存在时间。在爱因斯坦所称的时空连续统中，时间和空间一直密不可分。一旦时间的概念形成，空间也开始膨胀。同样，一旦空间被确立，时间也就开始流逝。

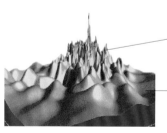

未受干扰的时空，从宇宙外看到的假想图像。

峰值代表时空扰动。

动荡的时空会出现峰值，每个峰值都是一次潜在的大爆炸，可以缔造出一个像我们这样的宇宙。

暴胀

大多数天文学家都认为，宇宙大爆炸的规模相当小。在早期宇宙的条件下，能量可直接转化为等量的物质和反物质，只有1千克左右。过了一段时间后，更壮观的一幕——宇宙暴胀发生了。宇宙不断胀大，几分之一秒就会膨胀10⁵⁰倍。膨胀释放出巨大能量，创造了控制着我们宇宙的基本力。

基本力

四大力量控制着今天的宇宙。电磁力决定着电和磁性，弱力支配着光的闪耀，强力将原子核凝聚在一起，引力使行星和恒星能绕轨旋转。在早期阶段，这四股力量只是一种统一的超力，但随着宇宙的膨胀和冷却，它们一个一个地彼此分离。当强力分离时，会释放出巨大的能量，导致暴胀的发生。

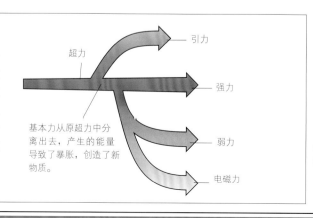

超力

引力

强力

弱力

电磁力

基本力从原超力中分离出去，产生的能量导致了暴胀，创造了新物质。

物质和反物质粒子具有相同的质量，但它们的其他特性都是数量相等，方向相反。

暴胀就像反引力一样，将一切都分开了。

温度迅速下降。暴胀后骤降到绝对零度，然后又开始上升。

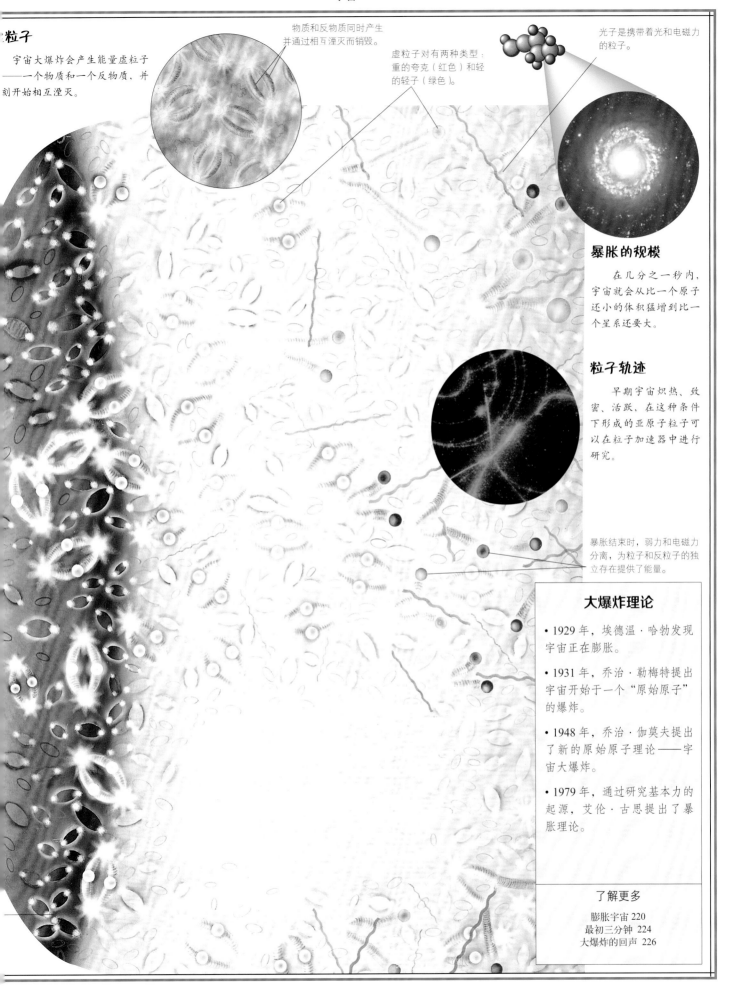

粒子

宇宙大爆炸会产生能量虚粒子——一个物质和一个反物质，并刻开始相互湮灭。

物质和反物质同时产生并通过相互湮灭而销毁。

虚粒子对有两种类型：重的夸克（红色）和轻的轻子（绿色）。

光子是携带着光和电磁力的粒子。

暴胀的规模

在几分之一秒内，宇宙就会从比一个原子还小的体积猛增到比一个星系还要大。

粒子轨迹

早期宇宙炽热、致密、活跃，在这种条件下形成的亚原子粒子可以在粒子加速器中进行研究。

暴胀结束时，弱力和电磁力分离，为粒子和反粒子的独立存在提供了能量。

大爆炸理论

- 1929 年，埃德温·哈勃发现宇宙正在膨胀。

- 1931 年，乔治·勒梅特提出宇宙开始于一个"原始原子"的爆炸。

- 1948 年，乔治·伽莫夫提出了新的原始原子理论——宇宙大爆炸。

- 1979 年，通过研究基本力的起源，艾伦·古思提出了暴胀理论。

了解更多

最初三分钟

暴胀结束时，早期的宇宙非常炽热，并含有种类繁多的亚原子粒子——它们在物质和反物质中数量均衡，大多数粒子都会彼此湮灭，但最终还是物质一方胜出。随着宇宙的不断膨胀和冷却，建设——而不是破坏——就会蓬勃展开。粒子逐渐积聚在一起，形成更大、更稳定的群体，粒子汤随后开始变稀。到第三分钟结束时，宇宙已创造出了如今我们周围所有物质的原材料、最初三个元素的原子核：氢、氦、锂。

暗物质

巨大的星系团往往包含着成千上万个亮的星系。但宇宙中这类可见物质远没有胀之后产生的不可见的暗物质多。这些暗质很可能是在最初三分钟幸存下来的众多相互作用大质量粒子（WIMP）。

粒子和反粒子相互释放出的强烈辐射创新的粒子——反粒子

奇特粒子包括X玻色子、希格斯玻色子和弱相互作用大质量粒子。

暴胀时释放的夸克（红色）和轻子（绿色）。

宇宙的成熟

早期的宇宙沸腾着奇特的粒子和反粒子，有的非常短命。夸克、轻子和弱相互作用大质量粒子等在 10^{28} °C的高温下相互碰撞。在三分钟之内，温度下降到了10亿°C以下，宇宙变得平静许多，所包含的粒子变少，但较稳定。

作用力在W玻色子、Z玻色子、胶子、光子和引力子之间传递。

物质的积累

暴胀创造了等量的物质和反物质粒子。它们之所以没有彼此完全湮灭，留下一个空空的宇宙，可能是由X玻色子和它的孪生兄弟——反X玻色子所造成的。这些都是最重的粒子，并且只能通过暴胀的高能量来创建。随着宇宙的冷却，两种粒子开始活跃，蜕变成了较轻的夸克和轻子。但是，每产生100 000 000个夸克和轻粒子，只有99 999 999个反粒子出现。这个微小的差异催生了如今的宇宙万物。

X玻色子衰变

X玻色子 —— 反X玻色子

粒子　反粒子　粒子　反粒子

粒子比反粒子多

粒子　反粒子

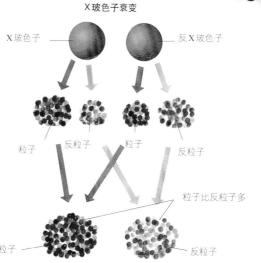

寻找反物质

除边缘区域外，反物质星系看起并没有什么怪异之处。在这里，反质与来自宇宙其余地方的正常物质相遇一场相互比试能源的耀眼的歼灭战就上演——但到目前为止，人们还未探到它们。

质子和中子

随着宇宙的不断冷却，胶子会将夸克吸引到一起，三个一组，组成同等数目的质子和中子。第一秒结束时，一些中子开始衰变为质子，当温度下降到9亿℃时，每个中子已拥有7个质子。剩余的中子迅速与质子粘结，形成原子的原子核。当最初三分钟结束时，已没有自由中子留下。

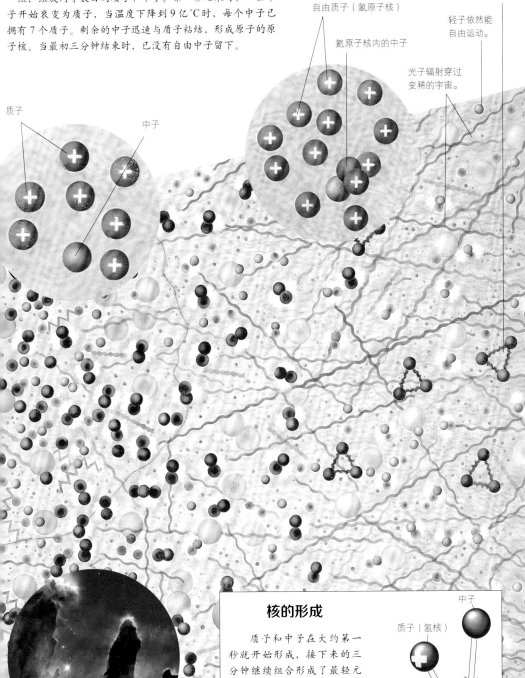

质子

中子

自由质子（氢原子核）

氦原子核内的中子

质子和中子中的夸克

轻子依然能自由运动。

光子辐射穿过变稀的宇宙。

宙的构成

通过对鹰状星云等气体云的详细分析，人明白了宇宙大爆炸的灰烬（即最初三分钟创的元素），应该含有大约77%的氢，23%的和0.000 000 1%的锂。

核的形成

质子和中子在大约第一秒就开始形成，接下来的三分钟继续组合形成了最轻元素的原子核，主要是氢和氦。每个元素的质子数都是唯一的，但中子数不同，因此有几种同位素。宇宙的温度和密度很快下降到这种核聚变所需的条件以下，于是无法再形成更多的元素了。

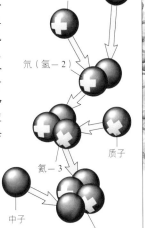

中子

质子（氢核）

氘（氢－2）

氚（氢－3）

质子

氦－3

中子

氦－4（2个质子＋2个中子）

基本粒子

宇宙早期形成的许多亚原子粒子已不复存在，或已改变为其他粒子。下面列出最重要的早期粒子。

宇宙弦：理论预测为链状，重得令人难以置信，长度达数百万光年。

X玻色子：理论上为非常重的粒子，但尚未发现。

希格斯玻色子：非常重的粒子，由英国物理学家彼得·希格斯提出。

弱相互作用大质量粒子：弱相互作用的大质量粒子被认为是宇宙暗物质的主要成分。

W玻色子和Z玻色子：与光子相似的粒子，但有质量，携带弱力。

夸克：质子和中子的组成成分，已发现的有6种。

轻子：对弱力非常敏感的粒子——电子是最轻的轻子。

中微子：质量很小，有3种，普遍存在。

胶子：传递强力，将夸克连在一起。

光子：无质量的粒子，携带辐射和电磁，最为常见。

引力子：携带引力的粒子。

了解更多

膨胀宇宙 220
大爆炸 222
大爆炸的回声 226
暗物质 230

大爆炸的回声

　　最初三分钟的狂躁结束后，第一批原子核形成，宇宙逐渐平静了下来。宇宙的成分在接下来的 25 万年会保持不变，但会随着宇宙的膨胀逐渐稀化。宇宙早期的大部分能量是辐射，但非常朦胧——光只能在天体间来回反射。接着，尘雾突然散去，太空开始变得透明。这个事件的回声就是充满天空的背景辐射。

彭齐亚斯、威尔逊和他们的天线

余辉

　　1965 年，物理学家阿尔诺·彭齐亚斯和罗伯特·威尔逊发现，天空的各个方向都传来一种微弱的射电信号。这个信号应是由－270℃（绝对零度以上 3℃）的物质发出，而唯一能释放这种辐射的是宇宙大爆炸后冷却时的余热。

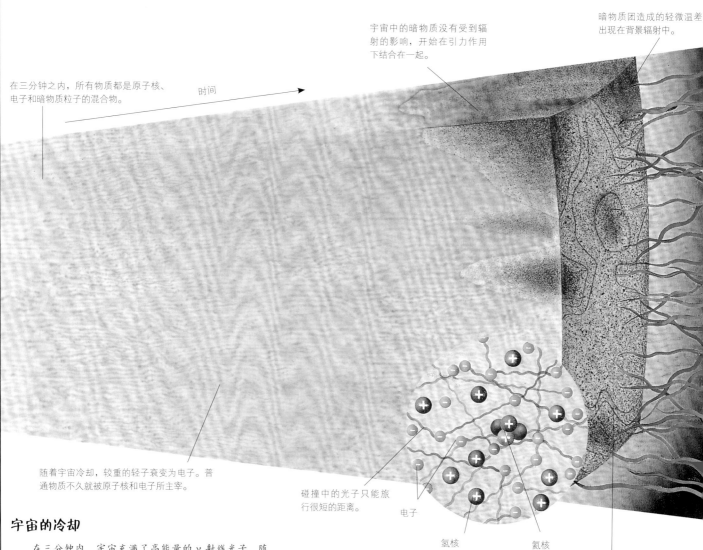

在三分钟之内，所有物质都是原子核、电子和暗物质粒子的混合物。

时间

宇宙中的暗物质没有受到辐射的影响，开始在引力作用下结合在一起。

暗物质团造成的轻微温差出现在背景辐射中。

随着宇宙冷却，较重的轻子衰变为电子。普通物质不久就被原子核和电子所主宰。

碰撞中的光子只能旅行很短的距离。

电子

氢核　　　　氦核

宇宙的冷却

　　在三分钟内，宇宙充满了高能量的 γ 射线光子。随着宇宙的膨胀和冷却，这些辐射会丧失部分能量，成为 X 射线、光以及最后的热辐射。温度下降也影响着粒子，减慢电子的速度直至与原子核结合形成第一批原子。这些原子不会与辐射发生相互作用，因此光最终能沿直线长距离传播，宇宙也变得透明。

光子散射

　　宇宙早期时，光子不断地与原子核和电子发生相互作用，因此谁都无法逃逸。光子与一个粒子分离，然后会与另一个粒子结合。光永远不能沿直线传播，结果形成了混沌的宇宙。

"最后散射面"：形成于大爆炸发生 30 万年之后，是宇宙从混沌变为透明的分界。构成背景辐射的热辐射就来自这个"最后散射面"。

景辐射波纹

最初，人们认为背景辐射应该非常均匀。但在92年，宇宙背景探测器（COBE）探测到了其中波纹。这些区域比平均温度稍高或稍低。在宙背景探测器拍摄的全天图中，蓝色斑块较冷的地方，那里的辐射正在试图挣脱强的引力。它们显示了作为星系"种子"的暗质团块。

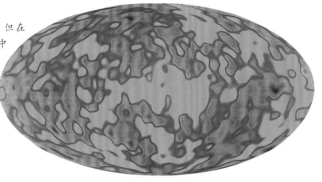

宇宙背景探测器背景辐射图。

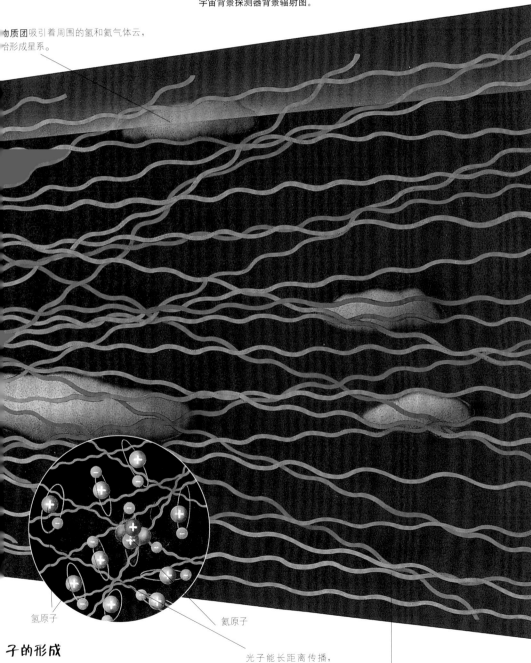

物质团吸引着周围的氢和氦气体云，帕形成星系。

氢原子

氦原子

光子能长距离传播，很少发生碰撞。

随着宇宙的膨胀，来自最后散射面的辐射继续降温，从光和热转变成了射电波。

子的形成

大爆炸发生30万年后，宇宙的温度已下降到3 000℃。带负电荷的电子已放缓了速度，被拉带正电荷的氢和氦原子核，形成第一批原子。

探测大爆炸的回声

• 1938年，在威尔逊山天文台工作的沃尔特·亚当斯（1876～1956）发现，恒星的分子能够被绝对零度以上2.3℃的外部辐射激活。当时没有人意识到这一发现的意义。

• 1948年，拉尔夫·阿尔菲（1921～2007）和罗伯特·赫尔曼（1914～1997）预言了绝对零度以上5℃时，大爆炸的遗迹会发出辐射。

• 1964年，罗伯特·迪克（1916～1997）开始建造接收器，检测背景辐射。

• 1965年，彭齐亚斯（1933～ ）和威尔逊（1936～ ）发现了背景辐射。他们公布了这一发现，迪克发表论文对辐射的来源做出了解释。

• 1977年，美国宇航局的一个航天器发现，背景辐射在一半的天空中温度稍高—这是地球在宇宙中运动，发生多普勒效应所造成的结果。

• 1992年，宇宙背景探测器（COBE）发现了背景辐射的波纹。

• 2001年，威尔金森微波各向异性探测器（WMAP）发射升空，几年间对背景辐射做出了比宇宙背景探测器更加详细的分析。

了解更多

星系的形成

在今天，宇宙中的物质已聚集在一起组成了星系，但在大爆炸时产生的只是几乎均匀分布在宇宙中的气体尘雾。天文学仍未解开的一个奥秘是，这种气体到底是如何聚集在一起并凝结成为一个个星系的。每个星系是作为单个天体形成，还是从小慢慢长大？为什么有些星系是漂亮的螺旋状，储存了大量的气体，而其他的却是椭圆形，气体都凝聚在了恒星中？星系为什么会呈巨大的纤维状分布，之间还存在着巨洞？天文学家现在才得到了答案。

哈勃深场的位置

哈勃深场只占了很小的天区，如针头大小。它坐落在北斗星的正上方。

相距 50 亿光年的两个星系合并形成的旋涡系。

哈勃深场

由于光的传播需要时间，所以我们看到的遥远星系都是很久以前的状态。天文学家发现，最远的星系大约距离我们 130 亿光年，这意味着我们现在看到的都是 130 亿年前它们年轻时的形状。这张图是哈勃空间望远镜于 1995 年拍摄的，它聚焦天空中的同一点，连续曝光 120 小时制作而成。从图上我们可看出第一批恒星开始发光，被称作原星系的小团块开始聚合在一起，星系由此开始形成。大爆炸后不久第一批恒星就已诞生，当时的宇宙年龄为 3 000 万至 1.5 亿年。

宇宙的黑暗时代

大爆炸发生 30 万年后，宇宙变得透明。爆炸时的强光已变成了不可见的红外线，然后又成了发出射电波的背景辐射。它留下的物质又冷又暗，不能发光，宇宙经历了很长的黑暗时期，直到第一代恒星开始放光。在这个黑暗时代，已经形成的暗物质团开始吸引周围的气体，为星系的形成打下了基础。

纤维

1. 大爆炸发生 30 万年后气体开始发光，形成了错落有致的热区（粉红色）和冷区（蓝色）。随后，宇宙陷入了黑暗。

宇宙背景探测器背景辐射图近照。

点显示气体的分布。

2. 300 万年后，暗物质的引力开始将气体织成纤维网。

恒星都是前景，处系内。

类似于银河系的旋涡星系，在 60 亿光年之外的地方。

巨洞

3. 3 亿岁时的宇宙由硕大的巨洞组成，周围是致密的纤维状气体。气体形成星系时，第一代恒星便开始放光。

一代恒星

第一代恒星几乎完全是由氢和氦这些来自宇宙大爆炸的气体物质组成。它们在自己短暂的生命中又创造出新的元素，如碳和氧，通过超新星爆炸将它们送入太空，成为第二代恒星和行星的组成原料。除氢、氦和微量的锂之外，宇宙今天所有的其他元素都来自恒星。

小的不规则星系看上去很大，这是因为它距离我们"仅有"10亿光年。

星系中心附近的球状星团和恒星起源于此时。

小星系并合成了更大的星系，距离在80亿光年之外。

100亿光年之外的年轻星系

原来的哈勃图像中包含了大约500个星系，但大多数都太暗弱，因而在这张复制图上显示不出来。

云相互碰撞，气体密集区形成了第一代恒星。

1.银河系可能是由成千上万的小气体云受暗物质的引力作用形成的。

星系起源理论

• 1966年，美国物理学家吉姆·皮布尔斯（1935～ ）提出了自下而上的理论，认为星系由较小的云成长而来。

• 1969年，苏联物理学家雅科夫·泽尔多维奇（1914～1987）提出了自上而下论：原始气体形成巨大而扁平的云，分裂后形成星系。

• 1981年星系的巨大纤维被发现，为自上而下论提供了支持。

• 1995年，哈勃深场出现了小星系的并合，为自下而上的理论提供了支持。

了解更多

哈勃空间望远镜 12 星系碰撞 212
活动星系 216 大爆炸的回声 226
暗物质 230

2. 星系内核的致密气体坍缩形成大质量黑洞，周围是灿烂的气体盘——类星体。

黑洞周围类星体吸积盘横截面。

3. 类星体内核喷出两束电子，形成看不见的热气体云绵延100万光年。

星系的诞生

从哈勃深场可以看出，大部分星系都是由气体云相撞而形成。如果气体云是彼此围绕着旋转，就会形成旋转的旋涡星系，遗留下一些气体。如果气体云不转动，所有的气体都会变为恒星，形成不含气体的恒星球——椭圆星系。其他椭圆星系诞生得较晚，由两个星系高速相撞而形成。

今天的银河系

老年恒星

内核的黑洞现已变得安静。

年轻恒星和气体

持续形成

星系今天仍在继续形成，小星系和气体云相聚在一起，组成了更大的星系。一般而言，大星系会和小星系发生碰撞，并将其吸收掉。巨椭圆射电星系——半人马座A就在最近吞下了一个旋涡星系。

半人马座A由气体和尘埃形成的暗带，是它与旋涡星系并合后的残余。

暗物质

我们在宇宙中看到的天体（行星、恒星、气体云和星系）只占宇宙的一小部分。比它们多30倍的是不可见的物质——暗物质，即使最强大的望远镜都无法看到它们。不过，天文学家知道暗物质的存在，因为它们的引力会对恒星、星系和光线产生影响。事实上，暗物质可能有好几种类型，从小的恒星到亚原子粒子。

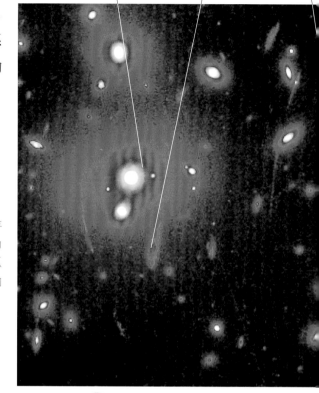

颜色显示不同的亮度。

80亿光年外星系的畸变像。

星系团 Abell 2218 中系质量是太阳的5倍。星系团中暗物量是星系的10倍。

宇宙奇景

在这张哈勃图像中，明亮的光弧非常像一张宇宙蜘蛛网，为暗物质的存在提供了有力证据。坐落在30亿光年之外的星系团 Abell 2218 发挥了引力透镜的作用。来自更遥远星系的光路过时，会被它的引力汇聚成明亮的弧线。能产生这种效应的引力需要达到可见光星系的10倍，因此在看不见的暗物质中，一定聚集着90%的质量。

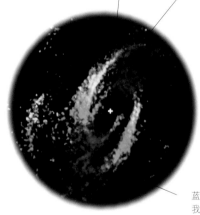

旋涡星系M81

氢的射电辐射

红色区域正离我们远去。

自转的星系

旋涡星系的快速自转表明，它们周围有巨大的暗物质晕。如果没有这种暗物质的引力，以每秒200千米左右速度旋转的星系将会被甩入太空。

蓝色区域正接近我们。

大麦哲伦云

晕族大质量致密天体的引力透镜效应

一颗恒星向地球射出的光。

光进入了银河系的晕。

晕族大质量致密天体

小恒星、褐矮星（消亡的恒星）和黑洞都是很难看到的通道物质。这类天体也许可以解释星系晕中的某些暗物质，被为晕族大质量致密天体。它们的引力会对来自遥远恒星的光生透镜效应，一些天文学家认为自己已探测到了其中的一些但没有人知道它们有多普遍。

飞驰的星系

暗物质存在的第一个证据来自于星系团。20世纪30年代，弗里茨·兹威基发现一些星系的运动速度太快，以至星系团应当很快分崩离析。肯定有一些看不见的物质的引力将它们拉了回来。后来，天文学家发现星系团中的热气团也受到了强大引力的束缚。

星系团CL0024+1654

恒星

看不见的气体和族大质量致密天

宇宙的物质成分

天文学家现在认为，宇宙中只有17%是普通物质，恒星占2%，看不见的气体和晕族大质量致密天体占15%，其他的83%是被称为弱相互作用大质量粒子的亚原子粒子。

弱相互作用大质量粒子

亿光年之外的同一星系
两个拉伸图像。

Abell 2218（产生透镜效应的星系团）中明亮的星系坐落在 30 亿光年之外。

100 亿光年之外的星系，通过透镜后显得更亮。

透镜的工作原理

　　爱因斯坦的广义相对论预言，引力能使光线发生弯曲。遥远星系的光向地球传播，当穿过附近的星系团时星系团能使它发生弯曲和聚焦。如果遥远星系恰好坐落在星系团中心的背后，它就会扭曲成一个圆——爱因斯坦环。但是，遥远星系通常都偏离中心，因此只能看到一部分环，即弧。

遥远星系

没有暗物质

地基望远镜

星系团对路过的光影响不大。

天文学家看到的是无畸变图像。

遥远星系

有暗物质

地基望远镜

在星系团的引力作用下，光偏离了自己的路径。

暗物质聚集在星系团的中心。

天文学家看到的是畸变像。

晕族大质量致密天体的引力在空间形成了引力阱。

正常亮度的恒星（标有箭头）

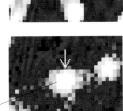

晕族大质量致密天体的亮度

　　当晕族大质量致密天体运动到遥远恒星的前方时，它的引力能使光发生聚焦，亮度因此提高。在大麦哲伦云中，天文学家已发现有的恒星会偶尔增亮。

光接近地球时，会发生聚焦，变得更亮。

1993 年暂时增亮的恒星

地基望远镜

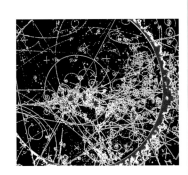

中微子

　　大爆炸让宇宙充满了中微子。人们以前认为中微子没有质量，但新的实验表明它的质量是电子的 1/100 000。不过，中微子在暗物质中大概只占了很小一部分。

晕族大质量致密天体的引力阱能使光弯曲、聚焦。

修意大利的暗物质弱相互作用大质量粒子探测器

弱相互作用大质量粒子（WIMP）

　　人们认为大爆炸创造了亚原子的弱相互作用大质量粒子。弱相互作用大质量粒子比氢原子重，一般在普通物体中直线穿行：如果弱相互作用大质量粒子是暗物质的主要成分，那么人的身体中现在就会有成千上万个这种粒子在穿行。物理学家正在探索弱相互作用大质量粒子存在的可能性。

空间的形状

　　自古以来，人们一直认为宇宙是一个空心球，有中心和边缘。但今天天文学家明白了事情并没有这么简单——宇宙十分浩瀚，它所含物质的引力以及本身的结构都影响着它的形状。事实上，宇宙并没有中心，也没有边缘。最近通过观测，人们发现它一直都是在朝着各个方向延伸，但我们只能看到这个无限宇宙的一部分，即"可观测到的宇宙"。

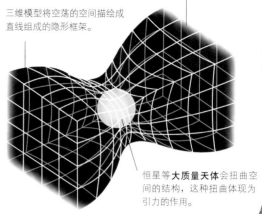

恒星引力的三维视图

三维模型将空荡的空间描绘成直线组成的隐形框架。

空间在现实中会弯曲到第四维度，在这里不能表示出来。

引力使空间发生的地方，平行线相遇。

恒星等**大质量天体**会扭曲空间的结构，这种扭曲体现为引力的作用。

弯曲空间

　　爱因斯坦的广义相对论认为，空间不是一个空荡荡的真空，而是一个镶嵌着恒星和星系的隐形框架。这些大质量天体扭曲了这个框架，在周围的空间创造了一种箍缩。普通空间的三维遭到了扭曲，被弯曲成了四维。由于这很难想象，科学家因此将它简化，用一个被它上面物体的质量弯曲成三维的二维"橡皮膜"来表示。

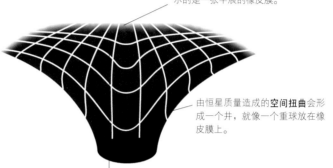

恒星引力的二维视图

在空间的二维视图中，恒星周围显示的是一张平展的橡皮膜。

由恒星质量造成的**空间扭曲**会形成一个井，就像一个重球放在橡皮膜上。

经过"井"旁的物体在引力的作用下会"滚"向它。

宇宙出生时无限宽广。无论它怎么扩展，永远都是无限大。

当物质和能量适量时，宇宙完全平坦而无限，没有边际。

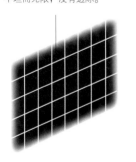

平坦空间

如果物质和能量超过平坦宇宙的所需，空间将会弯曲，形成一个闭宇宙。

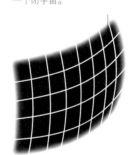

正弯曲空间

如果物质和能量少于平坦宇宙的所需，空间将无限延伸，并向外弯曲。

负弯曲空间

弯曲宇宙

　　就最大的尺度而言，整个宇宙的质量能使周围的空间弯曲。广义相对论预言，根据内部物质和能量密度，宇宙有3种弯曲方式。再次使用橡皮膜做模型，宇宙可以是平坦的，可以向内弯曲相互连接，或向外弯成马鞍形。

拉伸空间

　　物体质量常会使周围的空间向内弯曲，但天文学家发现宇宙实际上是平坦的，且膨胀的速度比人们以前认为的更快。这些发现使得大多数天文学家都相信，一种神秘的力量就隐藏在空荡荡的太空内。它俗称为暗能量。它与引力的作用相反，会将空间向外推。爱因斯坦在他的广义相对论中提出了这样一种力量，并把它称为宇宙学常数，但后来又认为是自己搞错了。

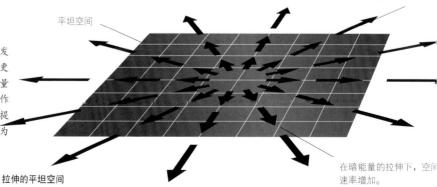

平坦空间

大爆炸以后，空间迅速向外膨胀。

在暗能量的拉伸下，速率增加。

拉伸的平坦空间

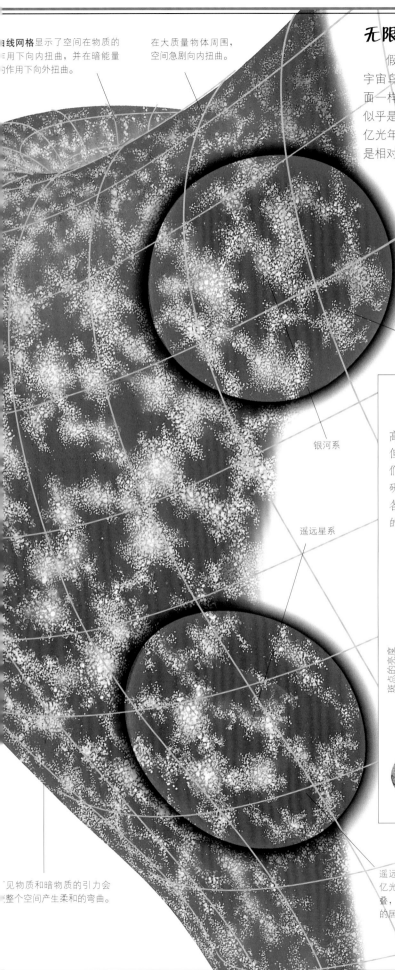

无限的宇宙

假设有一个超人能置身于我们的时空之外，他将能看到这样的宇宙鸟瞰图。这幅图用二维来代表三维空间。宇宙像充气的气球表面一样膨胀，因此没有边缘，也没有中心。当我们仰望太空，我们似乎是站在一个"可观测"的宇宙中央，每个方向都向外延伸了137亿光年，但我们在宇宙中所处的位置并没有什么特别之处。一切都是相对而言，我们所观察到的宇宙只是浩瀚太空的一小片。

我们的可观测宇宙是以银河系为中心。它向四面延伸了137亿光年——这是自宇宙大爆炸发生以来光能向各个方向行进的最大距离。

银河系

遥远星系

平坦的宇宙

天文学家现在相信宇宙是平坦的，这个结论准确度非常高。从理论上看，背景辐射波纹的大小可揭示空间的形状，但宇宙背景探测器最初观测到的波纹不够准确。2000年，人们利用高空气球进行了一次"飞镖"实验来研究背景辐射。研究发现宇宙可能是平坦的。自2003年以来，威尔金森微波各向异性探测器已收集到了精确的数据，从而证实了宇宙真的非常平坦。

分析波纹

这幅曲线图是对下面全天图的分析结果，以研究背景辐射中波纹的亮度与它们大小的关系。通过该曲线图的形状，天文学家能初步了解宇宙的形状和它的早期历史。

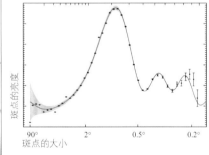

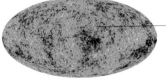

在这张威尔金森微波各向异性探测器绘制的全天图中，颜色编码标出了背景辐射中温度的微小变化。

遥远星系**可观测宇宙**的半径也是137亿光年。这个宇宙与我们的并没有重叠，因此我们无法看到这个星系，它的居民也无法看到银河系。

遥远的未来

大型望远镜就是时间机器，这是因为遥远星系的光线需要传播数十亿年才能抵达地球，展示很久以前的宇宙。同时，天文学家也可以预测宇宙的未来。从理论上说，宇宙可能会面临三种命运，这取决于它包含物质和能量的多少。致密宇宙最终会停止膨胀并开始收缩，而空空如也的宇宙将会继续膨胀下去。所有现在的证据都表明宇宙不仅是在膨胀，而且最近 50 亿年间它一直是在加速膨胀。

闭宇宙达到最大后，就会开始收缩。

宇宙膨胀

大爆炸

在边界区，膨胀会减慢，但不会逆转。

闭宇宙会终结于大挤压。

开宇宙会永远膨胀下去。

可能的命运

宇宙的命运取决于它所含物质和能量的综合效应。如果过量，它们可能会将空间弯曲太多，而使宇宙最终坍缩。但所有最近的观测都表明宇宙是开放的。除非在将来受到某种未知物质的干扰，否则它会永远膨胀下去。

开宇宙

低密度的宇宙属于开放型——它会继续膨胀、变冷，直到永远。这听起来好像是说宇宙可以永垂不朽，但实际上这是一种非常缓慢的死亡之路。数万亿年后，所有星系的所有恒星最终都会死亡，即使是星系中心超大质量黑洞也不会永远存在下去。最终，我们的宇宙将变得异常寒冷和黑暗，只有极少数的亚原子粒子留下。

2. 十亿亿亿（10^{25}）年后，银河系将成为恒星的坟墓，恒星遗迹将旋转着进入中心的一个超大质量黑洞。

开宇宙

今天的宇宙

如今，银河系等星系正风华正茂。新的恒星不断诞生，并且周围还有大量的气体和尘埃孕育着未来的恒星。银河系的旋臂镶嵌着发光星云，以及炽热而年轻的蓝色恒星。

闭宇宙

数亿亿亿亿（10^{24}）年后，宇宙会逐渐减速，一直到停下来。我们的银河系早死亡，只剩下一个恒星遗迹包围着央黑洞。

中心的老年恒星

闭宇宙

在未来，如果某些未知力量减缓了宇宙的胀，这种膨胀会最终停止。它将会在激烈的碰中坍缩，发生"大挤压"。大挤压就像是一次大炸的逆转——物质聚集起来，宇宙不断升温。任剩余的物质都会分解成原子，以及随后的亚原子子。唯独黑洞不受强热的影响，开始碰撞并结合一起。最后，它们将形成一个巨型黑洞，吞噬掉有剩余的物质。

1. 宇宙大爆炸发生 1 万亿年之后，银河系将会用尽所有的气体和尘埃，再也没有新的恒星可以形成。即使最长寿的恒星也开始死亡，旋臂也会消失。

旋臂中恒星的诞生

宇宙的演化路径

宙的加速膨胀

大爆炸发生约 80 亿年之后，宇会变得足够致密，它的膨胀速率会受到物质引力的牵制。但之后着膨胀将物质变得更稀，暗能量效应就会强于引力。膨胀速率开增加，并且从那时到现在一直处加速状态。

50 亿光年之外的超新星

超新星的距离

被称为 Ia 型的超新星爆发时总能达到相同的最大光度。通过检测星系中的这类超新星，天文学家可以计算出整个宇宙的距离。他们发现，最遥远星其实比按照匀速膨胀预期的更加遥远，并认为宇宙一定是在加速膨胀。

• 19 世纪 50 年代，英国物理学家开尔文勋爵（1824 ～ 1907）和德国物理学家鲁道夫·克劳修斯（1822 ～ 1888）各自提出宇宙会慢慢在寒冷中死去。

• 1922 年，从事流体力学和气象学研究的俄罗斯数学家亚历山大·弗里德曼（1888 ～ 1925）计算出宇宙可能面临着三种命运。

• 1973 年，美国物理学家霍华德·格奥尔基（1947 ～ ）计算出白矮星和中子星内的质子最终可能会衰变，使它们"蒸发"掉。

• 1974 年，霍金预言黑洞可能在一瞬间的辐射中消失。

• 1979 年，英国物理学家弗里曼·戴森（1923 ～ ）计算出白矮星和中子星会最终成为黑洞。

• 1997 年，新的测量结果表明宇宙还没有足够的质量发生大挤压。

• 1998 年，几组天文学家测量了遥远星系中超新星的距离，并提出宇宙可能是在加速膨胀。

加速的宇宙

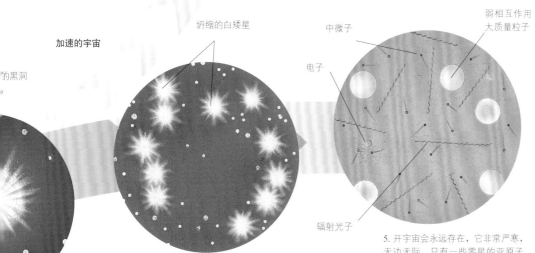

3. 大爆炸发生若干年（1 后跟 100 个零）之后，甚至超大质量黑洞也以辐射的形式消亡殆尽了，只有少数几颗中子星和白矮星可能会留下。

4. 在更遥远的未来，白矮星和中子星开始坍缩，形成了新一代的黑洞。它们最终也会瞬间以辐射的形式消失。

5. 开宇宙会永远存在，它非常严寒，无边无际，只有一些零星的亚原子粒子在它的虚空中穿行。这些粒子全都是很久以前在大爆炸中形成的。

使用望远镜研究未来

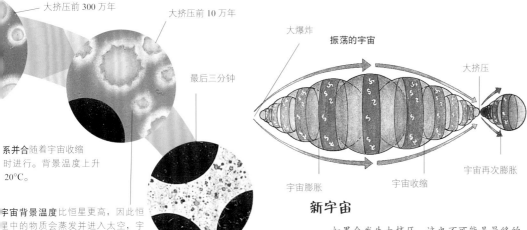

新宇宙

如果会发生大挤压，这也不可能是最终的状态。宇宙可能会不断地振荡——膨胀、收缩、重生。最终的巨型黑洞可能会有新的宇宙诞生、膨胀。由于大挤压会破坏所有物质，新的宇宙将拥有完全不同的粒子和物理定律。

地外生命

一个最重要的天文问题是：外太空是否存在生命？回答很有可能是肯定的——其他恒星周围也发现了许多行星，而合适的母恒星仅我们银河系就有数十亿颗。我们知道，生命的组成元素碳、氢、氧在太空中十分常见。但是即使这种生命存在，我们能找到它吗？外星生命可能与我们存在很大差异，要知道地球上的生命种类已是多得令人难以置信。

另类生活

进化的方式可能非常奇怪。阿诺德是由一名生物学家设计的，来展示如果5.7亿年前其他生物得到了发展，地球上的智慧生命将会呈现的样子。阿诺德的假设生存环境与人类的相同。

阿诺德：来自地球的外星人

大熊座行星

恒星大熊座47拥有一个质量为木星2.8倍的行星——而且很可能有好几颗。这幅图展现的是一颗假设性的小型、低重力行星——大熊座行星的图景，它坐落在其行星系统的外缘，并有一些可能已进化的生命体。这些生物非常高，遇冷就会蜷缩，大眼睛能在黑暗中看清东西，并已习惯在稀薄的空气中呼吸。

男性大熊座人长着巨大的体外鳃，用以在稀薄的空气中呼吸。

大眼睛在昏暗光线中睁开。

复眼环在亮光中拥有全方位的视觉。

嘴巴几乎贴着地面，便于取食。

女性大熊座人曲身保护着怀里的小宝宝。小宝宝从触角上发芽，成熟时会自然脱落，形成一个独立的个体。

性器官是能够相互咬合的特殊触角。

生命必需品

地球早期的生命究竟如何从基本化学元素转化而来依然是谜，但合适的环境必是其中的一个主要因素。这些澳大利亚部的叠层石是地球最早生命的后裔，并有发生什么变化。它们的环境展示了生所需的条件：温暖、光、合适的空气以水，正是它们帮助完成了生命所需的复化学反应。

西澳大利亚鲨鱼湾的叠层石

叠层石是一层层的藻类。

熊座行星的"树"。

大熊座行星植物呈紫色，而不是绿色，这是因为它们通过光合作用时利用了其他种类的叶绿素。在低重力的环境中，这些植物生长得十分高大。

大熊座行星的空气非常稀薄，所以植物和动物都需要增大吸收面积。

与地球一样，**水**对于大熊座行星上的生命必不可少。水是非常好的化学物质溶剂，能使它们发生复杂的化学反应，满足生命需要。

大熊座行星上的**鱼**与地球上的类似，水的浮力而不是重力，决定了它的形状。

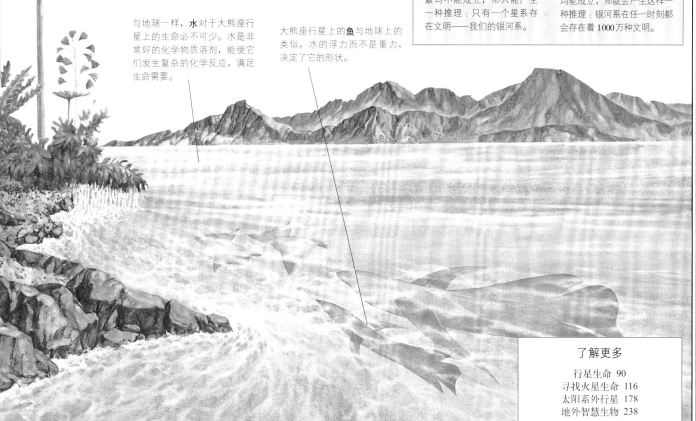

存在生命的可能性

如果具有星际通信能力的智慧生物能在一个行星上出现，那么各种不同的条件还需要满足。天文学家弗兰克·德雷克是这方面的一位开拓者，他在 1960 年就开始研究地球外的智慧生物，也是第一位考虑不同因素的人。

 • 恒星必须以合理的速度诞生，以取代那些消亡者。在我们的银河系，每年会有 10 颗恒星出生。

 • 恒星必须有适合生命存在的行星。

 • 行星的大小与恒星的距离都必须适中，既不能太热，也不能太冷。

 • 这颗行星上需要出现生命。

 • 行星上的生命需要进化成智慧生命——绿色的黏液绝对不会传递它们的存在信息。

 • 智慧生命必须能开发技术，实现星际通信。

 • 智慧生命必须学会用技术来保护自己。

 • 彗星和小行星的撞击、火山大爆发等自然灾害不能发生得太过频繁，以留出时间给智慧生命去发展。

如果这些智慧生命的必要因素均不能成立，那只能产生一种推理：只有一个星系存在文明——我们的银河系。

如果这些智慧生命的必要因素均能成立，那就会产生这样一种推理：银河系在任一时刻都会存在着 1000 万种文明。

地外智慧生物

寻找地外智慧生物一度被视为荒诞的行为，现已变得很受重视。它涉及到多门学科：天文学、物理学、化学、信息技术和生物学。在寻找地外智慧生物时，大多数科学家都是利用射电望远镜来监听太空中的人工信号，还有一些寻找的是激光信号。任何刻意发出的信息都应该很容易解码。我们已发出了自己的信息，但还没有探测到来自太空的任何信号。

射电波携带阿雷西沃信息。这种辐射能以光速进行传播，甚至能穿透太空中尘埃密布的区域，因此是理想的星际通信手段。

寻找地外智慧生物

20世纪50年代，在射电天文学发展的初期，一个年轻的美国人弗兰克·德雷克认识到射电望远镜是一种理想的工具，能与外星人进行沟通。他们可以在银河系中监测或发出这种信号。其他天文学家很快就加入了德雷克的研究。他们最雄心勃勃的计划是"独眼神"——为此要建造1500台射电望远镜，但最终由于太过昂贵而放弃。

阿雷西沃信息

1974年，波多黎各的阿雷西沃射电望远镜向恒星发出了信息。它包括向球状星团M13发出的1679条通断脉冲，这个致密恒星群坐落在25 000光年之外。聪明的外星人会意识到1679是质数23和73相乘的结果。脉冲信号能排列成23列宽、73行长的长方形，这个图形解释了地球上的生命基础。

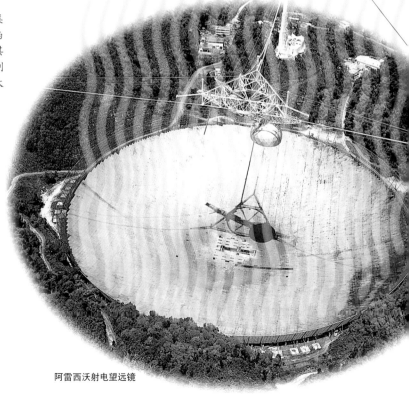

阿雷西沃射电望远镜

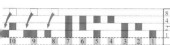

第一块区用二进制表示出了数字 1 到 10——即计算机的数字形式。

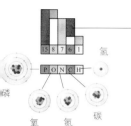

最重要的生命元素是氢、碳、氮、氧和磷。这一块区描述了这 5 个元素的原子数。

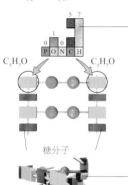

这个块区显示了一些重要生物分子的关键要素。糖（C_5H_7O，编码为绿色）、磷酸盐（紫色）和核苷酸（橙色）构成了地球生命的基础分子——DNA。

糖分子

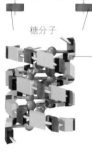

两根拧在一起的"绳子"显示了DNA的双螺旋结构，这个巨大的分子会不断分裂和复制，传递生命的信息。地外生命一定也会依赖DNA之类的分子传递遗传信息。

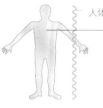

人体的高度 = 14 个信号波长

对于外星人而言，人类的轮廓图一定会让他们感到费解。它的左边是世界人口，右边是人类的高度。

太阳系不同天体的大致对比。地球被移动到了突出的位置进行显示。

阿雷西沃射电望远镜并且图解了承载着信息的射电波如何传播。

加利福尼亚哈特克里射电天文台的艾伦望远镜阵

绿堤射电望远镜

凤凰计划

1992 年，美国宇航局准备实施地外文明探索计划（SETI），但被政治家取消。之后，科学家将其更名为凤凰计划，募集了私人资金继续实施，它使用了全世界的射电望远镜，其中包括西弗吉尼亚的绿堤射电望远镜，直到 2004 年。

取得联系

如果我们真的与外星人取得了联系，这将是有史以来最大的新闻事件。不同的群体（军队、宗教团体、科学家和政治家）会根据自己的安排做出各种反应。我们应该回复外星人吗？这样做是否太危险？谁来决定该说的话？

"地外文明探索计划"成为头条新闻

地外文明探索计划的未来

在加利福尼亚州的哈特克里射电天文台，地外文明探索计划研究所和加州大学联手建造了艾伦望远镜阵，射电天线将能同时进行射电天文观测和外星文明搜寻。该计划共设 350 座天线，第一批的 42 台已于 2007 年开始观测，每个直径达 6 米。

主天线收集射电信号。

.4 米口径的偏置反射镜能将信号聚焦到电馈源。

地外文明探索计划的发展

• 1959 年，朱塞佩·科科尼（1914～2008）和菲利普·莫里森（1915～2005）在科学期刊《自然》上发表了一篇论文——《寻找星际通信》，寻找地外智慧生物便从此开始。

• 1960 年，弗兰克·德雷克开始实施奥兹玛计划，建立了第一台搜寻人工信号的射电望远镜。

• 美国宇航局执行木星和土星探索任务的先驱者 10 号和 11 号分别于 1972 年和 1973 年升空，每个都携带有来自地球的原始信息，以便太阳系之外的外星人能够读取。

• 1974 年，阿雷西沃信息被发往球状星团 M13。

• 1977 年，美国俄亥俄州的一台射电望远镜监测到了一声"哇！"——有史以来最强的不明信号。之后，它再也没出现过。

• 1977 年，两个旅行者号太空船发射升空，每个都携带了有地球声音和图像的镀金唱片。

• 1995 年，凤凰计划开始了新的系统探测，寻找外星信号。

• 2007 年，艾伦望远镜阵成为第一个专门用于地外文明探索的射电望远镜。

实用观星术

天文学是一门"大众化"的科学，并非只有专家才能参与。即使没有双目望远镜或天文望远镜，天文爱好者也可以通过观察流星等天文现象在天文学领域有所建树。纵观历史，人们观测天空也是一种实际需要，如航海、计时或者编制历书，都需要用到天文学知识。刚开始接触天文学，最好的方式是先了解头顶的天空，辨别不同季节的星星。借助于双目望远镜，业余爱好者将能了解到更多的知识，甚至可以通过监测变星获得有价值的发现。有了望远镜，天空将变得更加浩瀚。今天，一些业余爱好者的望远镜已比几年前专家所使用的还要精密。

自转的地球

我们在一艘巨型宇宙飞船的甲板上观测宇宙。然而，地球这艘"飞船"并不是一个理想的观测平台，它总是在不停地自转，空中的一切似乎都在向着相反的方向运动，无一例外。我们脚下的实体地球也遮挡住了宇宙的很多地方：欧洲人从来没有看到过南十字座，而北极星则总是在和澳大利亚人捉迷藏。能看到什么天体取决于观测者的位置和观测时间，同理，观测者也可以通过观察到的天体来确定时间和地点。

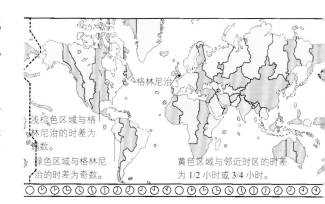

绿色区域与格林尼治的时差为偶数。

绿色区域与格林尼治的时差为奇数。

黄色区域与邻近时区的时差为 1/2 小时或 3/4 小时。

时区

由于地球的自转，世界不同地方面对太阳的时间也会不同，当美国是黎明的时候，欧洲可能已是中午，而澳大利亚或许已到没时分。全世界被划分成 24 个主要时区，每个时区相差一小时。何一个时区，太阳在天空中最高位置时，应是当地的正午时分。

一天的时间

地球在任何时候，都会有一半正对着太阳，沐浴在阳光下；而另一半则背对太阳，四周一片黑暗。

夜幕降临，我们就能观测到天上的星星了。在地球自转的影响下，这些星星看起来似乎都在由东向西运行。

此时里约热内卢位于地球的黑暗面，正是黑夜。

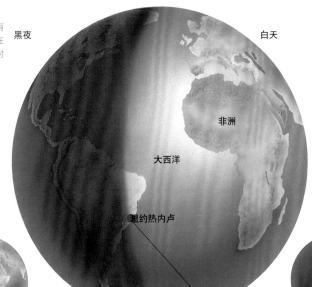

地球自转的方向

黑夜 / 白天

非洲

大西洋

里约热内卢

随着地球自转，里约热内卢会逐渐面向太阳，黎明降临。

太阳在天空中的运行路径

E　S　W

在北半球，太阳的运行路径位于南面，因此阳从左向右移动。

来自太阳的光

太阳

地球由西向东自转，此太阳从东方升起，西方落下。

太阳在天空中的运行路径

W　N　E

在南半球，太阳的运行路径位于北面，因此阳从右向左移动。

几个小时后，地球自转会使里约热内卢与太阳对准。太阳正当顶时，正午来临。

白天与黑夜

地球会绕地轴匀速自转，每个人都会从黑夜进入白天，然后再返回黑夜。随着地球的自转，我们看到的星际图景也会发生变化。经过一次完整的自转后，地球会面向原来的方向，星星也将回到原来的位置，这需要 23 小时 56 分钟（一个恒星日）。在这段时间里，地球已绕着太阳走了 250 万千米，它还要再旋转 1°，太阳才能到达天空中的同一个地方。这需要 4 分钟，相对于太阳而言，每天的时间长度为 24 小时（一个太阳日）。

找经度

经度是穿过英国格林尼治的南北线向东或向西的角距。地球 24 小时内自转 360°，因此每小时转 15°。如果格林尼治的时间（GMT，格林尼治标准时间）是下午 6 点，那向东 180°的地方一定是上午 6 点。只要知道格林尼治的时间，航海家就能依靠地球的自转找到自己所处的经度。

下午 6 时

格林尼治

凌晨 0 时

上午 6 时

地球的自转

正午 12 时

太阳位于船上最高点，所以的时间是正午。

船上的时钟是下午 6 时，因应该在格林尼治西 90°的墨西区域。

将时间差乘以 15°，便能计算出经度。

北极星和纬度

在北半球，北极星在天空中的高度随纬度（赤道以北的距离）的不同而有所差异。在北极点（北纬90°），北极星位于正上方（地平线以上90°）；在赤道（纬度0°）时，我们仅能在地平线上看到它（地平线以上0°）。在北纬60°时，它是在地平线以上60°；在北纬45°时，它在地平线以上45°。

高：天文学家用度数来标记星星的高。从地平线垂直向上是90°；半空的星是45°；地平线上的星为0°。

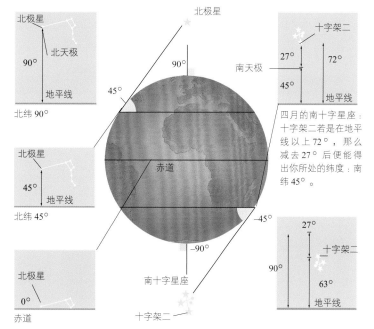

北纬90°

北纬45°

赤道

北极星

南天极

南十字星座

十字架二

四月的南十字星座：十字架二若是在地平线以上72°，那么减去27°后便能得出你所处的纬度：南纬45°。

十月的南十字星座：如果十字架二在地平线以上63°，那么加上27°后便能计算出你所处的纬度：南纬90°。

南纬

南半球没有极星，但距离南天极27°的南十字座可成为计算纬度的参照物。每逢四月（那时它正立出现在天空）或十月（那时它倒立出现在天空），这种参照最为好用。计算出十字架二与地平线的高度。如果是正立出现在天空，减去27°就能算出你所处的纬度了；如果是倒立，加上27°即可。

日晷

日晷（即太阳时钟）的工作原理是，随着地球的自转，太阳会在天空中移动，而地面的阴影则会向相反的方向移动。每个日晷都有一根晷针，根据其影子落到的刻度，即可读出当时的时间。使用日常物品便能制作一个简单的日晷。请按照说明，从右上角开始制作。

1. 以毛衣针或串肉扦作晷针。

2. 找一个可以拧开盖子的玻璃瓶。

晷针在纸面上留下的阴影将会告诉你时间。

3. 将盖子从玻璃瓶上拧掉，在中心打一个洞，让毛衣针或串肉扦可以穿过。

4. 在毛衣针或串肉扦的下端装一个橡胶球。拧上盖子，让橡胶球正好位于瓶底的中间。

7. 用透明胶带将纸条粘到玻璃瓶上。将玻璃瓶放在底座上，24个面会垂直向下，在北半球时指向北方，南半球时指向南方。

将一个纸条裁成25毫米宽，长度能将玻璃瓶包裹住。将纸条等分24份，在北半球时从右到左标出24个小时，在南半球时从左向右标注。

角（90°）

个角等于日晷所位置的纬度。

5. 用硬纸板叠成一个三角形，做底座。在斜面上粘贴一个卡条，防止瓶子滑落。

将底座的这一端朝北放置（在南半球时朝南放置）。

北半球

地球自转

下午3时

正午12时

上午9时

太阳

在北半球，随着地球的自转，日晷上的影子会沿着顺时针方向移动。

南半球

下午3时

正午12时

上午9时

太阳

地球自转

在南半球，日晷上的影子会沿着逆时针方向移动。

日晷的准确度

依靠晷针的阴影来辨别时间，精确度可达几分钟。然而在一年中的某些时期，日晷会加快或放慢几分钟，这是因为地球围绕太阳公转的速度会发生变化，从而影响了太阳在天空中的移动轨迹。

日晷的方向

只有当晷针与地轴平行时，日晷的指示才准确。设置晷针时必须要小心，将它面向南或北方向，其角度要等于你所在的纬度。日晷还存在着其他限制：它们不能在夜间或阴天使用，而且大部分也要根据夏季时间进行调整。

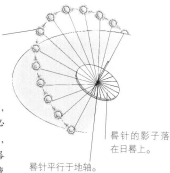

太阳在天空中的移动轨迹。

晷针的影子落在日晷上。

晷针平行于地轴。

地球的轨道

我们的地球在围绕地轴自转的同时，还在以每小时100 000千米的速度绕太阳飞驰，为我们提供了千变万化的宇宙美景。在这个轨道上，太阳在天空中的高度会发生变化，从而形成春夏秋冬。通过研究地球的轨道，天文学家可以解释为什么一些季节性的现象会与"天象"不谋而合——例如，每年天狼星一出现尼罗河就会暴发洪水，而古埃及人认为这是天神在作怪。

年、二至点和二分点

地球绕太阳公转一周需要365.25天，即一年。在这期间，我们能从不同方向观察天空，所以会看见不同的恒星。地球的轴线与轨道并不是直角，而是倾斜23.5°，因此天空中的太阳路径看上去也会发生变化。在北半球，6月21日（最长的一天，夏至日）太阳到达最高点，而在南半球这个时间是12月21日或22日。当到达中间的二分点（约3月21日和9月23日）时，两个半球所受到的太阳照射一样多。

北极圈

6月份，这个区域总是能受到太阳的持续照射。

南极圈

子夜太阳

6月份，北极附近的地区会向太阳倾斜。在北极圈内（北纬66度以北），太阳总是高挂在天空，所以不会发生日出和日落。太阳会在天空转了一圈又一圈，正午会位于最高点，而0点就会行到达最低点。南极在12月份也会出现同样的情况。

北极圈内夜晚太阳的定时照

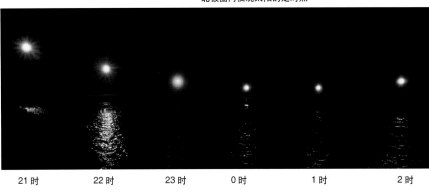

| 21时 | 22时 | 23时 | 0时 | 1时 | 2时 |

6月的温度

在轨道的一侧，地球的倾斜会造成北极朝向太阳。因此到了6月份，太阳就会直射在北半球上，炎热的夏天由此形成。这时太阳光斜射在南半球上，那里获得的热量较少。赤道以南的温度会下降，形成寒冷的冬季。

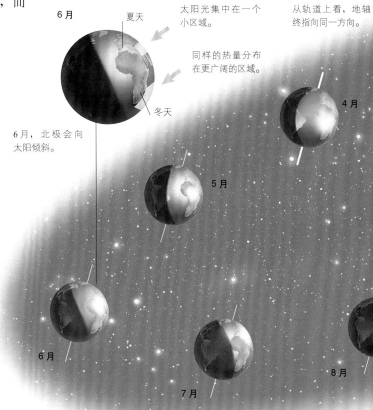

6月

夏天

太阳光集中在一个小区域。

从轨道上看，地轴终指向同一方向。

同样的热量分布在更广阔的区域。

冬天

6月，北极会向太阳倾斜。

4月

5月

6月

7月

8月

地球在轨道上运行，每个月都可见到不同的恒星。

如果地轴不是倾斜的，白天黑夜将永远保持等长，且不出现季节变化。

6月（仲夏）

二分点

12月（仲冬）

东北　东　东南　南　西南　西　西北

太阳的北半球路径

随着地球的公转，太阳在天空的路径也会发生化。在北半球，太阳夏天的轨道高。在二分点时，它路径降低，冬季则到达最低处。日出和日没点也随之化：在二分点处为东西方向，夏季会向北移动，冬向南移动。

太阳轨道的形状（经过了夸张处理）

1月

7月

太阳

太阳的质量是地球的 329000 倍，其巨大的引力牵引着地球公转。

椭圆轨道

地球与太阳的平均距离是 1.5 亿千米，但地球是沿着椭圆形轨道运动的，因此 1 月份离太阳要比 7 月份近 500 万千米。南半球在 1 月份是夏天，因此南半球的夏天要比北半球的更热。

闰年

每 4 年就会多出一天，这样四季才能保持一致。这是因为地球公转一圈，就会自转 365.25 次。如果我们的日历每年有 365 天，这样累积下来日期就会越来越早，导致季节会在不同的月份结束。

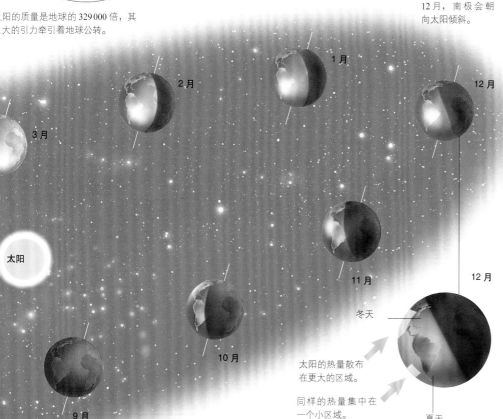

12 月，南极会朝向太阳倾斜。

1月

2月

3月

太阳

9月

10月

11月

12月

12月

冬天

夏天

太阳的热量散布在更大的区域。

同样的热量集中在一个小区域。

9 月和 3 月：在两个二分点，太阳位于地球赤道的正上方。白天和黑夜的长度相等，各有 12 小时，而且世界各地都一样。

太阳如何出现在金牛座中

太阳的视轨迹

地球沿轨道运动时，太阳看上去是在不同的恒星间移动。由于阳光淹没了背景恒星，我们并不能轻松地观察到这一点。我们如果能去掉白天的亮光，就能在不同月份看到在不同恒星背景，即黄道十二宫中的太阳。

12 月的温度

12 月份，南极会朝向太阳倾斜。阳光直接落在南半球上，形成了炎热的夏季；而北半球沐浴的是斜晖。两个半球的季节正好相反：南半球是夏季时，北半球就是冬季；南半球的秋季对应的是北半球的春季。

岁差

地球的自转轴并不绝对固定，它就像一个快要倒下的陀螺，会轻微摆动。目前的地轴指向北极星，在 26000 多年的时间内，它会在天空中慢慢漂动，指向不同的"极星"，然后会再次指向北极星。这种现象被称作岁差，是月球引力对倾斜着的地球产生的影响。

12 月（仲夏）

二分点

6 月（仲冬）

西南　西　西北　北　东北　东　东南

太阳的南半球路径

在南半球的隆冬时节，天空中太阳的路径最低：它会从东北方升起，在西北方落下。其路径在二分点更高，会在东方升起，西方落下。太阳在 12 月份会到达最高点，升落点更靠南。

了解更多

北极星　北极星　织女星

自转轴

公元 2000 年的极星是北极星。

公元 14000 年的极星是织女星。

白昼天文学

有些天体异常明亮，即使在白天也能看到，因此天文学在白天和黑夜一样有趣。最明显的一个例子就是我们自己的恒星——太阳，它也是唯一一颗能从地球上详细观测的恒星。用肉眼直接观察太阳十分危险，我们可以将它投射到屏幕上，再来研究它不断变化的细节。太阳过于明亮，使得观测天空中暗淡的天体变得更加困难，不过它们的确存在。月球和一些明亮的行星白天也能看到，在白天而不是晚上观测行星甚至还有一定的优点。

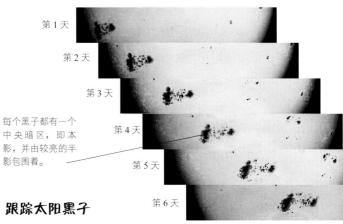

用硬纸板遮住阳光。

在硬纸板的中心挖一个双目望远镜物镜般大小的孔，用胶带将硬纸板与望远镜粘贴在一起，让光从一个镜头通过。

将另一块硬纸板撑起作为屏幕，放置到距离望远镜 35 厘米至 50 厘米远的地方。

太阳的投影

为观测太阳，我们可以使用口径小于 100 毫米、放大率小于 30 倍的双目望远镜或望远镜，将太阳光线投射到一张硬纸板上。用望远镜瞄准太阳，不断倾斜，直到屏幕上出现光盘。调节望远镜的焦距，直至光盘变为边缘清晰的太阳像。若要得到更大的图像，可将屏幕向远处移动，但这时的图像会变暗。

观测太阳

太阳活动的一个方面是太阳黑子的变化。为了记录这些变化，你可以每天在一张纸上画一个圆，并将这张纸粘贴到屏幕上。将太阳光反射进屏幕，让它的图像与纸上的圈重合，然后标记下屏幕上黑子和光斑的位置。

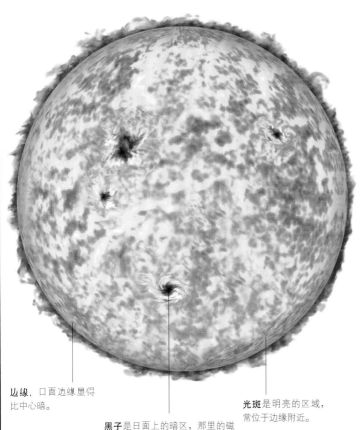

边缘，口面边缘显得比中心暗。

黑子是日面上的暗区，那里的磁场限制了阳光的射出。

光斑是明亮的区域，常位于边缘附近。

第 1 天

第 2 天

第 3 天

每个黑子都有一个中央暗区，即本影，并由较亮的半影包围着。

第 4 天

第 5 天

第 6 天

跟踪太阳黑子

每天绘制太阳黑子的位置，就能发现它们在太阳表面的整个移动过程。这是因为太阳与地球一样，也会自转。有时，一个黑子会顺利完成一周的运动，约 29 天后返回到相同的位置，但通常是经过几天的变化后就消失了。大黑子经常成对出现，与太阳的赤道大致平行。

警告

- 绝对不能用肉眼直接观察太阳，更不要使用双目望远镜或望远镜观察它。只看太阳一眼，都可能对视力造成严重损害。

- 只能通过投影法来观测太阳。使用望远镜时，应将寻星镜盖住，以免光线透过。

- 注意！小型望远镜的目镜通常都装有太阳滤镜，太阳的热量会在不知不觉中使其损坏。

小孔成像

太阳可以透过针孔成像，但这更适合于观测日偏食，这种成像通常非常小，不适合观测太阳黑子。如果将屏幕和针孔之间的距离增至一米以上，那么从任何形状的小孔都能获得太阳的图像，即使是奶酪刨丝器上的孔也行！

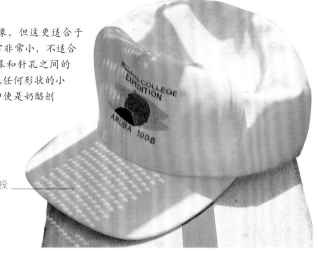

日偏食透过奶酪刨丝器，投射到一顶棒球帽上。

水面上的阳光

日落之前的太阳

太阳的颜色

太阳看上去像是黄色的，但其真实颜色为纯白色。它之所以看起来呈黄色，是因为人们看到的太阳通常是在阳光被云层遮掩变得暗淡后，或在傍晚它低挂在空中的时候。然而，明亮的太阳照耀在水面上，其反射光能揭露它真正的颜色——纯白色。

白天的月亮

月亮在白天很容易看到，尤其是当它接近满相，亮度最大时。满月前，你可以在下午从东部或东南部的天空看到它（在南半球是东部或东北部）；满月后，你可以在上午从西部或西南部的天空看到它（在南半球是西部或西北部）。冬季它的位置比夏季更高。

恒星和行星

通过双目望远镜，就能在白天看到较亮的恒星和行星，但寻找它们可能相当困难。你得格外当心，不要搞错看到太阳。使用望远镜观测金星的最佳时间是白天或傍晚时分。它那时会高高地挂在天空中，而且也没有天黑时那么刺眼。

夜天中的金星

准备观测

天空晴朗，太阳已落山，星星逐渐在天空中出现，这正是观星的最佳时间。你最好准备好所有的东西，别到了外面，又要回去拿遗忘的铅笔或手套。如果天气比较冷，要注意气温可能会降得更低。一定要穿上暖和的衣服，戴上棉帽子。要提前计划好观测的对象。若因观看天空中其他的物体而错过了某个特别喜欢的天体，你就会感到特别沮丧的。还要提前了解恒星和行星在天空中的行进轨迹。

良好的观测条件

有些晚上非常适合观测恒星，而有的更适合看行星。晴朗的夜晚经常会有空气湍流，会损坏月球和行星的图像，但有利于寻找暗弱的星云。无风时更适合研究月球和行星，不过那时可能会有薄雾。

能看到的恒星越暗，天空的"透明度"就越高。

关键设备

有良好习惯的观察者会将他们看到的记录下来。任何笔记本都可以用，不过白纸更利于测绘。每次观察时，都要记下具体的年、月、日、时刻和位置，并对天气情况做出描述，特别是有没有雾或云。另外请注意，如果时间是在夏季，也要做好记录。还要记下使用的仪器，如双目望远镜或天文望远镜。观看星图或做笔记时，可以使用覆盖着红色玻璃纸的电筒来照明，它的红光不会影响到夜间的视力。

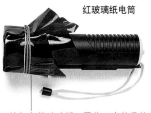

所需物品

- 御寒衣物、防水鞋
- 笔记本、钢笔或铅笔
- 走时准确的手表
- 红玻璃纸电筒
- 双目望远镜
- 能坐的东西
- 书和星图
- 一张小桌子（可以放东西）

笔记本

外出观测前，要在笔记本上整理好所要记录的天体和类别。

红玻璃纸电筒

找一块红色的玻璃纸，罩住一个普通的手电筒，用松紧带系好，做成红色的电筒，使用红色的自行车灯也行。

北与南

观察之前，弄清所处的方位十分重要。太阳中午在正南（南半球时会是正北），所以要注意它与树木等附近物体的相对位置，以便于夜间识别。

光污染

城市的灯光会传到天空中，造成光污染，有的暗星会因此被淹没。城镇居民应选择远离灯光的地方，并要防止灯光直接射进眼睛。满月时即使在乡村也很难发现暗弱的天体。

观星技巧

- 人的眼睛可能需要 30 分钟来习惯周围的黑暗,以获得充分的夜间视力。一些光对夜间视力特别不好,如荧光灯、电视机和电脑屏幕的光,所以外出观察前应尽量避免接触它们。

- 到户外后,应只使用红色光,如果观测点就在自家屋外,最好说服家人不要打开房里的灯,以免造成干扰。
- 如果外面的灯光影响观测,可以搭一个临时的"帐篷",如搭着毯子的梯子。

北天的猎户座

由于地球的自转,恒星和行星似乎会在夜天中移动。猎户座(从 11 月到 3 月间都能看见)是一个典型的例子。它歪着身子从东方升起,然后在天空中划过。它到达正南方时最高,然后向另一方倾斜,落在西方的地平线上。

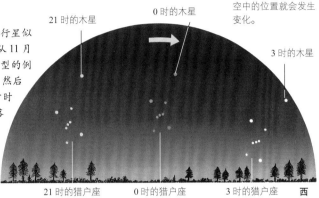

几个月后,木星在天空中的位置就会发生变化。

天空中的路标

当能看到猎户座时,它会成为天空中有用的方向标。南半球的人们会看到它向北"走",而北半球看到的正好相反。

北天的猎户座

南天的猎户座

南天的猎户座

在南半球,猎户座在 11 月至 3 月间也能看到。由于地球的自转,它看起来是从东方升起,划过天空后在正北方达到最高点,最后在西方落下。它从右向左移动,与北半球的正好相反。

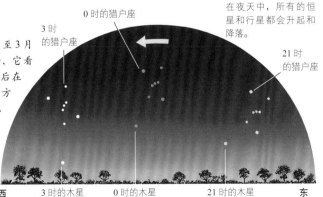

在夜天中,所有的恒星和行星都会升起和降落。

寻找行星

在黄道(太阳在天空中的路径)附近,我们总可以找到土星等一些行星。如果一颗璀璨的星星并没有出现在星图中,它可能就是一颗行星。我们可以用右侧的图表对比出它是哪一颗行星,要记住金星只有在傍晚时分出现在西方的天空,或早晨出现在东方的天空。

夜天中的土星

2016 年主要行星事件
（美国宇航局资料）

所有事件均为北京时间

月份	日	时间	天象事件
01 月	01		金星位于 37.9°
	07	19：32	金星－心宿二：6.4° 北
	09	15：42	金星－土星：0.1° 北
	14	22：02	水星下合。
02 月	01		金星位于 31.4° 西
	07	08：59	水星大距：25.6° 西
	28	23：17	海王星合日
03 月	01		金星位于 24.9° 西
	08	17：58	木星冲
	24	04：05	水星上合。
04 月	01		金星位于 17.4° 西
	10	05：28	天王星合日
	18	21：59	水星大距：19.9° 东
	28	00：33	火星－心宿二：4.9° 北
	28	16：32	水星－昴宿团：6.5° 南
05 月	01		金星位于 9.8° 西
	09	23：10	水星下合。
	22	19：15	火星冲
06 月	01		金星位于 1.5° 西
	03	13：43	土星冲
	05	16：59	水星大距：24.2° 西
	07	05：34	金星上合。
	13	18：06	水星－昴宿星团：6.8° 南
	19	11：39	水星－毕宿五：3.8° 北
07 月	01		金星位于 6.8°
	07	11：12	水星上合。
	30	23：55	水星－轩辕十四：0.3° 北
08 月	01		金星位于 15.3° 东
	05	19：57	金星－轩辕十四：1° 北
	17	04：59	水星大距：27.4° 东
	20	13：34	水星－木星：3.8° 北
	24	13：09	火星－心宿二：1.8° 北
	25	09：11	火星－土星：4.3° 北
	28	05：53	金星－木星：0.1° 北
	29	04：09	水星－金星位于 5° 北
09 月	01		金星位于 23.5° 东
	02	23：16	海王星冲
	05	08：03	土星－心宿二：6.1° 北
	13	07：38	水星下合。
	18	23：12	金星－室女座 α：2.4° 北
	26	14：19	木星合日
	29	02：59	水星大距：17.9° 西
10 月	01		金星位于 30.9° 东
	15	18：15	天王星冲
	26	18：54	金星－心宿二：3.1° 北
	27	23：53	水星上合。
	30	09：47	金星－土星：3° 北
11 月	01		金星位于 37.7° 东
	24	02：48	水星－土星：3.4° 北
12 月	01		金星位于 43.2° 东
	10	19：03	土星合日
	11	11：59	水星大距：20.8° 东
	29	02：41	水星下合。

说明:"－"代表合。
最后更新预测:2015 年 2 月 19 日

了解更多

测绘夜天

　　地图能为旅行的人指引方向，而星图对天文学家也具有类似的作用。与地球上的经纬度一样，天空也有一个网格系统来测量恒星的位置。当然，还有一种已使用了几千年的方式，那就是研究星座，即恒星图案，来确定它们的位置。掌握了这些恒星群的位置后，就可以为天空"画像"了。

天球

　　恒星在太空呈三维分布，但为了便于研究，我们可以把它们看作是处在一个环绕着地球的大球体，即天球上。天球的南北极和赤道总是在地球上对应物的正上方，天球也有网格线，以帮助天文学家确定星星的位置。

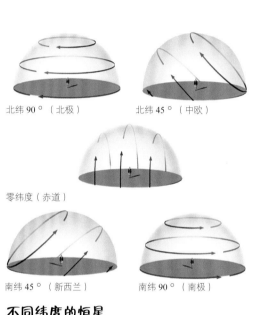

北纬90°（北极）　　北纬45°（中欧）

零纬度（赤道）

南纬45°（新西兰）　　南纬90°（南极）

不同纬度的恒星

　　由于地球的自转，天空似乎是在朝着相反的方向移动。除极地以外，各个纬度的观察者都能看到星星的升起和降落，其倾角与观察者的纬度有关。人们在赤道能看到整个天空，而在其他纬度，总有一部分看不到。

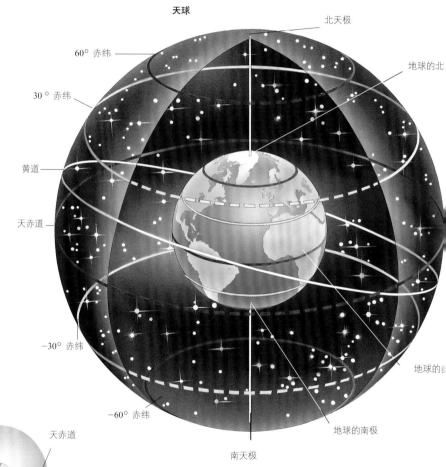

天球

- 北天极
- 60° 赤纬
- 30° 赤纬
- 黄道
- 天赤道
- -30° 赤纬
- -60° 赤纬
- 地球的北
- 地球的南极
- 南天极

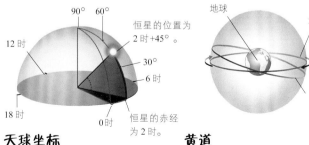

- 90° 60°
- 12时
- 恒星的位置为2时 +45°。
- 30°
- 6时
- 18时
- 0时
- 恒星的赤经为2时。
- 地球
- 天赤道
- 黄道

天球坐标

　　天空的纬度叫作赤纬（赤道以北为正，赤道以南为负），以度（°）、角分（′）和角秒（″）表示。天空的经度叫作赤经，以时、分和秒表示。

黄道

　　太阳在天空中移动的路径叫作黄道。这条路径以23.5°的角向天赤道倾斜。月球和行星的路径都在黄道附近。

星图

　　天球是包裹着地球的曲面，但天图却是平的。将曲面绘制在平坦的图上，就会使一些恒星图案变得扭曲。为了将这种扭曲降到最低程度，人们将天空划分成了若干块，它们看起来有点像剥开的橘子皮。

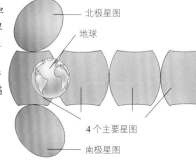

- 北极星图
- 地球
- 4个主要星图
- 南极星图

星座

恒星独特的排列模式叫作星座，整个天空由 88 个这样的星座组成。在每个星座中，各个恒星之间通常并没有真正的联系。以仙后座为例，5 颗主要恒星都分别处在不同的地方，彼此并不靠近。为了让观测者能看得更清楚，人们将这些恒星连了起来。

仙后座

后座中恒星的真实位置

615 光年之外的仙后座 γ

440 光年之外的仙后座 ε

230 光年之外的仙后座 α

54 光年之外的仙后座 β

100 光年之外的仙后座 δ

定的恒星距离为它与太□的距离。

天空中仙后座的 W 造型

星座中的恒星

星座中的主要恒星可能拥有自己的名称，但也会以希腊字母来表示，其中以 α 开头的最亮，接着是 β，而 ω 代表的是较暗的恒星。在确定某个恒星时，星座的名称还会因语法的原因而改变，如仙后座 α 是指"仙后座中的 α 星"。

□道带

金牛座　白羊座　双鱼座

双子座　宝瓶座

巨蟹座

狮子座　室女座　摩羯座

天秤座　天蝎座

人马座

由于地球围绕着太阳转动，太阳看上去似乎是在黄道带的星座中移动。

□球和几颗行□围绕黄道上下□移动一定的距离。

黄道带

在黄道周围的星座中，分布着太阳、月球和众多行星，古人认为它们十分特殊。它们被称为黄道带，这个词来自希腊语中的动物园——大部分星座都是以动物来命名的。一般来说，黄道带共有 12 个星座。

观测星座		
名称	时间	地点
白羊座	11 月	北纬 90° － 南纬 60°
金牛座	12 月	北纬 90° － 南纬 60°
双子座	1 月	北纬 90° － 南纬 60°
巨蟹座	2 月	北纬 90° － 南纬 60°
狮子座	4 月	北纬 80° － 南纬 80°
室女座	5 月	北纬 80° － 南纬 90°
天秤座	6 月	北纬 70° － 南纬 90°
天蝎座	7 月	北纬 50° － 南纬 90°
人马座	7 月	北纬 50° － 南纬 90°
摩羯座	9 月	北纬 60° － 南纬 90°
宝瓶座	10 月	北纬 60° － 南纬 90°
双鱼座	11 月	北纬 90° － 南纬 60°
猎户座	1 月	北纬 70° － 南纬 80°
南十字座	4 月	北纬 25° － 南纬 90°
大熊座	4 月	北纬 90° － 南纬 25°
半人马座	4 月	北纬 25° － 南纬 90°

星座的命名

有些星座的名称已有数千年的□史。今天使用的名称大都是希腊天□学家以神话人物来命名的，如武仙□，但也使用了一些现代的名字，特□是南半球的星座。

开阳　天璇

天枢

半人马座 α

马腹一

大熊座中的熊长着一条长长的与众不同的尾巴，大熊座中还包括了著名的北斗星。星座的图案与名称所代表的动物并不十分相似。

半人马座的名称来自希腊神话中的半人半马怪物。这个星座有两颗亮星——半人马座 α 和马腹一。在所有的亮星中，半人马座 α 距离地球最近。

了解更多

自转的地球 242
地球的轨道 244
星图 252~261

极星图

　　这些图显示了北半球和南半球全年都能看见的恒星。图中也标记出了一些有趣的天体，如星团和星系。实地观看时，你可以面朝北方（在北半球时）或南方（在南半球时），转动星图，将观测的月份置于顶部。这样就能显示 22 时的星空景象（夏季为晚上 23 时）了。如果是在北半球的 22 点以前，每提前一小时应将星图按顺时针方向转动 1 小时，在南半球时应按逆时针转动。

北极集萃

　　大熊座的 7 大恒星组成了一个很容易识别的图形，叫作北斗星。天璇和天枢指向了北极星，极星几乎每晚都会出现的相同的位置。在北斗星对角的位置上，坐落着 W 形仙后座，仙后座左侧是英仙座的恒星。这两者之间是美丽的双星团。

御夫座中明亮的恒星五车二由两颗黄巨星组成，它们靠得非常近，看起来就像一颗星。

赤纬相当于地球上的纬度，呈圆网格状，以度数表示。

赤经相当于地球上的经度，以直线网格表示。天空的赤经分为 24 小时。

肉眼可见的两个疏散星团组成了双星团。

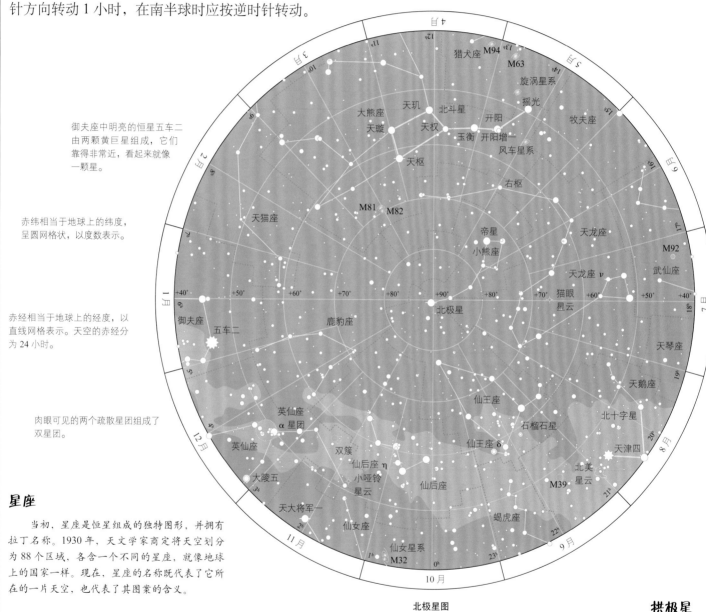

北极星图

星座

　　当初，星座是恒星组成的独特图形，并拥有拉丁名称。1930 年，天文学家商定将天空划分为 88 个区域，各含一个不同的星座，就像地球上的国家一样。现在，星座的名称既代表了它所在的一片天空，也代表了其图案的含义。

星图说明

星等									疏散星团
	-1	0	1	2	3	4	5	6	球状星团
双星									亮星云
				银河					行星状星云
变星									超新星遗迹
星座轮廓			星座边界						星系

拱极星

　　永不升起和降落的恒星叫作拱极星。虽然我们永远都能看见它们，但它们在天空中的位置却随地球的自转不断变化（每小时转动 15 度）。天空中的拱极区与纬度有关。在两极，所有的恒星都属于拱极星，在赤道上，恒星都会升起或降落。

南极集萃

南天中最显眼的就是南十字座，它由5颗最亮的亮星组成。沿着南十字一和南十字二组成的那条线，就能找到图中心所标的南天极。半人马座α和马腹一是两颗亮星，它们的连线向上指向了南十字座。

定位示意图
北极图
南极图

十字座是天空中最小的星座，但广为人知。澳大利亚和新西兰的国旗上都有这个星座。

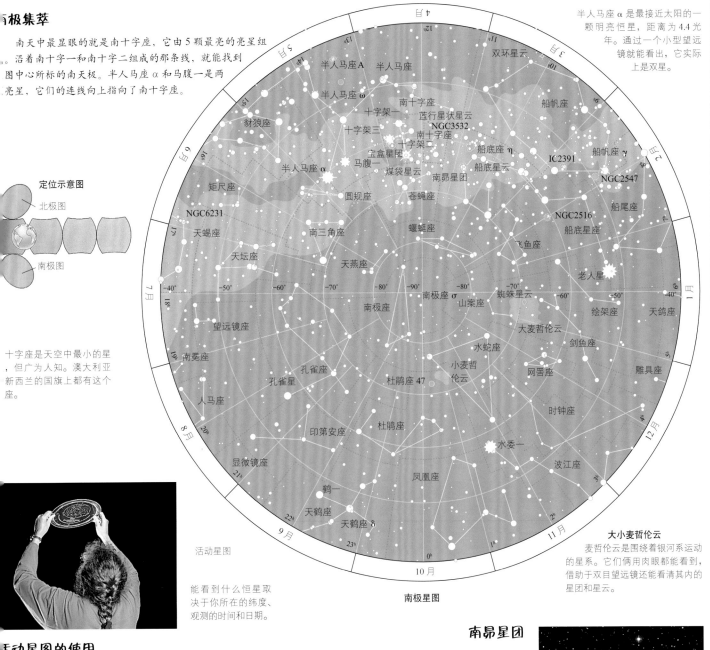

活动星图

能看到什么恒星取决于你所在的纬度、观测的时间和日期。

南极星图

半人马座α是最接近太阳的一颗明亮恒星，距离为4.4光年。通过一个小型望远镜就能看出，它实际上是双星。

大小麦哲伦云
麦哲伦云是围绕着银河系运动的星系。它们俩用肉眼都能看到，借助于双目望远镜还能看清其内的星团和星云。

活动星图的使用

活动星图是一个圆形的星图，利用其上的网格罩，可以确定某个时间能看到的天区。将它倒置放在头顶，就能显示那一刻可以看到的恒星。活动星图应在特定的纬度使用，因此在购买前要先确定自己的纬度。

南昴星团

这个疏散星团又称IC 2602，用肉眼就很容易看到。它有时被称为南昴星团，这是因为它与昴星团非常相似。它有大约30颗星，其中8颗的亮度超过了6等。

天空的大小

手可以用来衡量天空的距离，也可以用来比较星图和实际星空。以自己为中心，周围就是一个完整的360°的圆。将手臂伸直，一根手指宽约为1°，相当于月球大小的两倍。将手指并拢，掌宽等同于10°左右，即北斗星勺口的宽度，而张开的手掌与飞马四边形同宽（16°至20°）。

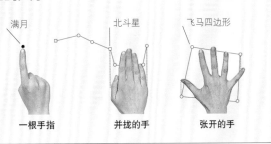

满月　北斗星　飞马四边形
一根手指　并拢的手　张开的手

北半球星图（6月至11月）

北半球星图显示了观察者面朝南所看到的恒星。根据你所观察的月份选图，星图显示的是 22 时（夏令时 23 时）的夜天，靠西的星星会比靠东的出现得更早。星图图底部附近的恒星可以在南边地平线看到，而最上部的将会出现在头顶。星图显示的是北纬 45° 的天空：如果纬度更靠北，天图底部的恒星就看不到了。

9月至11月集萃

飞马四边形是寻星的关键图案。它的 4 颗恒星不特别亮，但也很容易找到，因为其周围并没有的星星。左上角的壁宿二指向仙女座，这颗星座和四边形共享的。四边形的右下角指向了北落师从左上到右下的对角线指向了一个箭头形图案——座中的水瓶。

这些星图相互连接。边缘的恒星会重复出现在下一张星图上。顶部的恒星也会出现在北极星图的外缘，底部的会出现在南极星图上。将这些星图连接在一起，就能组成一张完整的星图。

赤经相当于地球上的经度，按小时标记在顶部和底部。

赤纬相当于地球上的纬度，以度数标记在两边。

仙女星系是肉眼所能看见的最遥远的天体，距离地球 250 万光年。从壁宿二开始，一颗接一颗地向东北方向寻找便能发现它。

球状星团 M15

这个星团在飞马四边形下方右侧大约 20° 的位置。M15 在双日望远镜下显得非常朦胧，但能看出它是球形。

关键数据在第 252 页

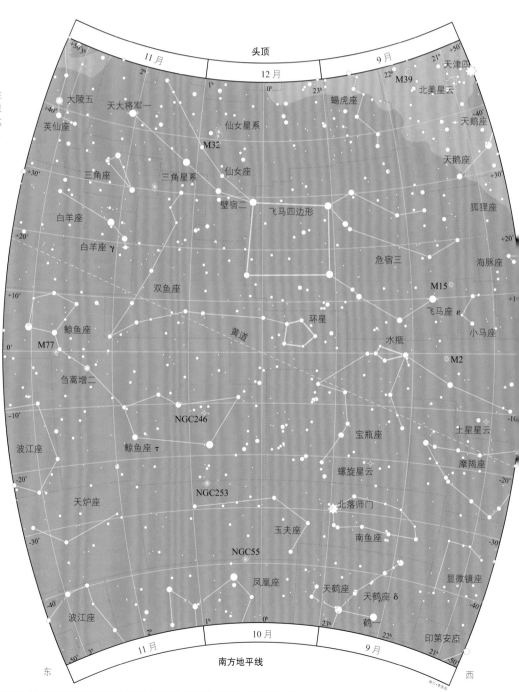

月至 8 月集萃

在此期间，银河占据了主要视野，另外还有天津四、织女星和牵牛星组成的夏夜三角形。天鹅座直指银河，而天鹅座巨蛇座之间的暗带——天鹅座暗隙遮住了更远的星星。你还找到箭头形的天箭座和盾牌座，附近是银河的一片亮斑。向面看，形状独特的天蝎座和人马座分列在银河的两侧。

定位示意图

6 月至 8 月

9 月至 11 月

哑铃星云是数千年前一颗恒星死亡后的遗迹。

哑铃星云

天鹅座下面有一个小而暗淡的行星状星云。通过双目望远镜就能看到它，不过它的颜色还是显示不出来。在小型望远镜中，其最亮的部分看起来像一个哑铃。

野鸭星团

该疏散星团位于盾牌座的顶部，肉眼依稀可见。它在双目望远镜下呈 V 形，看起来像是鸭子在飞行。

三颗来自不同星座的亮星组成了夏夜三角形：天鹅座的天津四、天琴座的织女星和天鹰座的牵牛星。

辇道增七是一颗双星，组成了天鹅座的头。在高倍双目望远镜下，它的两颗星呈截然不同的黄色和蓝色。

鹰状星云略低于巨蛇尾，在双目望远镜中是一个朦胧的光点。若用中等望远镜观测，则能看到星云中的黑斑，在照片中看起来就像一只雄鹰拍打着翅膀。

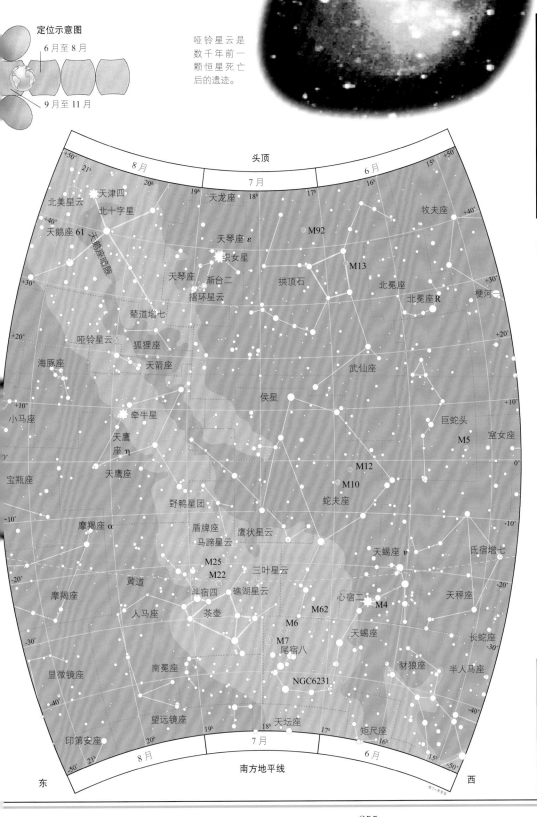

北半球星图（12月至5月）

银河在冬季变淡，这时的星座和恒星变成了主要景观，其中包括最亮的星座——猎户座，以及最亮的恒星——天狼星。大部分可见的恒星都出现在银河系的近域旋臂，其中还包含了几个在近照中能看见的恒星褪裢，如猎户星云。星团也很常见。到了春天，将目光转到银河的外侧，就会看到室女座中的巨大星系团。

3月至5月集萃

狮子座像一只蹲伏着的狮子，很容易观测到。一条由恒星连成的曲线构成了它的头。顺着狮子座向东南看是室女座，室女座并不容易看出来。狮子座和室女座中间是2000多个星系组成的室女星系团，不使用大型望远镜时只能看到少数几个。室女座下面是一个小星座——乌鸦座，它有4颗显眼的恒星。即使这几颗星不太亮，乌鸦座也很容易找到。

黑眼睛星系

这个旋涡星系位于后发座的下方，其中心附近有一个黑暗的尘埃带。小型望远镜只能看到朦胧的椭圆形光环，但在大型望远镜中它看起来就像一只眼睛，所以叫黑眼睛星系。

牧夫座的大角星是一颗红巨星，也是天空中第四亮的恒星。

M65和M66星系都坐落在狮子座。它们镶嵌在两颗比较明亮的恒星之间，发出的光非常亮，因此很容易找到。在望远镜下，这两个星系看起来就像小而朦胧的纱锭。

太微左垣二是室女座的一颗双星。2005年至2007年，它们彼此非常接近，即使在望远镜下也像一颗恒星。下一次出现这种情况的时间是2174年。

图例在第252页

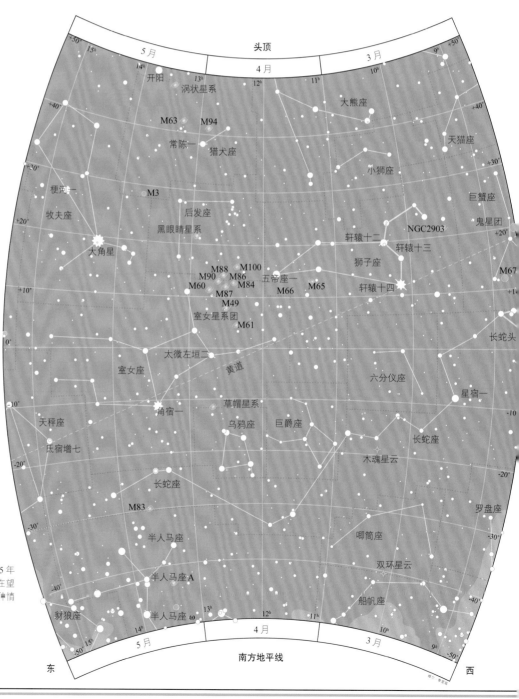

12月至2月精粹

猎户座成了天空中最好的路标。组成猎户腰带的3颗星向上指向了金牛座中的毕宿五和更远处的昴星团。朝面，它们指向了大犬座中的天狼星。参宿四、天狼星和河三（在小犬座内）被称为冬夜三角形。参宿七和参宿的连线向上指向双子座，而猎户座的正上方是御夫座和团M36、M38。

定位示意图

3月至5月

12月至2月

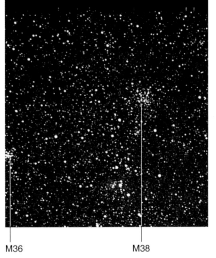

M36星团集聚着大约60颗恒星，而M38星团中的恒星更分散、分布得更广阔，约有100颗。

M36　　　　M38

M36和M38星团

两个疏散星团都能用肉眼看见，其中M36更亮。由于M36和M38看起来离得相当近，因此会很容易被错当成一颗彗星。

鬼星团

鬼星团是巨蟹座中的一个疏散星团，在清澈的黑夜用肉眼就能看见，用双目望远镜观看时它会显得更加壮观。

M35星团

M35是一个位于双子座η北部的疏散星团，用肉眼刚好可以看见。在双目望远镜中它会显得更清晰，能看到星团内一些最亮的恒星。该星团大约包含120颗恒星。

猎户星云是天空中最明亮的星云。用肉眼看时，它是一块缥缈的星斑，而用小型望远镜观测时能看到中心由4颗星组成的猎户四边形。

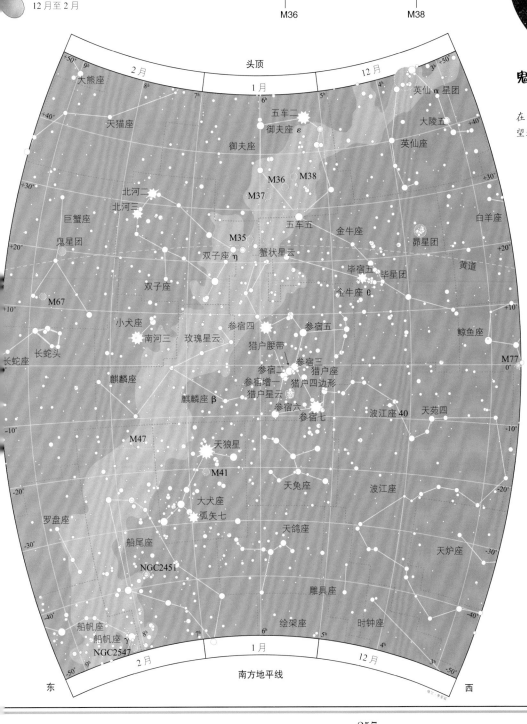

了解更多

南半球星图（9月至2月）

南半球星图显示的是面朝北时的恒星图案。选择你观察的月份星图，它显示的是22点（夏令时为23点）的夜天。西边的恒星会出现得较早，而东边的较晚。星图底部附近的恒星会出现在北方地平线上，而顶部的几乎会出现在头顶。星图显示的是南纬45°的天空：更接近赤道时，在北方地平线上就能看到北极星图中的一些恒星。

9月至11月精粹

这部分天空最亮的恒星是南鱼座的北落师门。利用飞马四边形的边缘和对角线，能分找到仙女座、宝瓶座、双鱼座和鲸鱼座。双座中偶尔会有行星出现，比较引人注目，而他恒星则比较暗。

这些星图相互连接。边缘的恒星会重复出现在下一张星图上。顶部的恒星也会出现在南极星图的外缘，底部的则会出现在北极星图上。将这些星图连接在一起，就能组成一张完整的星图。

赤经相当于地球上的经度，按小时记在顶部和底部。

赤纬相当于地球上的纬度，以度数标记在两边。

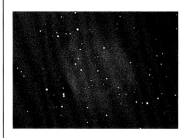

螺旋星云

螺旋星云是宝瓶座中最大、最致密的行星状星云。当天空变得非常黑暗时，使用双目望远镜或望远镜就可以看到它。红色部分只出现在照片中。

三角星系的大小和天空中的满月几乎相同，在漆黑的夜晚用双目望远镜就可以看到。它比东北方的仙女星系稍远一些。

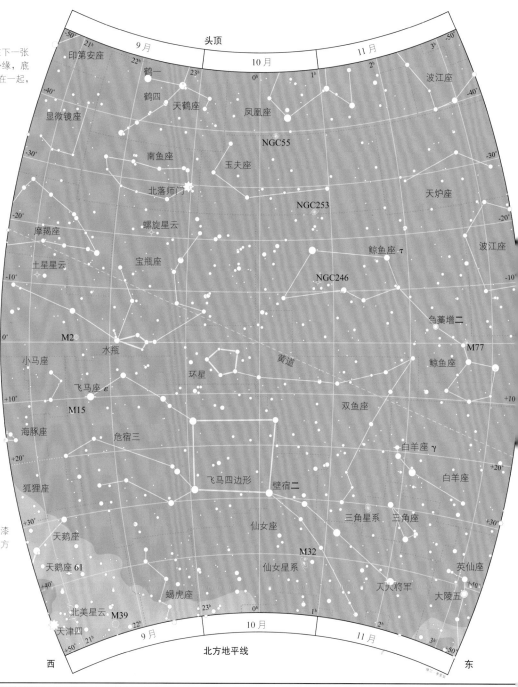

图例在第252页

258

12月至2月精粹

　　猎户座成为路标。猎户腰带的3颗恒星向上指向了天狼星和大犬座，向下指向了金牛座的毕宿。毕宿五的附近是V形的毕星团。稍微靠西部的星团更加吸引人，它附近很少有亮星存在。

定位示意图

9月至11月

12月至2月

M41大约位于2300光年之外，包含了约100颗恒星。

古希腊人观测到的M41与天空中满月的大小相同。

M41

M41 星团

　　M41坐落在天狼星的南部，是一个用肉眼刚好能看见的疏散星团。在双目望远镜中，许多恒星似乎排列成了链状，这可能是因为近处和远处的恒星偶然落在几乎同一条视线上了。

天狼星是天空中最亮的恒星，在8.6光年之外，也是距离我们最近的恒星之一。它坐落在大犬座之内，因此有时也被称为天狗星。

猎户四边形是猎户星云中的一个多星组合，坐落于猎户腰带的正南方。用肉眼看，星云显得非常缥缈。通过望远镜，我们能看到呈梯形排列的4颗恒星，它们都比较年轻，照亮了周围的星云。

参宿四呈橙色，比较显眼，而猎户座的其他恒星大都偏蓝。它是一颗红巨星，亮度会发生轻微变化，难以捉摸。

蟹状星云在金牛座内。它是一颗明亮超新星的遗迹，而现在通过望远镜只能看见一片朦胧的景象。

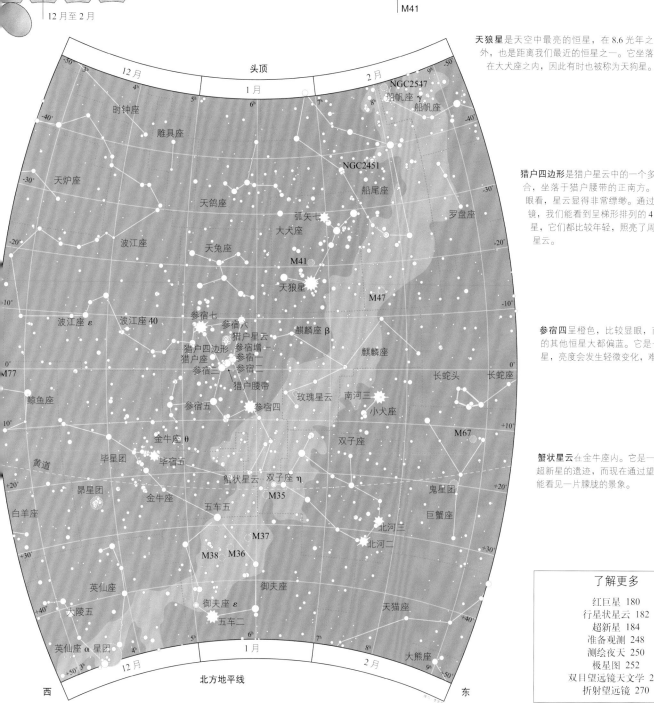

了解更多

南半球星图（3月至8月）

每年年初，天空中能看见的星系非常多。巨大的室女星系团与银河呈直角排列，因此没有银河系尘埃遮挡我们的视线。5月份，银河内密集的群星开始出现在东部的低空中，到冬天呈拱形分布在头顶。星云和星团沿银河点缀开来，使用双目望远镜就能观测到很多。

3月至5月精粹

这部分天空有3颗明亮的恒星：牧夫座的大角星、狮子座的轩辕十四和室女座的角宿一。室女座中大约有2000个星系，但用小望远镜只能看到少数的一些，而且难以辨认，这是因为其附近几乎没有恒星能作为参照物。每年的这个时候，天上的恒星非常稀疏，阿拉伯人称长蛇座中的星宿一为"一盏孤灯"。

星系中央的恒星集中在帽子的中心处，外缘是它的旋臂。

草帽星系

草帽星系是室女座中的一个旋涡星系，看起来就像一顶宽边墨西哥帽。出现在望远镜中的暗线是尘埃带，与银河系中的天鹅座暗隙类似。

长蛇座中的M83是一个旋涡星系，在小望远镜中它显得非常模糊。使用大型望远镜时，能看见它的旋臂。

M87是一个椭圆星系，位于室女星系团的中心附近。这是已知最大的星系之一，但坐落在5000万光年之外，用小望远镜看并不是很壮观。它看上去像一个圆而朦胧的点，中间较亮。

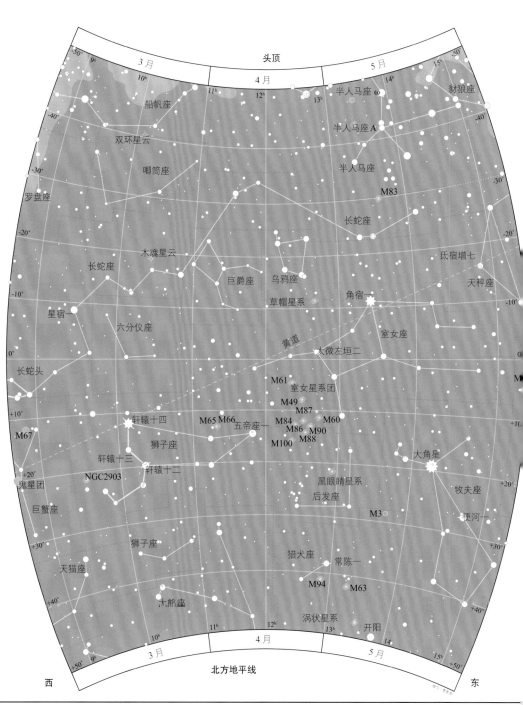

图例在第252页

月至8月精粹

人马座正对着银河系的中心位置，但巨大的尘埃云挡住了我们
的视线。人马座的一些恒星排列成了茶壶的形状，在银河系中显得
十分明亮，从它的喷嘴似乎溢出了一缕缕的蒸汽。人马座的西面是
天蝎座，红色的心宿二是蝎子的心脏，而尾巴由恒星排成的曲线组
成。许多恒星的爆炸——新星和超新星——发生在这些区域。

定位示意图

3月至5月

6月至8月

礁湖星云

礁湖星云是银河系中最亮的星云
之一，用肉眼就能看见。在望远镜中，
它里面有一个暗色的弧形，宛如一个荒
岛泻湖，故此得名。

礁湖星云在人
马座旁边，距离我
们有5200光年。

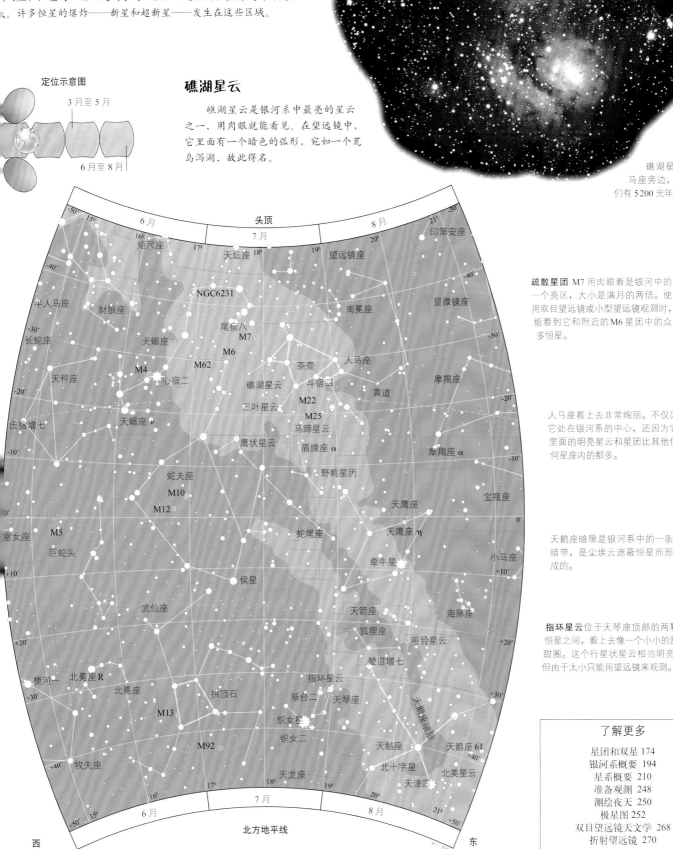

疏散星团 M7用肉眼看是银河中的
一个亮区，大小是满月的两倍。使
用双目望远镜或小型望远镜观测时，
能看到它和附近的M6星团中的众
多恒星。

人马座看上去非常绚丽。不仅因
它处在银河系的中心，还因为它
里面的明亮星云和星团比其他任
何星座内的都多。

天鹅座暗隙是银河系中的一条
暗带，是尘埃云遮蔽恒星而形
成的。

指环星云位于天琴座顶部的两颗
恒星之间，看上去像一个小小的甜
甜圈。这个行星状星云相当明亮，
但由于太小只能用望远镜来观测。

肉眼天文学

天文学中的乐事之一就是什么仪器都不使用，只仰望夜天来观测一切。这仅需要热情、耐心、标识各种自然天体和人造卫星的能力。除了月球、恒星和行星外，天空中偶尔也会出现其他很容易辨认的东西。最重要的是观测的同时记录下所看见的东西。与初学者相比，经验丰富的观测者经常会看到更多的东西。

恒星和行星会慢慢地升起和降落，每个夜晚都会出现在几乎相同的位置。

飞机会闪烁红色和绿色的翼灯，中心有白色的光点，移动的速度非常快。

流星在空中划过，持续的时间非常短。

激光和探照灯灯光在数千米之外都能看到，它们还会被薄云反射，形成快速移动的光斑。

拥挤的天空

包括恒星和行星在内，天空中的大多数物体通过观察外观和运动方式就能识别出来。仔细观察每一个新发现的对象，研究它们的运行方向和速度变化等，会帮助我们鉴别它们。飞机也会在夜空出现，但它很容易与其他物体区分开来。我们也可以通过声音进行确认，但要记住声音会随风飘走，往往是飞机快速飞过后很久我们才会听到它们的声音。

月亮每晚出现的位置都不相同。

航迹云是飞机留下的足迹。飞机飞远后它们会慢慢飘散开。

天狼星附近的流星

观测流星

业余的流星观测者也能对天文学作出重要贡献。如果每个人观察天空至少一小时，并记录流星出现的时间和方向，国家和国际组织再将这些观测结果集中起来，就能绘制出流星粒子在天空中的分布图。

银河

在晴朗而漆黑的夜晚，如果没有城市灯光的干扰，银河将是肉眼观测到的最辉煌的景象。在北半球，人马座和天蝎座所在的区域最为壮观。在南半球，半人马座、船底座和船帆座拥有许多明亮的恒星。

9 月的银河

4 月的银河

北半球：银河在 9 月份显得十分突出，这时的天鹅座正好位于头顶。到了□月份，只能隐约看见低垂在西方天空的猎户－金牛区。

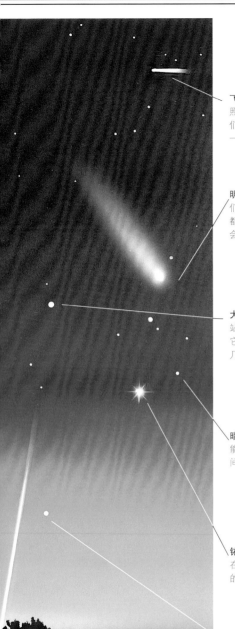

飞机的着陆灯非常明亮，能照亮旁边的薄云。飞机朝我们飞来时，数分钟都好像是一动不动的。

明亮的彗星非常罕见。当它们出现后，连续几天或几周都能看见，它们几乎每晚都会在相同的地方出现。

大型人造卫星，如国际空间站等比大部分恒星都明亮。它们沿直线轨迹运动，需要几分钟的时间穿越天空。

暗淡的人造卫星划过天空可能需要 10 分钟或更长的时间，这取决于它们的高度。

铱星系统的卫星有反射板，在太阳的照射下会发出明亮的闪光。

黎明或黄昏时分能在低空中看到金星。它与恒星一起升起和降落。

观测月球

你可以从新月开始，观察每一个月相。随着月龄的增加，你看到的细节会越来越多。将观测到的描绘下来，然后用月球图来对比研究。

娥眉月

接近满月

能看到多暗的星

特定夜晚能看见的最暗恒星的星等被称为极限星等。其变化取决于天空是晴朗还是有雾霾、是满月还是新月、以及光污染的程度。你可以使用下面的天图来估计极限星等，寻找所示区域最暗的恒星。

下面给出了关键星等。你可以找到最暗弱的恒星，判断出它的星等。

星等值

A = 3.8	E = 5.3
B = 4.0	F = 5.9
C = 4.2	G = 6.2
D = 4.7	

水瓶

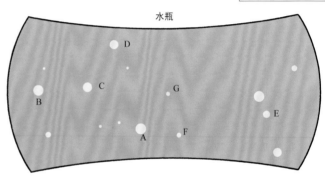

7 月至 12 月的天空中，宝瓶座中会出现独特的图形——水瓶，它坐落在飞马四边形和北落师门之间（见第 254 页和第 258 页的星图）。

星等值

A = 3.4	E = 5.4
B = 4.2	F = 6.0
C = 4.3	G = 6.2
D = 4.4	

长蛇头

1 月至 6 月的天空中，长蛇座中会出现独特的图形——长蛇头。你能在狮子座的轩辕十四的附近找到它（见第 256 页和第 260 页的星图），你还可以试着找一找这里最暗的恒星。观测时可稍微偏离一些位置，这是因为眼睛的边缘比中心更敏感。

7 月的银河

11 月的银河

南半球：7 月的夜晚星光灿烂，银河中最明亮的部分出现在头顶的人马座和天蝎座附近。到 11 月后，银河就很难看见了。

了解更多

月球正面 100
彗星 144　流星 146
银河系概要 194
星图 252~261

极光和晕

天空中最美丽多彩的景色来自于一些很罕见的发光现象。其中有许多（如极光）产生于地球大气，并与太阳等天体有关。另一些（如黄道光），则发生在遥远的太空。这些景色除本身可供欣赏外，还能帮助天文学家了解它们，以免混淆地球大气中的现象与太空中真正的天文事件。

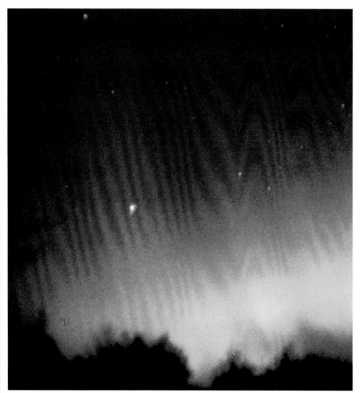

射线

射线和冕

极光常以一道或多道的射线式光柱的形态出现，看起来就像从北半球的北方地平线（或南半球的南方地平线）射出的探照灯光。有时我们会看到非常大的极光出现在天空上方，彩色光线从高处直射而下，这种现象被称为冕。

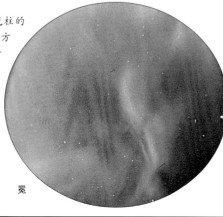

冕

极光

在地球的两极地区，彩色的极光很常见。太阳粒子在磁极的吸引下击中地球的大气上层，气体原子由此发出光芒。极光看起来就像挂在天空的巨大窗帘，形状会慢慢发生改变。当太阳黑子活动更加频繁时，很多地区都能看到极光。

日晕是出现在太阳周围的巨大圆环。它有时也会发出弧光。

白天的天空景色

有时白天即使没有下雨，我们也能看到彩虹，如在日晕部位。当天空出现了一层又薄又高的云雾时，就会出现日晕。即使天气炎热，高云也会包裹着大量的冰晶，这是因为高海拔地区的空气温度低于冰点。阳光穿过晶体时发生折射，就形成了与阳光照耀雨滴相同的效果。

月晕是围绕在月球周围的光环。

夜晚的天空景色

与日晕一样，月晕也是由大气中的冰晶造成的。还有其他种类的光芒会出现在地球之外，如黄道光。这道微弱的光沿着黄道（太阳的路径）延伸，是太阳光被太阳系中的尘埃粒子反射而形成的。

黄道光在春季的日没之后或秋季的日出之前，有时会出现在晴朗的天空中，时间很短暂。

日没的天空景色

当太阳光穿过空气时，蓝光四处散射，只有黄色光和红色光能穿过去。这种效应在日出或日没时更加明显，这时的太阳挂在半空中，其光线需要穿过更多的地球大气。太阳光照射过云层中的冰晶层，会形成日柱和幻日。

夕阳主要呈黄色、橙色和红色，这是因为它们通过大气时其他颜色都被吸收了。

日柱，当太阳位于地平线附近时就会形成日柱。太阳光从云层中的冰晶层反射回来，形成一个柱子。

曙暮辉发生在黄昏时分，由太阳照射过地平线之下的云缝而形成。

幻日发生在又薄又高的云层中。明亮而多彩的云块会出现在太阳的两侧。

夜光云

纬度50°以上的地区能看到夜光云。夏天，当太阳正好到达地平线以下时，朝着极地的方向就能观测到它们。它们由来自流星的尘埃冰晶组成，高度能达到80千米，在夜间就可看到。

了解更多

拍摄夜天

摄影自发明以来，在天文学方面就一直发挥着重要的作用。利用现代数字技术，获得高质量的夜天彩色图片也更加容易了。除肉眼能看到的景象外，拍摄的图像能显示更多的细节。这是因为照相机的快门可以持续打开数分钟，让胶片收集更多的光线，获得更多的信息。另外，拍摄夜天并不需要昂贵的设备，二手相机就可以，也没有必要使用望远镜来拍摄有趣的照片。关键的技术在于选择拍摄的位置，数码相机使拍摄变得更加方便、更有乐趣。

相机三脚架在拍摄照片时能发挥固定机架的作用，让相机在曝光时瞄准所选的方向。

用遥控器操作无需触摸相机快门，避免了相机的晃动。条件不具备时，还可以用它定时拍摄。

选择相机

单镜头反光式照相机（单反）最适合拍摄夜天。"B门"或"快门"的设置必不可少，以便长时间曝光。在数码相机中，图像是利用CCD感光芯片而非胶片拍摄。轻便型数码相机和胶片相机都能拍摄出高质量的天空照片，但需要不同的设置来获得最佳效果。

数码单反相机

液晶屏在机身背后，可提供即时反馈，显示相机菜单。

快门按钮

取景器能通过镜头显示被拍摄的图像。

可在镜头或相机菜单上进行光圈设置，以控制进入相机的光线。

镜筒

调焦圈会改变焦距，将位置从附近拉伸到无穷大。

一般相机设置

主题	ISO 设置	曝光时间
三脚架固定式相机		
极光	200 ~ 1600	10 ~ 60 秒
亮彗星	400 ~ 1600	10 ~ 20 秒
星座	400 ~ 1600	10 秒
流星	200 ~ 1600	5 ~ 20 分钟
月球近照	200 ~ 400	1/60 秒
星迹	50 ~ 200	3 ~ 60 分钟
黄昏天空	50 ~ 200	10 ~ 20 秒
电动变焦相机		
彗星和星云	200 ~ 1600	3 ~ 60 分钟
星座	50 ~ 1600	3 ~ 60 分钟
银河	400 ~ 1600	3 ~ 5 分钟

相机的使用

拍摄天空时，要将焦距设在无限远，光圈设置为最宽（即镜头上的最小数字，约为 2.8 或 2.0）。胶片的感光度以数码相机感光度量化规定（ISO）等级来标注。ISO 设置得较低（50 ~ 100），灵敏度就较低、色彩噪音较小（颗粒感），但需要更长时间来曝光。ISO 设置得较高（400 ~ 3200），灵敏度也会较高，但图像的色彩噪音较重。拍摄时要不断调整 ISO 和快门速度，以获得最佳效果。

ISO 的设置

晨昏时拍摄月球或者明亮的行星，应将ISO设置在较低的数值。恒星的光十分暗弱，在这样的ISO设置中显示不出来，但增加曝光时间后，地球的自转会在图像上显示出星迹。ISO设置较高时，可使用短曝光来拍摄恒星。

晨昏时拍摄月球和行星，需要将曝光时间设定为10～20秒，光圈设为最宽，将ISO调低。这就可以显示出行星和恒星的光点了。

拍摄星迹需要长时间曝光（几分钟到一个小时），并将ISO调到中等值或更低。把相机固定在三脚架上，对准天体。地球旋转，恒星会随之呈现出运行轨迹。另一种方法是使用软件，将多张连续的短曝光图片组合成一张。

流星会突然出现在天空。拍摄它们的最好办法就是出现流星群时，将相机设定为长时间曝光，并将ISO调高，然后静静地等待。使用广角镜头效果更佳。

长焦镜头的使用

标准的相机镜头焦距大约为50毫米，但长焦镜头的焦距更长，通常会达到135或200毫米，放大倍率更大（确切的放大倍数取决于相机的CCD传感器）。将长焦镜头照相机固定在三脚架上，最适合拍摄月球，采用几秒钟的曝光还能拍摄到恒星的流迹。使用赤道仪座有利于超长时间曝光，可用来跟踪拍摄星云等暗弱的天体。

拍摄明亮的彗星时，要设置更高的ISO，曝光时间为20秒。对于暗淡的彗星、恒星和星云，可以使用赤道仪座来追踪拍摄，或拍摄多张固定的短曝光照片，然后用图像处理软件将它们合为一张图像。

镜头遮光罩有助于减少镜头结露。

长焦镜头

单反数码相机机身

三脚架头可使镜头指向任何方向。

处理后的图像

处理前的图像

图像处理

将照片下载到电脑后，就可以使用图像处理软件来创建最终的图片。对较高ISO设置产生的噪声可以进行平滑处理、色彩也能调整，可将天空调得更暗，使恒星变得更清晰。使用特殊的天文图像处理软件，还能将图像合起来，让它们显示得更清晰、覆盖面更大，或制造出星迹的特殊效果。

200毫米镜头中的月球

长焦镜头中的月球

将长焦镜头的焦距设置为200毫米或以上，就能观测到月球上大的环形山。月球会反射太阳光，因此即使周围的天空很暗时，也应使用相同的曝光度，以免照片泛白。

双目望远镜天文学

双目望远镜拥有很多优势。它们的显示能力比一般望远镜更强，可以用于科学观测。最重要的是它们的性价比很高，而且很便利，即使拥有大型望远镜的天文学家也会经常使用它们。双目望远镜由两个低倍率望远镜并排组成，更适合于用两只眼睛观察，比单目望远镜更舒适。通过双目望远镜，你可以观测到银河、星云和星系（如大麦哲伦云）的壮丽景色。

倍率

双目望远镜可以显示用肉眼无法观测到的星空。在城市中，光污染会淹没所有暗弱的恒星，这时双目望远镜就能发挥出它的作用。它的放大作用能让你更详细地观测昴星团等星团。

肉眼看到的昴星团

低倍双目望远镜下的昴星团

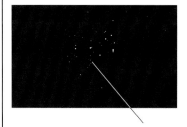

高倍双目望远镜下的昴星团

双目望远镜的选择

天文观测并不需要高倍（放大率）双目望远镜，当它们的放大倍率超过10倍时，观测者的移动会被放大，观看起来更困难。倍率×口径为10×50的双目望远镜的放大率为10倍，并有50毫米的物（主）镜头。不要使用连续变焦双目望远镜，它们额外的镜头会导致图像畸变。一般来说，与"屋脊棱镜"相比，普罗棱镜的双目望远镜更适合于天文观测。

枢轴杆

目镜可将图像放大。

屈光度改正镜

调焦旋钮

镜筒

双目望远镜

物（主）镜头可收集光线，它越大，图像就越亮。

调整双目望远镜

枢轴杆

调整目镜

按照双眼的宽度调整目镜的距离，注意枢轴杆上的刻度读数。

调焦旋钮

左镜头对焦

选择远处的一个物体，转动中央调焦旋钮，仔细对焦，注意只使用左侧的镜头。

屈光度改正镜

右镜头对焦

调整屈光度改正镜，使右侧镜头也能看清同一对象。

测试双目望远镜

在白天，可以通过观察远处的物体，如明亮天空映衬下的高层建筑来测试双目望远镜。将双目望远镜调整焦距，再依据视图的边缘来调整畸变和假色。一般来说，双目望远镜越昂贵，视场会越宽、亮度也越好。购买双目望远镜时，可与最贵的对比，质量越接近越好。

畸变可能会影响视野，边缘附近的恒星看起来会很模糊。白天测试时，要确保一个对象从视野的一侧移动到另一侧时无须再聚焦。

在明亮的天空中，物体边缘的假色会显示为红色和蓝色，或绿色和粉红色。不良假色在白天不会出现得太严重，但晚上观察月球时会非常明显。

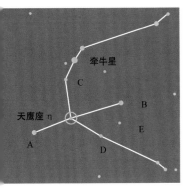

天鹰座 η 和附近的恒星

观测变星

有些恒星的亮度会发生变化，使用双目望远镜就能很好地观察出来。你可以通过对比天鹰座 η 与附近恒星的亮度，进行练习。观察它是变暗了还是变亮了，程度有多少，然后依据比较星的星等来估计其实际亮度。请记住，恒星越明亮，它的星等就越低。

星等值

A = 3.2
B = 3.4
C = 3.7
D = 4.4
E = 4.5

经过一个多星期的观察，可发现天鹰座 η 的亮度在 3.5 和 4.4 之间变化。

观测目标

目标	类型	位置	最佳观测时间
英仙座 α 星团	疏散星团	英仙座	12 月
仙女星系	星系	仙女座	11 月
船底星云	星云	船底座	4 月
双星团	疏散星团	英仙座	11 月
毕星团	疏散星团	金牛座	12 月
礁湖星云	星云	人马座	8 月
大麦哲伦云	星系	剑鱼座	1 月
月球	-	黄道	全年
马蹄星云	星云	人马座	8 月
猎户星云	星云	猎户座	1 月
昴星团	疏散星团	金牛座	12 月
鬼星团	疏散星团	巨蟹座	3 月
小麦哲伦云	星系	杜鹃座	11 月
三角星系	星系	三角座	11 月

双目望远镜观测

用肉眼和双目望远镜看到的银河存在着很大差别。通过双目望远镜，我们能看到更多的恒星和别的天体，那些用肉眼刚好能看到的天体，如马蹄星云，会变得更加清晰。找到一个明亮的星云，用肉眼和双目望远镜对比着练习。

用肉眼看到的银河及马蹄星云

用双目望远镜看到的银河及马蹄星云

折射望远镜

　　最简单的望远镜是折射望远镜。它的镜筒上安装有一个大的透镜——物镜，以及一个较小的透镜——目镜，通过它们可以将物体的图像放大。物镜孔径的大小有关望远镜的性能。口径越大，效果越好。折射镜头会形成倒立图像，需要额外的镜头矫正。这些镜片会吸收掉珍贵的光，因此天文学家只使用简单的望远镜来看颠倒的图像。有的折射望远镜是理想的第一观测工具，但有些只能当成玩具。你也可以自己制作一个折射望远镜，但它的作用十分有限。

配件

　　折射望远镜通常由一个寻星镜（协助主镜瞄准的低倍率望远镜）、几个不同放大倍数的目镜以及一个天顶镜组成。天顶镜能让光线发生直角反射，解决了观测时必须蹲伏在地的问题。巴罗镜头也经常会用到，它能增强每个目镜的观测效果。

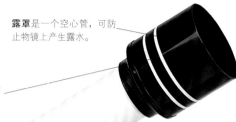

露罩是一个空心管，可防止物镜上产生露水。

物镜的消色差透镜由两个单独的部件一前一后组成，以减少假色。

折射望远镜的选择

　　最好的折射望远镜配有色彩校正物镜，能消除色差。不要使用非消色差透镜。在这类望远镜中，透镜后面通常有一个带孔的盘，减小孔径的大小能提高图像的质量。假色减少后，图像会变得更暗，因此不利于天文研究。当望镜的倍率超过孔径毫米的两倍时，也会造成图像朦胧的问题。

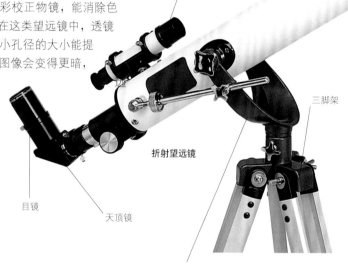

寻星镜

三脚架

折射望远镜

目镜

天顶镜

经纬仪座能让望远镜上下移动（高度）和左右转动（方位角）。

折射望远镜的工作原理

　　物镜可收集入射光，并将其聚焦到底部附近的一个点。接着，目镜会将图像放大。从物镜到焦点的距离叫作焦距。这个焦距除以目镜的焦距（其上有刻度显示）就是放大倍数。

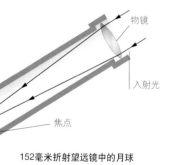

物镜

入射光

焦点

目镜

折射望远镜观测

　　所有的折射望远镜都会受到某种程度的假色影响，但依然能提供清晰的明暗反差图像。这是因为它们的光束不会遇到障碍物，而且是在镜筒和物镜形成的完全封闭的空间内传播。折射望远镜非常适宜观测月球和行星，能看到重要的细节。口径为60毫米的折射望远镜能观测到土星环。

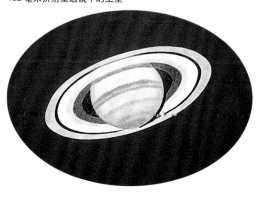

152毫米折射望远镜中的土星

152毫米折射望远镜中的月球

制作一个简单的望远镜

找到合适的镜头来做物镜和目镜后，望远镜的制作就会变得很容易。对于物镜，可找配镜师买一个单眼镜镜片（屈光度要达到+2），或到相机店买单反相机的近摄镜头，眼镜的镜片也可以。任何简单的凸透镜都能用来制作望远镜，条件是物镜要比目镜的焦距长。对于目镜，可使用短焦距的放大镜来制作，相机店有售。

观测目标

目标	类型	位置	最佳观测时间
月球	-	黄道	全年
木星	行星	黄道	参见第249页
火星	行星	黄道	参见第249页
土星	行星	黄道	参见第249页
金星	行星	黄道	参见第249页
辇道增七	双星	天鹅座	9月
杜鹃座47	球状星团	杜鹃座	11月
宝盒星团	疏散星团	南十字座	5月
M13	球状星团	武仙座	7月
半人马座 ω	球状星团	半人马座	6月
野鸭星团	疏散星团	盾牌座	8月

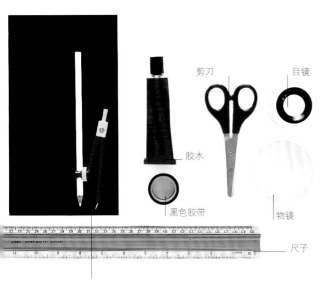

黑纸、圆规、白色铅笔

需要的工具

- 物镜——焦距约为50厘米的凸透镜
- 目镜——焦距约为3厘米的放大镜或镜头
- 约50×50厘米的厚的黑纸
- 黑色胶带
- 圆规和白色铅笔
- 剪刀
- 大尺子或卷尺
- 胶水

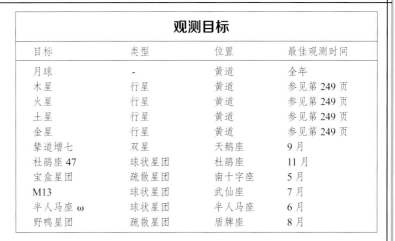

切割出圆环

从黑纸中剪下两个圆环，环宽1厘米，要与物镜的直径相同。第二个与第一个大小相同，但要留出4片约2.5厘米长的"舌"。

组合

制作两个圆筒，一个装物镜（A筒）另一个装目镜（B筒）。B筒的直径应略小于A筒，以便能套入其中进行滑动，调整望远镜的焦点。两个圆筒的长度为37.5厘米，或达到物镜焦距的四分之三。将路灯的光透过镜头对焦在纸上，以此来检查物镜的焦距（镜头到纸张的距离是焦距）。不要使用太阳光来对焦，纸会受热而燃烧。

将目镜粘于A筒的末端。如果使用的是其他类型的镜头，可进行适当的调整。

在物镜的一面粘贴上黑色环，环的另一侧粘上带"舌"的纸环。将"舌"折向物镜，装入A筒并滑动大约2.5厘米。将"舌"粘贴到纸筒的内侧，将后端对齐。

黑环位于物镜和带"舌"圆环之间。

物镜应以正确的角度安装于A筒内。

带"舌"圆环能将物镜固定在A筒内。

用近摄镜头作物镜就不需要带"舌"圆环了，镜头本身有环。

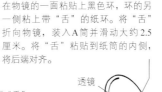

透镜

A筒

B筒

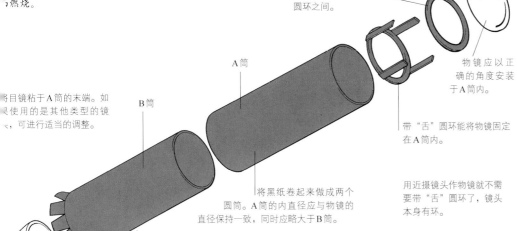

用放大镜作目镜。

将黑纸卷起来做成两个圆筒。A筒的内直径应与物镜的直径保持一致，同时应略大于B筒。

将镜头清理干净，然后将B筒插入A筒。通过滑动B筒，将望远镜的焦距调整至最清晰的程度。

剪出"舌"

在B筒的一端剪出2.5厘米左右的"舌"，使它们向放大镜的一端弯曲，确保它在纸筒内的角度合适。将"舌"粘贴在放大镜上，将其位置固定。

了解更多

望远镜工作原理 14
准备观测 248
星图 252~261

反射望远镜

天文学中最常使用的望远镜是反射望远镜。反射望远镜使用反射镜来聚焦光线，而不是镜头。反射镜价格便宜，而且能制作得更大，且不会发生假色现象。但它们需要更多的呵护，且图像的对比度较低。即便如此，几乎所有的大型望远镜都是反射镜。它们很容易建造，有的人还会购买部件，自己组装。现在，折反射望远镜越来越受欢迎，它们结合了反射镜和透镜各自的优势，通常由计算机控制。

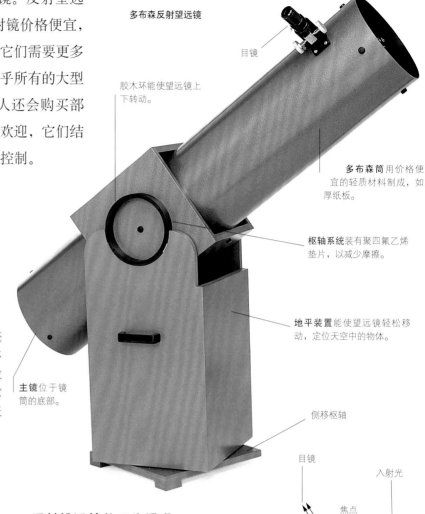

多布森反射望远镜

目镜

胶木环能使望远镜上下转动。

多布森筒用价格便宜的轻质材料制成，如厚纸板。

枢轴系统装有聚四氟乙烯垫片，以减少摩擦。

地平装置能使望远镜轻松移动，定位天空中的物体。

主镜位于镜筒的底部。

侧移枢轴

反射望远镜的选择

反射望远镜的口径至少要达到100毫米，而150毫米的望远镜则能观测到更大的范围。最便宜的设计是多布森式。它的镜筒和基座很简单，也能获得很好的效果，但不是很灵活。较昂贵的望远镜有赤道仪基座，它更容易跟踪天空中的移动对象。赤道仪基座在拍摄暗天体时必不可少。

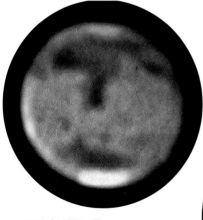

150毫米反射望远镜中的火星

250毫米反射望远镜中的列维彗星

反射望远镜的工作原理

反射望远镜的主反射镜位于镜筒的底部。它的镜面能反射镜筒顶附近的入射光。一个平面镜能将光束反射至镜筒的侧面，经过目镜被放大。这种光学设计被称为牛顿望远镜。

目镜

入射光

焦点

副（平面）镜

反射光

主反射（凹面）镜

反射望远镜观测

目镜位于镜筒的侧面，看到的图像是上下颠倒的。反射望远镜非常适用于观看暗弱的天体，如彗星和星云，但也能呈现出月球和行星的美丽景色。使用时，望远镜必须要冷却到和外界一样的温度，以避免镜筒内的气流引起闪烁。

折反射望远镜

人们将反射镜与透镜结合起来，制造出了短筒大型望远镜——折反射望远镜。最常见的是施密特-卡塞格林望远镜。这种望远镜很受欢迎，因为在相同口径下它比牛顿望远镜更短。它的固定件通常采用赤道装置，可自动跟踪天空中的对象。它的封闭镜筒更清洁，也有助于防止气流影响图像质量。

观测目标

目标	类型	位置	最佳观测时间
仙女星系	星系	仙女座	11 月
黑眼睛星系	星系	后发座	5 月
半人马座 A	星系	星系	5 月
哑铃星云	行星状星云	狐狸座	9 月
双环星云	星云	船帆座	4 月
礁湖星云	星云	人马座	8 月
小哑铃	行星状星云	英仙座	11 月
M65	旋涡星系	狮子座	4 月
M81	旋涡星系	大熊座	3 月
NGC 253	旋涡星系	玉夫座	11 月
马蹄星云	星云	人马座	8 月
指环星云	行星状星云	天琴座	8 月
蜘蛛星云	星云	剑鱼座	1 月
三叶星云	星云	人马座	8 月
涡状星系	星系	猎犬座	5 月

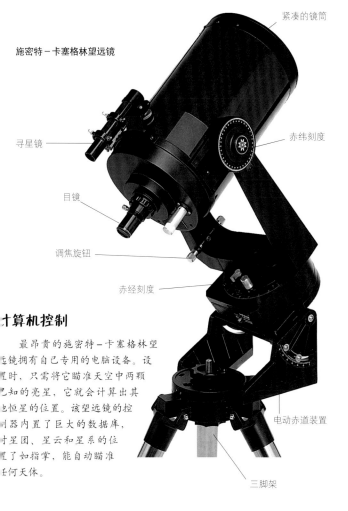

施密特-卡塞格林望远镜

紧凑的镜筒

赤纬刻度

寻星镜

目镜

调焦旋钮

赤经刻度

电动赤道装置

三脚架

计算机控制

最昂贵的施密特-卡塞格林望远镜拥有自己专用的电脑设备。设置时，只需将它瞄准天空中两颗已知的亮星，它就会计算出其他恒星的位置。该望远镜的控制器内置了巨大的数据库，对星团、星云和星系的位置了如指掌，能自动瞄准任何天体。

蜘蛛星云

反射望远镜特别适合观测蜘蛛星云等。蜘蛛星云在大麦哲伦云内最亮，只能从南半球的剑鱼座中看到。这个星云呈深红色，眼睛对这种光并不敏感，因此即使使用大型望远镜也难以发现。

涡状星系

这个星系位于北半球的猎犬座。天文学家威廉·帕森斯，即罗斯伯爵（1800～1867）在1845年使用180厘米的反射望远镜第一次发现了它的旋涡结构，那是当时世界上最大的望远镜。现在用30厘米口径的就能看到旋涡结构了。

施密特-卡塞格林望远镜的工作原理

为了缩短镜筒，施密特-卡塞格林望远镜内有一个曲面镜，而这种镜面通常会扭曲图像。施密特-卡塞格林望远镜的顶部安装了一个校正透镜，以克服这个问题。这种透镜还支持副镜，可将穿过了主反射镜中心孔的光反射下来，让目镜能像反射望远镜那样观测。

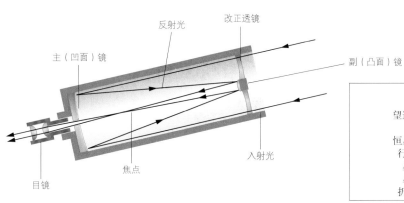

反射光

改正透镜

主（凹面）镜

副（凸面）镜

入射光

焦点

目镜

了解更多

天体命名

天文学家为恒星和行星起了许多不同的名称。早期时，这些名称是根据当地神话人物起的。随着天文科学的发展，人们创造了更有条理的方式来命名这些天体。今天，负责为新发现的行星、恒星、彗星等天体起名字的是国际天文学联合会。

行星和卫星

行星的名字来自于希腊和罗马传说中的人物。罗马人用不同的神来命名他们用肉眼看到的五大行星：快速移动的水星是信差之神，红色的火星是战争之神，庄严的木星是众神之王。后来行星的命名也遵循了这一传统——天王星是众神之父，冥王星是冥界之神（当时被认为是行星）。

卫星的名字往往与它们各自的行星有关：在希腊神话中，火卫一和火卫二是火星的儿子，而木星卫星是以它的众多恋人命名的。冥卫一是冥王星最大的卫星，它的名称来自在冥河上为亡灵摆渡的船夫，而天王星的所有卫星都以英国文学中的人物来命名。行星和卫星上的表面特征根据特定主题命名，金星上几乎所有的特征都用女性名字来命名，而木卫四上的都来自北欧神话。

星云和其他天体

一些星云、星系、星团以及远处的天体的名称（如昴星团）比较普通，但所有的都有星表编号。最著名的星表是梅西耶星表，其历史可追溯到1784年。当时，夏尔·梅西耶已编排了103个模糊的天体，每个都有一个M数字号（如昴星团为M45）。从19世纪80年代开始，约翰·德雷尔对梅西耶系统进行了改进，他的新总表（NGC）和续编（IC）列出了13000多个天体。

有些命名系统仅适用于特定的天体。例如，类星体3C 273是第3剑桥巡天发现的第273个射电源。天鹅X—1是天鹅座中发现的第一个X射线源，蟹云脉冲星根据它的坐标被命名为PSR0531+21，而超新星1987A是在1987年观察到的第一个超新星。

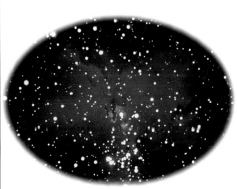

鹰状星云（M16）

彗星和小行星

彗星是唯一根据其发现者命名的天体。发现彗星后，可通过电子邮件或发电报向国际天文学联合会报告。如果两个天文学家同时报告了他们的发现，那么彗星会出现两个人的名字（如1997年的海尔—波普彗星）

彗星的轨道被确定后，它也会得到一个官方名称，如海尔—波普彗星也叫C/1995 O1。但是，哈雷彗星作为最著名的彗星，它的命名与一般规则并不相同：它是以计算出其轨道长度的人来命名的，而非其发现者。

小行星也不同寻常——它们是发现者拥有命名权的唯一天体。天文星表使用编号和名称对小行星进行命名。近年来，小行星也出现了年份加字母的命名法，类似于彗星。它实际的名称可由发现者进行选择（受国际天文联合会约束），因此小行星的名字既有远古神仙，也有现代流行歌手。

星座

星座在古人眼中是明亮恒星组成的动物、人和神兽等图案。大约在公元150年，托勒密列出了48个星座，后被天文学家不断添加，形成了现在的88个。星座现在被定义为天区，而不是特定的恒星图形。

中文名	英文名	平方度大小
仙女座	Andromeda	722
唧筒座	Antlia	239
天燕座	Apus	206
宝瓶座	Aquarius	980
天鹰座	Aquila	652
天坛座	Ara	237
白羊座	Aries	441
御夫座	Auriga	657
牧夫座	Bootes	907
雕具座	Caelum	125
鹿豹座	Camelopardalis	757
巨蟹座	Cancer	506
猎犬座	Canes Venatici	465
大犬座	Canis Major	380
小犬座	Canis Minor	183
摩羯座	Capricornus	414
船底座	Carina	494
仙后座	Cassiopeia	598
半人马座	Centaurus	1060
仙王座	Cepheus	588
鲸鱼座	Cetus	1231
蝘蜓座	Chamaeleon	132
圆规座	Circinus	93
天鸽座	Columba	270
后发座	Coma Berenices	386
南冕座	Corona Australis	128
北冕座	Corona Borealis	179
乌鸦座	Corvus	184
巨爵座	Crater	282
南十字座	Crux	68
天鹅座	Cygnus	804
海豚座	Delphinus	189
剑鱼座	Dorado	179
天龙座	Draco	1083
小马座	Equuleus	77
波江座	Eridanus	1138
天炉座	Fornax	398
双子座	Gemini	514
天鹤座	Grus	366

中文名	英文名	平方度大小
武仙座	Hercules	1225
时钟座	Horologium	249
长蛇座	Hydra	1303
水蛇座	Hydrus	243
印第安座	Indus	294
蝎虎座	Lacerta	201
狮子座	Leo	947
小狮座	Leo Minor	232
天兔座	Lepus	290
天秤座	Libra	538
豺狼座	Lupus	334
天猫座	Lynx	545
天琴座	Lyra	286
山案座	Mensa	153
显微镜座	Microscopium	210
麒麟座	Monoceros	482
苍蝇座	Musca	138
矩尺座	Norma	165
南极座	Octans	291
蛇夫座	Ophiuchus	948
猎户座	Orion	594
孔雀座	Pavo	378
飞马座	Pegasus	1121
英仙座	Perseus	615
凤凰座	Phoenix	469
绘架座	Pictor	247
双鱼座	Pisces	889
南鱼座	Piscis Austrinus	245
船尾座	Puppis	673
罗盘座	Pyxis	221
网罟座	Reticulum	114
天箭座	Sagitta	80
人马座	Sagittarius	867
天蝎座	Scorpius	497
玉夫座	Sculptor	475
盾牌座	Scutum	109
巨蛇座	Serpens	637
六分仪座	Sextans	314
金牛座	Taurus	797
望远镜座	Telescopium	252
三角座	Triangulum	132
南三角座	Triangulum Australe	110
杜鹃座	Tucana	295
大熊座	Ursa Major	1280
小熊座	Ursa Minor	256
船帆座	Vela	500
室女座	Virgo	1294
飞鱼座	Volans	141
狐狸座	Vulpecula	268

恒星名称

很早以前发现的恒星仍用它们古时的名字。

今天的天文学家在命名恒星时，遵循了一个更系统的方法。最流行的做法是为星座中的每个恒星分配一个希腊字母来表示其亮度。举例来说，天狼星是大犬座中最亮的恒星，因此被称为大犬座 α。

随着更强大的望远镜的发明，人们发现了数百万颗暗弱的恒星，天文学家开始着手为一定亮度的恒星编制星表。这些星表成了恒星的另一种命名方式。一颗亮星可以拥有一个专有名称、一个系统名称和几个星表号，如SAO星表号和HD星表号。

公元前 3000 年~公元 1750 年

天文年表

公元前 3000 年
石头天文学

大约建于此时的巨石阵位于英格兰南部，其排列顺序以太阳甚至月亮的运行为依据。人们认为许多古遗址都具有天文学意义，如埃及的金字塔（公元前 2600 年），以及中国、中美洲、南美洲的一些建筑物（公元 1 世纪）。

公元前 750 年
月运周期

在古巴比伦，天文学家通过观察月球的升起和降落，发现了 18.6 年的运动周期。他们据此创造了第一个历书——太阳、月球和行星的运行周期表，以便在占星术中使用。公元 6 世纪，希腊人利用这方面的知识来预测日食。

公元前 380 年
地心说

希腊哲学家柏拉图创立了一种学说，一直影响着其后 2000 多年的人们。这种学说使人们更加相信宇宙万物都在和谐地运动着，太阳、月球和行星都是以正圆形轨道围绕着地球运动。

公元前 270 年
日心说

萨摩斯的阿利斯塔克提出了一种不同于地心说（以地球为中心）的观点。他的日心说模型将太阳放在了中心，而地球只是围绕着它旋转的一颗行星。然而，这种理论并没有得到重视——如果地球是在太空中运动，那么为什么恒星不会划过天空？

公元前 164 年
哈雷彗星

古巴比伦天文学家最早记录了哈雷彗星。20 世纪的天文学家根据他们对彗星运动的记录，准确预测了彗星轨道在数百年后的变化。

公元 150 年
星表

托勒密出版了自己的星表，共列出 48 个星座，他是地心说的拥护者。接下来的 1500 年间，他的这一观点没有受到人们的怀疑，并随着《天文学大成》一书影响了阿拉伯和中世纪的欧洲天文学家。

公元 928 年
星盘

现存最早的星盘由伊斯兰工匠制作，是当时最先进的仪器。它精确记录了恒星和行星的位置，阿拉伯天文学家据此编制了最详细的历书和星图。

1054 年
超新星

中国天文学家记录到了一颗突然出现的亮星。美洲原住民的石刻也描绘了月球附近的灿烂恒星，它是正在爆炸的蟹状星云超新星。

1543 年
哥白尼学说

哥白尼发表了自己的学说，认为地球是绕着太阳转动的，这与宗教神学完全相悖。然而，他保留了柏拉图的行星正圆轨道观点，使自己的理论出现了瑕疵。

1577 年
第谷彗星

第谷·布拉赫发现了一颗灿烂的彗星，并证明了它是在地球大气之外运动的，为宇宙变化论提供了第一手的证据。

1608 年
第一台望远镜

荷兰眼镜制造商汉斯·利珀斯海（约 1570~约 1619）发明了折射望远镜。这项发明迅速传至整个欧洲，科学家做出了自己的仪器。他们随后的发现开启了天文学的革命时代。

1609 年
开普勒定律

约翰尼斯·开普勒出版了他的《新天学》。在这本书及后来的作品中，他公布了自己的三个行星运动定律，提出行星轨道并不柏拉图所说的圆形，而是椭圆形。根据他的律编辑的历书相当准确。

1610 年
观测

伽利略发表了自制望远镜的观察成果，括太阳黑子、月球上的环形山以及木星的 4 卫星。他证明了并非所有天体都在围绕地球转，是哥白尼日心说的支持者。

1655 年
土卫六

随着望远镜倍率和质量的不断增加，克斯蒂安·惠更斯对土星进行了研究，发现它最大的卫星——土卫六。他还解释了土星观的形成原因，认为这个星球系有一条薄薄环带。

1663 年
反射望远镜

苏格兰天文学家詹姆斯·格雷戈（1638~1675）建造了一台反射望远镜，它使的不是透镜而是反光镜，能使口径变得更大，少了光的损失。5 年后，牛顿改进了这种设计，造了牛顿望远镜。其他各种望远镜也是层出不穷。

1687 年
引力论

牛顿出版了他的《自然哲学的数学原理》一书，提出了引力论和运动定律。这些理论释了开普勒的行星运动定律，天文学家明白太阳、行星及其卫星之间的作用力。

1705 年
哈雷彗星

埃德蒙·哈雷计算出了 1456 年至 1682 间，每 76 年出现一次的是同一颗彗星。他预这颗彗星将在 1758 年再次返回。当它再次如期现后，这颗彗星被以他的名字命名，以示纪念。

1750 年~1905 年

1750 年
南部天空

法国天文学家尼古拉·路易·德·拉卡伊（1713~1762）航行到南半球海洋，并开始编制南天 10 000 多颗恒星的星表。以前，虽然哈雷等人观测过南半球，但拉卡伊的星表在当时最为全面。

1781 年
天王星

业余天文爱好者威廉·赫歇尔发现了天王星，不过第一次看到时他曾将其错当成了一颗彗星。天王星是土星（古时所知最遥远的行星）之外被发现的第一颗行星。

1784 年
梅西耶星云星团表

夏尔·梅西耶出版了他的星团和星云表，以防止它们被误当成彗星。梅西耶星云星团表很快就成了研究星团和星云的参考标准，并沿用至今。

1800 年
红外辐射

威廉·赫歇尔使用棱镜分离了太阳光，使用温度计测量了不同颜色光的能量，这是人们第一次研究恒星光谱。他观察到红端之外的能量会突然增加，从而发现了不可见的红外（热）辐射，为光谱奠定了基础。

1801 年
小行星

意大利天文学家朱塞佩·皮亚齐（1746~1826）发现，火星和木星之间似乎有一颗新的行星在运动，并将其命名为谷神星。威廉·赫歇尔证明了它是一个非常小的天体，并计算出其直径只有 320 公里，因此不会是行星。他建议将它称作小行星，并很快发现了很多类似天体。我们现在知道谷神星的直径为 932 公里，但仍然太小，不能被称作行星。

1814 年
夫琅和费线

约瑟夫·冯·夫琅和费制造出了第一台精确的光谱仪，并用它来研究太阳光谱。他发现并绘制了太阳光谱中数以百计的细小暗线。1859 年，人们发现这些线与太阳大气中的化学元素有关。光谱学从此被用于研究恒星的构成。

1838 年
恒星视差

弗里德里希·贝塞尔成功利用恒星视差（地球每年绕太阳运动所产生的视差效应）计算出了天鹅座 61 的距离。它是除太阳以外，第一颗被测出了距离的恒星。贝塞尔是精确测量恒星距离的先锋人物，视差技术成为了测量宇宙框架的方法。

1843 年
太阳黑子周期

德国业余天文学家海因里希·史瓦贝（1789~1875）在专心研究太阳 17 年后，宣布他发现了黑子数量出现的规律，这也是研究太阳内部结构的第一条线索。

1845 年
大型望远镜

爱尔兰天文学家罗斯伯爵（1800~1867）制造了全球第一台大型望远镜，反射镜的口径为 180 厘米。他利用这台望远镜绘制了星云的结构，并在几个月内发现了旋涡星系的旋臂结构。

1845 年
天体照相

法国物理学家让·傅科（1819~1868）和阿尔芒·斐索（1819~1896）利用望远镜，拍摄到了太阳表面第一张有详细特征的照片，天体照相由此诞生。5 年后，天文学家制作出了月球的第一张详细照片。遗憾的是，早期的胶片对恒星的光并不敏感。

1846 年
海王星

德国天文学家约翰·伽勒（1812~1910）发现了一个新的行星——海王星。他是根据于尔班·勒威耶的建议搜索了相应的区域而发现的。勒威耶根据天王星所受引力的影响，计算出了这颗行星的位置和大小。而此前 1 年，英国数学家约翰·柯西·亚当斯（1819~1892）也做出了类似的计算。

1868 年
太阳成分

发生日食时，天文学家注意到太阳大气光谱中会出现一个新的明亮发射线。发射线来自太阳中的某个元素，英国天文学家诺曼·洛克耶（1836~1920）认为这是地球上的一个未知元素。他根据希腊文中太阳的名称，将其命名为氦。差不多 30 年之后，氦在地球上被发现了。

1872 年
恒星光谱

美国天文学家亨利·德雷伯（1837~1882）首次拍摄到了恒星（织女星）光谱的照片，其吸收线能揭示它的化学组成。天文学家开始意识到光谱是了解恒星演化的关键。威廉·哈金斯使用吸收线测量出了恒星红移，首次了解到了恒星的运动速度。

1895 年
火箭

康斯坦丁·齐奥尔科夫斯基发表了太空飞行可能性的首篇论文。他最大的发现是火箭与其他推进器不同，能在真空中行进。他还概述了多级运载火箭的理论。

1901 年
光谱星表

亨利·德雷伯星表面世，它对恒星进行了全面考察。在表中，安妮·坎农提出根据恒星光谱的吸收线来分类恒星的方法，这种方法至今仍在使用。

1905 年 ~ 1965 年

1906 年
星等

埃纳尔 · 赫茨普龙制定了测量恒星真实亮度（绝对星等）的标准。他认为，银河系中 90% 的恒星的颜色与绝对星等有关系。1913 年，亨利 · 罗素出版了一张星图，对这种关系进行了表述。尽管天文学家都认为这张星图显示了恒星演化的序列，但对序列的演变方式却存有争论。1924 年，亚瑟 · 斯坦利 · 爱丁顿最终解决了这种争论。

1916 年
黑洞

德国物理学家卡尔 · 施瓦西（1873 ~ 1916）根据爱因斯坦的广义相对论，提出了黑洞的基础理论。他认为，任何一颗恒星达到一定质量后都会坍缩，它的引力会变得非常强烈，任何形式的辐射都无法逃逸。

1923 年
星系

埃德温 · 哈勃在仙女座星云中发现了造父变星，并证明了仙女座星云和其他星云远远超出了银河系的界限。1925 年，他制定出了星系的分类系统。

1926 年
火箭

罗伯特 · 戈达德发射了第一枚液体燃料火箭。他还证明了火箭可以在真空中穿行。他后来制造的火箭首次突破了音障。

1929 年
哈勃定律

埃德温 · 哈勃发现宇宙正在膨胀，而且距离越远的星系飞离我们的速度越快。两年后，乔治 · 勒梅特提出这种膨胀可追溯至最初的宇宙大爆炸。

1930 年
白矮星

苏布拉马尼扬 · 钱德拉塞卡根据亚原子物理学的新观点，预测出一颗质量比太阳大 1.44 倍的白矮星上的原子将会碎裂，导致该恒星剧烈坍缩。1933 年，沃尔特 · 巴德和弗里茨 · 兹威基描述了这种坍缩形成了中子星，同时造成了超新星爆炸。

1930 年
冥王星

在美国亚利桑那州旗杆镇的洛厄尔天文台，克莱德 · 汤博发现了冥王星。最初，这颗星被归类为行星，它非常暗弱，移动得也很缓慢，汤博不得不详细比对了几晚的照片才确认下来。

1932 年
射电天文学

卡尔 · 央斯基检测到了来自太空的第一束射电波。1942 年，人们对太阳的射电波进行了检测。7 年后，射电天文学家确定了第一个最远的射电源——蟹状星云，以及半人马座 A 和 M87 星系。

1938 年
恒星能量

德国物理学家汉斯 · 贝特（1906 ~ 2005）解释了恒星能量的产生。他概述了一系列的核聚变。在这期间，恒星内核的氢会变成氦，并释放出大量的能量。在这种反应中恒星的氢消耗很慢，可以燃烧数十亿年。

1944 年
V - 2 火箭

韦恩赫尔 · 冯 · 布劳恩率领一组德国科学家，研制出了第一枚火箭推动的弹道导弹 V — 2。第二次世界大战结束后，冯 · 布劳恩研究小组的科学家和工程师被带到美国和苏联，继续研制火箭。

1948 年
海尔望远镜

它建造在加利福尼亚州的帕洛玛山上，是世界上最大的望远镜，反光镜达 5.08 米。当时，已将单反光面望远镜技术运用到了极致，若建造得更大，镜子就会被自身的重量压弯。

1957 年
航天器

苏联将第一颗人造卫星——斯普特尼克 1 送入轨道，从此人类迈进太空时代。4 个月后美国发射了它的第一颗卫星——探险者 1 号。

1959 年
月球任务

苏联和美国开始实施月球任务，但美国航局的先驱者号系列探测器全部失败。相比下，苏联的月球任务更为成功。9 月，月球号在月球表面硬着陆；10 月，月球 3 号返了月球背面的第一张照片。

1961 年
人类进入太空

4 月份，尤里 · 加加林成为进入绕地轨道第一人，苏联在太空竞赛中再次领先。一个后，美国宇航局的宇航员艾伦 · 谢波德成为一个进入太空的美国人，但没有进入太空轨道约翰 · 格伦在 1962 年年初完成了这一壮举。

1962 年
行星任务

水手 2 号成了第一个到达其他行星的船，它在 12 月份飞过了金星。1965 年，国宇航局又成功将水手 4 号送到火星。在 20 纪 60 至 70 年代的其余时间，美国和苏联又施了更多的行星任务。

1963 年
类星体

荷兰裔美国天文学家马尔腾 · 施密（1929 ~ ）测量了类星体的光谱，类星是人们 1960 年发现的一种神秘的、类似于星的射电源。他确信类星体是一种活动星系在宇宙中距离我们也最为遥远。

1965 年
大爆炸

阿尔诺 · 彭齐亚斯和罗伯特 · 威尔逊布发现了一种来自太空的微弱射电信号。科家指出，温度到达 −270℃ 的天体才能发出这的辐射。不久后，人们研究认为 137 亿年前大爆炸创造了宇宙，而热辐射的残余物释放了这些信号。

1965 年~2000 年

1966 年
登月

1 月份，苏联太空船月球 9 号在月球上首次成功软着陆，而到了 5 月份，美国更复杂的探测者 1 号登陆了。探测者任务是美国宇航局徘徊者系列硬着陆登陆器的延续，为可能的载人探测寻找着陆点。

1967 年
脉冲星

乔丝琳·贝尔·伯内尔和安东尼·休伊什发现了第一颗脉冲星，它会有规律地发射射电脉冲信号。脉冲星被最终确认是拥有强磁场的、快速旋转的中子星，是超新星爆炸的遗迹。

1969 年
阿波罗 11 号

7 月 21 日，尼尔·阿姆斯特朗踏上月球表面，美国在登月比赛中领先。阿波罗 11 号之后还实施了另外 5 次登陆任务，其中 3 次携带有精密的月面车。

1970 年
X 射线天文学

美国宇航局发射乌呼鲁卫星，以绘制太空 X 射线的天图。在箭载实验中，人们已发现了来自太阳及其他一些恒星的 X 射线，但乌呼鲁卫星绘制了 300 多个 X 射线源，其中的一些可能就是黑洞。

1971 年
空间站

苏联将首个空间站——礼炮 1 号送入轨道。随后，太空中出现了一系列的空间站，1986 年的和平号空间站标志着科研任务达到了高潮。永久性的在轨平台能使天文学家开展更细致的研究，并为太空飞行创造了一系列新的持续的时间纪录。

1975 年
探访行星

苏联的金星 9 号到达金星表面，并发回了表面的第一张照片。金星 7 号早在 1970 年就已到达这个星球，但没有携带摄像头。这两个探测器并不适应金星的恶劣环境，1 小时后均毁坏了。

1976 年
海盗号任务

美国宇航局的两个航天器到达火星，每次任务都携带有一个轨道飞行器——从上空进行拍摄，和一个着陆器——着陆后分析岩石、搜寻生命（最终无果）。

1977 年
旅行者

美国宇航局向带外行星发射了两艘旅行者飞船。旅行者号传回了科学数据和木星、土星的图片。旅行者 2 号在离开太阳系之前，成了第一个拜访天王星和海王星的航天器。

1981 年
航天飞机

哥伦比亚号是美国宇航局第一艘可重复使用的航天飞机，在这一年完成了它的首次飞行。当时的人们相信，10 年后，航天飞机将把太空旅行变成一件非常平常的事，并最终成为通往新国际空间站的通道。

1983 年
红外天文学

第一颗红外天文学卫星被发射升空。它必须用液态氦降至非常低的温度，在氦耗尽前只能运作 300 天的时间。在此期间，它对 98% 的天空完成了红外线勘测。

1986 年
挑战者号灾难

挑战者号航天飞机起飞不久后爆炸，美国宇航局的太空飞行计划进入停止状态。他们后来用了近三年的时间，完成了对其他航天飞机的检查和维修。

1986 年
接触彗星

来自苏联、日本和欧洲的 5 艘飞船舰队"接待"了返回的哈雷彗星。欧洲空间局的乔托号行星际探测器最引人注目，它飞过了彗星的彗发，并拍摄到了彗核。

1990 年
麦哲伦号

麦哲伦号探测器由美国宇航局发射，到达金星后花费了三年的时间对该行星进行雷达测绘。除了麦哲伦号以外，这次新航天器浪潮还包括 1995 年到达木星的伽利略号和 2004 年到达土星的卡西尼号。

1990 年
太空望远镜

哈勃空间望远镜是第一个大型在轨光学望远镜，但被航天飞机送入太空不久后，天文学家就觉察到它的反射镜出现了问题。经过 1993 年的复杂的维修后，这台望远镜开始观测壮观而遥远的恒星、星云和星系。

1992 年
宇宙波纹

宇宙背景探测器绘制出了宇宙大爆炸背景辐射残余的详图。图上的"波纹"由早期宇宙密度的微小变化而造成，是形成星系和星系团的"种子"。

1992 年
凯克望远镜

10 米口径的凯克望远镜坐落在夏威夷的冒纳凯阿火山上，是第一个革命性的新型望远镜。凯克望远镜的主镜由 36 片六边形镜片组成，在电脑的控制下合为一体。新的光学望远镜也使用了干涉测量法——通过组合不同的望远镜来提高图像分辨率。

1998 年
国际空间站

巨大的新空间站开始建造。这项工程涉及许多国家，包括俄罗斯和美国这两个太空对手。这个空间站完成后，大小相当于一个足球场。它能同时容纳 7 名宇航员在轨工作，是研究微重力和天文学，进一步探索太阳系的太空平台。

名人传略

巴兹·奥尔德林
1930 年出生

这位美国宇航员是阿波罗11号登月舱的驾驶员，并于1969年7月21日成了第二个在月球漫步的人。工程师出身的奥尔德林是一位基督教长老教会的长老。1966年11月，他曾在双子星12号任务期间，创造了5小时太空行走的纪录。

萨摩斯的阿利斯塔克约公元前 320 年 ~ 公元前 250 年

这位希腊天文学家运用几何学测量出了太阳和月亮之间的距离。他计算出太阳要比月球远20倍（实际上远400倍）。他还称太阳比地球大7倍（实际上大109倍），地球一定是在围绕着太阳运行。直到18世纪这个观点才得到认同。

尼尔·阿姆斯特朗
1930 年出生

1969年7月21日，作为阿波罗11号的指挥官，这位美国空军试飞员成了在月球上行走的第一人。当踏上月球时，他说这是一个人的一小步，却是人类的一大步。1971年，他离开美国宇航局成了一名教授，之后进入商界。

第谷·布拉赫
1546 ~ 1601

这位丹麦天文学家准确地测量出了恒星和行星的位置。

30岁时，布拉赫的天文才华就引起了很多人的注意，丹麦国王腓特烈二世将波罗的海的汶岛送给他建造天文台。第谷的仪器非常精良和准确，他用了20多年的时间测量出了太阳和行星相对于恒星的位置。他在1572年至1574年期间记录到了仙后座中的一颗新恒星——超新星，从而证明了天体也是有可能改变的。他测量了1577年的大彗星的距离，并指出它比月球离我们还远，且有一个细长的轨道。1597年他搬到了布拉格，将约翰尼斯·开普勒招募为自己的助手。根据第谷的研究成果，开普勒对行星的轨道进行了计算。

乔瓦尼·卡西尼
1625 ~ 1712

这位意大利天文学家第一个弄明白了土星环的性质。

作为博洛尼亚大学的天文学教授，卡西尼测量了木星、金星和火星自转一次所需的时间。他还发现了4颗土星卫星和行星环间的裂缝。卡西尼提出这些环并不是一个固体，而是由单独的岩石组成的。1669年，他移居法国，帮助建立了巴黎天文台并使之运行。在巴黎，他测量了地球和火星之间的距离，并以此来计算日地距离。但是，他并不认为地球是围着太阳转动的，也不承认引力普遍性原则。他的儿子和孙子都成了巴黎天文台的台长。

沃尔特·巴德
1893 ~ 1960

1931年，巴德从德国移民到美国，在加利福尼亚州的威尔逊山天文台工作。1948年，他搬到了附近的帕洛玛山天文台。1943年，他发现宇宙包含有两种类型的恒星：含有少量金属的年老恒星和含有丰富金属的年轻恒星。这同样适用于造父变星，其性质可用来帮助计算宇宙的大小。自那以后人们发现，宇宙要比以前认为的大两倍。

乔丝琳·贝尔·伯内尔
1943 年出生

在发现脉冲星时，她还是剑桥大学的一名研究生。1967年8月6日，在观察射电源信号快速变化，寻找星体的时候，她发现了一个不寻常的射电信号，由一系列的脉冲组成，每1.337秒就快速发射一次。后来发现它是一颗快速转动的中子星（即脉冲星），质量比太阳稍大，但直径只有几千米。

弗里德里希·贝塞尔
1784 ~ 1846

这位德国天文学家指导了柯尼希山新天文台的建设，并于1813年成为了它的第一任台长。他专注于测量恒星的准确位置，1838年，他发现恒星天鹅座61发生了轻微移动——他明白这种移动是地球在公转轨道上的相对点造成的。他据此推算出了这颗恒星的距离是10.3光年，这是使用视差测量出的第一颗恒星，有助于测量宇宙的大小。

安妮·坎农
1863 ~ 1941

这位美国天文学家将 30 多万颗的恒星光谱依据温度进行了排序。1896 年，她加入了哈佛大学天文台，在那里一直工作到 1940 年退休。她的工作为 HD 星表奠定了基础。

苏布拉马尼扬·钱德拉塞卡 1910 ~ 1995

这位印度出生的天体物理学家先后在马德拉斯和英国从事天文学研究工作，1936 年搬到了美国。1983 年，他因研究濒死的恒星而获得了诺贝尔物理学奖。钱德拉塞卡意识到，质量超过太阳 1.4 倍的白矮星仍不会停止坍缩，它会变成一颗中子星或黑洞。

阿瑟·克拉克
1917 ~ 2008

1945 年，这位英国科幻作家认为地球同步轨道（地球以上 35 800 千米处）上的人造卫星可用于通信。大西洋上空的卫星可用来传输欧洲和北美之间的电视和电话信号。当时并不存在这种技术，但地球同步轨道卫星现在已经司空见惯了。

尼古拉·哥白尼
1473 ~ 1543

他是一位波兰天文学家、医生和牧师，认为太阳（而非地球）是我们行星系统的中心。

哥白尼先后在意大利学习了数学和古典文化研究，在波兰学习过法律和天文学。他 1506 年回到波兰，成了弗劳恩贝格大教堂的一位教士，直至去世。他的工作并不多，因此将大部分时间用在了天文学方面。到了 1513 年，他已意识到地球不是宇宙（甚至太阳系）的中心。围绕着太阳转动的地球并没有过去想象得那么特殊，只是行星集合中的一颗。他花了数年时间将自己的想法变成了科学理论，不过直到去世后他的著作《天体运行论》才出版。

亚瑟·斯坦利·爱丁顿
1882 ~ 1944

这位英国天文学家指明了如何根据恒星的表面来计算它的内部物理特征。

剑桥大学毕业后，爱丁顿曾在格林尼治皇家天文台工作。他后来回到剑桥，在那里的天文台担任了 31 年的负责人。爱丁顿建造了一个恒星内部模型，发现了恒星质量和它的光度之间的关系，强调恒星能量来自核聚变，并测量出了光束在引力场中的弯曲度。他还计算了宇宙的质量，认为光速等常数都与它有关。作为一位多产的作家，他在普及天文学和爱因斯坦广义相对论方面做出了突出贡献。

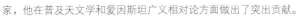

弗兰克·德雷克
1930 年出生

作为一位美国射电天文学家，他在 1960 年率先使用射电望远镜对地外生命信号展开了监听。1974 年，该计划在波多黎各使用阿雷西博射电望远镜继续进行。德雷克还设计了一个方程，用于评估银河系中通信技术文明的发展。

厄拉多塞
约公元前 273 ~公元前 192

这位希腊学者计算出了地球的大小。厄拉多塞出生在北非，曾在雅典求学，后成了埃及亚历山大的一名图书馆管理员和埃及国王托勒密三世儿子的导师。他还是一位杰出的地理学家，通过测量两地（相距 950 千米）太阳影子的长度，计算出了地球曲率。他由此估计出了地球的周长为 46 500 千米（实际上赤道是 40 075 千米）。

尼多斯的欧多克索斯
约公元前 408~公元前 355

他是一名希腊天文学家和数学家，曾建造了由一系列透明球体组成的太阳系模型——以地球为中心，其他行星围绕着地球转动。这些球体彼此嵌套在一起，每个球体的轴被连接到了周围球体的内部。他的模型能解释从地球上看到的行星运动模式，却无法解释地球和行星之间的日常距离变化。几个世纪后这一理论被推翻。

约翰·弗拉姆斯蒂德
1646 ~ 1719

作为英格兰的第一位皇家天文学家，弗拉姆斯蒂德是伦敦附近新建的格林尼治皇家天文台的台长，这个天文台于 1676 年投入使用。他使用弧壁、带有瞄准器的六分仪、走时精确的新时钟，制作了一张包含有 3 000 颗恒星的新星表。他 1725 年去世后这张星表被发布，将恒星位置的精确度提高了 15 倍。弗拉姆斯蒂德还对月球和地球轨道的形状进行了详细的研究。

约瑟夫·冯·夫琅和费
1787 ~ 1826

夫琅和费是巴伐利亚的一位玻璃和透镜制造商，他想制造出一个不会分散彩虹光芒的透镜。1814 年，在测试这种透镜时，他注意到太阳光谱中穿插着无数条精美的暗线。在这 574 根暗线中，他测得了可看见的 324 条波长，现被称为夫琅和费线。19 世纪 20 年代，他发现光经过栅格狭缝后会被分成各种颜色，狭缝变窄时效果更明显。这种栅格现被广泛应用在光谱学中。

尤里·加加林
1934 ~ 1968

1961 年 4 月 12 日，苏联宇航员加加林成了太空飞行第一人。东方 1 号飞船到达了 344 千米的高度，载着他绕地球飞行了一圈，共 108 分钟，然后借助反推火箭缓缓下降，到达最后 7 千米时乘降落伞着陆。他后来在返回太空的训练中丧生。

阿尔伯特·爱因斯坦
1879 ~ 1955

这位德国出生的美国理论物理学家创造了广义相对论，解释了宇宙的膨胀和演化。

1921 年，爱因斯坦因解释了光如何以量子方式辐射而获得了诺贝尔物理学奖，不过他的相对论更广为人知。他认为没有什么物质的运动速度能超过光速（c），该速度恒定，而物体的质量会随着速度而变大。爱因斯坦发现了质量（m）和能量（E）之间的关系：$E=mc^2$。他还认识到引力场可使光线弯曲，改变它们的波长。爱因斯坦终生是一位和平主义者，并于 1933 年移居美国，以避免纳粹对犹太人的迫害。1952 年，他谢绝了担任以色列总统的提议。

伽利略·伽利雷
1564 ~ 1642

意大利数学家、物理学家、天文学家，是使用望远镜观测星空的第一人。

作为比萨和帕多瓦大学的数学教授，伽利略对古希腊的物理学理论进行了大力反驳。他于 1609 年制造了一架望远镜，发现了太阳每 25 天会转动一次、月球上布满了高山、木星拥有 4 颗卫星、金星像月球一样拥有位相。对金星的观测有助于证明太阳是太阳系的中心，而非地球。他的这些革命性思想、好斗以及爱出风头的本性惹怒了教会，他晚年时在罗马遭到了宗教审判和软禁。

乔治·伽莫夫
1904 ~ 1968

这位乌克兰物理学家在 193_ 年版逃到了美国。1948 年，他与拉尔夫·阿尔菲（1921 ~ 2007）、汉斯·贝特（1906 ~ 2005）一同演示了宇宙大爆炸时质子和中子如何形成氦，以及氦如何与其他原子核结合成新元素。伽莫夫还预言，宇宙大爆炸后，强烈的高温中充斥着大量的辐射遗迹。

约翰·格伦
1921 ~ 2016

1962 年，格伦成了第一个飞绕地球的美国人，用 5 个小时飞行了三周。他 1964 年从太空计划退休后开始参政，并于 1974 年当选俄亥俄州参议员。1998 年，他成了世界上最年长的宇航员，参加执行航天飞机任务。

艾伦·古思
1947 年出生

这位美国粒子物理学家后投身于宇宙学研究。1979 年，他提出了宇宙暴胀论，认为大爆炸之后，宇宙瞬间从质子大小暴胀到了葡萄柚大小。这既使时空变平，也使宇宙从各方面看起来都一样了。

乔治·海尔
1868 ~ 1938

这位美国天文学家发明了太阳单色光照相仪，从而揭示了太阳表面的更多细节。1904年，他成为加利福尼亚州威尔逊山天文台的台长。1908年，他发现了太阳黑子的磁场，并测量了它们的强度。海尔在一生中用了很多时间来筹集资金，组织建造大型望远镜，如加利福尼亚帕洛玛山的5米望远镜，后来根据他的名字命名为海尔望远镜。

约翰·哈里森
1693 ~ 1776

哈里森是英国的一位钟表匠，他制造出了不会随温度变化而伸缩的钟摆，和一个发条棘轮。18世纪30年代早期，他得到一笔资金，要制造一个能在船上准确走时的钟表。他最后制作出的精密时钟被用在了离港船舶的经度测量中，哈里森为此得到了20 000英镑的奖金。在天文学中，精确的时钟对于测量天空中恒星的位置非常重要。

斯蒂芬·霍金
1942 ~ 2018

这位英国理论物理学家虽然患有神经肌肉方面的疾病，但一生都在从事黑洞周围物质的研究。天文学家曾认为任何物质都无法从黑洞逃脱，而霍金却提出了热辐射能做到这一点。他的《时间简史》成了有史以来最畅销的科普读物。

罗伯特·戈达德
1882 ~ 1945

这位美国发明家和火箭工程师在1926年制造并发射了世界上第一枚液体燃料火箭。

作为火箭研究的先驱，戈达德的工作却大都被自己的国家所忽视。他从幼年起就着迷于太空旅行，当还是马萨诸塞州克拉克大学的一名研究生的时候他就展开了实验，他在这所大学担任了30年的物理学讲师。1919年，他出版了自己火箭理论方面的著作，而这时他对20年前就已过世的康斯坦丁·齐奥尔科夫斯基的理论并不知晓。20世纪30年代，他发射了自己的第一枚稳定火箭。这枚火箭以汽油和液氧作为混合燃料，泵入燃烧室后产生动力。它的成功吸引到了科研资金，戈达德继而制造出了带陀螺控制和燃气舵的火箭。

埃德蒙·哈雷
1656 ~ 1742

这位英国天文学家和数学家证明了有些彗星会周期性出现，并准确预测了哈雷彗星的返回。

哈雷在皇家学会工作时进行了大量的研究。他也是牛顿的一位密友，并在17世纪80年代帮牛顿编著了《原理》一书。1698年，哈雷成为英国皇家海军上尉，在大西洋北部和南部航行，测量磁罗盘的偏差，并希望能找出一种测量经度的方法。哈雷绘制了南半球天空的第一张星图，发现了恒星自行，并且意识到地球已很古老了。他最出名的预测是哈雷彗星每76年就会返回一次。晚年他成了牛津大学的一位数学教授，也是英格兰的第二位皇家天文学家。

卡罗琳·赫歇尔
1750 ~ 1848

卡罗琳·赫歇尔出生在德国的汉诺威，1772到英国与哥哥威廉进行合作。1786年至1797年，她共发现了8颗彗星。1787年，她得到了英国国王的资助，继续为哥哥担任助理。她绘制了含有2500个星云和星团的星表，也因此而闻名。

埃纳尔·赫茨普龙
1873 ~ 1967

这位丹麦天文学家制定了恒星的亮度标准，将其定义为恒星在32.6光年处的亮度。1906年，他发现标准亮度与恒星的温度有关，这个发现于1913年再次被亨利·罗素证实。赫罗图绘制了标准亮度与温度的曲线图，成了恒星演化研究中的一个重要工具。

安东尼·休伊什
1924 年出生

作为一位英国射电天文学家，他研究了射电源中的闪烁，并发现将两个射电望远镜的信号组合后，相当于以两个望远镜距离为直径的一个大镜面。1967年，他和自己的学生乔丝琳·贝尔·伯内尔共同发现了脉冲星。1974年，他与马丁·赖尔一起获得了诺贝尔物理学奖。

喜帕恰斯
约公元前190~公元前120

这位希腊天文学家发明了改进型经纬仪，并测得了850颗恒星的位置。他制作的星表18个世纪之后仍在使用。他还根据天空中恒星的亮度对它们进行了分类，为今天恒星星等标奠定了基础。地球会像陀螺一样自转，喜帕恰斯测量了自转轴位置改变的速度，以及一年四季中地球和太阳之间距离的变化。

威廉·哈金斯
1824 ~ 1910

这位布商出身的英国人在1854年卖掉了家族生意，开始全身心观测天空。他在伦敦建造了自己的私人天文台，并设计了一台带分光镜的望远镜。利用它，他能够研究太阳、月球、行星和恒星的组成，他在1863年指出宇宙中的元素与地球上的相同。1868年，他第一个使用分光镜测量了恒星飞离地球的速度。他还发现有些星云是由气体组成的。

威廉·赫歇尔
1738 ~ 1822

这位德国出生的天文学家制造出了精密的反射望远镜，并发现了天王星。

1757年，赫歇尔从汉诺威搬到英国，以演奏音乐为生。1766年，他成了巴斯大学的一名风琴演奏者。在那里，他开始建造望远镜，研磨金属反射镜。1781年，他利用房外的一面望远镜，无意中发现了天王星（起初他以为是一颗彗星）。赫歇尔由此成名，一年后他放弃了音乐生涯，成了国王的天文学家。他建造了世界上最大的望远镜，反射镜的口径达到了100厘米，并用它来勘察天空和银河。他的妹妹卡罗琳为他提供了极大的帮助。赫歇尔发现了数百个星云，并发现太阳正在向武仙座移动。他的儿子约翰（1792 ~ 1871）也成了一名著名的天文学家。

弗雷德·霍伊尔
1915 ~ 2001

这位英国天体物理学家发现了恒星如何制造元素，并认为宇宙正处在一个稳定的状态。

霍伊尔在英国剑桥大学工作。他经常访问加州理工学院，在那里与威廉·福勒（1911 ~ 1995）开展合作。1957年，他们发现了锂、碳、氧和铁等元素能够在恒星内部形成。当大质量恒星爆炸成为超新星后，这些元素就会散发到太空，继而形成第二代恒星。1948年，霍伊尔与托马斯·戈尔德和赫尔曼·邦迪共同提出了宇宙的稳恒态理论。1965年，宇宙大爆炸后形成的残余——微波背景辐射被发现，这个理论失去了立论根据。

克里斯蒂安·惠更斯
1629 ~ 1695

惠更斯是一位荷兰科学家，他在1666年搬到巴黎，工作了15年之后又返回了自己的祖国。他制作出了当时最好的望远镜，创新了望远镜目镜的制造工艺。1655年，当使用这些望远镜观察土星时，他发现一颗大卫星——土卫六，接着又发现了土星环。惠更斯还发明了摆钟，并提出光与声音或水一样，也会波动。

卡尔·央斯基
1905 ~ 1950

这位美国射电工程师成了射电天文学之父。他致力于研究船岸通信之间的射电信号干扰源，1932年，他建造了一个旋转的射电天线和接收器，并很快意识到这些干扰来自人马座。这个星座是银河系中最密集的部分，而央斯基正在探测电子在银河磁场中的辐射。

谢尔盖·科罗廖夫
1906 ~ 1966

1931年，这位苏联工程师与他人共同组建了莫斯科火箭推进研究集团。第二次世界大战期间，他被斯大林逮捕，开始研发喷气飞机。战争结束后，他改进了从德国缴获的V-2火箭，并负责制造了第一枚苏联洲际导弹。他还设计了斯普特尼克人造卫星，以及东方号、上升号和联盟号空间飞船。

皮埃尔·西蒙·德·拉普拉斯 1749 ~ 1827

这位法国数学家和天文学家也是巴黎军事学院的一位教授。他从1773年开始，花费了13年的时间来证明木星和土星的轨道变化符合牛顿的引力定律。1796年，他提出太阳和太阳系成形于一个不断收缩着的快速旋转气体云，太阳变得越来越小后褪去了它的环带。这些环带后来形成了行星。这个太阳系的形成理论一直到19世纪末才被其他理论取代。

乔治·勒梅特 1894 ~ 1966

这位比利时物理学家在1923年成为了一名牧师，后转而研究宇宙学。1931年，勒梅特提出宇宙曾被包含在一个原始原子内，其大小是太阳的30倍左右。爆炸后这些物质被送入太空，再次浓缩后形成了星系和恒星。他提议可使用星系的运动来标记宇宙的膨胀，后演变成为大爆炸理论。

于尔班·勒威耶 1811 ~ 1877

这位法国天文学家证明了行星轨道的稳定性。1845年，他对行星轨道在邻星引力下的偏离方式产生了浓厚兴趣。他预测了一颗影响着天王星的未知星球。他将自己的预言告诉给了德国天文学家约翰·伽勒（1812 ~ 1910），伽勒很快就在1846年找到了海王星。

埃德温·哈勃 1889 ~ 1953

这位美国天文学家证明了宇宙中有众多的星系，而且这些星系正在飞离银河系。

哈勃曾在芝加哥和英国学习法律，但回到美国后成了一名天文学家。在加利福尼亚州的威尔逊山天文台，他使用了新的2.5米望远镜来研究星云。他看到了两类星云：一类在我们的银河系之内，另一类在银河系之外。1924年，他意识到远处的星系是独立存在的。他还发现星系越暗淡、越遥远，飞离银河系的速度就越快。他对不同类型的星系进行了划分，但错误地认为一种星系年老后，就会演变为另一种。

约翰尼斯·开普勒 1571 ~ 1630

这位德国天文学家绘制了行星轨道，并意识到它们是椭圆形的。

根据丹麦天文学家第谷·布拉赫获得的数据，开普勒探索出了他的三大行星轨道规律，现被称为开普勒运动定律。开普勒曾在第谷·布拉赫生命的最后几个月里协助他工作。开普勒确信他的观测十分准确，继而计算出了正确的轨道。1609年，开普勒发现行星的轨道是椭圆形的，并不是圆形的，并且距离太阳越远，轨道上的行星运动得就越慢。开普勒信奉路德教，宗教迫害迫使他多次搬家。1627年，他公开发行了鲁道夫星表，天文学家可据此计算出行星在未来、现在和过去的位置。然而，他错误地认为行星在运行时会发出音律。

伯纳德·洛维耳 1913 年出生

"二战"期间，洛维耳开发的机载雷达对隐藏式轰炸起了极大作用。战争结束后，这个英国人在曼彻斯特大学率先使用雷达开始观测流星。1949年，他筹资在曼彻斯特附近的焦德雷班克建造了76米的射电望远镜。工程开始于1951年，1957年完工后正好跟踪到了苏联的第一个卫星——斯普特尼克1号，吸引到了急需的资金。洛维耳在焦德雷班克射电天文台担任了30多年的台长。

珀西瓦尔·洛厄尔 1855 ~ 1916

这位美国数学家曾做过很短时间的棉商和外交官，之后在亚利桑那州的旗杆镇建立了一座天文台。他专门观测和拍摄火星，并开始相信那个星球上存在着运河。洛厄尔在书中强调，火星上可能存在着生命。1905年，他错误地预言了行星X的位置，认为它会影响天王星和海王星的轨道。1930年，克莱德·汤博使用洛厄尔的望远镜，意外发现了冥王星，认为它是第九颗行星。

夏尔·梅西耶
1730 ~ 1817

彗星是这位法国天文学家的主要兴趣所在，从哈雷彗星在 1758 年至 1759 年间返回的预测开始，他成了刻意寻找新彗星的第一人。梅西耶发现的新彗星超过了 15 颗，为他赢得了"彗星侦探"的绰号。他还给 103 个星云、星团和星系编了号，以免自己将其误当成彗星。这个星表目前仍在使用，例如仙女座星系就是 M31。

赫尔曼·奥伯特
1894 ~ 1989

奥伯特与罗伯特·戈达德和康斯坦丁·齐奥尔科夫斯基并称为航天之父，他的著作《飞向行星际空间的火箭》（1923 年）和《太空旅行之路》（1929 年）已成为经典之作。奥伯特在 20 世纪 30 年代研制了火箭发动机，并在"二战"期间开发出了德国 V-2 火箭。20 世纪 50 年代末，他与自己的老助手沃纳·冯·布劳恩在美国共同研究了一段时间的卫星运载火箭。

恩斯特·奥匹克
1893 ~ 1985

这位爱沙尼亚天文学家早期在塔尔图大学工作，1948 年搬到了北爱尔兰，后来担任了阿马天文台的台长。1932 年，他预测太阳系周围围绕着一种彗星云，现在这个彗星云以奥尔特命名。奥匹克研究了灰尘颗粒进入地球大气时的燃烧方式，已被应用到保护航天器的器件设计中。

亨丽埃塔·莱维特
1868 ~ 1921

这位美国天文学家研究了造父变星，并发现变星的周期与它们的亮度有关。

莱维特在马萨诸塞州的哈佛大学天文台工作，测量照相底片上的星像亮度。她曾多年研究麦哲伦星云中的造父变星（亮度会周期性振荡的恒星）。1912 年，她证实了这种周期越长，恒星就越亮，因此通过计算周期的长度，就可以利用恒星的视亮度和真实亮度计算出它的距离。人们据此发现了麦哲伦星云的距离为 10 万光年，是银河系之外的一个小星系。

艾萨克·牛顿
1642 ~ 1727

这位英国科学家阐述了是引力让行星环绕太阳运行的，并发明了反射望远镜。

26 岁时，牛顿担任了剑桥大学的数学教授。他彻底改变了引力的概念，他提出的理论整合了开普勒的行星运动定律和伽利略的落体运动定律。17 世纪 80 年代，他提出，引力适用于整个宇宙，而不仅仅是地球表面附近。他在 17 世纪 60 年代开始研究光的本质。他发现白光是由各种颜色的光组成，通过棱镜或透镜便能看清它的真面目。他曾尝试制造一台望远镜，但正因为光的这种特性，导致他看到的图像都有色边。为了克服这一现象，1668 年他使用反射镜建造了一台反射望远镜。他的书《自然哲学的数学原理》出版于 1687 年，是有史以来最有影响力的科学著作之一。

阿尔诺·彭齐亚斯
1933 年出生

彭齐亚斯是一位德国难民，很小就搬到了美国。他成了一名射电工程师，于 1961 年加入了贝尔实验室。1965 年，在追查一种射电干扰源的时候，彭齐亚斯和他的同事罗伯特·威尔逊发现地球的四面八方沐浴着射电波。这种射电源的温度是 −270℃，来自大爆炸产生的热辐射。1978 年，彭齐亚斯和威尔逊因贡献突出而获得了诺贝尔物理学奖。

瓦列里·波利亚科夫
1942 年出生

这位苏联的医生和宇航员拥有两项世界纪录：在太空中停留的时间最长，单次在太空中度过的时间最长。1988 年 8 月 29 日，他乘坐联盟号 TM-6 到达和平号轨道空间站，在那里生活了 241 天。1994 年 1 月 8 日，他再次进入和平号空间站，停留了 438 天。他参加了一个不寻常的医学实验：任务前，他移除了自己的一些骨髓，以便与失重数月返回后的骨髓样本进行对比。

马丁·里斯
1942 年出生

他是第 15 位英格兰皇家天文学家，大部分工作是在剑桥大学开展的。他一直专注于研究活动星系的中心，以及这些星系的喷流与周围星际介质的互动方式。他还编写了大量的宇宙学和暗物质著作，并积极促进科学知识的普及。

亨利·罗素
1877 ~ 1957

这位美国人在 1905 年成为了普林斯顿大学的天文学教授，对聚星、它们的轨道关系和质量进行了研究。根据自己对恒星距离的研究，他证明了恒星主序的存在，绘制了恒星光度和表面温度对比图。埃纳尔·赫茨普龙在 1906 年也绘制了类似的图，因此后人将它合称为赫罗图。罗素错误地预测了恒星的演化会导致它们在这个序列中向上或向下移动。1929 年，他正确提出了恒星主要是由氢组成的。

扬·奥尔特
1900 ~ 1992

这位荷兰天体物理学家使用射电波研究了银河系，并提出太阳系周围有彗星云。

从格罗宁根大学毕业后，奥尔特搬到了莱顿大学，并对银河系的结构产生了兴趣。1927 年，他认识到太阳并不是银河系的中心，而且邻近恒星的路径表明银河系中心在 30 000 光年之外，人马座的后面。他发现太阳每 2 亿年会围绕着银河系运行一次，而且银河系的质量是太阳的 1000 亿倍。1951 年，他通过监测恒星之间氢气发出的射电波，发现了银河系旋臂的形状。也是在这个时候，他提出太阳周围存有大量的彗星，并会受到偶尔路过恒星的干扰。

塞西莉亚·佩恩—加波施金
1900 ~ 1979

这位英国出生的美国天文学家第一个提出了氢和氦是宇宙的主要成分。

在剑桥聆听了亚瑟·斯坦利·爱丁顿爵士的讲学后，塞西莉亚·佩恩决定做一名天文学家。1923 年，她离开英格兰前往马萨诸塞州的哈佛大学天文台，与哈洛·沙普利一同工作。根据恒星温度与其类型和光谱有关，她提出主序星几乎都是由氢和氦组成的。1934 年，她嫁给了谢尔盖·加波施金。两人一起通过照相观测，确定了多颗变星。她还研究了非常暗的恒星，对今天测量最远星系的距离很有帮助。1956 年，她获得了哈佛大学天文学教授头衔，成了哈佛的第一位女教授。

卡尔·萨根
1934 ~ 1996

这位美国天文学家主要研究的是行星的大气。20 世纪 60 年代，他计算出金星表面非常炎热，这是温室效应失控而造成的。他还研究了地球的早期大气，试验了生命产生的方式。萨根是一个著名的科学普及者，1980 年，他的电视剧《宇宙》吸引了世界各地数以百万计的观众。

艾伦·桑德奇
1926 ~ 2010

这位美国天文学家从埃德温·哈勃的助理做起，后进入威尔逊山天文台和帕洛玛山天文台工作。1960 年，他与加拿大天文学家汤姆·马修斯一起第一次提供了对类星体的光学认证。1965 年，他发现了第一个"射电宁静"类星体。事实上，每 200 颗类星体中只有 1 颗会发射射电波。他对星系距离的测量表明宇宙正在十分缓慢地膨胀。

乔瓦尼·斯基亚帕雷利
1835 ~ 1910

从 1860 年到 1900 年，这位意大利天文学家都在米兰的布雷拉天文台工作。1862 年，他意识到英仙流星群是斯威夫特—塔特尔彗星的衰变造成的，它们都具有相同的轨道。然后他转向了对火星的详细观测，并得出结论称其表面存有沟渠，还认为其中一些产生了分裂。他错误地认为水星总是以相同的一面面向太阳。

伯恩哈德·施密特
1879 ~ 1935

施密特出生于爱沙尼亚，1900年移居德国学习工程学。后来，他制作出了天文用透镜和反射镜，最终在1926年加入汉堡天文台。当时的大型反射望远镜只能覆盖很小的一片视场，于是施密特设计了一种新的望远镜，将球面镜放置在一个薄改正透镜的背后，从而产生了面积又大、又非常清晰的图像。许多施密特望远镜已被用于天空测绘。

哈洛·沙普利
1885 ~ 1972

这位记者出身的美国人毅然地选择了天文学。在加利福尼亚州威尔逊山天文台工作时，他利用造父变星估算了球状星团的距离。他利用这些星团绘制出了银河系的形状和大小。1921年，沙普利搬到哈佛大学，并与美国阿勒格尼天文台的台长希伯·柯蒂斯（1872 ~ 1942）展开了争论：宇宙到底是由一个星系还是多个星系组成？沙普利认为星系聚集形成了星系群。

艾伦·谢泼德
1923 ~ 1998

这位美国海军试飞员成了美国进入太空的第一人。他于1961年5月5日进入地球亚轨道飞行，所乘坐的水星太空舱飞到了180公里的高度，后降落在大西洋中。这里距离起飞点——美国佛罗里达州卡纳维拉小角有485公里。他于1971年年初再次返回太空，是阿波罗14号登月任务的指挥。

托勒密
约90 ~ 168

这位埃及天文学家出版了《天文学大成》一书，阐述了古希腊人的天文思想。

直到17世纪，托勒密的天文学著作都一直主导着当时的科学思想。他以喜帕恰斯等人的作品为创作基础，加入了自己从屋顶天文台观察的成果。托勒密认为地球是一个完美的球体，坐落在宇宙的中心，四周的7个透明球体每个都带有一个移动的天体。按照划过天空的速度（与地球的距离），它们分别是月球、水星、金星、太阳、火星、木星和土星。第八球体包含着众多的恒星。他设计了一个可预测行星运动的数学系统。他还标绘了地球上许多地方的经度和纬度，这张地图制作得非常好，哥伦布还使用过它。

马丁·赖尔
1918 ~ 1984

作为英国射电天文学的先驱，他制作了含有5000个射电源的星表。

赖尔是一位医生的儿子，"二战"期间从事雷达相关工作。他后来搬到剑桥大学，进一步完善了自己的技术：将不同可移动射电望远镜的信号组合起来，创建出射电天体的高分辨率图像。20世纪40年代后期，赖尔观察了太阳并绘制了射电区域。50年代初，他发现了遥远星系发出的射电波。在一系列详细的射电源表中，他向大家展示了早期宇宙的星系都是怎样紧密聚集在一起的，为大爆炸提供了有力证据。1974年，赖尔和安东尼·休伊什被授予诺贝尔物理学奖。

约瑟夫·什克洛夫斯基
1916 ~ 1985

1953年，这位乌克兰天文学家为苏联天文研究所设立了射电天文学分部。也是他最早发现了天文磁场中螺旋电子产生的射电波的波长更长这种射电被称为同步加速辐射。

吉尔·塔特
1944 年出生

在20世纪70年代初，这位美国天体物理学家放弃了寻找褐矮星成了第一个全职寻找地外智慧电波的天文学家。从1995年到2004年，她担任了凤凰计划的首席科学家，勘察了附近的750颗恒星，以寻找可能的人工射电信号。之后，她成了地外文明探索研究中心的负责人，专门研究地外智慧。

瓦莲京娜·捷列什科娃
1937 年出生

这位苏联宇航员曾是一位纺织工人和业余跳伞运动员，后成了进入太空的第一位女性。1963年6月，她乘坐了71个小时的东方6号飞船绕地球飞行了48圈。19年后，另一位女性才再次进入了太空。捷列什科娃于1963年结婚，有了孩子后，她继续接受宇航员训练，直至1969年。

克莱德·汤博
1906 ~ 1997

这位美国天文学家出生在伊利诺伊州，由于家境贫穷而没有上大学。1929 年，他加入了亚利桑那州旗杆镇的洛厄尔天文台，在那里做一名助理。珀西瓦尔·洛厄尔曾在1905 年预测了 X 行星的位置，汤博为了协助他搜寻 X 行星建造了一台机器，它可以比较前后数小时拍摄的同一天空的两张底片，来查看星体是否有移动。1930 年 2 月 18 日，他发现了冥王星。为了弄清楚冥王星是否大到足以能扰乱天王星的轨道，他继续进行了 8 年的行星搜索，但终究无果。

弗雷德·惠普尔
1906 ~ 2004

这位美国天文学家先是在加利福尼亚州学习，后在 1931 年搬到了马萨诸塞州的哈佛大学。1950 年，惠普尔成了哈佛大学的天文学教授，1955 年，他担任了史密松天体物理台的台长。除发现了 6 个新的彗星外，他还在 1951 年提出彗星的心脏是一个雪和灰尘组成的大球，表面在太阳系的热环境中不断蒸发的观点。惠普尔还研究了流星和宇宙飞船的轨道，并弄明白了地球高层大气的密度和温度对它们轨道的影响。

康斯坦丁·齐奥尔科夫斯基
1857 ~ 1935

他是俄国太空飞行理论的先锋。斯普特尼克 1 号的发射就是为了纪念他诞辰 100 周年。

齐奥尔科夫斯基提出了火箭制造的理论，但没有资源制造出第一枚火箭。1898 年，他的理论阐述了火箭燃料的使用量以及火箭速度与发动机推力的关系。他编写了《利用喷气工具研究宇宙空间》（1903）一书，书中的液氢和液氧火箭与今天使用的非常相似。他还展示了多级火箭对脱离地球引力的作用，以及如何堆叠组装（如美国的土星 5 号）和并排配置（如苏联的航天推进器）它们。

沃纳·冯·布劳恩
1912 ~ 1977

这位德国火箭工程师研发了 V – 2 导弹和土星 5 号运载火箭。

冯·布劳恩在 20 世纪 30 年代就从事火箭的发动机研究，后被任命为佩内明德火箭制造技术总监，并在"二战"期间研制出了液体燃料导弹 V – 2。1942 年至 1945 年期间生产的 V – 2 导弹多达 5000 枚。战争结束后，美国陆军将冯·布劳恩选派到美国的新墨西哥州工作。他在那里设计了红石火箭，这枚火箭在 1958 年将美国的第一颗卫星——探险者 1 号送入了轨道，并于 1961 年在第一个水星亚轨道计划中将艾伦·谢泼德送入太空。1960 年，冯·布劳恩开始负责亚拉巴马州的马歇尔太空飞行中心，他在那里开发的土星系列火箭被用在阿波罗计划中，将人类送上了月球。

罗伯特·威尔逊
1936 年出生

这位美国物理学家出生在得克萨斯州的休斯敦，1963 年加入了新泽西州的贝尔电信实验室。他曾与阿尔诺·彭齐亚斯共同研究如何降低喇叭状射电天线的噪音，并在 1965 年发现了来自四面八方的射电波的发射源的温度只有 –270℃——大爆炸产生的热辐射遗迹。彭齐亚斯和威尔逊共同获得了 1978 年的诺贝尔物理奖。

约翰·杨
1930 ~ 2018

这位美国宇航员是海军试飞员出身。1965 年，他乘坐双子座 3 号参加了美国的首次两人航天任务。完成双子座 10 号任务后，他于 1969 年乘坐阿波罗 10 号，沿月球轨道飞行了 31 圈，进行首次登月彩排。1972 年，他担任了阿波罗 16 号任务的指挥官，在月球上进行了 3 次行走。1981 年 4 月，他指挥了第一次航天飞机的飞行任务。

弗里茨·兹威基
1898 ~ 1974

这位瑞士天体物理学家在 1927 年搬到了美国的加州理工学院。1934 年，他认识到超新星爆炸产生的能量比新星的多。他认为超新星爆炸摧毁了恒星的大部分，只有中心核留下来，成了一颗中子星。他不断寻找着超新星，最后计算出在任何星系中，每 400 年才能出现一颗超新星。兹威基还研究了星系团，并指出与整个宇宙不同，星系团不会膨胀。

术语浅释

γ射线：宇宙中高能天体发出的波长约短于0.01纳米的电磁辐射。

A

矮行星：围绕恒星运行的一类球形冰岩体小个行星。

暗能量：太空的一种隐秘属性，最早由爱因斯坦作为宇宙学常数提出，可以拉伸太空自身，加速宇宙膨胀。

暗物质：占宇宙质量98%的不可见物质。暗物质包括普通物质和弱相互作用大质量粒子。

奥尔特云：围绕着太阳和行星的巨大球形云，约1.6光年宽；包含了数十亿颗彗星。

B

白矮星：类似太阳的恒星坍塌后的内核，已没有了能量。

半影：太阳黑子外面较亮的部分，也是月食阴影较亮的部分——月亮只有一部分落在地球的阴影中。

棒旋星系：旋臂和核球由恒星和气体组成的杆形物相连的星系。

暴胀：大爆炸后不到一秒钟所发生的宇宙快速扩张。

背景辐射：整个太空所发出的一种微弱射电信号，是宇宙大爆炸的残余辐射。

本星系群：至少包含着50个星系，包括银河系在内。

本影：黑子内侧颜色较深的区域。也指月食影子中最黑暗部分，那里的月亮被完全掩盖。

变星：亮度变化的恒星。许多变星的大小也会经常变化。

波长：电磁波相邻的波峰或波谷之间的距离。

不规则星系：没有明显形状的星系，一般都比较小，充满了气体，并包含有年轻和老年恒星。

C

CCD：参见"电荷耦合器件"。

超巨星：参见"巨星"。

超新星：巨大的恒星爆炸。超巨星的燃料耗尽，或白矮星爆炸时就会形成超新星。

超星系团：由引力作用结合在一起的星系团集群。

尘埃：太空中的微小颗粒，能吸收星光。尘埃是冷星的"油烟"，有时会凝聚为巨大的暗云。

冲日：对地球上的观测者而言，所观测的行星和太阳分别出现在两侧时的状态。

磁层：行星周围的磁泡，其强大的磁场足以遮挡住太阳风。

磁场：行星、恒星或星系产生的磁力场，向太空延伸。

D

大爆炸：137亿年前宇宙诞生时的"爆炸"事件。

大气：行星周围在其引力作用下形成的一层气体，也指恒星光球及其以上的外层。

氮：一种气体，占地球大气的79%。

地球同步轨道：在赤道以上35880公里的高空处，卫星绕地球的运动周期与地球自转的时间相等，卫星似乎在天空中静止不动。

电磁辐射：光子所携带的能量，可以通过空间和物质以光速传播。波长从γ射线（最短的波长）到射电波（最长的波长）不等。

电荷耦合器件：用于现代望远镜成图像的光敏感电子设备。

电离层：地球表面50千米～600千米高空的带电区域。

电子：参见"原子"。

度：测量角度的基本单位，即圆周角的1/360。

多普勒效应：当源趋近或远离时，观察者接收到的声波或辐射频率发生变化的现象。

F

发射线：光谱中的亮线，由原子释放一定波长的能量而形成。发射线通常来自星云中的热气体。

反物质：由反粒子组成的物质，反粒子与组成普通物质的粒子的重要性质（如电荷）数值相等、符号相反。

范艾伦带：地球周围的辐射区，地球磁场会将太阳风粒子困在其中。

飞掠：飞船和行星、彗星或小行星之间的交会，但不会进入轨道或着陆。

分辨率：望远镜分辨细节的能力。

分光镜：将星光分裂成光谱的仪器，可揭示宇宙的组成。

分子：原子通过化学键连接成的整体。

分子云：由氢和一氧化碳等分子组成的星际云。

辐射：电磁辐射或快速移动的亚原子粒子，携带能量。

G

公转周期：一个天体绕另一个运动一周的时间。

拱极星：从地球上看绕天极运动，不会落入地平线下的恒星。

光：肉眼可见波段的电磁辐射。

光度：天体每秒所辐射出的能量。

光年：天文测量的标准单位，相当于光在一年内传播的距离：约5000亿公里。

光谱：不同波长的辐射带。彩虹是将光分解后形成的光谱。

光谱线：来自辐射物体的亮线或暗线。可参见"吸收线"和"发射线"。

光谱型：一种根据恒星颜色和表面温度进行分类的方法。

光球：恒星表面的可见和透明部分，能使恒星的光射入太空。

光速：光的传播速度，每秒接近30万千米，为物质传播的最高速度。

光污染：天空中的辉光，由路灯和大气污染造成，使天文学家难以看到暗弱天体。

光子：电磁辐射粒子，也是宇宙中最常见的粒子。

轨道：一个天体围绕另一个运动的路径。在更大质量天体的引力作用下，卫星、行星和恒星会沿轨道运动。

H

哈勃常数：宇宙的膨胀速率，单位是千米/（秒·百万秒差距）。

氦：宇宙中第二轻、第二常见的元素，形成于宇宙大爆炸和恒星的核聚变。

合：从地球上看，行星和太阳处在相同方位。

核聚变：原子核在高温和高压的条件下生成更重原子核的现象。核聚变是恒星能量的来源。

赫罗图：以颜色和光度展示恒星关联度的图表。

褐矮星：质量比恒星小但比行星大的天体。它会产生热量，但极少发光。

黑洞：坍塌的天体，它的引力非常强大，即使光都无法逃脱。

黑子：太阳表面的暗斑，由太阳磁场形成，那里的气体无法正常流动。

恒星：又大又热的球状天体，能发光，能量来自核聚变。

红巨星：参见"巨星"。

红外辐射：波长长于可见光但短于射电波的电磁辐射。

红移：光谱线向光谱红端的移动。这种移动由多普勒效应造成，表明辐射来自一个正在远离我们的物体。

环形山：陨星撞击月球或行星表面而形成的盘状坑洞。

黄道：太阳在天空中移动的假想路径，其附近集聚了大部分的可见行星。事实上，这条线是地球绕日轨道在天空中的投影。

彗星：由冰和岩石尘埃组成的小天体。当彗星接近太阳时，它的冰会受热蒸发，产生的气体形成了发光的彗头，尘埃和气体组成了彗尾。

活动星系：星系中心拥有释放巨大能量的黑洞。

J

极光：两极地区出现的绿色和红色光芒，由荷电粒子与地球大气中的气体碰撞造成。

极轨道：地球两极上空的卫星轨道。

极星：小熊星座内的北极星，北天表观看似绕其旋转。

甲烷：由碳和氢组成的气体。

焦点：主透镜或反射镜收集的光线在望远镜中集合在一起形成图像的那个点。

焦距：透镜或反射镜与光线焦点之间的距离。

角秒：天文学家用以测量天空中物体大小的单位。一角秒等于1/3600度。

近地轨道：地球表面以上约200千米的轨道。近地轨道由航天飞机、空间站和人造卫星使用。

近域旋臂：又称猎户臂，银河系的旋臂，也是太阳的所在地。

巨洞：宇宙大尺度结构图上的空区，星系在其边界上呈纤维状分布。

巨星：已达到最后演变阶段的恒星，已膨胀得非常大，亮度增加，颜色也发生了改变。类似于太阳的恒星会变成红巨星。质量是太阳10倍以上的会成为超巨星，在宇宙中最明亮。

聚星：引力作用下，由三颗或更多的恒星组成的集合体。

绝对零度：最低温度，—273℃。

绝对星等：参见"星等"。

K

柯伊伯带：太阳系中包含着数百万个冰冷彗星状物体的区域，从海王星轨道一直延伸到了奥尔特云的内缘。

可见光：参见"光"。

孔径：望远镜上主镜或透镜的直径，可测量光的收集量。

夸克：宇宙大爆炸中形成的基本亚原子粒子。三个夸克可组合成一个质子或中子（参见"原子"）。

L

蓝移：光谱线向光谱蓝端的移动。这种变化由多普勒效应造成，表明辐射来自一个朝我们靠近的物体。

雷达：可发射和接收物体反射回的无线电波，以测量它的距离或测绘其表面的设备。

类星体：遥远的活动星系，小的中心区域能释放大量的能量。类星体是宇宙中最遥远的星系。

粒子：参见"亚原子粒子"。

亮度：参见"光度"和"星等"。

流星：天空中接连出现的明亮体，由小流星体进入地球大气时燃烧起来形成。

流星体：太空中发现的岩石碎片，来自小行星和彗星。

M

脉冲星：旋转的中子星，会向太空发射辐射束。

幔：行星表层和内核之间的岩石层。

秒差距：恒星或其他天体在1角秒的视差距离，相当于3.26光年。

目镜：放置在望远镜观察一侧

的小透镜。目镜能将主反射镜或透镜产生的图像放大。

N

纳米：一米的十亿分之一。

内行星：太阳系中与太阳的距离比地球更近的行星。

逆行：地球绕太阳运行时追上外行星，外行星在天空中表现为向后运动。

P

频率：电磁辐射波每秒经过某点的数量。

谱分析：分析谱线，以揭示恒星或星系的结构，或寻找它的红移。

Q

气态巨行星：主要由液体组成的大行星，外表包裹着厚而密的大气。

千万亿：10 的 15 次方。

壳：行星或月球的岩石表层。

轻子：大爆炸中产生的三种带负电荷亚原子粒子；只有电子（参见"原子"）仍然存在。

氢：宇宙中最常见和最轻的元素，是恒星和星系的主要成分。

球状星团：参见"星团"。

R

日冕：太阳非常热的上层大气，日全食时呈纯粹的光环状。

日球层：距太阳 100 个天文单位内的地方，那里太阳风仍能产生影响力。

日珥：太阳低日冕部出现的大气弧。

熔岩：行星内部流动的熔化岩石。

肉眼：人的直接视力，该术语用于良好条件下正常观察者应当可见的任何目标。

弱相互作用大质量粒子：宇宙大爆炸中形成的大质量粒子，相互作用弱。大多数暗物质都是由弱相互作用大质量粒子组成。

S

赛弗特星系：一类中心异常明亮的活跃旋涡星系。

色球层：太阳的低层大气。它的光芒呈粉红色，但只有当明亮的光球被遮挡后才能看见。

射电波：波长非常长的电磁辐射，产生于气体云和高能天体。

射电星系：以射电波长明亮照耀的活动星系。大部分辐射都来自主星系两侧的大云团。

深空天体：星云、星团和星系的统称。

失重：参见"微重力"。

十亿：10 的 9 次方。

食：一个天体的阴影投射在另一个上形成的效应。

食双星：相互绕行的一对恒星，从地球上看它们会依次出现在彼此的前面和后面。

视差：从相隔一定距离的两个点观察同一个目标时所产生的方向差异。天文学家使用地球轨道两侧的视差，来测量邻近恒星的距离。

视星等：参见"星等"。

疏散星团：参见"星团"。

双星：参见"双星系统"。

双星系统：一对相互围绕着对方运动的恒星。

T

太阳风：从太阳吹离的高速粒子。

太阳系：行星和彗星等受太阳引力作用的一切天体。其他恒星也有太阳系。

太阳耀斑：太阳表面发生的巨大爆炸，由两个太阳磁场环相遇而引起。

碳：宇宙中最常见的元素之一，由恒星产生。碳是所有生命的基础。

逃逸速度：一个物体为脱离另一个物体的引力而必须达到的速度。

天平动：月球表面可见部分的轻微改变，有时从地球能观测到59%。

天球：一个假想的球体，以地球为中心，其上布满了天体。天文学家根据它们的赤纬（纬度）和赤经（经度）测量恒星的位置。

天然卫星：自然形成、围绕行星运动的天体。地球的天然卫星是月球。

天体：出现在天空中的任何物体，包括行星、恒星和星系。

天文单位（AU）：地球和太阳之间的平均距离——1.496 亿公里。

椭圆星系：圆形或椭圆形星系没有旋臂。椭圆星系大多由老年恒星组成，几乎不含尘埃或气体。

椭圆形轨道：长圆形的轨道。所有轨道都是椭圆形，圆是特殊的椭圆。

W

外行星：绕日轨道在地球之外的任何行星。

外太阳系：太阳系外区。

外星人：地球以外的来客。

万亿：10 的 12 次方。

微波：一种波长最短的射电波。

微波背景：参见"背景辐射"。

微米：一米的百万分之一。

微重力：在这种状态下，人和物体会失重般地漂浮起来。宇航员在太空飞行时就会产生这种感觉。这不是因为他们脱离了地心引力，而是因为他们和飞船一起在太空中下落。

卫星：在引力作用下，围绕着另一个物体运行的天体；包括环绕行星的天然卫星和人造卫星，以及环绕较大星系的小星系。

温室效应：二氧化碳和甲烷等气体引起的气温上升，行星表面的热量无法逃逸。

稳恒态理论：一个现已不成立的理论，认为宇宙无始无终，将永远保持不变。

物质：太空内任何有质量的物体。

Y

X射线：波长短于紫外线但长于γ射线的电磁辐射，由黑洞周围的热气体云和恒星释放。

吸积盘：旋转着进入黑洞等天体的气体物质盘。

吸收线：光谱中的深色线条，由原子吸收一定波长的辐射造成。天文学家可利用吸收线来确定恒星和星系中的元素。

纤维：延伸于广袤太空的细条状超星系团，被巨大的空洞隔开，成为宇宙中最大的结构。

相位：从地球上看到的行星或月球上的照亮部分。

小行星：一类沿独立轨道运行的小天体，由岩石或金属组合成，直径从几米到900千米不等。

新星：双星系统中的一颗白矮星，能将伴星的物质吸引过来集成大气。大气燃烧后，所产生的新星亮度能增加数千倍。

星暴星系：经历了快速恒星形成的星系，经常是与另一个星系碰撞的结果。

星等：天体的亮度，用数字表示。物体越亮，星等值越小；越昏暗则越大。视星等指的是从地球看上去的亮度；绝对星等表示它处于10秒差距的视亮度。

星际：恒星之间。

星际介质：恒星之间的原子和分子。

星盘：一个古老的天文仪器，用于测量天空中物体的位置和运动。

星团：由引力聚合在一起的恒星群。疏散星团非常松散，由几百颗年轻星组成；球状星团非常密集，包含着成千上万的老年恒星。

星系：在引力作用下由数以百万计的恒星、气体和尘埃组成的集合体，和其他星系之间存在着空区。

星系际：星系之间。

星系团：引力聚合起来的星系集群。

星云：太空中的气体和尘埃云，反射或遮蔽了星光时就能看见。可参见"行星状星云"。

星座：恒星在天空的图案，常以神话人物或动物命名。天文学家将星座定义为天空的区域，而不是恒星图案。

行星：由岩石或气体组成的球状天体，环绕着恒星运动。行星自己不会发光，但能反射恒星的光芒。可参见"褐矮星"。

行星状星云：红巨星在变成白矮星之前所喷射出的气体团。

旋涡星系：从平滑的中心延伸出旋臂的星系。旋涡星系拥有古老和年轻星，并富含形成恒星的气体和尘埃。

Y

亚原子粒子：比原子还小的粒子。质子、中子和电子是组成原子的主要亚原子粒子。

湮灭：亚原子粒子及其反物质相遇后发生的毁灭。

掩星：一个天体在另一个前面通过，如月球遮蔽住了遥远的恒星。

氧：一种非常常见的元素，对生命的存在至关重要。氧占到了地球大气的20%。

耀变体：一种活动星系，其角度从地球看上去好像是辐射直接来自其内核。

载荷：运载火箭或人造卫星携带入太空的货物。

银河系：我们所居住的星系，在天空中呈苍白的带状。

引潮力：由附近物体的引力引起的拉伸效果。

引力：任何有质量物体，如地球和月球之间的吸引力。

引力阱：恒星等大质量天体的引力所造成的时空的畸变。

引力透镜效应：遥远天体的光通过强大的引力区域时的一种畸变效应。

宇宙：世间万物。

宇宙学常数：参见"暗能量"。

宇宙线：来自太空的高能粒子，主要为质子，也含α粒子、电子、中微子、γ射线等。

元素：大自然中无法再进行化学分解的基本物质。每个元素都具有独特的性能。

原恒星：内核未开始聚变反应的年轻恒星。

原子：元素的最小成分，由三种亚原子粒子——质子、中子和电子组成。

原子核：原子的内核部分，几乎集聚着所有的质量。原子核由质子和中子组成。

远地点：月球或人造卫星所能到达的、距离地球最远的点。

远日点：天体轨道上距离太阳最远的点。

月海：月球上的暗区，曾被认为是月球上的海，但目前已知是充满了熔岩的撞击盆地或陨击坑。

晕：旋涡星系周围的球状区域，含有暗物质和球状星团。

陨星：落到行星或卫星表面的流星体，可能会形成陨击坑。

Z

造父变星：一种亮度和大小能够变化的变星。变化周期与恒星的绝对星等有关。天文学家利用造父变星来测量太空中的距离。

正电子：与电子对应的反物质（参见"原子"），与电子的质量相同，但携带的是正电荷。

质量：用于衡量物质多少，以及它与引力的关系的量。

质子：参见"原子"。

中微子：一种非常普遍的亚原子粒子，在恒星核聚变和宇宙大爆炸中产生。中微子的质量非常微小，难以检测。

中子：参见"原子"。

中子星：主要由中子组成的坍缩恒星，在超新星爆炸后最常见。

轴线：一根穿过行星或恒星中心的假想线，天体绕其转动。

主序：赫罗图中大多数恒星的集聚区。主序中的恒星通过核反应产生能量，氢被转换成氦。

紫外线：一种电磁辐射，其波长比可见光短，比X射线长。

索引

黑体页码指的是主条目。斜体页码指的是术语浅释页面。

图片来源

于允许使用的照片，出版商在此表示感谢。

略语：r＝由，l＝右，t＝上，c＝中，b＝下，a＝上面

KG London: 9cb, 15tl, 281t, 282all, 288t; Alamy images: Excitations 267cr; Bryan & Cherry Alexander: nn Hawthorne 149cl; Allthesky.com: Till Credner 167cr; nglo Australian Observatory: 13tr, 174bl, 180br, 184bl, r, 197tr, 198tr, 209tl, 215tr; David Malin 208bl, 210tr, 17cla, 219br; Malin/Pasachoff/Caltech 1992:201tl; oyal Observatory Edinburgh 185tc, 196-7b, 214-5t; ssociated Press: Mikhail Metzel 42bl; Astronomical ociety of the Pacific, San Francisco, CA: 210br; viation Picture Library: 51bc;

ell Laboratories: 25tr Philip Blanco (UCSC) & John onway from observations made at the Very Large Array adio telescope (NRAO/AUI) New Mexico: 217cr; The oeing Company: 43cr; Bridgeman Art Library: 285bl;

ourtesy of Canon (UK) Ltd: 266c; Carnegie Institution f Washington, Observatories of the: 221fcra, 246br; arnegie Observatories - Giant Magellan Telescope: Todd 1ason 17c, 17cl; CERN: 223cr; Bruce Coleman Ltd: 7bl; Colorific: 145bc, 151tr; Corbis UK Ltd: 17b, 47bc, 1tr, 57br, 58bl, 60br, 61tl, cl, br, 63br, 75cb, 84-5b, 91tl, 8b, 139tr, 160b, 226t, 244bl; Compton Gamma Ray bservatory: 217bl;

K Images: Paul Wilkinson 49cr; Dr. Thomas Dame, arvard-Smithsonian Center for Astrophysics: 195cb;

ADS Astrium: 57; Emmanuel Davoust, University aul Sabatier, Observatoire Midi-Pyrenees, 14 Avenue douard Belin, 31400 Toulouse, France: 221cb; ESA: 0ca (Integral); 30bl, 41bl, 44cl, 54-5c, 68bl, 69b, 110tr; ctive Design-December 2002 73cl; Celestia 119cr; 32bl, 166tr; CNES: 44-5t, 45cl, r; CNES/CSG: 45br; D. ucros 28br, 30cr (Integral), 42c, 64bl; DLR/FU Berlin 3. Neukum) 116br, 116t; NES/CSG: 44cr; B. Paris: 4b; VIRTIS/INAF-IASF/ Obs. de Paris-LESIA 110c; uropean Southern Observatory: 176-7t; Mary Evans icture Library: 93cr, 117br, 144tr, 149br, 155br, 207tr, 19tr, 280br, 283bc, 284tr; Eye Ubiquitous: 149bc;

ermilab Visual Media Services/Apache Point bservatory: Dan Long 221bl; Vivien Fifield Picture ibrary: 283t; Forward, Dr. Robert L., Hughes Aircraft ompany/Art by Seichi Kiyohara: 74c, br;

Galaxy Picture Library: 8br, 101tr, 102clb, b, 105br, 11 lt r, 115c, cl, 121tr, 123cr, 127cr, 144bl, 145, 165br, 173tr, c, cr, 175b, 177bl, 181bl, 182br, 197bc, 199br, bl, 209tr, 245tr, 247cl, cr, bl, br, 248t, cr, br, 249cl, cr, bl, 251tr, 253cl, cr, 254bl, 255tc, tr, 256l, 257tc, tr, cr, 258l, 259t, 260l, 262bl, 263tr, trb, 264cl, 265all, 267bl, 268tl, cl, bl, 269tr, tc, bc, bl, 270br, 272bc, bl, 273cr, bra, 274cr, bl; David Graham 270bl; Palomar Sky Survey 164br; Alistair Simmons 264r; Paul Stephens 100ca, 102clb, cb; Michael Strecker 261tr; Gemini 8m Telescope Project: 14br; Genesis Space Photo Library: 41cr; CSG: 44tr; Getty Images: Science Faction 19cla; Isabella Gioia, Institute for Astronomy, 2700 Woodlawn Drive, Honolulu, HI 96822: 230bc;

Robert Harding Picture Library: 87cra; Harvard-Smithsonian Center for Astrophysics: 218tr; Harvard University Archives: 287b; Hencoup Enterprises: 30t, 32br, 157tr, bl, 210cl, c, cr, 211bra, 236t, 247t, 287cl, 289cl, ESO 4br; Hale Observatory: 185c, crb, Noel Murto & Ian Cooper: 206t NRAO/AUI: 25br; Realm of the Nebula by Edwin Hubble: 211tl, cla, cl, clb, bca, br; Royer: 207cb; Jim Henderson: 264b; J.J. Hester & S.R. Kulkarni, California Institute of Technology, Pasadena: 203cr; Hughes Space and Communications Company: 40tr, bla, 41cl, 47tl, 48tr; Hulton Getty: 281br, 283br, 285cr, 286b, 287t, 288bc, 289br;

ICRR (Institute for Cosmic Ray Research) University of Tokyo: 33tr Image Select: 79br;

Courtesy of JAXA: 67tl, 68ca, 68-69c; Mitsubishi Heavy Industries, Ltd 41tl;

D. Jewitt (University of Hawaii) & J. Luu (University of Leiden): 139bc; Ernest Orlando Lawrence, Berkeley National Laboratory, California: 155tl; Lockheed Martin Corporation: 40bl; Lucent Technologies Inc, 600 Mountain Avenue, Murray Hill, NJ 07974 235br; Lunar and Planetary Institute, 3600 Bay Area Blvd, Houston, TX 77058-1113: 101cra, 103crb, 112tr;

McDonald Observatory: Marty Harris 14tc; Matra Marconi Space: 56tl, 57cl; James Marks: 145cr; Robert Morris: 266ftr, 267cl; Mullard Radio Astronomy Observatory, University of Cambridge: 163c;

NASA: 27ca, cb, 33bc, 37br, 39br, 42tr, 54cr&br, 59bca, 60tr, 61cr, 64cb, br, 64-65c, 65t, bc, 66c, 66-67c, 67bl, 67br, 68b, 69cr, 69t, 70b, 71ca, 88tc, 99tr, 100cl, 101cra,

crb, 102tr, 128tr, 141cl, 148br, 150cl, 159tr, 210b, 239fcr; Ames 179tr; CXC/SAO 20cra (Chandra), 28c (Chandra); ESA, and M. Brown (California Institute of Technology) 143tr; ESA, and P. Kalas (University of California, Berkeley) 83tl (& tc); ESA, and J. Parker (Southwest Research Institute), P. Thomas (Cornell University), L. McFadden (University of Maryland, College Park), and M. Mutchler and Z. Levay (STScI) 143cr; ESA, N. Smith (University of California, Berkeley), and The Hubble Heritage Team (STScI/AURA) 164c; ESA/H. Weaver (JHU/APL), A. Stern (SwRI), and the HST Pluto Companion Search Team 143tl; European Space Agency & NASA/E. Olszewski (University of Arizona) 168tr; General Dynamics C4 Systems 30br; GSFC: 27br, bl; JHUAPL/SwRI 142b; Johns Hopkins University Applied Physics Laboratory/Arizona State University/Carnegie Institution of Washington 106c; JHUAPL/Carnegie Institution of Washington 80tr, 105tl, 107bc; JHUAPL/ Southwest Research Institute 81tr; JPL 72cr, 84t, 85cb, 98t, 112bl, 120b 126tl (Ganymede), 127tr, 130br, bc, 137tl; JPL- Caltech 21c (Spitzer), 21fcl (Galex), 23cl, 23tl, 26bl, 27fcl, 118tr, 119cla, 119clb, 119tr, 144br; JPL-Caltech/Cornell University 118-119b, 126cb; JPL-Caltech/University of Arizona/Texas A&M University 116bl; JPL/DLR 126tl (Callisto), 127tl; JPL/JHUAPL 133cl; JPL/Northwestern University 106bc, 107ca; JPL/ Space Science Institute 131tl, 132br, 132tr-133tl, 133cb, 133clb, 133tc, 150tr; JPL/USGS 127clb, 132c; JSC: 86t, bca; JSC-ES&IA 66tr; JSC/Pat Rawlings: 73br; JWST 13c; Hubble Space Telescope: 228-9c; Erich Karkoschka/University of Arizona 19clb; Langley Research Center: 59cla; Lockheed Martin Corp. 70cr; Marshall Space Flight Center 29ca; Marshall Space Flight Center (NASA-MSFC) 29cl; McREL 72t; NASA 70l; SOHO (ESA & NASA) 27tr; WMAP Science Team 21c, 24c, 233br, 233crb; NASDA: 41tl, tc; National Radio Astronomy Observatory, Charlottesville, VA: 25tl; Natural History Museum Picture Library: 99cr, 148bl, 149t; NOAA (National Oceanic and Atmospheric Administration): 52tr, 53cl, 53cra; NOAO: 229bl; Nobeyama Radio Observatory, National Astronomical Observatory of Japan: 24bl; NSSDC (National Space Science Data Center): 100bc, 102cla, 103tl, tr, ca, b, 104bl, 109clb, 112c, 113c, br;

Orbital Sciences Corporation, Reston, VA: 40br, bra;

PA News Photo Library: 281bl; EPA 239cl; Patrick Air Force Base, Cape Canaveral, FL 40tl; Photolibrary:

Mauritius 51ca; Photodisc/Dan Farrall 268c; Planet Earth Pictures: 94bl, cl, 151c; Planetary Visions: 100-101c，102-103c; Popperfoto: 59bl;

ROSAT/Max-Planck-Institut für Extraterrestrische Physik (MPE): 29cr, bc, 214br; GRO/Comptel Mission 31tr; Levenson et al 188tr; S. L. Snowden 185cla, 214bc; Royal Astronomical Society Library: 117tr, 165cr, 173tl, 195tl, 201tr, 286t; Royal Greenwich Observatory, Cambridge: 18-19t, 189cr; Simon Tulloch 18bla; Royal Observatory Edinburgh: 22br 280tr; David Malin, AAO 15tr, 174-5t, 196-7t, 199c, 201cr, 280t;

Sachsische Landesbibliothek, Dresden: 161tr; SaVi: Satellite Visualisation software created at the Geometry Center, University of Minnesota (www.geom. umn.edu/locate/SaVi); Scaled Composites LLC: 71cr; Science Museum, London: 15br Science & Society Picture Library: 168bl, 284cl;

Science Photo Library: 1, 4tl, 6b, 7r, 8t, 10-11, 12bl, 13br, 22t, 23tr, tc, 27t, 29cl, 32-3, 34-5, 38bl, r, 46bl, 47cl, 49tr, 50br, cb, 50-1c, 52c, crb, bl, 53bl, br, 54cl, 55tl, crb, bc, 56cl, tr, 58-9t, 59tc, br, 60tl, bl, bc, 61tr, c, 64fcl, 65br, 71tl, 75tl, bl, br, 76-7, 84cr, 89c, 90cl, bc, 91tr, 92tl, 93tl, 95tr, 101tl, 104tr, 107tr, 108tl, b, 109tl, cla, br, 111tl, cla, cr, cra, 113t, bc, 114bl,1117tl, 119tl, l20bl, 121tl, cr, br, 122t, 123tr, 124cl, bl, 125tc, br, 130tr, 135cl, 138bl, 144-145tl,144bca, 140b, 141cr, 149cr, 150b, 151tl, 152-3, 155c, 156-7cr, 157tl, 158tr,

c, 158-9c, 159c, 161t, c, 162-3t, 168cr, 172bl, 174br, 178tr, 179br, 18lt, cb, 182-3t, 194tr, 195tr, 197tl, c, 200tl, 201bl, 202tr, 203bl, 204tr, 205tr, cla, clb, bc, 206bl, 206-7c, 207tl, 208tr, cl, b, 213cr, bca, 215br, 219tl, 227t, 230bla, 230- ltc, 231c, cr, crb, 237tc, 238br, 239tc, 240-1, 280tl, 284br, 285tc, 287cr, 289t; Bigelow Aerospace 71b; California Association for Research in Astronomy 134t; ESA 73cr; Dr Fred Espenak 2-3, 7; Mark Garlick 143cJ; Jerry Lodriguss 267crb, fcrb, tc, tl, tr; NASA 26cl (Swift), 30fcr (Swift), 66bl, 73bl, 126ca, 126tl (Europa), 126tl (Io), 127bc, 129clb; NASA/ESA/STSCI/HIGH-Z Supernova Research Team 219cb; Dr Seth Shostak 239bc; A. Simon-Miller/ GSFC/ NASA/ESA/STScI 122b; Detlev Van Ravenswaay 71cb, 142t; Jason Ware 95cr; SETI Institute/Seth Shostak: 288cr; SOHO/EIT (ESA & NASA): 159bc; Alex Lutkus 20cr; Space and Missile Systems Center, Los Angeles Air Force Base, California, USA: 57t; Stanford University, Visual Arts Service, California: 222cl, bl; Carole Stott: 139cr 145tr; Louis Strous, New Jersey Institute of Technology & National Solar Observatory/Sacramento Peak: 155bl, blc; STScI: 8bll28-9bc, 172-3b, 177cr, 182bl, 224br; Association of Universities for Research in Astronomy Inc 223tr; J Bahcall (Institute for Advanced Study, Princeton) 217tl; Bruce Balick, University of Washington, Vincent Icke, Leiden University, Netherlands, Garrelt Mellema, Stockholm University 182bl; W. Baum (U.WA) 220bc; K. Borne (STScI) 212cl; W.N. Colley and E. Turner (Princeton University); J.A. Tyson (Bell Laboratories, Lucent Technologies) 224t; H. Ford & L. Ferarese (JHU)

188b; Peter Garnavich, Harvard-Smithsonian Center for Astrophysics, High-z Supernova Search Team 235t; J. Hester & P. Scowen (Arizona State University) 186-7t, 225bl; M. Longair (Cavendish Laboratory) 217clb; Brad Whitmore (STScI) 212-3c; R. Williams (STScI) 228-9c; Tony Stone Images: 87tl; Sygma 56br; Gerard Therin (www.astrosurf.com/therin): 122c; TRH Pictures: 51cr, 56bl, 57bl;

USGS: University of California/Lick Observatory: 9tl, 164tr, tl 183tr, 187tl, tlc, tlr; University of Florida, Department of Astronomy: 83ca; University of Oxford, Department of Physics: 231bl;

Wikipedia, The Free Encyclopedia: 75cra; WIYN Observatory/Blair Savage, Chris Howk (University of Wisconsin) N.A. Sharp (NOAO)/AURA/NSF: 211tr;

X-Ray Astronomy Group at the Department of Physics & Astronomy, University of Leicester, UK: 189ca;

Additional photos by Andy Crawford, Steve Gorton, Glenn I. Huss, Colin Keates, and James Stevenson.

Jacket images:
Front: NASA: tl, ftr, J. Hester/Arizona State University tr (orbiter); JPL-Caltech tr (star), Erich Karkoschka/University of Arizona tc; Science Photo Library: David Nunuk ftl;
Back & Spine all images: NASA.

插图画家

戴维·阿什比: 169c, 170bl, 172tr, 177br, 180bl, 183cl, 288-303

朱利安·鲍姆: 82-83, 96-97c, 105tl, 128bl, 130-131c, 132bl, 134c, 138b, 168c

里克·布莱克艺术工作室: 36cr, cl, bl, 37cr, 39c, 56-57b, 62ct, 64cr, 65cr, 70bc, 72b, 74-75c, 242-243, 242br, 243tc, 244cl, 245cr, br, 270cr, 272cr, 273bc

彼得·布尔工作室: 12-13c, 14-15c, 15bl, bc, 17c, 18bc, 19bl, 20-21, 22-23, 23bc, 24-25,25cr, 26-27, 28tr, br, 29c, 30-31c, 30br, 31b, 32bl, 33b, 46cr, 48br, c, bc, 49bl, br, 53c, 57bc, 60-61c, 71tl, 78-79c, 83cr, 85cr, c, 86bc, 94tr, br, 95tl, 95bl, 108tr, 109cr, 110bl, 11 lbl, 123c, 124bc, 126b, 131c, 133bc, 135bc, 137cr, bl, 139bl, 140bc, 141cr, 142bc, 144c, bc, 145cr, 146c, 147t, b, 150c, 151c, 154c, 1, br, 155tr,

156cl, 157tr, br,158tr, br, 159tl, 160cl, 161tl, 163br, 165ct, 166tr, 1, b, 1671, 170tr, 176cl, 180-181, 184-185c, 195tr, 207tc, b, 212-213b, 213tr, 215bl, 216c, 217tr, cr, br, 218-219c, 220-221t, 220c, 249ct, cb, 250tr, bc, br, 251tl, 252tl, 255tl, 257tl, 258tl, 260tl, 269cl

罗伊·弗洛科斯: 74c, 242cl, 244-245c, 244cl, 245cr, 245bc

马丁·富特: 14bc, 15cl, tr, 18bl, 19tr, cr, 20-21b, 21r, 22- 23bc, 24t, 24-25cb, 26-27bc, 28c, bc, bl, 30bc, 181tr, 183br, 184tr, 186bl, 187tr, cr, bl, 188bl, 208-209c, 211cr, 212tr, 219tc, 223tr, 225r, br, b, 228t, 230br, 231bc, tr, cr, 232t, c, 1, cl, bc, b, 233br, 234-235c, 237r, 238cl, r

雷·格里纳卫: 9lct, cc,cb, 90c, 90-91c

阿齐兹·卡恩: 194c, 198c, 199tl, 200c, 202c, 204c

詹姆斯·马克斯: 89tl, 128cr, 129cl, 149r

科拉尔·穆拉: 268br
罗宾·斯卡格尔: 262-263cb, cr
约翰·普卢默: 187br
罗杰·斯图尔特: 36-37c, 64-65c

威尔·季里翁: 252c, bc, 253cr, 254r, 255bl, 256r, 257br 258r, 259bl, 260r, 261bl.

另外还要感谢的插图画家包括林恩·查德威克，卢西亚诺·科尔韦利亚，布赖恩·德尔夫，迈克·邓宁，马丁·富特和马克·富兰克林

致谢

对于1999年的版本，多林金德斯利有限公司特在此感谢：

杰克·查洛纳提供的编辑顾问支持；希拉里·伯德编制的索引；威尔·季里翁协助编制星图；萨拉·约翰逊卜载网页图像；介·尼尔的设计协助；萨利·汉密尔顿、李·汤普森以及弗格斯·缪尔的图片研究；马修·伯奇、安德鲁·奥布赖恩和阿露蒂娜·迪亚兹额外的DTP协助。

对于2009年的版本，多林金德斯利有限公司特在此感谢：

遗漏声明：我们已努力反馈给版权持有人，并事先在此对任何无意的疏漏深表歉意。在本出版物的后续版本中，我们将及时更新。

卡罗勒·斯托特和皇家天文学会会员乔恩·伍德科克博士的编辑顾问支持；伊恩·里德帕思提供的观星信息；希拉里·伯德编制的索引；休·巴特沃思的校对。

对于2016年中国大陆版本，中信出版集团特在此感谢：

伦敦科学博物馆、欧洲航天局、美国国家航空航天局提供的封面用图。